中國長江水利史料叢刊

叢書主編　郭康松

江西水道考

（外五種）

溫顯貴　整理

中国水利水电出版社
www.waterpub.com.cn
·北京·

图书在版编目（CIP）数据

江西水道考 ： 外五种 / 温显贵整理. -- 北京 ： 中国水利水电出版社, 2023.2
（中国长江水利史料丛刊）
ISBN 978-7-5170-9135-6

Ⅰ. ①江… Ⅱ. ①温… Ⅲ. ①长江－水利史－史料－江西－清代 Ⅳ. ①TV882.2

中国版本图书馆CIP数据核字(2020)第266018号

	中國長江水利史料叢刊
書　　名	**江西水道考（外五種）**
	JIANGXI SHUIDAO KAO（WAI WU ZHONG）
作　　者	温顯貴　整理
出版發行	中國水利水電出版社
	（北京市海淀區玉淵潭南路1號D座　100038）
	網址：www. waterpub. com. cn
	E-mail：sales@mwr. gov. cn
	電話：（010）68545888（營銷中心）
經　　售	北京科水圖書銷售有限公司
	電話：（010）68545874、63202643
	全國各地新華書店和相關出版物銷售網點
排　　版	中國水利水電出版社微機排版中心
印　　刷	天津畫中畫印刷有限公司
規　　格	170mm×240mm　16開本　26印張　387千字
版　　次	2023年2月第1版　2023年2月第1次印刷
定　　價	**118.00圓**

序

水與人類生活息息相關。我國古代把水視爲五行之一，老子認爲“上善若水，水善利萬物而不争”。“水”字在古代既泛指一切水域，又特指河流，是河流的通稱，如灌水、瀟水、湘水、沅水、漢水、赤水、黑水等。古漢字中的“灾”字，有多種寫法，其中有一種寫作“巛”，從水、從火會意，水在滋潤萬物的同時，又會給人類帶來灾害。夏朝的開國者大禹就是在治水中成長起來的領袖。在一代一代人治理水利用水的過程中，形成了豐富的水利史料。

先秦時期的文獻中，涉及水利的主要有《山海經》《尚書·禹貢》《周禮·職方氏》等。其後西漢司馬遷在《史記》八書中撰有《河渠書》，在記録主要河流流域的自然地理與經濟狀況的同時，尤其關注水利工程的興建情況及其利弊，如記載大禹治水、春秋戰國時期韓國水工鄭國修鄭國渠、西門豹引漳河水灌溉鄴地等史實，開創了正史專門記載河流、水利工程的先例。東漢班固在《漢書》中將其改稱爲《溝洫志》，《宋史》定名爲《河渠志》，此後的正史《金史》《元史》《明史》《清史稿》皆沿用《河渠志》之名。

在古代地方志文獻中，也有大量的水利文獻資料。如東晋常璩《華陽國志》中就有記録都江堰水利工程歷史的内容。唐李吉甫所撰《元和郡縣圖志》，是現存最早的古代地理總志，在每縣下記載着附近山脉的走向、水道的經流、湖泊的分布等。其後的地理總志，如北宋樂史《太平寰宇記》、南宋王象之《輿地紀勝》、祝穆《方輿勝覽》及《明一統志》《清一統志》等保留了這一傳統，保存有大量水利資料。從現存宋元地方志來看，如宋代張津《乾道四明圖經》、羅濬《寶慶四明志》、梅應發《開慶四明續志》以及《乾道臨安志》《剡録》《嘉泰會稽志》《寶慶會稽續志》《嘉定赤城志》《澉水志》《景定嚴州續志》《咸淳臨安志》《淳熙三山志》《新安志》《嘉定鎮江志》《景定建康志》等，元代李好文《長安志圖》、熊夢祥《析津志》、于欽《齊乘》、張鉉《至大金陵新志》、楊譓《昆山郡志》、單慶《至元嘉禾志》，均記載有當地的水利資料。明清以來修志成爲定例，省有通志、府有府志、縣有縣志，都記載有豐富的水利資料。

《尚書·禹貢》《史記·河渠書》《漢書·溝洫志》《宋史·河渠志》皆集中於全書之一篇，方志中的水利文獻則較爲分散。其專爲一書者，始於《水經》。《水經》的作者和成書時代歷來説法不一。《隋書·經籍志》有"《水經》三卷，郭璞注"，《舊唐書·經籍志》著録爲"《水經》二卷，郭璞撰"，改《隋志》之"郭璞注"爲"郭璞撰"，郭成爲作者，而《新唐書·藝文志》著録爲"桑欽《水經》三卷，一作郭璞撰"，宋以後的著作大多認爲《水經》作者爲桑欽，其時代爲漢代。《四庫全書總目》卷六十九稱："《水經》作者《唐書》題曰桑欽，然班固嘗引欽説與此經文異，道元注亦引欽所作《地理志》，不曰《水經》。觀其'涪水'條中，稱'廣漢'已爲'廣魏'，則决非漢時；'鍾水'條中，稱'晋寧'仍曰'魏寧'，則未及晋代。推文尋句，大概三國時。"《水經》簡要記述了一百三十七條全國主要河流的水道情况。《水經》是保存至今的最早的水利專書，原文僅一萬多字，記載相當簡略，僅"標舉源流，疏證支派而已，未及於疏浚堤防之事也"。北魏酈道元以《水經》爲綱，著成《水經注》，逐一説明各水的源頭、支派、流向、經過、匯合及河道概况，并對每一流域内的水文、地形、氣候、土壤、植物、礦藏、特産、農業、水利以及山陵、城邑、名勝古迹、地理沿革、歷史故事、神話傳説、風俗習慣等，都有具體的記述。全書共四十卷，約三十萬字，所記水道一千三百八十九條。

專言河流水道疏浚之書，蓋始於宋代單鍔《吴中水利書》。單鍔，字季隱，江蘇宜興人。嘉祐四年進士，得第以後不就官，獨留心於吴中水利，嘗獨乘小舟往來於蘇州、常州、湖州之間，長達三十年。凡一溝一瀆無不周覽其源流，考究其形勢，因以所閱歷著爲此書。宋魏峴撰《四明它山水利備覽》二卷，記載唐至宋它山堰的水利興廢情況，是一本非常珍貴的水利文獻。其後元代沙克什撰《河防通議》二卷、王喜撰《治河圖略》一卷，任仁發撰《浙西水利議答録》十卷，陳恬《上虞縣五鄉水利本末》二卷，歐陽玄《至正河防記》，皆詳言治水之法。

明代，水利專書漸繁。如姚文灝《浙西水利書》三卷、張國維《吴中水利書》二十八卷、歸有光《三吴水利録》四卷、陳應芳《敬止集》四卷、劉天和《問水集》三卷、伍餘福《三吴水利論》一卷、王獻《膠萊新河議》二卷、劉隅《治河通考》十卷、吴韶撰《全吴水略》七卷、潘季馴《兩河管見》三卷、龐尚鴻撰《治水或問》四卷、游季勛等《新河成疏》（無卷數）、王圻《東吴水利考》十卷、鄭若曾《黄河圖議》一卷、潘鳳梧《治河管見》四卷、徐貞明《潞水客談》一卷、張光孝《西瀆大河志》五卷、黄克纘《古今疏治黄河全書》四卷、黄承元《河漕通考》二卷、仇俊卿《海塘録》八卷、吴道南《河渠志》一卷、胡瓚《泉河史》十五卷、袁黄《皇都水利》一卷、朱國盛《南河志》十四卷、薛尚質《常熟水論》一卷等，還有撰者不詳之《新河初議》一卷、《吴中水利通志》十七卷、《新浚海鹽内河圖説》一卷、《黄運兩河考議》六卷等，都是比較著名的水利文獻。

清代，水利專書文獻更加豐富，除長江、黄河、運河、淮河、太湖等流域水利論著頗豐之外，與前代水利文獻相比又出現了新的特點。

一是水利文獻所涉及的地域更廣。福建水利文獻，如陳池養《莆陽水利志》等；新疆水利文獻，如袁大化《新疆圖志》等；浙江水利文獻，如毛奇齡《湘湖水利志》、吴農祥《西湖水利考》等；江西水利文獻，如蔣湘南《江西水道考》等；廣東水利文獻，如明之綱《桑園圍總志》，何如銓、馮栻宗《重輯桑園圍志》等；雲南水利文獻，如孫髯翁《盤龍江水利圖説》等。

二是新增了治水檔案文獻。如陳少泉、胡子脩編《襄堤成案》四卷、王概編《湖北安襄鄖道水利集案》上下兩集，江南河道總督衙門編《南河成案》五十八卷、《南河成案續編》一百零六卷、《南河成案又續編》三十八卷等。

三是注重水源的考證，如吴麟《江源記》、張文鸑《江源考》、萬斯同《崑崙河源考》、紀昀《河源紀略》、沈梯德《漢水發源考》、孫良貴《楚南諸水源流考》、陳銛《漢州水源册》等。

四是海塘文獻明顯增加。繼明代仇俊卿《海塘録》八卷之後，清代海塘文獻種類及規模都顯著增加。如方觀承《兩浙海塘通志》二十卷，翟均廉《海塘録》二十六卷，琅玕《海塘新志》六卷、《續海塘新志》四卷，錢文瀚、錢泰階《捍海塘志》一卷，宋楚望《太鎮海塘紀略》四卷，蔣師轍《江蘇海塘新志》八卷，連仲愚《上虞塘工紀略》四卷等。

五是水利叢書的編撰。如吴邦慶編《畿輔河道水利叢書》，是收録清代畿輔地區（今京津冀地区）水利的專業性叢書。該書成書於道光四年（1824 年）。包括下列著作：清陳儀《直隸河渠志》《陳學士文鈔》（輯自陳儀所著文集中有關畿輔河道水利的文章，共八篇）、明徐貞明《潞水客談》（又名《西北水利議》）、允祥《怡賢親王疏鈔》（輯自雍正《畿輔通志》所載允祥於雍正三年至八年主持畿輔水利營田的奏疏九篇）、陳儀《水利營田圖説》（輯自雍正《畿輔通志》）、吴邦慶編《畿輔水利輯覽》（匯輯宋何承矩、元虞集、明汪應蛟等人的水利奏議、文章十篇）、吴邦慶編《澤農要録》（輯録《齊民要術》等農書中有關開墾水田、種植水稻等史料）、吴邦慶著《畿輔水道管見》《畿輔水利私議》。王來通等輯刻《灌江四種》，是彙集都江堰水利工程歷史、文化的叢書，由《灌江備考》《匯輯二王實録》《灌江定考》《川主五神合傳》組成，刊刻於光緒十一年（1885 年）。

長江發源於“世界屋脊”——青藏高原的唐古拉山脉各拉丹冬峰西南側。長江幹流流經青海、西藏、四川、雲南、重慶、湖北、湖南、江西、安徽、江蘇、上海十一個省（自治區、直轄市），長度六千三百餘公里，居世界第三位。長江數百條支流延伸至貴州、甘肅、陝西、河南、廣西、廣東、浙江、福建八個省（自治區）的部分地區，流域面積達一百八拾萬平方公里，約占中國陸地總面積的五分之一。長江與黄河一樣，是中華民族的摇籃，是中國古文化的發祥地。在雲南元謀發現的元謀猿人是迄今爲止中國發現最早的屬於“猿人”階段的人類化石，距今已有一百七十萬年左右的歷史。在長江上中游地區，就有云南“麗江人”、四川“資陽人”、湖北“長陽人”的化石和石器，屬於舊石器時代中晚期的人類遺迹，距今亦有十幾萬年至一萬多年的历史。在長江下游地區，發現有六千年前的馬家浜文化、五千年前的崧澤文化、四千年前的良渚文化等。江西清江美城和湖北武漢黄陂盤龍城兩處商代遺址，證實了這裏至少在三千年以前就已經發展了和黄河流域的中原地區基本相同的文化。在距今六千年至四千年間，生活在長江中游地區的人们就已經創造了輝煌的稻作農業文明，而水稻的栽培離不開水利。

長江流域的水利文獻十分豐富，但由於種種原因，人們對其重視不够。清代雍正時期傅澤洪所撰《行水金鑒》一百七十五卷，其中《河水》六十卷、《淮水》十卷、《漢水江水》十卷、《濟水》五卷、《運河水》七十卷、《兩河總説》八卷，其他《官司》《夫役》《漕運》《漕規》共十二卷，《漢水江水》僅僅十卷，與長江在全國江河中的地位不太相符。比較有名的長江水利文獻，如明代的有姚文灝《浙西水利書》三卷、張國維《吴中水利書》二十八卷、歸有光《三吴水利録》四卷、王圻《東吴水利考》十卷、薛尚質《常熟水論》一卷等，清代的有馬徵麟《長江水利圖説》十二卷、李元《蜀水經》三卷、陳登龍《蜀水考》四卷、王廷鈺《灌江備考》、張灼《匯輯二王實録》、王來通《灌江定考》、陳懷仁《川主五神合傳》、王柏心《導江三議》、田宗漢《湖北水利圖説》、王鳳生《楚北江漢宣防備覽》二卷、胡祖翮《荆楚修疏指要》六卷、俞昌烈《楚北水利堤防紀要》二卷、倪文蔚《荆州萬城堤志》十一卷、舒惠《荆州萬城堤續志》十一卷、王概《湖北安襄鄖道水利集案》二卷、陳少泉和胡子脩《襄堤成案》四卷、范鳴龢《淡災蠡述》、李本忠《平灘紀略》六卷和《蜀江指掌》、沈楙德《漢水發源考》、綦世基《洞庭湖志》十四卷、孫良貴《楚南諸水源流考》、程國觀《李渠志》六卷、黎世序《練湖志》十卷、蔣湘南《江西水道考》五卷等。

水利文獻具有重要的文獻價值。它是研究我國古代水文化、自然地理、河流湖泊變遷、治水科技史、交通史、經濟史、軍事史、旅遊文化史、社會治理與社會生活史的重要資料，對現代河流湖泊治理開發、城市發展規劃、區域發展規劃、水利水電開發、旅遊開發、生態環境保護等具有十分重要的參考價值。

絶大部分水利文獻具有很明顯的地域性特點，大多流傳不廣，一般讀者獲之不易，研究者也查找困難，没有標點整理，閱讀起來也不方便，爲此我們精選長江流域重要的水利文獻，編爲六册，包括《蜀水考》（外二種）、《平灘紀略》（外一種）、《當邑官圩修防彙述》、《江西水道考》（外五種）、《重修槎陂志》（外五種）、《湖北隄防紀要》（外四種），整理出版。在本書即將付梓之際，略叙我國古代水利文獻發展史，并略舉長江流域古代重要的水利文獻以爲序。

郭康松

2022 年 8 月

凡例

一、《中國長江水利史料叢刊》所收録文獻主要爲反映長江流域河湖历史、江河治理、水利工程相关的文獻资料，收録文獻時間範圍爲從有文字記載開始至 1949 年止。

二、本次整理主要採用標點、校勘、注釋等方式進行，並增加了整理説明。整理工作原則爲句讀合理、標點正確、校勘有據、注釋簡明。標點使用遵循 GB/T 15834－2011《標點符號用法》；凡有可能影響理解的文字差異和訛誤（脱、衍、倒、誤）都標出並改正，必要時以校勘記進行説明，校勘記置於頁脚，文中校碼〔一〕〔二〕〔三〕……附于原文之後；正文改字在文中標注增删符號，擬删文字用圓括號標記，更正文字用六角括號標記，如把擬删的“下”改成“卜”，格式爲（下）〔卜〕；對於史實記載過於簡略、明顯謬誤之處，以及古代水利技術專有術語，專業管理機構，工程專有名稱、名詞等，進行簡單注釋。

三、每個編纂單元前，有文獻整理者撰寫的《整理説明》。其主要内容包括：文獻的時代背景，作者簡介及其主要學術成就，文獻的基本内容、特點和價值，文獻的創作、成書情況和社會影響，本次整理所依據的版本及其他需要説明的問題。

四、整理後的文獻採用新字形繁體字。除錯字外，通假字、異體字原則上保留底本用字，不出校。

五、爲保持文獻歷史原貌，本次整理不對插圖進行技術處理。

目録

江西水道考

〔清〕蒋湘南 撰

整理説明

《江西水道考》，五卷，清蔣湘南撰。蔣湘南（1795—1854），字子瀟，河南固始人，自幼喪父。母親王氏對其進行啓蒙教讀，寒暑無間。叔父見其聰明好學，置書千卷，聘請老師教授。蔣湘南遂於十九歲考中秀才。道光五年（1825年），河南學政吴巢松舉其爲拔貢，次年入京，結識阮元、龔自珍、魏源等學者名人。八年底，爲陝甘學政周之禎幕僚一年，寫下許多具有民族史料價值的詩篇。十五年，中舉。二十四年，大挑二等，補虞城教諭，而湘南絶意仕進，拒絶任職，專事游幕、講學，潛心研究經學。其先後主講於關中書院、同州書院，并修纂《藍田縣志》《涇陽縣志》《留壩廳志》《同州府志》《夏邑縣志》《魯山縣志》等志書，最後完成《陝西通志》。咸豐四年（1854年）八月，卒於陝西鳳翔。

《江西水道考》是蔣氏遺稿之一。其在臨終前將未刊各稿交給門人柏景偉，後因動亂致部分書稿毁於火。《江西水道考》則因被友人借出而幸免於難，但原本位於圖書前面的圖幅不復存在，柏氏也因未曾“親歷豫章，弗敢鑿空補繪”（柏景偉《序》），所以至今所見《水道圖》有目無圖。民國年間，資益館主人將《江西水道考》和蔣氏其他著述如《七經樓文鈔》六卷（《補遺》一卷、《校勘記》一卷）、《春暉閣詩選》六卷（《校勘記》一卷）、《華嶽圖經》一卷（《校勘記》一卷）、《西征述》一卷，一起校刻刊行，鉛印出版，收在《蔣子遺書》中，現國家圖書館有藏。此次整理所據底本即源自《蔣子遺書》。

該書專考江西水道源流，先江水，次爲贛水，而附以彭蠡辨。體例依《水經》之法，提綱梳目，并引用《水道提綱》《讀史方輿紀要》等歷代史志諸書，互爲考證，是研究江西水利史不可或缺之作。

目　録

---

[1] 水道圖　缺，現存本有目無圖，此處保留。

凡 例

一、江西水道，古無專書。若劉澄之《鄱陽記》、鄧德明《南康記》、張僧監《尋陽記》，但志一方之水而仍未詳其源流。《江西通志》“山川”一門，彙集州縣志乘而分府條列，綱雜不明，令讀者茫然無緒。茲編依《水經注》之法，提綱梳目而敘之，俾十三府一州之水咸歸一線。

一、江西水道，山溪十九，間有遷徙，不大相遠。《通志》但載俗名，其與古名之見於舊籍者，人不辨爲何水。茲編歷引各書分注其下，古名今名，不致疑混，或有未詳，別加按語。

一、大江雖在九江一府之境，而爲彭蠡湖水所歸。湖水又爲贛水所會，贛水又爲衆水所注，自宜以江水爲經，湖水爲緯。湖水又以贛江爲經，衆水爲緯。巨細無遺，脉絡庶幾分明。

一、贛水見《山》《水》二經，乃江西全境諸水之總名也。其源有三，曰豫章水，即今之上猶江；曰彭水，即今之池江；曰湖漢水，即今之貢江。三水皆贛水，非贛縣之水名贛水也。今人呼贛縣以下之水爲贛江，相習已久，幾若與上猶江、池江、貢江分爲四水。茲編特標贛水爲總目，而贛縣以上三水，各用今名分敘，閱者可以了然。

一、《漢志》以湖漢爲經流，故九川皆言入湖漢。《水經注》以豫章水爲經流，故九川皆言入豫章水。衡以《山海經》“贛出聶都”之文自以《酈注》爲是，故首志豫章江。

一、豫章江與池江、貢江皆贛江之正源，故皆用特書。廬江、秀江、錦江、盱江、上饒江、脩河、鄱江、廬山河皆贛江之附庸，故用附書，經流緯流，各詳考以致其原委不同，他水之但據各書載入者，所以尊《漢志》也。

一、名山古蹟，爲水道所逕者必志，亦《水經注》之例。其已經湮失，或水道遷徙不逕其地者，則不牽涉。

一、《讀史方輿紀要》爲論形勢之書，水道乃其旁及。兹編於有關險要者全録其文，否則節取，以備參考。

一、《水道提綱》一書，志水最爲明晰。兹編一以爲主，惟全用今名，不足饜考古者之胸，故參據他書與相証明。若他書不及《提綱》之詳，則專引《提綱》。或各書大致相同者，則但録最先之書。

一、水利興廢，所關最鉅。《水經注》所以載鄭白渠、召父堰也。檢《江西通志》"水利"一門，但列塘堰畝數，而何水所溉，全未詳及。既無可徵，不妨姑闕，俟他日補之。

一、水道非圖不明。今以水利無徵不爲全書，故圖之目録雖具，而圖則待補。

一、水道以山爲主，《考工記》所謂川在兩山之間也。水流所向即爲山脉所趨，山脉停頓處，又即二水交會處也。其水源所出之山，則脉之直行者，水必二面分流。脉之突起者，水必三四面分流。水之源流既清，則山之支幹易曉。似宜仿《山經》之例，將江西全境之山統敘一編，以與水道相表裏。及檢《通志》各府山名，但以州縣憲綱爲次，不以山之脉絡爲次。方向道里，略而不具，非得詳明一圖，無可據以下筆。故僅成《水道考》四卷，而山志則俟另補。

一、九江彭蠡，先儒各是其説。兹亦略陳管見，附諸篇末，求正來者。

水道圖[1]

江西水道全圖
江水圖
豫章江圖
池江圖
貢江圖
盧江圖
秀江圖
錦江圖
盱江圖
上饒江圖
脩河圖
鄱江圖
廬山河圖
彭蠡湖圖
《漢書·地理志》豫章郡水道圖
《水經注》贛水圖
《禹貢》漢水滙彭蠡圖
《左傳》豫章圖

---

[1] 水道圖　缺，現存本有目無圖。據序文"故圖之目録雖具，而圖則待補"可知。

序❶

《江西水道考》五卷，先師蔣子瀟先生遺稿之一也。先生歿於馮翊書院，以未刊各稿授偉。回紇之亂，偉卧病在牀，賊猝至，家人負以逃，室燬於火，先生遺稿遂燼焉。此書先經沔陽彭君夢九借去，幸不併歸一炬。亂後擬即醵金付梓，而卷首圖幅未具，尚非完本。偉躬未親歷豫章，弗敢鑿空補繪，謹襲藏之，以待熟諳江西水道形勢者。

同治十年，歲在辛未四月，長安門人柏景偉敬識。

先生諱湘南，光州固始縣人。乙酉拔貢生，乙未舉人，銓虞城縣教諭，未赴任。咸豐元年主講關中書院，著書逾百卷，有《七經樓文鈔》《春暉閣詩鈔》《遊藝録》《華嶽圖經》《卦氣表》《同州府志》《涇陽縣志》，均已刊行。又著《陝西通省志略》二十卷，未刊，其稿存易念園制軍處。又有《讀書日記》十六卷、《讀道藏日記》四卷、《讀釋藏日記》四卷、《黄教源流》四卷、《雜記小品》二卷，未刊，其稿藏先生家中，未知尚存否。偉所藏遺稿有《蔣氏學算記》八卷、《咸陽縣志》四卷，并燬於火。此外不復記憶，謹即素所習知者縷述如右。

門人柏景偉又識。

❶ 序　底本原無此標題，此次整理，據文義增補。

卷一　江水九江府水道[1]

大江在江西省北界，一名尋陽江，西自湖北界來，東流入江西九江府瑞昌縣界。

《讀史方輿紀要》大江在瑞昌縣北三十五里，對岸即湖廣廣濟縣之武家穴也。西接興國州，東入德化界。

《宋書·州郡志》[2] 尋本水名，在江北，南流入大江，漢因以名縣，而江遂得尋陽之稱。

南岸爲瑞昌縣西之汎灣塘，江水逕其北而東。北岸爲湖北廣濟縣界。

按：北岸有馬口湖水，即《水經注》所云青林湖水，出東陵鄉者也。以非江西境中之水，故不録。

又東得瑞昌水口，楊林湖水自南來入之。

《水道提綱》南岸有瑞昌水口，即古湓水也，今曰楊林湖水。西出縣西界之赤顔山，二源合，東流經羊腸山南，又東經縣城西南，有小水北自城西來注之，稍東經城南，有白石巖水自西南來，有羅家湖水自南來會。又東北瀦爲湖，周二十餘里，分爲二流，一西北流，有白沙渡水自西來會，即馬頭鎮之南水也。又東北流入江，北岸即廣濟東與黄梅接界之新開口司也。

又東入德化縣界，北岸城子鎮，與湖北黄梅縣接界，有黄梅河合廣濟河自東北來入之。

《方輿紀要》城子鎮在九江府西四十里，大江北岸德化縣界。

《水道提綱》黄梅河，出黄梅縣西北龍坪山，兩源合，東南流，有孫家山水自東北來會，曰古角河。又南有老寺山水，自西北來會，

---

[1] 九江府水道　據書前目録加。

[2] 《宋書·州郡志》　底本原訛作《宋書·地志》，今據《宋書》校改。

折東南流經縣城東。又西南流至黄連村，有廣濟縣水自西來會。又東南合一小水。又西南數十里入江。廣濟河二水，一曰縣河，出縣北横岡山，西南流經縣城東，而西南有層峰山水，自城西來會。南流曰撻水河，折東南流滙爲大澤，迤而東北曰太白湖。又北受東衝山水，自東流出，經雙城驛前，又東至黄連村南，與黄梅縣河會。

又東南至九江府治西北，有數洲渚。

《禹貢水道考異》九江府城北有數洲，江濶二十里，舟行其間，有内路外路之分。江北岸爲外路，南岸爲内路。《輿程記》云：九江府城稍西北五里，地名官牌夾，從江至龍坪六十餘里，遇大水時自夾中直上龍坪五十里而近。

又東湓水自南來，逕謝公隄入之。

《讀史方輿紀要》德化縣湓浦港，在府城西半里，源出瑞昌縣清湓山，亦名盆水，流入境又東經城下，西通龍開河，北接大江，淵深不測。昔爲商旅泊舟處，俗傳昔人常洗盆於此，忽水漲，有龍啣盆而去，因名。其入江處謂之湓口，自昔爲戍守處。

《水道提綱》湓口水即瑞昌縣東南楊林湖，東流經錦繡谷，又東北流至府城西境，有小水自東南來會，北入江，亦曰湓浦。北岸亦德化界，有柘港湖、江磯湖諸小水。

《水利志》謝公隄，地名，泥沱嘴上爲龍開河、官牌夾二水衝激，崩陷無常。明嘉靖四十四年，兵備道謝迪與榷關户部主事祖琚協謀，築堤長半里許。

又東逕九江府城北附郭，德化縣治也。九江鈔關在城西。城據庾樓磯，沿江有李公隄，北岸爲小池口。

《乾隆府廳州縣志》九江在德化縣城北，今名尋陽江，即大江也。自湖北興國州界流入，逕瑞昌及縣境北，又東合彭蠡湖水，逕湖口、彭澤二縣入江南境。《書・禹貢》九江孔殷。班固云尋陽九江在南，皆東合爲大江。應（邵）〔劭〕曰：“江自廬江尋陽分爲九。”

按：《禹貢》九江之辨，先儒紛如聚訟，迄今尚無定說。而尋陽九江見於《班志》，固秦漢九江郡地也。《緣江圖》云：“九江始於鄂陵，終於江口，會於桑落洲。”桑落洲在九江府城東北大江北岸，是德化縣治正當九江之尾。其九派分流處多在湖北境，而所云烏白江、嘉靡江等皆無從指驗其地，故並不録。

九江鈔關在縣西二里，明景泰初置户部分司以榷商税。本朝康熙二十年移駐湖口縣。雍正元年移歸九江，别設分司于大姑塘。

《水利志》李公隄即庾樓磯隄。明正德九年，知府李從立甃以石，建亭其上，故名。嘉靖十一年，知府馬紀重修。

《德化縣志》乾隆二十三年，移城子鎮巡司駐小池口。

《方輿紀要》大江自富池驛而東，又東南六十里，經廣濟縣之龍平鎮，又東南十里，經黄梅縣之新開口鎮，又東南五十五里，即九江府城也。江流至此，濶二十餘里，波濤浩瀚，謂之尋陽江。舟行其間，有内路外路之分，亦謂之九江也。古稱湓口重鎮，中流衿帶，蓋府城當吴楚之要會，不特江右安危視九江之緩急，而上游之勢，淮南江左，禍福與共，所謂地有常險者，非歟？

又東逕封郭洲隄南。

《方輿紀要》封郭洲隄，府東北十里。隆慶中，邑令俞汝爲築隄，自李家口起至小池口一帶，綿亘三十餘里，民田三萬六千畝，及南昌、九江、蘄州之屯田，皆藉此隄以捍濱江侵囓。後漸圮。萬曆❶三年增築。三十六年又建石閘以爲蓄洩。四十一年淫潦，隄閘多崩壞，兵備副使葛寅亮修築隄閘，高廣完固。其後相繼營葺。

又東逕桑落洲南。

《乾隆府廳州縣志》桑落洲，在縣東北過江十五里。晉元興三年，劉裕遣何無忌等敗桓玄❷將何澹之于桑落洲，遂克湓口。洲之西曰白茅灣，與江南宿松接界。梁承聖元年，陳霸先自江南出湓口，會王僧辨于白茅灣，即此。《圖經》：九江始于鄂陵，終于桑落洲。

---

❶ 曆　底本原用“歷”字，爲避諱字，現徑改爲“曆”，餘同。

❷ 玄　底本原用“元”字，爲避諱字，現徑改爲“玄”，餘同。

又東稍北，北岸與江南宿松縣接界，南岸入湖口縣界。江中有二大洲。

《水道提綱》江中有大洲二，曰梅家洲，曰永和洲。

彭蠡湖之水入之。

《水經》沔水與江合流，又東過彭蠡澤。

《方輿紀要》彭蠡湖在湖口縣治西南，湖合章、貢二水及群川之流並注於大江，縣當其委輸之處，故以湖口爲名。蓋噤喉之要也。自縣而西則出尋陽而達湖廣，自縣而南則逕南康而達會城。湖中汊港不一，捷出饒信，徑抵臨川，風帆出没，惟意所之，而必以縣爲問塗之始。杜佑曰：彭蠡湖口，故左里也。即晉義熙中劉裕敗廬循處。《輿程記》：自縣入彭蠡湖，經大孤、青山至南康府共百二十里，又二百五十里至南昌府，自縣而東南渡湖抵饒州，凡三百七十里。

又東逕湖口縣城北。

《乾隆府廳州縣志》唐武德五年，分彭澤置湖口戍。南唐保大中升爲縣。

又東北流，北岸有龍湖水，北自宿松縣境來入之。又東太平關水自南來入之。

《水道提綱》水自縣北之二郎河南流，經城西而南分爲二派。一南流與西自黄梅來一水會，瀦爲龍湖，廣二十里。又東流入江，江口有二小洲相連。

又東過彭澤故城，入彭澤縣界。

《方輿紀要》彭澤故城，在湖口縣東三十里，漢彭澤縣蓋置於此。

又東逕彭澤縣城西北有峨眉洲、龍船洲、得勝洲。

《方輿紀要》峨眉洲在縣北，洲有港，細曲如眉。其西北有龍船洲。又得勝洲在縣西。

江中有小孤山，濱岸有彭浪磯。

《寰宇記》小孤山高三十丈，周迴一里，在台城西北九十里，孤峰聳峻，半入大江。

《方輿紀要》小孤山舊時峙江北岸，與南岸群山對峙爲控扼處。元天曆中，立鐵柱於山上，長三丈有奇，曰“海門第一關”。江流經此，湍急如沸。明成化二十年，江水忽分流於山北，流日益廣。自是屹立中流，大江澎湃環於四面。山有石級百十有一，紆回而上，巖林泉石，頗饒勝致。其南下曰彭浪磯，蹦爲馬當山，北下爲峨眉洲[1]，與小孤相映帶。彭浪磯在縣北，聳立江濱，與小孤山相對，俗謌爲彭郎，遂有“小孤嫁彭郎”之語。

又東有泊湖水，自東南來入之。

《水道提綱》大泊湖在彭澤縣東境，袤延曲折數十里，西會東南來之水，北入江。

《方輿紀要》大泊湖，縣東北五十里，通東流縣之香口鎮，支流爲天井、沈灣諸小湖，中有鶴山，雙峰聳峙，脈接浩山。湖西又有船山，以山如船形也。

又東北有大洲，又東北南岸受二小水，中有洲。又北逕馬當山入江南界。

《寰宇記》馬當山，横枕大江，山象馬形，廻風急擊，波浪涌沸，爲舟船艱阻。山腹在江中，山際立馬當山廟。

《水道提綱》大江於江西經四縣境五百里。

《方輿紀要》大江自九江府城而東六十里，經湖口縣城北。湖口，江西之噤吭也。彭蠡之水自縣西南二十里注於大江，環城而北出，故縣以“湖口”爲名。又東北六十里經彭澤縣西北二里，江流至此益折而北，江心有小孤山，與宿松縣分界。江濱又有馬當山，與東流縣分界。小孤、馬當，皆江津之險也。自彭澤而東北，凡百二十里，至望江縣之雷港口，蓋江南、江西、湖廣三省之地，犬牙相錯，濱江環峙，爲設險處。

附録：《方輿紀要·總論九江》

九江即大江也。在九江府城北，其上流自湖廣興國州東流入瑞昌

[1] 峨眉洲　底本原作“蛾眉洲”，據前文校改。

縣界。又東南流，北岸爲湖廣黄梅縣之新開口鎮。東南流六十里，經府城東北之尋陽驛。又六十里爲湖口縣之彭蠡驛。又東北六十里爲彭澤縣之龍城驛。又百十里即江南望江縣之雷港驛也。亦曰尋陽江，蓋大江之隨地易名耳。《禹貢》“九江孔殷”，又曰“過九江”，蓋今之洞庭湖。而説者以爲在尋陽。司馬遷曰：余南登廬山觀禹疏九江。淮南王安曰：禹鑿江而通九路。班固曰：九江在尋陽南，東合大江。應劭曰：江自廬江尋陽分而爲九。鄭玄曰：江至尋陽分爲九道。郭璞《江賦》：源二分於崌崍，流九派於尋陽。《尋陽地記》：禹疏九江，一烏白江、二蚌江、三烏江、四嘉靡江、五畎江、六源江、一作沙源江。七廩江、八隄江、九箘江。張須元《緣江圖》云：一三里江、二五州江、三嘉靡江、四烏土江、五白蚌江、六白烏江、七箘江、八沙提江、九廩江。參差隨水短長，或百里，或五十里，始於鄂陵，終於江口，會於桑落洲。張僧監曰：九江一名白馬江，去州五里，是大禹所鑿。九江分流三百餘里，至桑落洲合流。孔（潁）〔穎〕達曰：大江分爲九江，猶大河分爲九河。賈躭曰：江有八洲，與江爲九。宋白曰：九江在江州西北二十五里。晁公武曰：九江一水而名九者，猶太湖一湖而名五湖，昭餘祁一澤而名九澤耳。又劉歆言九江者，湖漢九水入彭蠡澤也。酈道元則云自沔口以下有湖口水、加湖江水、武口水、烏石水、舉水、巴水、希水、蘄水、利水，皆南流注於江，皆可傅合“九江”之説。宋曾氏云：豫章之川如彭水、鄱水、塗水之類，凡九合於湖漢，東至彭蠡入江。九江之名或取諸此。蓋傳疑久矣。今府治後百餘步有庾公樓，其磯石突出江干百許步，爲岷嶓以下滔滔東流之少駐。自六朝以來，州常爲中流雄鎮，得其人守之，未易越尋陽一步也。至於江中洲嶼，節節有之。自舟行附南岸者謂之内路，附北岸者謂之外路。宋晉安王子勛將劉胡自鵲尾敗還尋陽，於江外夜趨沔口，蒼梧王初以黄門郎王奂鎮夏口，恐過尋陽爲桂陽王休範所刦，留使自太子洑竟去，蓋即江外趨沔口之路。今江防之設始自尋陽，蓋大江越梁荆而來，小水附入益多，波流衍溢，汊港縱横，且東近金陵，風帆易達，故爲備不可緩也。

按：秦漢之九江郡，因尋陽九江而名也。新莽之九江郡，因湖漢九江而名也。自來論尋陽九江者，文亦甚夥，朱子之辨尤詳，然不盡關于江西地理，惟此文于九江府形勢較切，故録之。

九江説一

説九江者，各執九條水以求之。其地不外三處：曰尋陽之九江，曰湖漢之九江，曰洞庭之九江。主尋陽者本《班志》，主湖漢者本劉歆，主洞庭者本《山海經》，皆有據，非鑿空者。然與《禹貢》經文總無一合。《禹貢》曰"九江孔殷"，下文即曰"雲土夢作乂"，雲夢非洞庭澤乎？若九江即是洞庭，經文豈非重出？況導江以至於醴，與過九江連言，則必醴與九江分兩地也。《鄭氏注》醴爲陵名，醴陵即洞庭湖水入江處。《馬氏注》醴爲水名，澧水即洞庭所納之一水。醴與九江並非兩地，經文何必兩書曰至曰過，其文費矣。是洞庭之説不合也。《禹貢》記彭蠡於揚州，記九江於荆州。荆州之川，必不又爲揚州之澤，而彭蠡澤之水實湖漢九水所匯，明明在揚州境，不在荆州境，則九江非湖漢九水矣。經文並無錯簡，是湖漢之説亦不合也。經曰過九江至於東陵。東陵之爲地，阮雲臺先生考之最確，蓋大别之旁支北盡於廣陵而南起於黄梅縣境，阮先生謂東陵起於舒城，蓋據山脈之横轉者言之。《水經注》所云東陵鄉也。漢尋陽故城在黄梅縣西南，故大江至此名尋陽江。若九江在尋陽，則東陵與九江爲一地，亦不得云過云至矣。是尋陽之説亦不合也。況乎尋陽九派，本一江之所自分，尤不得稱過。湖漢九水，合一川而仍不大，亦不得名江。洞庭所納只有沅、湘、資、澧四水，而並無九水，若四水上流所合諸出之水，見於《水經注》者已十有餘水，而又不止於九，故曰無一合也。

九江説二

導山曰過九江至於敷淺原。導江曰過九江至於東陵。是九江在敷淺原東陵之上，山所過之九江即江所過之九江也。東陵在江北，乃大别之分支，與衡山無涉。衡山以九疑爲主峰，盤亘一千餘里，合長沙之衡山、南安之聶都爲一山。其分支東趨閩粤，而正幹則東北出由桂東、瀏陽、崇陽、通城、武寧諸縣境，而東結爲廬山，故廬山乃衡山之東北麓也。廬山之名，不見於《禹貢》，亦不見於《山海經》。蓋《山海經》之柴桑山即廬山，《禹貢》之敷淺原即廬山也。《漢志》歷陵縣下注云傅易山。傅易川在南，古文以爲敷淺原。漢歷陵縣，今江西德安、星子兩縣地。《通典》《寰宇記》皆指德安縣南之山名傅陽者，謂即《禹貢》之敷淺原，《寰宇記》于鄱陽縣亦有敷陽山，以爲《禹貢》之敷淺原。《禹貢錐指》因之，謂鄱陽爲漢歷陵縣地，不知鄱陽在彭蠡湖東，其西境乃漢鄡陽縣地，與歷陵無干。鄱陽有石印山，古名鄱陽山，而傅陽山亦作博陽，鄱與博同聲致誤。樂史、胡渭皆未之詳考。不知此乃廬山西南之旁支，而非其主峰。其主峰固名五老上霄也。朱子但疑德安之山卑小，謂《禹貢》不應舍廬阜之大而轉取其旁之小山，蓋未察德安之山與星子之山爲一山，廬山即《禹貢》之敷淺原矣。不然，《山海經》亦無廬山而有柴桑之山。是柴桑之名爲最古，匡廬乃柴桑山後起之名也。今人執廬山西南之一峰爲柴桑山，在黄龍山側。豈《山經》但志桃花尖之小，即《廬山志》之柴桑山。反遺五老峰之大乎？敷淺原爲柴桑山同時之異名。禹王作《禹貢》，不必書柴桑山，伯益作《山海經》，不必書敷淺原，猶之《爾雅》以崧高爲中岳，而《禹貢》但書外方，《山經》但書太室也。外方、太室乃崧高同時之異名，崧高乃後起之名也。廬山之脉北盡於江濱，而南散爲彭蠡湖中無數小山，其湖東山脈皆自徽歙東來，不自廬山西往。是敷淺原爲衡山陽列之盡處，故導山至敷淺原而止，其爲廬山無疑也。或曰《爾雅》言高平曰原，今廬山高峻，似不得以原名，不知昆侖爲萬山之祖，而《山海經》呼之爲昆侖邱。昆侖可以邱名，廬山何不可以原名？况原[1]字從泉出厂下，即古源字，非郊邍之邍。《尚書後案》已詳辨之矣。明乎敷淺原之爲廬山，而後九江之所在可得而定。

九江説三

九江非九條水也，乃氿江也。《詩》曰“有洌氿泉”，《爾雅》曰“氿泉穴出”，是也。《禹貢》於水名之字，或不加水旁，如黑水，《史記》作潶水。弱水，《説文》作溺水，《禹貢》皆無水旁。此氿江之但作九，亦猶黑水之不作潶，弱水之不作溺而已矣。氿字與厬字通，

[1] 原　底本原爲“源”字，誤，據前後文義校改。

《爾雅》釋氿爲仄出泉，釋厬爲水醮，《説文》則解厬字爲仄出泉，而解氿字爲水厓枯土，通假之字，其義無殊。《説文》引《書》，固用孔氏古文，説者惜乎氿字下不引《禹貢》之九江以解之也。司馬遷問《書》故於孔安國，故《禹本紀》所引皆古文家説，其引“九江孔殷”作“九江甚中”。甚中者，江水行於地中也。僞孔傳云甚得地勢之中，誤甚。鄭康成傳《古文尚書》，其注“九江孔殷”云九江從山谿所出，其孔衆多。以孔字作孔穴解，正與《爾雅》氿泉穴出相應。江岸之山，中空多穴，江水潛伏，流出其中，故名其地爲氿江。《鄭注》之義與《史記》“甚中”之文亦相應，《孔疏》不知，轉以鄭爲别解，於是九之爲氿無有能明之者矣。《山海經》曰洞庭之山，帝之二女居之。是常遊於江淵，沅澧之風交瀟湘之浦，是在九江之門。今本作間。《初學記》引作門。此即以洞庭澤爲《禹貢》九江者之所本，不知此九江正氿江也。據《山經》以説《禹貢》，其所謂九江者甚是，而以九條水爲九江則非。郭璞注曰“洞庭陂潛伏通江”。其《江賦》復有“巴陵地道，潛伏旁達”之語，《水經注·湘水》篇亦言君山石穴，直達包山。夫石穴地道，非所謂氿江之門乎？《西山經》言積石之山有石門，河水冒以西流。石門非石穴地道乎？積石山之石門與洞庭山氿江之門正同。據此知今本《山海經》作間字者非。名之爲門，自是氿江之首，其氿江之正身，更在洞庭湖東明矣。《海内東經》曰“湘水入洞庭下”，又曰“沅水入洞庭中”。曰下曰中，正是流入山腹。《離騷》曰“邅吾道兮洞庭”，言山腹有地道也。大江自巴陵折而東北，流幾六百里，過武昌之黄鵠山，然後流往東南。凡武昌府西南崇陽、通城諸山所出之水，當即氿江之從山腹溢出者。故《鄭注》不以爲山所出谿，而以爲山谿所出，其孔衆多也。《水經注》言《禹貢》山水澤地所在，不以九江爲水澤之名，而以爲地名，如曰九江地在長沙下雋縣西北，今通山縣有漢下雋故城，崇陽巴陵皆其縣地。道元雖未言九江之爲氿江，然既明指其地之所在，又不舉九條水以實之，是尋陽、湖漢、洞庭三處之九江，均不以爲《禹貢》之九江矣。以《山經》道里計之，洞庭之山，東南至堯山五百三十九里，東至柴桑之山一千三十九里。柴桑山在江西德化縣，堯山在湖南桂東縣，古千里當今六百餘里，五百里當今三百餘里，核其里數，洞庭山正在武昌府西南屬縣境中。洞庭者，空洞之庭也。山名並非湖名，後人以洞庭名湖，遂專指湖中君山爲洞庭山，與《山經》道里不合。洞庭蓋湖濱諸山之總名也。君山爲氿江之門，武昌西南諸山爲氿江之室，山多罅穴，衆泉仄出，因名其地爲氿江，猶鹽澤之水從石門潛伏而南出，爲星宿海也。此《禹貢》之九江也。

九江説四

或問曰："鄭氏以'山谿所出，其孔衆多'解'九江孔殷'，而又引《漢志》尋陽九江爲証，豈尋陽之九江亦山谿所出，非大江所分乎？"曰："大江至尋陽南分爲九派，故人呼九條水爲九江。自有此九條水之九江，而氿江之名遂隱。然而九條水之九江，洲渚參差，長短不一，且變遷無定，不能數千年常分九派也。於是劉歆、杜佑皆不主尋陽而主湖漢，以湖漢九水各有其源流，非如一江之所自分也。其實《禹貢》氿江，其門雖在洞庭山，而尋陽、湖漢之地，亦得以氿江統名。彭蠡湖口之石鐘山，中空而江水入之，其他山亦必有多罅者。九江府城之灌嬰井，浪動而江風鼓之，其他井亦必有通江者。一在湖漢水中，一在尋陽江側，古籍詳載其奇，今人目驗其異，非有石穴地道而能如是乎？《水經註》言君山之穴直達吴下包山，世人無從驗其信否，而尋陽、湖漢之山皆從洞庭一幹而來，豈氿江一見不必如濟水之再見乎？《山海經》又有江浮之山在洞庭山東南五百三十九里，當今三百餘里。在柴桑山西四百二十里，當今二百餘里。正當尋陽九江之上游，山以江浮爲名，烏知非江入山腹而後有此名乎？《竹書》言周康王南巡狩至九江廬山，司馬遷亦言登廬山觀禹疏九江。夫與廬山相連之九江，非尋陽即湖漢矣。氿江之名爲九江所隱，儒者但知執九條水以求之，所以與《禹貢》不合也。"

卷二　贛水南安府、贛州府水道[1]

彭蠡湖爲江西十三府一州諸水之總會。其經流曰贛水，一名豫章水，源出湖南桂陽縣界，流入江西南安府崇義縣界。

《山海經》贛水出聶都山[2]，東北流注于江，入彭澤西。

按：《山海經》多漢人所羼，故有漢代地名。顏之推所云長沙桂陽等皆非禹益之本文也。此經之言入彭澤西，彭澤亦漢縣名，疑此文亦當出自漢人。

《海內南經》梟陽國在北朐之西，其爲人人面長脣、黑身有毛、反踵，見人笑亦笑，左手操管。《郭注》《海內經》謂之贛巨人。今南康郡深山中皆有此物，俗謂之山都。南康今有贛水，以有此人因以名水，猶大荒説地有蜮人，因號其山爲蜮山。

《海內經》南方有贛巨人，人面長臂、黑身有毛、反踵，見人笑亦笑，脣蔽其面，因即逃也。《郭注》即梟陽也。《箋疏》梟陽國已見《海內南經》。今南康人説深山中亦有此物也。

按：贛水之名因贛巨人而起，郭注言之甚明，贛乃人名，非地名，其地名梟陽，不名贛也。漢之贛縣又是因水名地，故附録《海內南經》《海內經》二條以著水名之所自。

《漢書·地理志》贛縣，豫章水出西南。

《後漢·郡國志》贛有豫章水。

《山海經箋疏》按：《地理志》云豫章郡，贛豫章水出西南，北入江。《郡國志》亦云贛有豫章水，是贛水一名豫章水，郡縣俱因水得名矣。

---

[1] 南安府、贛州府水道　據書前目録加。

[2] 聶都山　袁珂《山海經校注》作“聶都東山”。

《水經》贛水出豫章南野縣西，北過贛縣東。

按：漢南野縣，故城在今南康縣西南，《水經》言贛水出其西，是以今大庾、崇義、上猶三縣境中之上猶江、池江爲贛水也。漢贛縣故城在今贛縣西南，章水之南岸，章水逕其南而東，故曰北過贛縣東。是漢縣並不當章、貢合流之地，其取名不因二水明矣。劉澄之之説已爲道元所駁，而全謝山又拾其餘瀋，何哉？

《水經注》《山海經》曰贛水出聶都山，東北流注於江，入彭澤西也。班固稱南野縣彭水所發，東入湖漢水。庾仲初謂大庾嶠[1]水北入豫章，注於江者也。《地理志》曰豫章水出贛縣西南而北入江，蓋控引衆流，總成一川，雖稱謂有殊，言歸一水矣。故《後漢·郡國志》曰贛有豫章水。雷次宗云似因此水爲其地名，雖十川均流，而此源最遠，故獨受名焉。劉澄之曰縣東南有章水，西南有貢水，縣治二水之間，二水合，贛字因以名縣焉。是爲謬也。劉氏專以字説水，而不知遠失其實矣。

按：大庾嶠水應是今池江水，出自大庾縣之西，流向東北過南野故城而合上猶江，故庾仲初謂北入豫章也。是今崇義、上猶兩境中之水爲豫章水。

按：贛水見《山海經》，豫章水見《漢志》，是贛水之名更古於豫章水。然贛本梟陽山都之名，《郭注》所謂因有此人以名此水也，因水名地又在其後矣。古梟陽國爲今南、贛二府地，聶都山在其西南，當是梟陽境中之山，山北所出之水曰豫章，山南所出之水曰彭。詳見後池江下。其統名則曰贛水。然又不止爲二水之統名也。《太平寰宇記》云泰和縣贛石山有山都獸，似人形。《異物志》云大山窮谷之間有山都人，不知其流緒所出。是贛巨人之所居不必在聶都一山，則可以名贛之水亦不止出聶都之二水。泰和去聶都山可八百里，而亦有贛巨人，其他山之有贛巨人者，詎止泰和一縣乎？此《山海經》之所以標贛水爲

---

[1] 嶠　底本原作“橋”，據清王先謙《王氏合校水經注》校改。

江西全境諸水之總名，非專指贛地之水也。《漢志》於贛縣云豫章水出西南，於南野縣云彭水東入湖漢，此皆出於聶都山之水，而班氏自注均不云贛水，孟堅豈未見《山海經》者哉？繫豫章水於贛縣，即以豫章水爲出聶都之贛水也。出聶都者爲贛水之正源，出湖漢者爲贛水之别源，湖漢一名貢水，貢字即贛字，《説文》贛本作贑，音古送切，讀同貢，故貢字爲贛字之本音。《論語》子貢，《漢石經》作子贛是也。贛字轉音爲坎，《説文》引《詩》"贑贑鼓我"，《毛詩》作"坎坎"。樂器之箜篌，《樂府解題》作坎候，是皆音轉之證。贑音既轉爲坎，於是郭璞注《山海經》贛字音感，顔師古注《漢書》贛字音紺，蓋皆其地之方音，習而久之，貢之本音乃失矣。湖漢之名貢水，或古時贛水之本音流傳而未失者，其字形則省而作贛，又省而作貢，字既作貢，自不能復呼感音，亦不能更呼紺音，惟稱貢水而已。《山海經》之贛水雖指明出於聶都山，實則兼湖漢水而統名之，故曰豫章水爲正源，湖漢水爲别源也。漢代非無贛水之名，而志載各縣之水曰鄱、曰傅易川、曰餘、曰修、曰豫章、曰旴、曰蜀、曰南、曰湖漢、曰彭，共十一水，合諸長沙國所出之盧水爲十二水。劉歆謂湖漢九水爲《禹貢》九江，王莽因之，改豫章郡爲九江郡，蓋不數傅易川而又合豫章、彭爲一水。其不言贛水者，蓋因地以志水，地之名各殊，則水之因地而見者，自不能不標其各水之專名。既有專名，豈能統舉總名乎？豫章、湖漢未合之先，二水同在贛地，故贛水之名可以分屬諸二水。豫章、湖漢既合之後，修、淦諸水皆入二水，則贛水之名又可統被於諸水。此《班志》所以言各水入湖漢，而《水經》又本《山經》，只稱贛水也。豫章本與彭水合流入湖漢，而《班志》於彭水言入湖漢，於豫章水直言入江，一似不入湖漢者，蓋别豫章於彭水，正是儕豫章於湖漢，湖漢曰入江，豫章亦曰入江。是二水皆經流矣。豫章曰入江，彭水曰入湖漢，是豫章合湖漢矣。豫章水之名不知起於何時，《水經注》未之詳言，但引《豫章記》以爲似因此水爲其地名，謂豫章郡之名因豫章水而起也。然則豫章水之名亦古矣。稱謂有殊，言歸一水，善長固參考群書而得之者。

《禹貢錐指》聶都山在南安府崇義縣西南六十里，王象之曰章水所經，非所出也。

按：聶都山大幹從九疑山來，盤亘二百餘里，湖南之桂陽，廣東之仁化，江西之大庾、崇義各縣之山，皆聶都山。山西北麓之水入湘江，南水入廣東，東北之水入江西，泉澗競流，均爲章助，不得指一溪以爲章源，亦不得指一峰以爲聶都也。王象之但以江西境中之山爲聶都，而不知湖南境中之山亦聶都，故誤謂章水所經非所出。

《水道提綱》章水，源出湖南桂陽縣東之孤山，三源合而東流爲章水。

《桂陽縣志》孤山水在縣東二十里，源出縣南十七里之獨秀峰，俗名孤山嶺，其水屈西北流一百五十里，入江西上猶縣界，即猶水上源也。

按：崇義縣設自前明正德十二年，其未設之前，上猶縣與桂陽接界。

豫章水入崇義縣西南境，逕珠子山北東北流，東坑水自北來入之。

《方輿紀要》東坑水在桂陽縣東七十里，流入上猶縣界，合於猶水。

豫章水又東北逕龜山東南，又北受西南來一小水，又東逕縣城北謂之縣前水，桃水繞城入之。

《方輿紀要》桃水，出紅桃嶺，繞流入縣前水。

豫章水折東南流，石門水自西北來入之。

《山川志》石門水，在上猶縣北一百里，源出百丈峒，東南入章水。

豫章水又東北入上猶縣界，逕李姑堡北有禮信水合琴江，自西北來會，土人呼上猶江。

《水道提綱》禮信水，出交美營，與湖南界之大山東南曲曲流百餘里，合西來一水，又南流八十里有琴江，西自界上山合二水東流來會，又東南流合縣北一水，又東南入章。

按：禮信水出桂陽縣孤山之東北，流可二百里，至上猶縣西之琴口渡，與琴江合。琴江出琴龍山之龍潭，蓋皆豫章水之别源也。孤山、琴龍山皆聶都山之東北麓。

豫章水又東北折，而東南有口溪坑水自西南來，村水合二溪，北自城西來並會，又東逕縣南謂之縣前水。

《方輿紀要》縣前水源出桂陽益將鎮，流逕上猶縣西四十里曰米洲水，有門水，亦自益將分流，至此合爲一川，逕城南而爲縣前水。

按：上猶縣南之縣前水即崇義縣北之縣前水，皆豫章水之經流也。門水即口溪坑水，益將鎮在桂陽縣東四十里，豫章水所經，故又名益將溪❶。

豫章水又東流而爲潭，曰鎮前潭。

《山川志》鎮前潭在上猶東一里，自猶水分派成潭。

豫章水又東稍北有九十九曲水，合四溪自北來會。

《方輿紀要》九十九曲水在縣東北四十里，地名上坪，水源出焉。西南流回環九十有九曲，而入於猶水。

《水道提綱》九十九曲水出上猶縣東北山，南流合東來三水，南流百里入章。

豫章水又東北逕西雲山北麓，又東流曰梅江，入南康縣北界涼熱水，合封侯水、南源水、西符水、義安水自西南來會，古亦呼涼熱諸水爲豫水。

《寰宇記》良熱水❷出聶都山。《南康記》云蓋謂泉之源也。又云熱水，昔名豫水，漢置豫章郡，因以此水爲名也。益漿水合西符水，至南野口合良熱水。封侯水出封侯山，水不通舟，西南入良熱水。

《方輿紀要》南源水，出南源山，東流百折合西符水。西符水，出縣西鑊山，東流會南源水謂之符江口。涼熱水，在縣西南八十里，同原異性，涼熱各殊，下流爲平政水，又東合於南原水。義安水，原出大庾縣之玉泉山，流經義安里，故名，下流入南源水。

---

❶ 益將溪　文中亦作“益漿溪”。

❷ 良熱水　文中亦作“凉熱水”。

《山川志》凉熱水，在府城西北一百五十里，其源一熱一凉，熱水池圍二丈餘，深尺餘，流四步合凉水入章江。《太平寰宇記》作良熱水，謂熱水昔名豫水，猶、豫義同。豫水疑即猶江。自唐避代宗諱，而豫水之名隱矣。

按：《漢書·地志》[1]《水經注》皆未言豫、章爲二水。鄧德明《南康記》始指凉熱泉爲豫水之源。鄧氏，南康郡人，其説當非無據。唐避代宗諱，改豫章縣爲鍾陵，豫章江亦去豫字，但呼章江。舊志謂豫水之名從此而隱，其説甚是。但謂猶、豫義同，以猶字代豫字則非，猶與猷通。大猷山亦作大猶山，在上猶縣北，禮信水與琴江合，而經過其下，又有本山所出之猶水入之，因名猶江，實則應做猷江也。豫水之原爲凉熱泉，在聶都北山，去大猶山九十里，並非一山，則此水豈能混成彼水。夫二水相入之後，其名原可假借，若謂因避諱而改，則不可也。

豫章水又東南流過玉潭山，山下有潭口鎮，贛州府贛縣西南界也。池江之水自南康合南安府諸水東北流來會。

《山川志》玉潭山，在南康縣東北四十里，地名潭口，山濱大江。章水流經南埜[2]驛即自此潭東注。

按：《方輿紀要》言凉熱水於南埜口入章江。《江西通志》南康縣境各水，俱言於南埜口入章江。所謂章江者，指池江，非上猶江也。南野口，今名南野鎮，即漢南野縣，故城在南康縣西南。《南安府志》亦言上猶江與池江相會於此。今則會於南康縣東北四十里之潭口鎮，不在南野口矣。何時移徙，無文可考。

池江即古彭水也，亦謂之大庾嶠水。

《漢書·地理志》南野縣彭水東入湖漢。

《水經注》班固稱南野縣彭水所發，東入湖漢水。庾仲初謂大庾嶠

---

❶ 《漢書·地志》　即《漢書·地理志》，下同。本書所言《漢志》，亦指《漢書·地理志》。

❷ 南埜　文中亦作“南野”。

水北入豫章，注於江者也。

《禹貢錐指》《府志》云章水出湖廣郴州南三十六里黄岑山，自宜章縣流入崇義縣界，經聶都山，《漢志》謂之彭水。是知彭、豫章本一水，在南野爲彭，行至贛爲豫章，猶《禹貢》“嶓冢導漾，東流爲漢”，“導沇水東流爲濟”，隨地而異名也。

按：豫章水即是彭水。《禹貢錐指》所辨極確而有未晰者。《漢志》以豫章水屬諸贛縣，以彭水屬諸南野縣。漢縣斥大，其分界處今不可考。而南野故城在今南康縣西南，《通志》所云涼熱水、禽水、大田水，皆至南野口入章江者，即其地也。《水經注》云豫章水導源東北，逕南野縣北，今上猶江流逕南野故城北，是益漿溪、禮信水、琴江之合流者爲《漢志》之豫章水無疑矣。崇義、上猶兩縣地應在漢贛縣界中，其南野故城之南，大庾、南康二縣地應是漢南野縣地也。池江水來自大庾縣之西，流逕南康縣之南，與《漢志》彭水在南野縣正合。是彭水乃今之池江水，獨流三百餘里，而後與豫章水合，其源不同，其名自不得相冒。《漢志》所以分屬兩縣也。《禹貢錐指》《方輿紀要》諸書皆据前代方志爲言，如《江西通志》《南安府志》均以上猶江爲《漢志》之彭水，而不知實豫章水。夫兩水既合之後，彭水固可兼豫章之名，兩水未入之先，豫章水豈能侵彭水之地哉？《山海經》無豫、章、彭三水，而但有贛水，是贛水爲三水之統名。豫、章、彭乃贛水之分名也。《禹貢》無贛水，亦無豫章水，而彭蠡之名似有取於彭水。蠡與蠃通，名之爲蠃者，彭水爲江水所過，回旋之勢有同螺紋，程氏《通藝録》中三江會彭蠡一圖，大得名蠡之義，特其解彭字爲盛大，爲杜撰耳。蓋忘《漢志》彭水之名也。古時豫章水或統名彭水，禹王以爲經流，因以彭蠡名澤與。

又按：聶都山之主峰在桂陽縣南二十五里，俗呼白雲山，高聳磅礴，本名騎田嶺，即五嶺從西之第四嶺也。豫章水所出之孤山嶺，乃白雲山東北之一小峰，《山海經》所云贛水出聶都山者，蓋合白雲山與崇義境中之聶都山爲一山。其山東南出之水入廣東仁化縣界，曰錦江，東北出之水入江西界，曰章江，與宜章縣黄岑山所出之章水同名異地，並不相涉，何以《宜章縣志》《南安府志》竟以黄岑山所出，南入廣東之章水爲聶都山所出北入江西之章水也。考騎田嶺根盤三百餘里，聶都山乃其東峰，黄岑山乃其西峰，宜章、桂陽二縣皆其山中之地，而宜章縣又在桂陽縣西，黄岑山之章水南流入廣東樂昌縣境，至韶州府城南合於湞江，其發源處距桂陽之孤山相去一百六十里，中隔白雲大山、錦江大水，斷不能越之而入江西境。且錦江之源與豫章水之源只隔一小山，一東南流，一東北流，尚不相入，豈有宜章縣之章水能合南安府之章水乎？《南安府志》竟以宜章縣爲江西章水得名之由，致《禹貢錐指》《方輿紀要》《一統志》諸書俱沿其誤，殊爲可怪。

源出大庾縣西一百里聶都山南之沙溪洞。

《章水經流考》聶都山，今考圖，屬南安崇義縣，西南與大庾接界，在古並南野地。山高百六十仞，連亘四十里，上有猴峒獅子之岩，攢簇壁立，路僅鳥道，朝夕雲氣，滃鬱盤薄，無峰不洞，無洞不泉。章水諸源瀵出其間，其色紺碧，初出如斗，漸大成溪，從此屈曲迤演，至沙溪崗南行，轉東入自郡西。

《水道提綱》池江，即章水之南源也。出南安府治大庾縣西與桂陽界，珠子山之東南大山東北流亦曰章水。

《山川志》聶都山水，源出沙溪洞，巨石方廣丈許，厚半之，五色如屏立，滴水如鐘漏，至洗心橋始大。

東流逕石陂頭折而南流，過横浦廢關，横浦之水自西南來入之。

《山川志》平政水在府城西南五十里，源出廣東仁化縣長嶺，流經城南，一名南江，一名横浦水。

按：平政水在大庾嶺上，乃池江之别源，《水經注》所謂大庾嶠水之一水也，與凉熱水並不相入。凉熱水在府西北一百五十里，合南源水入上猶江，去大庾境尚遠，而《方輿紀要》謂凉熱水下流爲平政水，誤矣。

折而東流，過梅關北，又東至南安府城南驛使門外，沙河之水自西南來會。

《章水經流考》經今郡治橫浦驛、五板橋邊，合大小沙河、五板橋水，下東山麓而始浩大。

《方輿紀要》大沙河，府南十里，源出大庾山麓，東北流。小沙河，源出大庾嶺下鼓樓寨，東流十里，合大沙河。

《水道提綱》小溪出大庾縣西南，與廣東界大山，東流經鬱林司北，又東經小梅嶺、大梅嶺之北，過水城之北府城之南，兩城隔水相望，爲入粵孔道，與大溪會而東流。

按：《水道提綱》言池江經南安府城北折而南，其語稍誤。城北之水乃樟槎水，與池江無與，池江並未至城北也。

又東過五羊塘，五羊灘水自北來入之。

《山川志》五羊灘水在府城東二里，源出鬱村，入江有石瀬岸，舊云五仙騎羊過灘，故名。

又東下過步灘。

《方輿紀要》府東六里有過步灘，水勢湍急，巨石突起，舟行至此必首尾牽挽而下，稍一失措，必致沉溺。成化十五年鑿平峻阻，公私稱便。

《山川志》舟至此，人輙登岸步過，知府張弼鑿平之。

又東二十餘里，折西北流十餘里，折東流逕大里塘南，大里水合樟槎水自西北來入之。

《山川志》樟槎水，源出府北章坑，東流爲大里水。

《方輿紀要》大里水，在府東十五里，源出雙秀山，流合大江。

又東北流，湛口江自西南來入之。又東北逕鳳凰城南池江浦北，池江水自南來入之，而大庾嶠水於是得池江之名。

《方輿紀要》湛口江，出府東南四十里留池坑，有赤江水流合焉。赤江水，源出府東三十里雲主山。

池江水，東北流逕錫坑鋪南，又東北受西南來一水，又東北入南康縣界，逕南野鎮北，漢南野縣故治也。南野水合禽水、蓮塘水自西北來入之。大田水亦自西北來入之。

《山川志》南野水，一名桃水，源出紅桃嶺，合蓮塘水、禽水入章江。蓮塘水，在南康縣西八十里太平嶺下，源出余原嶺之麓，東流二百四十里，經刀石湖合南野水。禽水，源出禽山，東流百五十里，至南野口入章江。相近有過水，源出過山，東流會南野水。大田水，源出景泰陽山，東流至南野口入章江。

池江水又東北至南康縣城南，曰芙蓉江。

《方輿紀要》芙蓉江在城南，即章水也。自大庾縣東北流至此，澄淥泓深，江之南平沙橫衍，數里皆民居，繞東山而下，村巷橋梁多以芙蓉爲名，縣治東爲芙蓉渡。

又東南受南來一小水，折北流逕城東，又北受西北一小水。又東北流八十里，逕玉潭山東南受南來一小水。又東北豫章水從潭口鎮西來會，已入贛州府贛縣界矣。

《方輿紀要》潭口鎮在南康縣東玉潭山下，有巡司，明初置。

豫章水既合池江水，東南流二十里，逕珠山東南，折而北流，逕漢贛縣故城東。

《水經注》贛川石阻，水急行難，傾波委注，六十餘里，又北逕贛縣東。

《寰宇記》漢高帝六年，使灌嬰略定江南，爲贛縣，立城以防趙(沱)〔佗〕，今州西南益漿溪故城是也。

又北逕贛州府城西附郭，贛縣治也，折東流逕城北，貢江南自城東來，與豫章江合於贛關。

《元和郡縣志》虔州贛縣，貢水西南自南康縣來，章水東南自雩都縣來，二水至州北合而爲一，通謂之贛水，因爲縣名。

按：《漢志》贛縣云豫章水出西南。唐代雖去豫字，但稱章江，要未有移其方向謂不在贛縣西南而謂在東南者也。雩都縣在贛縣東南，則其縣之水必不名章，以《漢志》明言在西南也。劉澄之欲以字説水，因章字在左，貢字在右，遂易西南之章水名貢，東南之貢水名章，以此配合贛字。酈善長既譏其謬，而又言遠失其實，正謂失豫章水出西南之實也。李吉甫在唐代爲究心地理學者，而亦昧《漢志》之文，蹈劉澄之之陋，殊可哂已。

《寰宇記》章水，源出大庾縣界聶都山，從南康縣東北流合西扶良熱等水流三百里，入贛縣郭，與貢水合。貢水，源出雩都縣新樂山，從東南流入贛縣界，經虔州西北流八十里，至贛縣郭東北二十里，與章水合流。

按：《寰宇記》以《元和志》爲藍本，往往隨之而誤。而此言章、貢之源流方向，獨爲明析。

《乾隆府廳州縣志》贛水在縣北章、貢二水於此合流，又北入吉安府界。班固云雩都縣湖漢水東北至彭澤入江，行千九百八十里。又云贛縣豫章水出西南北入大江。酈道元云湖漢水西入豫章水。樂史云章水出大庾縣聶都山，貢水出福建汀州新樂山。按：章水即豫章水，貢水即湖漢水。漢時豫章之水湖漢爲大，故《班志》獨注云東北入江，其彭、廬、盱、蜀諸水皆云入湖漢，豫章水雖亦云北入大江，然不言諸水如此，亦不詳其里數，疑當時尚未究二水源異流同，姑竝著之而專以湖漢爲經流也。自《水經注》以豫章水爲正源，而湖漢之名遂隱。又按：贛字，《説文》從貝，竷省聲，而劉澄之、李吉甫云章、貢二水於此合流，因以名縣，疑不然也。贛關在縣北東西兩橋章、貢合流處，明正德六年置關於此，以榷商税。本朝每年遣部臣督收，雍正元年改令巡撫侍郎委官管理。

《水道提綱》計章水與池江至此，俱四百餘里。

貢江即古湖漢水也，原出福建長汀縣西北山，有兩源，合而西流，入江西贛州府瑞金縣界。

《漢書·地理志》雩都湖漢水東至彭澤，入江行千九百八十里。

《水經注》湖漢水，出雩都縣，導源西北流。

《水道提綱》貢水即古湖漢水，原出福建長汀縣西北山，有兩源，合而西流，曰萬安溪。又西稍南，經古城司。又西受南來逆嶺之水。又西入江西瑞金縣東界。

按：瑞金縣置自唐季，其先皆雩都縣地也。

行瑞金縣東山中數十里，至縣南稍西，綿江水自東北黄竹山合數溪西南流來合之，水勢始盛，名曰貢江。

《方興紀要》綿江有二源，一出福建汀州府界白頭嶺，一出陳石山，合流入貢水。又有原水，在縣東，或曰即綿江支流也。經城東南復合綿江。

《水道提綱》黄竹山在瑞金東北界，即陳石山所出之綿江水也。三源合西南流，經壬田寨南，又南流折西南，逕縣城東，又折西流，至縣南入貢江。

貢江西南流有灞水，自北來入之。又南有羅田水，自東來入之。又南受西北來一水，又西南有浮圖水，自東來入之。

《山川志》綿江合貢水，又合烏石村智水、銅缽水、灞水、羅田浮圖水。

《水道提綱》浮圖水二源，出瑞金南，與福建界之黄安山合而西流，曲曲數十里入貢江。

貢江又西入會昌縣界，又西南逕會昌縣東北，有湘洪水自東南來會。

《水道提綱》湘洪水出會昌東境，與福建界山西北流至縣東，貢江自北來會。

《方輿紀要》湘洪水，縣北五里，上流合綿、湘兩江，西北入雩都縣界，其深莫測，怪石參差，舟行甚艱。湘水在縣南，源出廣東程鄉縣界，西北過龍石會綿江，又會君山盤固嶠、墨斗灣、洛口、上林諸水，爲湘洪上源，中有十灘，舟行甚險。又羊角水在縣南百二十里，舊名郎溪[1]，東達武平縣，南達程鄉縣，爲縣境噤喉。志云：羊角水，又湘水上源也。

《山川志》湘洪水在會昌縣北七里，合綿、湘二水，西北過雩都，流入貢水，深不可測，蛟蜃居之。其灘曰老虎、湘洪、北洪、豬肚、羊角。羊角灘長二里，中有穿針、龍鉤、蝟倒鬚諸石，最險迅。又西曰鸕鷀、洛口、愴惶、龍化、上横、下横、梁洪。梁洪灘長五六里，中有九曲，舟人畏焉。

貢江又西流有雁門水，合朗溪、沙河，南自長寧北境，北流來會。

《水道提綱》雁門水，源出長寧縣北境盤石山北麓，東北流合西來一

[1] 郎溪 文中亦作“朗溪”。

水。又東北曲曲東流，有朗溪自東南來會，於羊角寨西北折西北流，至軍門墟東受東西來二溪水。又西北折正北流，經羅田墟東，又北有一水自西南合三溪東北流來會。又北有沙河，東自白雲山合一溪西北流來會。又北經會昌縣城東，又北入貢江。

貢江又西經會昌縣城北，又西折西北流受西南來一水，又西北有梅村江，西南自安遠縣合諸水東北流來會。

《水道提綱》梅村江即安遠水，亦曰廉水，源出安遠縣東南山，西北流經縣南，及西境有一溪東自城北來會。又北折而東北流，有樂山、衢孚山二溪，自西合而東來會。又東北經芋山南，又東北至莊埠墟南，又東北至洛口墟之南，北入貢江。

《方輿紀要》安遠水在縣治西北，源出縣東南二十里烏田尾，流經此亦謂之濂江，會紫嶺、欣山、上濂、里仁、小華江諸水，西至板石鎮，始通舟楫，至會昌縣界合流入貢。

按：安遠縣南四十里，有三百坑水，源出三百山，二十里至石口，十里至太平保納符山水，四十里至楊家砦，二十里至石頭山，入定南縣界納劉畬水，入廣東龍川縣界而爲東江。以其雖不入貢而亦爲江西境中之一水，故附録於此。

貢江又北曲曲八十里，受東來二水，又西北七十里至雩都縣東南有梅川水合諸溪，東北自寧都縣西南流，合石城縣之鹿河、瑞林河，又西南合雩水來會，水勢益盛。

《水道提綱》梅川即梅江，源出寧都縣北境梅嶺，東南流有苦竹鋪，東南山及大樹嶺二溪西南流合而來會。又西南流有淩雲山水自西北來，有一水自東南來並會。又西南至洛口村，西北有南曹山水及錦山北水合四溪自西北來會，折正南流有南雲鋪東水及蜈蚣山北水自西合而來會。又南折東南流受東北來一水。又南受東來龞溪水。又西南受西北來桃溪水，始曰梅江。自源至此，已二百數十里。又西南至縣東，有龍溪合二水自西北來，有大溪合二水自東北來並會。又南經縣城東南，又西南八十里有璜溪，西北自黄沙山有白沙水東北來並會。又西南流瑞林河合鹿河自東來會。鹿河出石城縣東北界山，兩源西南流而合。又西南有温泉水合二澗西流來會。又西南經縣城西北，又西南折西流有琴水自東南來注之，曰琴水江。又西數十里折西北流，有寨溪合二水北自陽坑東南流來會。又西經固口墟南，西南流有一水合二溪自北來會。又西南流曰鹿江，瑞林河出石城縣東南與福建界之黄竹山北麓，其南即瑞金之綿江源也。水自北流曰秋溪水，兩溪合西北流至秋口渡，北有霸水自東北來會，折西南流有龍江自東南來會。又西流曲曲有大柏水自南來會，折西北流經瑞林司，東有智水自東來注之。又西北流數十里曰瑞林河。又西與東北來之鹿河合，兩河源流至此俱三百餘里。又西與梅江會。梅江既會瑞林河，又西南數十里有藥水自東來注之，即長樂水也。又折西流有曲陽河自北來會。又西南流八十里受南來二水。又西稍北有寒信峽水自北來注之。又西南至雩都縣東，有雩水北自雩山西南流經城東來注之。又南而貢江自東南來會，此水亦曰寧都水，以梅川爲上源，與散水、篔簹、曲陽、黄沙、長樂、霸水、虔化諸水合，受納既多源委，行五百餘里，實湖漢水之别源也。

《山川志》寧都水在雩都縣北一百七十里，源出寧都縣境，南流合散水、篔簹、黄沙、長樂諸水入貢水，上流有灘十二：曰葛瀲、入賴、井洲、鷓鴣、藥口、大傅、車頭、小萬、苦竹、長灘、率口、牛牯。

貢江逕雩都縣南，而西過金雞山南。

《水經注》流逕金雞石，其石孤竦臨水，耆老云：時見金雞出於石上，故石取名焉。

《寰宇記》金雞山在縣西北一十六里，山臨貢水，石色如霞。其旁有穴，廣四尺一，石正當穴口，如彈丸。《南康記》云山有金雞出入此穴。晉義熙中再三出見，有人挾弾放圓止穴口，化爲石。其雞今不見，因號曰金雞穴。宋永初中又見於此。

按：金雞山在今雩都縣城西三里，宋雩都故城，在今縣東四里，相去不至有十六里之遠。《寰宇記》稍誤。

貢江又西南有麻油水自北來入之。又南數十里有小溪河合流陂水及二溪自南來入之。折西流受北來二小水，過三門鋪南，又西有瀲河合濊水諸溪，北自興國縣來會。

《水道提綱》瀲河出興國縣東北境、寧都西北境之蜈蚣山西麓，西南流有藥山西水自東南來會。又西南流有沙瀲河自東來會。又西南八十餘里，至興國縣東北有瀲江自北來會。瀲江出縣北境山南，流九十里有甲溪自西北來會。又南有寶石水合一溪自東北來會，即城岡墟東水有楊坊水自東來合者也。又西南流有文溪西北自塘源嶺東南流注之。又南曰瀲江，至縣城東與瀲江會。又南至城東南有程水自東來合溪來會。又西南有廖屋溪西北自疊山東南流合一溪來會於縣南境。又南有沉水自東南來注之。又西南流經石院鋪東雩山西，又南曲曲西南流百數十里入貢江。

貢江又南入贛縣界，有桃江自信豐縣合龍南、定南二縣諸水北流來會。

《水道提綱》桃江即信豐江，源出龍南縣西南與廣東界之冬桃山，東北流，有熱水湖水自東來會。又東北數十里，有一溪自東南來會，即東南源也。又北數十里折東北流經松林巖西麓，有猿山水西自界上東北流來會，曰桃水。又東北七十里至縣城西北，有水尾山水西北自界上南合葛溪東南流，經禄馬山、將軍山來會。東流過城北，有渥水自南濂水自東來會。渥水源出縣南界之南宫山，兩澗北流而合。又北合西來之松林巖水。又北至縣東南有一水東南自定南縣西界山來會。又北經龍南縣城東，又北與桃水會，稍東北濂水自東南來會。又北經金盆山東麓，又北有水自西南來注之。又北小東至小江口西北有水東南自定南西北界山合三溪來注之，即九洲河也。又北有一水自東來注之。又北有九渡水自西南來注之，曰桃江。又東北至信豐縣城東南，又北流有大樂水，西南自龍潭石君山合四溪，東北流經縣城西北而東來會。又有一水東南自安遠縣西境之九龍山、黎山西北流合五溪，經小坑鋪南又合南來之黄沙埕水而西北來會。又有南水鋪前溪自西來會。桃江水勢益盛，東北流有一水西北自楊鋪東南流合二溪來會。又東北曲曲經贛縣東南境陳四鋪西，又東北受東南來一水，又東北入貢江。

《山川志》桃江在信豐縣東，源出龍南冬桃山北，流入縣界，納黄田、江東、鄉江諸水，流過烏様灘入贛縣界。烏様石峻，舟楫難通，明季始鑿平。其外又有枯木、三摺、梓木、石瀨、龍江、圓潭、上寒、下寒、上智、咽人、三港、下順、劍門、車輪、斷龍諸灘。

按：入貢巨川，梅江爲最大，桃江次之。蓋皆貢江之别源也。

貢江又西流有一水自東北入之。又西至崆峒山東麓折北流逕贛州府城，而北與豫章江會，曰贛江。

《水經注》湖漢水又西北逕贛縣東，西入豫章水。

《寰宇記》崆峒山，古名仁空山，在縣南六十里，自南康蜿蜒而來，章、貢二水夾以北馳山麓，周迴幾百里，蓋州之望山也。

《水道提綱》府城南有崆峒山，章水自西來，貢水自東來，夾山左右麓而北經城東。章水自西折而東經城之北，貢水自南來會，俗稱章爲西江，貢爲東江也。

《章水經流考》章流雖發自岿壑，居民傍山墾田，山廻水峻，沙石挾之以下。然其源從高注瀉，本自清於貢水，於其流出蓉江，北趨潭口，瑩如碧玉，可證也。唯貢來自閩之長汀，地平土疏，藉諸漫溪雜凑，爲源既散，而贛則自金雞石，貢川所經其上又别受洒口所滙之衆流，從龍逕龍頭南下信豐，兩岸盡高峰，峆岈夾峙，石齒銛利，與相吞搏，灘名十數，瞿塘、灩澦之險，殆不是過。故從此入贛，并合章流直下分水嶺，以至萬安也。

按：貢江自發源處至此七百餘里，受數巨川，實較豫章水爲尤盛。《漢書·地理志》所以以湖漢爲經流也，《水經注》則以豫章水爲經流，蓋因《山海經》有"贛水出聶都山"之語。聶都山所出者，乃豫章水，而非湖漢水，雖豫章、湖漢皆可被以贛水之名，而出聶都山者自以豫章爲主，故曰十川均流，此源最遠。更駁劉澄之以字説水之失，而折中於雷次宗以水名地之説，謂豫章郡因豫章水而名也。今故仍以豫章水爲經，貢水爲緯，閲者可以瞭然。

卷三　贛水贛州府寧都州、吉安府、袁州府、瑞州府、南昌府水道[1]

贛江自贛關北流，過葛姥城西。

《方輿紀要》葛姥城，府東北五里，《冢廟記》：葛姥者，漢末避黄巾賊來自交趾，貲財巨萬，童僕數千，於此築城爲家。今有葛姥祠，即城故址云。

又北折而西北，長步水自黄塘山西南來入之。

《方輿紀要》長步水，府西北四十里，源出黄塘山，流四十里，入贛水。

《水道提綱》有水西南自分水均合二溪，東北流來注之。

又北過湖洲。

《方輿紀要》湖洲，在府北八十里，突起江中，周圍數里。

又北過米洲。

《方輿紀要》米洲，以沙白如米而名，府北九十里。

又北龍溪水自黄竹嶺西南來入之。

《方輿紀要》龍溪水，在縣北百里，源出黄竹嶺。

又北至梁口江，梁水自東來入之。自梁口江以上皆險灘也。

《方輿紀要》梁水在府北百六十里，源出龍頭嶺，西流入贛水，梁口灘在其處。

《水道提綱》古稱贛灘三百里。

《山川志》贛江在府城北，章、貢二水之會處。北流三百里，至吉安府萬安縣，其間有險灘十八，屬贛縣者凡九，曰白澗、天柱、

[1] 贛州府寧都州、吉安府、袁州府、瑞州府、南昌府水道　據書前目録加。

小湖、鼈、大湖、狗脚、銅盤、錫洲、梁灘。

又北至吉安府萬安縣東南境之灘頭鎮西，有蓼水自南來入之，有大蓼灘、小蓼灘爲萬安境中九灘之二灘。

《方輿紀要》贛江自贛縣界北流抵城下，凡百二十里，其間有灘曰崑崙、曰武朔、曰昌邦、曰小蓼、曰大蓼、曰綿津、曰曉、曰漂神、曰皇恐，凡九灘。又折而東北流入泰和縣界，水性湍險，皇恐灘尤甚，本名黄公灘，後譌爲皇恐也。今灘在縣治西，宋趙抃爲虔州守，常疏鑿此灘。或云東坡南遷，始譌黄公爲皇恐。又《陳書》贛水有二十四灘，今止有十八灘。

又西北至皂口，有皂江自西南來入之。

《方輿紀要》皂口江，萬安縣南六十里，源出贛縣界三龍山，逕上造、下造流入贛江。宋建炎初隆祐太后避兵，南指章、贛，金人躡其後追至造口，不及而還。造口即皂口也。皂口有金船嶺，爲往來必由之道。

《水道提綱》皂江即皂溪，源出贛縣西北境之金船山，東北流合分水、坳北二溪，又東北七十餘里，至皂口司入贛江。

又北有油田溪自東來入之。又西北至萬安縣，南過惶恐灘[1]東岸，有魚梁城龍，溪水自東來入之。

《方輿紀要》魚梁城在縣南十里，梁大寳元年，陳霸先遣將據魚梁城即其地也。城近龍溪，臨惶恐灘。

《山川志》龍溪在萬安縣東，源出龍頭山。

逕縣城西南有遂江，西南自龍泉縣合諸水來會。

《山川志》遂水在龍泉縣南，其源有左右二溪，左溪之源一出自郴之桂陽堀渡，一出自南安上猶之大林，至南江口始與右溪水合。右溪之源出自衡之茶陵滲陽，經雙溪坑至西溪口，由渡口而東歷八十四灘，乃入贛江。

《水道提綱》遂水，源出龍泉縣西與湖南界之萬羊山，東南流九十里，有一水自北來會。又東流有一水，南自書山來會。東北流曰

[1] 惶恐灘　文中亦作“皇恐灘”。

左溪，有大汾水西北自燕塘隘東南流，合北來林陽溪東南來會。又東有新溪自北合二水來會。又東有右溪自南合二水來會。又東經縣南受南來一水。又東受南來湯村水。又東北流有雩溪西北自拔鐵山合二水東南流，又合敖溪來會。又東北九十里，至萬安縣西南入贛江。此水源流行三百餘里。

《章水經流考》贛江出灘而之平地始東北行。其萬安以西則龍泉，左、右溪水入焉。勢既寬衍，經流益大以肆。

又北逕縣城西，而北折東北流，東十里過金灘，又十里逕浩溪驛，東有常溪自東南來，浩溪自西來並入之。又北逕觀庄西，又東北入泰和縣界，下牛吼灘，有牛吼江自西南來，合澄江來會。

《水道提綱》牛吼江上源曰未溪，二源出永寧縣東境拔鐵山北嶺，東南流合。又東南有蜀水自西南合二溪來會。又東南有二溪，自南合而來會。又東有射川水自南來會。又東北流至泰和縣西境曰牛吼江，有澄江，又名環川，自西北來會，東流入贛江，曰牛吼石口。

又東北逕泰和縣城東南，有雲亭江東南自興國縣來入之，曰珠林口。

《水道提綱》雲亭江即繒水，出興國縣北境山，北流經雙鳳山東，又西北至泰和東之珠林口入贛江。

又東北至水泡塘，西有仙槎水，合大蓬江水、仁善江水，自東南來入之。

《山川志》仙槎江在泰和縣東，源發興國縣界小窖嶺西北流，其間有大蓬江水、仁善江水，皆經此入贛江。

又東北逕漢廬陵故城東。

《方輿紀要》廬陵城，漢故縣，在泰和縣北三十里。

又北至鐵橋塘東，折西北流至吉安府廬陵縣東南境神岡山下，有盧水西北自安福縣東南流，合西南永寧、永新二縣諸水來會。

盧水，一名瀘水，即《漢志》之廬水也。源出安復縣西之廬蕭山。

《漢書·地理志》長沙國安成縣廬水東至廬陵入湖漢。

《水經注》十三州志稱廬水西出長沙安復縣，東至廬陵入湖漢也。

《方輿紀要》盧水在縣北，發源盧蕭山。

《水道提綱》盧水即廬水，爲豫章十川之一，源出安福縣西二百八十里，與湖南界之盧蕭山。

按：盧蕭山，一名武功山，根盤八百餘里，高三十里，中夜登嶺，可望日出。

東流折而南數十里，有一水自西界來會。折東北流受西北來一水。又東流數十里，有赤谷水自北山來會。有洋澤水自西南來會。又東有寨水、坳水南自羅塘司來入之。又東北有岡、山二水自西北合而來入之。又東曰盧水河，至福安縣城西北，有郭水自北來入之。又東逕城北稍東，有荷溪自北山合智溪，南流來入之。

《山川志》智溪，出宜春縣界桑田東麓，合荷溪水入盧水。又東折東南流，有王江水合毛亭水、閻水、更生水，自北來入之。

《寰宇記》王水，在安福縣東南百里。《輿地志》云：掣村没於龍陂，即其水也。

《方輿紀要》王江水，源出安福縣南陳、會二山，東流與盧水合。閻水，出縣東三十里之閻嶺，東流入王江口。更生水，出縣南百五十里之更生山，流出青山口會於王江。毛亭水，在縣東北七十里，流合盧水。

按：王江口，在安福縣東南六十里。龍陂，在東南百里。

盧水又南流至絲毛鋪西，有金田水西南自大橋東北流，合縣南境冷水坑數溪來會，曰洋口，即古龍陂也。

《寰宇記》平都四鄉水，源出青山，會於王江，下有龍陂，昔有女子以樟樹花沉陂，後出更生水。

《山川志》王江，在安福縣東南，一名洋口，有龍陂，四鄉會水處也。

盧水又西南流逕荷山鋪、西岡鋪南，又東南逕螺江鋪南，爲廬陵縣西境，有禾水、漿水合諸溪，自西南來會。土人呼永新江者也。

《水道提綱》漿水，别源最遠，曰永河，出永寧縣東南枵湖山，西北流數十里，有二溪，一北自鵝嶺，一東自拔鐵山西麓，西流合而來會。又西數十里，經縣城南，又西有黄煙堡水自南來會。又西北有漿水，自西南茶陵交界楓溪巖之北，東北流七十餘里來會。以下總名漿水。又東北流八十餘里，至永新縣西南境曰勝業水，與西北來之禾水會。禾水，源出永新縣西南境秋山，東南流經栗村司東，又東南流有琴川水，西自湖廣界山東流來會。又東流會南來之永寧漿水，曰永新江，亦曰潞江。東至永新縣城西南有二溪自南來合，而北注之。東過城南折東北流九十里，有一水自西北來會。又東北折東南流數十里，有天河自西南來注之。折東北流經敖城司北，又東北曲曲百數十里，至廬陵西境螺江鋪南，與盧水會。

盧水既合永新江，東南流有邕水，自西南合高湖山水東北流來會。

《山川志》溶水，即邕水，在永新縣東二十里合禾水、琴停、勝業、茭川諸水，逕府城入贛江。

又東逕吉安府南神岡山下，入於贛江。

《水道提綱》盧水及漿水，源流俱五百餘里。

又東北逕大皐城東。

《方輿紀要》大皐城，吉安府南二十里臨贛水。梁末，李遷仕據此以拒陳霸先處。

又東北逕螺川驛，過吉安府城東附郭廬陵縣治也。有習溪水繞城而東北入之，江中有白鷺洲。

《方輿紀要》習溪水，在府城南，源出吉塘渡，由焦岡嶺東合衆流至城南，貫串城市，名長湧水。東北入大江，此爲繞城南之水。焦岡嶺，在府西南數里，一名天華山。又螺湖水，在城東北，自府西五里岡冷水坑發源，曲折流逕雲騰嶺下，與沸泉合流，北折而東有螺湖水流入焉，注於大江，此遶城西之水也。

《山川志》白鷺洲，在府城東贛江中，長五六里。

又北逕瑞華山，東折東北流，真君山水繞琵琶洲西來入之。

《山川志》琵琶洲，在府城北真君山下，劉公橋水繞之，形似琵琶。

又東北逕螺子山東麓，入吉水縣界有横江，合朗溪三水自東南來入之。

《山川志》横石水，在府城西北廬陵吉水之界，一發廬陵儒行鄉，一發吉水中鵠鄉。又有清湖水、三江橋水皆合入贛江。

又東北逕晉石陽故城東，又北至吉水縣西南，有恩江東北自永豐縣合諸水來會。

《水經》又東北過石陽縣西。

《水經注》漢永平九年分廬陵。初平二年，吴桓王立廬陵郡治，此豫章水又逕其郡南。

《水道提綱》恩江，源出寧都東北界、廣昌西北界、樂安東南界苦竹鋪梅嶺北之大龍山，兩源北流而合，曰遠溪水。有徐莊水自東來會，北流數十里，有鹿角峰西水自東來會。又北流曰前團水，有湖平水自西南來會。又西北流至樂安縣西南境，有雞籠山水東自縣城南西流來會。折而西流，曲曲百六十里，至永豐縣東南受東北來一水。又西經縣城南，而西南流有一水，北自城西來注之。又西南有焦嶺北水合南曹山、塔嶺數溪自東南來，西北流經藤田鋪南而西北注之。此水頗盛。又西南流有皂水，自東南來注之。又西受北來之吉陽水及東南來之烏水。又西經吉水縣城南曰明德江，又西入贛江。此水源流行四百餘里。

又北逕吉水縣城西，而北逕三曲灘，東北流有南溪水自西北來入之。又東北有楓子江，自西北合二溪逕富田墟來入之。

《方輿紀要》南溪水，出縣西北五十里朝元山，東流二十里爲羅陂，經柘溪，又五里出柘口江入贛水。又同江水，亦在縣西北六十里，源出袁州府分宜縣，其間有楓子江、柿陂河、胡石水，皆會流入於贛江。

又東北入臨江府峽江縣界，黄金水自西北黄皮村合二溪及洞水來入之。

《方輿紀要》黄金水，在峽江縣南三十里，水上有黄金。《記勝》云：黄金水，在新淦西南百三十里，自新喻東流入斷金鄉九十里而達於贛江。

又東北逕陽山西，又東北逕玉峽驛東、峽江縣城東南玉笥山西麓，又東北有烏河，自西合數小水來入之。

《水道提綱》烏河，出峽江縣西北境，有牛頓、虎嶺二水合而東流曰淩江。又東南有覺水，自南來會，滬水自北來會。又東有一溪，自北來會，又南入贛江。

又東受北來沙溪水，過仁和鋪南而入新淦縣界，逕泥溪城南有象江、泥江自東南合而來會。

《方輿紀要》泥溪城，在新淦縣南四十里，臨江。梁蕭勃將歐陽頠❶聞陳將周文育至，退入泥溪，即此地。

《水道提綱》象江，即永豐縣北之郭山水也。二源合北流，有樂門山水自東南來會。又北流數十里，與泥江會。泥江，出縣東江杯山關南麓，南流曰泥水，西南流七十里，有大盆山水及豐溪自南合而來會。西北流八十餘里，郭山水自西南來會，北入贛江。

又北有高嶺水，自東南瀦爲小湖來會，有一水自西來入之。

《山川志》湄湘水，在新淦縣南一里，自東三十里高嶺出，源經惠政橋入贛江。

又北過金川驛，逕縣城西北折東北流，循山麓而過新喻縣東境，逕漢平故城南。

《水經》又東北過漢平縣南。

《方輿紀要》吴平廢縣在新喻縣東百里，後漢中平中置漢平縣，吴改曰吴平。

又東北入清江縣，過新淦故城西。

《水經》又東北過新淦縣西。

《方輿紀要》新淦故城，府東六十里，漢時縣治此。

又東北至府城南十里之萬石洲分而爲二。

《方輿紀要》萬石洲，府南十里，贛江環其右，袁江經其左，四面濱水，夷曠肥饒，歲收常倍，因名。《志》云：洲接新淦縣界，其南爲南横河，亦曰上横河，地名龍窟口，即贛江會袁江之故道。洲北曰北横河，東出銅鑼江口，亦曰下横河。又北即中洲也，在兩江中，因名。横廣十里，縱二十餘里。

一支東流，循蛇溪故渠，淦水自南來入之。

《漢書·地理志》新淦，淦水所出，西入湖漢。

---

❶ 歐陽頠　底本作“歐陽顔”，誤。據《陳書》卷九、《南史》卷六十六改。

《水經注》淦水出其縣下，注於贛水。

《寰宇記》淦水，在縣北一百里，西流達於贛水。紫淦山有水流出，其下如淦，因以爲名。在縣北六十里。

《山川志》蛇溪，在府城東，其源自永泰下五里分江水爲溪，三十里復與江流合，此即銅鑼江水也。昔時春夏，水泛瀰漫數十里，民不可田。宋淳熙初，築隄捍之，患始息。明成化末，贛水暴至，徑北衝蛇溪，遂成大江，田土没入於水幾千百畝。嘉靖間，參政陳大賓、知府徐灝先後議塞，不果。

《方輿紀要》淦水，府南三十里，漢新淦縣以此名。淦邑既遷，水遂屬清江縣，其發源自縣東南茂材鄉之離嶺，經紫淦山，出洋湖，至清江鎮，會蛇溪水入贛江。

按：淦水爲漢豫章郡十川之一，應是巨流，不止在一縣之地，而《水經注》不詳其原委，《寰宇記》亦未言有所合之水，後來方志只言一蛇溪與會而已。蛇溪固贛江之分水也，疑淦水太小，不配名川，《漢志》何必著之。漢新淦故城在今清江縣東六十里，南至永豐縣一百五六十里。永豐在漢代或亦屬新淦縣地，古之淦水，其恩江與？無書可証，附識於此，以待精地理者。

一支北流，折而西二十餘里，又折而北有秀江。西南自新喻縣會萍鄉、宜春、〔分〕宜[1]諸水東流來會，即袁江也。

袁江，即《漢志》之南水也。《水經注》作牽水。

《漢書·地理志》宜春、南水東至新淦入湖漢。

《水經注》牽水，西出宜春縣，牽水又東逕吴平縣，牽水又東逕新淦縣而注於豫章水。湖漢及贛並通稱也。

《章水經流考》《水經注》言牽水東逕新淦縣注於豫章江。今不詳其道。宜春有南水自來，列在九水之一，考袁江從州南東行，歷分宜、新喻至臨郡清江東南始北折，以趨大江，則意牽水亦起支流斜出，固與梅京畲蛇溪，並當水門之衝，所以樟樹一

---

[1] 〔分〕宜　底本原作"宜□"，有缺字，今據《水道提綱》卷十四改作"分宜"。

鎮，關係水防尤要。

按：南水即是牽水，以字形相近而訛，非有兩水。

源出萍鄉縣東南之羅霄山，名羅霄水。

《山川志》羅霄水，在萍鄉縣東南四十五里，源出羅霄洞，下分兩派，東流合縣東盧溪水至宜春，西流者出本縣境合湘東江。

按：羅霄即盧蕭一聲之轉，山西之水名瀟，入湘江。山東之水名瀘，入贛江。萍鄉之羅霄山與安福之盧蕭山乃一山也。

《水道提綱》袁江曰秀江，即古南水，爲豫章十川之一，源自萍鄉縣東南之羅霄山，羅霄水出焉，分流爲二派，其西北流者，合縣北之芉川水，西爲湘東江，入湖南醴縣界入渌水，下流注洞庭。其北流者，即秀江。

按：芉川水入湖南界。

有兩源合而西北流，有水東自江西鋪來會。又北折而東北流經縣東境，又北自瀘溪鎮南，有水西自芉川之東來會。

《水道提綱》羅霄水與芉川水相隔只數里，芉川西南流經縣城爲湘東江，羅霄水東南流入秀水。秀水自源至此已一百五十里矣。

按：芉川水，出楊岐山，東流轉西四十里到縣，又九十里入湖南醴陵縣界，雖湖南之水而上源在江西境，故附志於此。

又東北至宣風鎮，北有一溪自南來會，曰東江。又東北逕七星鋪，北入宜春縣界。又東北有坑頭嶺水自西北來，合羅漢山水東南流來會。又東至袁州府城西曰稠江，稍北有清瀝江自南來，逕城西而北入之。

《方輿紀要》秀江至府城西十五里爲稠江。

《山川志》清瀝江，在袁州府西南六十里，源出老山，頂有瀑數派，一派瀉山下爲此江，過鞏溪，又過了山，分二派，一爲官陂水，一爲古江。又分二派，一爲司谿江，一爲新江，會爲麟橋江入於秀江。江麟橋今在府西六里。司谿江，一名沙陂江。古江，舊傍山流，今湮爲田。

東過城北曰秀江，西陂水繞城來入之。石屋山水自西北來入之。

《山川志》秀江，在府城北門外，源出羅霄山，流經府城西十五里爲稠江，至府城北澄清深碧，因名秀江。石屋山，在府城西北三十餘里，洞深百餘丈。

《方輿紀要》李渠，在府城西，源出官陂口。《唐書》：袁州西南十里有李渠引仰山水入城。元和四年，李將順守袁州時，州多火災，居民負江汲溉甚艱。將順以州城地勢高，而秀江低城數丈，不可堰使入城，惟南山水可堰，乃鑿渠引水，溉田二萬。又決而入城，繚繞閭巷，其深濶使可通舟，經城東北而入秀江。邦人利之，目曰李渠。自唐以後，守土者相繼修浚，渠屢廢而復治。明初亦常濬，復謂之西陂。

秀江折東南流有老山水，合二溪自南來入之。

《山川志》老山，在府城西南六十里，崇高峻拔，山顛飛瀑下注秀江。

又東曰袁江，有白沙水自北來，一水自南來並會。又東南入分宜縣界，逕昌山峽。

《方輿紀要》秀江，經昌山峽而東，澄澈環抱。

《山川志》昌山，在分宜縣西二十里，險嘗覆舟，舊名傷山，後改今名，又名昌山峽。顧野王《輿地記》云：晉永嘉四年，羅子魯於山峽堰爲陂，灌田四百頃。

又東楊江、赤江、野江俱自北來入之。

《方輿紀要》楊江，在分宜縣西北四十里，東南流會於秀江。縣北八十里有楊橋水，南流六十里注於楊江，縣西北三十里有野江，亦南流入秀水。又赤江亦在縣北，流三十里經縣西二十五里之江斜潭，出昌山峽而合秀江。

又東南逕分宜縣城西南謂之縣前江，又東介溪水、竹橋水俱自北來入之。

《方輿紀要》介溪，在分宜縣北十五里，源分介塘，溉田千餘畝，東南流十餘里，出縣東五里耽江橋，合秀江。竹橋水，在縣東北二十里，自臺山發源下流，出小江口、白米渡，會於袁江。

又東受北來之鐘山水，南來之峴江水。

鐘山，在分宜縣十里。

《方輿紀要》峴江，在分宜縣南五十里，自南境之雙源裏源發源，會於雷同嶺，下入章溪，至石磊下爲峴江，築陂溉田數千畝，下流入秀江。

又東逕鐘山峽，過沙米洲，入新喻縣界曰渝河。

《方輿紀要》水南曰南鐘山，水北曰北鐘山。宋永嘉元年洪水，有大鐘從山峽流出，驗其銘，乃秦時所造，因名。山有巨石，臨江如峽，故又名鐘山峽。沙米洲在峽中，春夏湍急，白沙擁起兩岸，如米色，人以占豐歉。

按：鐘山峽，長九十里，與新喻縣接界。

又東過五浪灘，板陂水自西北來入之。

《寰宇記》袁水，在新喻縣五十步，西至一灘，灘長二里，其地險峻，號曰"五浪灘"。其側立五浪館。

《山川志》板陂水，在新喻縣西四十里，源出分宜縣界，流縣境，又三十里入渝水。《寰宇記》所謂五浪者，即江口合流處也。

又東逕新喻縣城南，有睦官水自南來入之。

《山川志》睦官水，在新喻南二里，出鼎山，北流三十里入渝水。

又東稍北受南來一溪水，又東受南來灼水。又東有長宣江，自西北合二溪來入之。

《山川志》長宣江，在新喻縣東四十里，流出璜綵嶺南三十里入渝水。

又東有瑪瑙山水，合東北來之陰岡嶺水，南流來會，逕雒湖鋪南，又東有沿河自南來入之，折東北流入清江縣界。

《山川志》袁江，在新喻縣境，有九十九灣、八十八灘，下抵清江。

又東北有皂溪自西來會，又東北入贛江。

《水道提綱》袁江，源流行六百餘里。

贛江既會袁江，東北流逕臨江府城東附郭，清江縣治也。城東有固本隄。

《方輿紀要》固本隄，府城東古隄也。贛、袁二水合流東下，最易衝齧。宋嘉定迄咸淳，守土者相繼伐石甃砌爲隄，水方順道。

元大德間，亦常增修。明朝弘治四年及八年、十一年，相繼修築，始爲完固。崇禎十五年，隄壞侵城，旋議築治，蓋緣江西岸之巨防也。

《山川志》宋末迄元、明，水勢齧岸，屢有甃築以奠民居。明成化末年，贛水北衝蛇溪，不復西折，止有橫河一線通其吐納之勢。嗣是，府城止臨袁江，不臨贛江，直至城北二十里外，二水復合。其勢益張，下流遂多衝決之患。

按：清江縣名，以袁江而起，蓋袁江清贛江濁也。據舊志，明成化末年，袁、贛分流，逕府下者只有袁江，無贛江。而今則兩江會於南十里外，雖贛江分支東下，其北支之合袁江者，固並流而繞府城也。橫河一線，久成巨浸矣。

又北折東流與支津合，北逕樟樹鎮西江滸司東，有蕭水自西來入之。

《方輿紀要》樟樹鎮，府東北三十里，南北藥材皆集於此，本名清江鎮，袁、贛二江合流十里，繞鎮而北，鎮因以名，亦謂之“鹿渚”。江滸巡司，隸豐城縣。

《山川志》蕭水，在府城西五里，又名小陽水，源出棲梧山，一自段塘，一自烏塘。至香田合流而爲蕭水。

又東北流入南昌府豐城縣界，謂之劍江。又北過楊子洲、苦竹灘。

《方輿紀要》楊子洲，在豐城縣西二十五里章江中，周廣二十里，居民二百餘家。苦竹灘，在縣南十里許，多竹。梁蕭勃遣其將歐陽頠軍苦竹灘。

又北逕縣城西蓮花湖東，謂之曲江。

《方輿紀要》章江至豐城西南三里有斗門隄，至縣東北十里爲曲江，形如半月，中分三潭。李夢陽云：江至豐城觸磯頭岡則俛而東，又折數里而北達，故曰曲江。

又北有豐水自杯山關北流，合東南數水來入之。

《方輿紀要》豐水，出自杯山，西北流繞劍池而入贛江，一名劍水。又富水出羅山，西北流合於豐水。

《水道提綱》豐水二源出杯山關，北流而合。又北數十里合西南來一水。又東北經縣南境數十里，有富水東南自羅山合二溪西北流來會。又東北有槎水，東南自萬家橋西流合南一水，西北流經雷家鋪西來會。又西北流至縣北入贛江。

又北岐爲二支，一東北流受南來三小水。

《水道提綱》次曰雩韶水，自鐘城山西北流注之。

按：《方輿紀要》謂雩韶水來自撫州，蓋据其合盱江支津而言，其實雩韶水自有源。

又東北中有巨洲。

《方輿紀要》三洲在縣北三里，上洲曰楊林，中曰牛宿，下曰金雞。

又東至樟湖渡盱江支津，東南自建昌、撫州二府來會。

《水道提綱》盱江於進賢縣西南桂家村西北分，一支西北流百五十里，至豐城縣東北境合章江支津。

又西北流入南昌縣界，逕猴村東，又北有巨洲，又北至南昌府城之西南。此贛江之支津也。

《山川志》黄牛洲，在府城西南十里，相傳許旌陽逐蛟至此，化爲黄牛。

一西北流逕新店西，有杭水自西南合藥湖水，東北流來會。

《山川志》杭溪，在豐城縣西，源出介山，滙於藥湖，又會�河入劍江。

又北流百里入新建縣西南界，謂之象牙潭。

《方輿紀要》象牙潭，府南八十里，亦曰象牙江，即章江西曲水也。

有錦江西自瑞州府來會。錦江即古蜀水。

錦江，即《漢志》之蜀水也，《水經注》作濁水。

《漢書·地理志》建成蜀水，東至南昌入湖漢。

按：蜀水見《漢志》，名爲最古。而《寰宇記》上高縣下云：許旌陽以蜀中江水授邑人，投此水上流，以愈疫癘，因名“蜀江”，乃無稽之談。

《水經注》濁水，出康樂縣，又東逕望蔡縣，又東逕建成縣，又東至南昌縣，東流入於贛水。

按：漢建成縣即今瑞州府治高安、上高、新昌及袁州府之萬載，皆漢建成縣地也。康樂，晉縣名，故城在新昌縣東二十里。望蔡，即今上高縣治。

源出袁州府萬載縣北，謝山與湖南界之大圍山雲峰洞。

《寰宇記》高安縣，濁水在縣北三里。《漢書·地理志》云：蜀水源出縣内小界山，東流五百九十里入南昌縣，與鄣水合。

按：鄣與章通，即贛水也。今本脱“流五百九十里”六字。

《水道提綱》錦江，即古蜀水，源出萬載縣西北與湖南界之大圍山雲峰洞。

雲峰洞水乃錦江之西源也。東南流數里會金鐘湖水。

《方輿紀要》龍江，源出萬載縣西百二十里金鐘湖。

按：金鐘湖水分二派，西流者入湖南瀏陽縣界，即瀏水也。東流者爲錦江。

又東南有劍池水，合曾家源水來會。

《寰宇記》劍池水，在萬載縣西一百里，廣丈餘，舊傳許旌陽捕蛟洪州時，蛟潛逃池，旌陽捕斬之，因名。

《方輿紀要》劍池，在縣西九十里，其地有靈棲岩，池水出焉。别有曾家源水流合劍池，下流出沙江橋，入金鐘湖。

《水道提綱》西界有金鐘淵及龍成岩之水，皆會入焉。

又東過魚鱗灘，野猪水合竹洞水來會。

《方輿紀要》魚鱗灘，在萬載縣西六十里，江水迅急，亂石横列如鱗，因名。野豬河，源出金鐘湖，北流過魚鱗灘爲深潭，會竹洞水合於龍河。其水迂回旋繞，奔騰峻急，舟行者患之。

又東至縣城西北，謝山水自北來會，乃錦江之東源也。

《方輿紀要》謝山，在縣北十里，謝仲初升仙處。水出山下，流入龍河。

又東逕縣城北龍山南謂之龍江，中有龍洲，學前江東北流入之。

《方輿紀要》龍山，在縣治後，龍江經其下，縣東北二里有龍洲廣數百畝，石洞水與龍江合流處。石洞水在縣西南十里，源出竹山洞，北流合白沙水，過縣南南浦橋下，繞學前爲學前江。又東北出城合於龍河。

按：學前江有三源。一源即石洞水。一源出鵝鼻峰，西流近城，伏地里許，復出爲塢溪，入城會學前江。一源出城东南廠塘，西流入城，中分二派，夹流而北，會於學前江，亦謂之三江口。

折而東北流，溢爲多江。

《方輿紀要》多江，在縣北七里，龍江、石洞二水相合後溢流旁出，至此平淺涸露，小洲三五縱横，支流合派，因名。蓋龍江之别流也。

又東北逕紫蓋山南、荔子嶺北，曰楊木江，受北來康樂水。

《寰宇記》康樂水，在縣東北，水口去縣三十五里，自謝山出源，南流即康樂侯謝靈運長遊之水。

又東入瑞州府上高縣西北界之凌江口，有藤江，西北自新昌縣合凌江諸水南流來會，乃錦江之北源也。

《水道提綱》藤江有二。一曰長藤江，出新昌縣西北黄岡洞之西北山，隔山北即寧州修水也。此水於山南三源合，東南流經黄岡鋪西，又南數十里折東南流，有一水自西南黄土嶺東北流，合血樹均二溪東流，經金雞山之北來會，曰長藤江。又東受北來之藤江水及鹽溪水。北藤江出縣北大山，有鹽溪自西北雙了尖來會，南流經黄茆嶺東，又南經縣西而南會長藤江水。又東經縣城南，又東南流有臨江自東北山合二溪南流，經縣東南境來會。又東合北來一溪水，又東折西南流至臨江口與楊木江會。楊木江東南流，合此水勢始盛，實蜀江北源也。

又東過仙姑洲，折而東南過八疊洲，有靈江自北合數水來會。

《水道提綱》靈江，出上高北境之靈源山及西洞山，二源南流而合於太平鄉之東、清凉山之西，曰崇浦江。又南合西北太平鄉來二水。又南至縣北境曰靈江，折西南流，經縣西南入楊木江。

又東南逕縣城南，又東南折東北流入上高縣界，有斜口水，南自蒙山合一水來入之。

《水道提綱》斜口水，出縣南境蒙山，北流折而東北有寶珠嶺水自東南來會。又北流至斜口入楊木江，亦曰界埠會水。

又東北曲曲逕青山西，受東來華陽水。

《山川志》華陽水，在府城西南一百里，有小溪自新喻縣界流至華陽北入錦江。

按：華陽縣，故城唐縣也。在高安縣四十里，水逕其側，故名。

又北入呼古名曰蜀江，折東流至瑞州府治高安縣西界，有鳳嶺水合二溪自北來入之。

《水道提綱》此水東南流經鳳嶺山、霞山、尉山之西麓。

又東有龍口水，自南合二溪來入之。

《山川志》龍口水，在府城西南六十里，源出發蛟湖，北流至花園渡入錦江。

《水道提綱》龍口水，出縣西南境山，東北流有碧雲峰水自南、多實嶺水自東南合，而西北流來會。又東北數十里入蜀江。

又東至府西南受西來蓮花山水，又東逕府城西南受南來鐘口水，又東受北來城東水，曰錦江。

《寰宇記》鐘口江，在城南三十七里，源出荷山，入錦江。梁時於此獲古鐘九乳，形制奇古，因以名江。蜀水在縣北三里。

《方輿紀要》瑞州府城分爲南北，錦江中貫，市南溪設三閘，而城跨其上，以爲防衛。

按：高安縣附郭，即瑞州府治，其城即唐家舊地。《寰宇記》言錦江在城北三里，此宋代之錦江，不貫城中也。《方輿紀要》言城分南北，錦江中貫，此明代之錦江移而南行也。錦江貫兩城之中，又分一支入南城，故土人有“錦江入市河，朱紫滿城多”之謡。今則移於城南三里而不貫城中，何時遷變，無文可考。

又東受南來之琴嶺水，又東受北來一水，又東稍北有曲水，自南合二溪來入之。

《水道提綱》曲水出雞籠山之北，北流有羊山水自西南來會。又東北流有藥湖，北地一水自東南來會。又東北流入蜀江。

又東北至烏溪鋪，西南有逍遥山水自北來入之。又東至南昌府新建縣西南境象牙潭入於贛江。

《水道提綱》蜀水，即筠水，爲豫章十川之一源，流行六百餘里。贛江會錦江後，又東北流入南昌縣境河泊所北。此贛江之經流也。又東北至南昌府城西南，與東支津復會，中有數洲謂之南浦。

《水經注》贛水又逕谷鹿洲，即蓼子洲也。舊作大艑處。

《方輿紀要》蓼洲，在南塘灣外，兩洲相並，水自中流入章江。

《山川志》谷鹿洲，《北堂書鈔》作舿艫洲，吕蒙作勾鹿大艑處。

按：蓼洲當贛江經流，與支津交會之地，民居數百家，已成市井，鹽商建倉其上，石隄鞏固，無復洲形，惟其名尚呼蓼洲耳。對岸有老洲嘴、瀨王洲、打纜洲、新洲等名，皆蓼洲之爲水冲斷者。《水經注》只言一洲，並未言有數洲也。洲西南有羅家墩，乾隆中南昌令徐午建亭榭其上，以供遊憩，改名螺墩。

贛江合而北流，逕府城下，江西省會附郭南昌、新建兩縣治也。江水從水關分一縷入城，滙爲東湖，而古之南塘，有三湖九津、豫章溝、玉帶溝諸名。其西岸爲沙井、石頭驛。

《水經注》贛水，又北歷南塘，塘之東有孺子宅，際湖南小洲上。東大湖十里二百二十六步，北與城齊，南緣廻折至南塘，本通章江，增減與江水同。漢永元中，太守張躬築塘以通南路，兼遏此水，冬夏不增減。水至清深，魚甚肥美，每於夏月，江水溢塘而過，居民多被水害。至宋景平元年，太守蔡君西起隄開塘爲水門，水盛則閉之❶，内多則洩之，自是居民少患矣。

按：徐孺子宅，在東湖南小洲上，號孺子臺。而《寰宇記》言在州東三里，是《水經注》言南塘、東大湖皆在城外也。漢南昌縣城周十里八十四步，唐宋增築，周三十里。紹興中，李綱帥洪州，始收城之東北隅三里許入城内，而後南塘、東大湖皆在城中。《寰宇記》，宋初之書，故與後來不合。今湖僅周五

❶ 水盛則閉之　原作"水盛旱則閉之"，據文義并參校《水經注》、《雍正江西通志》卷五十九"南昌府"所引《南昌府志》删"旱"字。

里，與《水經注》亦不合。

《方輿紀要》東湖，在府城東南隅，周廣五里，舊通章江。後漢永平中，太守張躬築塘以通南路，謂之南塘。晉義熙六年，盧循自嶺外入犯，鄧潛之勸何無忌決南塘水拒之。《水經注》豫章城東大湖，十里二百二十六步，北與城齊，南緣迴折至南塘，本通章江，增減與江水同。張躬築隄通路兼遏此水。時盧循舟船大盛，若決南塘則循舟兵無所用，可以堅守而待其敝也。劉宋少帝景平元年，太守蔡興宗於大塘之上更築小塘，以防昏墊，并遏湖水，令冬夏不復增減。唐元和二年，江西觀察使韋丹又於南塘築捍江隄，長十二里，派湖入江，節以斗門，以疏暴漲，凡爲陂塘五百九十八所，灌田萬二千頃，俗呼爲南塘。《滏郡志》：東湖，今又分爲西、北二湖，故豫章城中有三湖九津之說。九津者，三湖水所派洩也，與章江水僅隔一綫而不相參互，乃由內水關穿廣潤、章江、得勝、永和四門城濠而過之，東北匯蜆子、艾溪二湖以入於東鄱湖。又東湖沿隄植柳，名萬金隄，湖之北岸曰百花洲。

按：東湖又分爲西、北二湖，故曰三湖。《水經注》只有南塘與東大湖，今之西北湖皆古之東大湖也。九津即城濠，外通江水，內洩湖水。其在廣潤門西南者曰五行津，曰五事津，曰八政津，曰五紀津。其在章江門東北者曰五福津，曰庶徵津，曰積疑津。其在順化門西北者曰歸極津，曰三德津。此九津也，津各有閘，由東湖東南口洩往歸極津者曰玉帶溝，由東湖東北口洩往三德津者曰豫章溝。

按：贛江至南昌城下水勢浩瀚，幾同揚子，夏秋盛漲時溢入章江、廣潤二門，城內外市肆俱在浸中，而環成漕倉，尤爲可虞。此宜相度以預爲之防者。聞江中之老洲嗜本與蓼洲爲一，水冲既久，分而爲二。其地當兩水交會處，洲頭舊有攔江壩一道，名螺螄墩，以殺贛江支津之勢，使支津七分注洲西之經流，直趨沙井；三分注洲東，流近省垣，循城而北下游復會經流而歸於鄱湖。所以城外居民不被水患者，以江之全力大半注於西岸，其東岸只游波也。自陳文恭公巡撫江西時，重築螺螄墩之後，迄今一百餘年廢而未修，故西岸淤高而東岸受患矣。

《寰宇記》沙井，在城門外石頭津上，許旌陽有“江沙掩井，吾道復興”之語。

《方輿紀要》石頭驛，在章江門外十里，有石頭渚，亦曰投書渚，即殷羨投書處。《水經注》：贛水經豫章郡北，水之西岸有盤石謂之石頭，津渡之處。汪藻曰：自豫章郡絶江而西，有山屹然並立而出者，石頭渚也，阻水負城十里而近。

卷四　贛水南昌府、撫州府、建昌府、廣信府、饒州府、南康府、九江府水道[1]

贛江逕省城而北稍東，過豬婆灘分爲二支。

《水經注》贛水又北逕龍沙西，沙甚潔白，高峻而陁有龍形，連亘五里中，舊俗九月九日升高處也。

按：龍沙，本在江東，去江七里半，今則江水東移，失其故處，僅存一灘，改名豬婆矣。豬婆，即龍灘，即沙也，舊長五里，今長十餘里，在江中。凡《水經注》所言南昌東北爲江水所逕之度支步、王步、南昌左尉廨，皆無遺跡可尋，惟西岸之石頭津尚在。龍沙，舊有貫萌廟，不知何時移建章江門外。

最東之一支，東北流逕新建縣東北境蟠溪之南、北港之南。又東北至竹山溪東趙家西盱江之經流，南自進賢縣界來會。

盱江，即《漢志》之盱水也，一名汝水。

《漢書·地理志》南城盱水西北至南昌入湖漢。

《水經注》盱水，出南城縣西北，流逕南昌縣東，西注於贛水。

《寰宇記》盱水，在南城縣東二百十步，源出南堂山西北，沿流至臨川縣石門，故名汝水。

源出建昌府廣昌縣有三源，東源曰小勳溪，南源曰巴溪，西源曰雩河，合而東北流曰盱江。

《水道提綱》盱江，源出廣昌，有三處。一曰小勳溪，出縣東南，與福建界山即白蓮池之東北山也。西流曲曲百餘里，折西北至縣西南境。一曰巴溪，二澗出縣南界血木嶺，北流合而北數十

[1] 南昌府、撫州府、建昌府、廣信府、饒州府、南康府、九江府水道　據書前目録加。

里來會。又北有雩河，自縣西南山來會，曰盱江。

按：《方輿紀要·山川志》只載盱江出血木嶺之一源，又誤謂二十里爲巴溪，十五里爲小勳溪，皆不如《水道提綱》之詳明，故棄彼録此。

盱江東北流，有一溪自西北來會，東逕縣城南之黄龍岡，折而東北流，至佛流口，學溪自西來入之。

《方輿紀要》盱水近縣城南，有黄龍岡當其衝，曲折而東北出。

《山川志》學溪，在廣昌縣，自金嶂山發源，經永興寺縈繞縣學。明正德甲戌，巡道胡世寧濬爲二溪，一自拱北門入循舊河，一自外遶迎恩門至學前復合於佛流口入河，與盱水會。

又東北受東南來菰河水，又東北受西北來龍溪水。

《水道提綱》一曰菰河，自西北大樹嶺東南流。

《山川志》龍溪，在廣昌縣東北八十里，源出高陂，流入石門，通汝川。

又東北受西北來筆架山水。

《水道提綱》自南豐西南筆架山東南流。

又東北至南豐縣西南，有軍港水西自軍山來會。

《方輿紀要》軍山，在南豐縣西北二十五里，高十九里有奇，有飛瀑，一瀉千尺。

東流有大南河自東南與福建界山來會，東北逕縣城東南滙爲南臺潭。

《山川志》大南澗，在南豐縣東南五里，繞南臺下。又有小南澗，源出牛頭坑。

《方輿紀要》南臺潭在南豐縣南盱水中，深險不測，舟行上下，多覆溺之患。

又東北萬歲湖水入之。

《方輿紀要》萬歲湖，今名蔓翠湖，水北流出湖口入盱江。

又東北石溝、兜港二水入之。

《水道提綱》石溝水，東南自蟠湖隘來會，兜溝自西來注之。

又東北天井湖水自東入之，西湖水自西入之。

《方輿紀要》天井湖，在南豐縣東北三十里，深如井，天光上下，澄澈如鑑。西湖，在縣西四十里，其下流皆注於盱江。

又東北有一水，自西南會於水口鋪東。又北受南來一水。

《水道提綱》水東有湯塘泉。

又北入南城縣界，受西來一水。又北逕建昌府治南城縣城東，有新城縣水自東南來會。

《水道提綱》新城縣水即黎水、飛猿水及五福港也。有赤溪，出縣南，與福建界之黃土關北流折而西北，會東南來之游源水。又西北流經縣城西，又西北有桃溪，自南界得勝關之西山北流，合西南來之九曲水，東北流來會。又北稍西，至硝石鎮西，有資溪，源出東與福建界之杉關即五福港也。西南流合東南來之洵溪及黃土關熊村水。又西北流經藍田鋪南，又西北受東北來一水，又西北至硝石鎮南入盱江。

自此而北曰東江，折西北流數十里，受西南來之岳口東水。

《山川志》岳溪，在府城北三十里，發源自岳口。

又西至藤橋鋪北，有金溪縣水自東北來入之。

《水道提綱》金谿二源，一出縣東北山，西流經縣西北境而南。一出縣東南山，西北流而合西南流，經苦竹鋪南。又西有嵩溪市西二水，合西北流經后車鋪西來會。又西南流至藤橋鋪之北入盱江。

又西稍北逕白塔鋪東，又北曰汝水，至許灣鎮西，受東南來一水。又西北受西南來一水，又北稍西逕撫州府治臨川縣城東。

《寰宇記》汝泉，在臨川縣東北一里，源接盱水，從石門以下沿流三百二十四里入洪州界內，有湍瀨三十五。

逕文昌橋旁，舊曾爲千金陂者也。

《方輿紀要》千金陂，在府城東南。汝水受上流諸水，至郡城南，西巖多阻石籠，流緩而江廣，渟潴如湖曰瑤湖。自瑤湖北至孔家渡，地平衍，土疏惡。唐天寶中，決囓旁岸，支港橫溢，田疇盪廢。上元中，守臣建華陂以遏支流。大曆中，刺史顏真卿繼築，名土塍陂。貞元中，刺史戴叔倫又築，名冷泉陂。咸通中，李渤增築，名千金陂。軍倅柏虔冉[1]《記》云：陂横截汝水，南北百二十五丈。又鑿冷泉故基，凡〔九〕[2]百七十餘丈，接汝江，江水小長，則蹙陂之水丈餘，而入於冷泉新渠，以通舟楫之利。起文昌橋北，沿流〔三〕[3]十餘里，灌注原田，新舊共百頃有餘。自是爲利益廣，東西鄉田灌溉各數千頃，後漸廢。宋紹興中，郡民王姓者復修之。嘉熙[4]中，太守趙師郕又修之。淳祐中，太守葉夢得又修之。宋季元末，兵亂相尋，陂遂大决，支流日横。明朝弘治中，常議修復不果。嘉靖中，旋議旋革，二十六年役始興，方成而隨决，議者謂故道之壅沙尚高，故大川之洪流愈激也。萬曆以來，亦常議增修，未有成效。《志》云：文昌橋在城東汝水旁，千金陂從東南趨城下，乃抱城而東，過文昌橋，復遶城而北，又折而西也。

折而西北有臨水，西南自崇仁縣東北流，合南來宜黄縣水，逕府城西北來會。

《寰宇記》臨川水，在縣東北五十里，源出定川，沿流十里與汝水合，本名定水。天寶六年，勑改今名。

《水道提綱》臨水，源出崇仁縣西南之巴山，即臨川山也。北流有樂安縣北境諸水自西南合而來會，源較臨水爲甚遠，即唐水也。唐水出樂安西北境之大盆山，南流爲大溪，有寶溪自西來會，東南流受西南來一溪水。又東經縣北折東北流，有十洞水自東南來會。又東北流曰蛟河，有殷方水西北自桃嶺來會。又東北北受一小溪南會。臨水自源至此二百里，實臨水上源也。臨水又東北至崇仁西南，有一水西北自西羅山之南來注之，稍東有西寧水南自華蓋山來注之。又東北經縣城東南，折經城東而北，又東北有羅山水自西北來注之。又東有孤山水自南合二溪來注之。又東北百二十里至府治臨川縣西境，有宜黄水自南

[1] 柏虔冉　底本原作“相虔冉”，據《全唐文》卷八〇五校改。

[2] 九　底本原脱，據《全唐文》卷八〇五校補。

[3] 三　底本原脱，據《全唐文》卷八〇五校補。

[4] 嘉熙　宋理宗趙昀第四個年號，底本原訛作“嘉靖”，據文義改。

來會。宜黄水，出宜黄縣南、南豐縣西北境，軍峰山北之棟柱嶺，北流合西南來一水，西北流合西一水。又北經老埠村，東北有黄水，西南自鹿角合二溪東北流，又合西一水，又東北經老埠村西北合西一水來會，又東北至縣東南有宜水南自麻坑村東北流，合東來漳水西北流來會。又東北經城東，而北有曹水西自迎華山東流，經縣北而東來會。又東北流至長山鋪東折，西北流經臨川縣南境，至縣西稍北，臨水自西南來會。東北流經撫州府城西北，又東北與盱江會，此水源流行四百里。

《方輿紀要》汝水，舊自郡城西北，合諸川水，由金玉臺出烏鴉石，折而北過虎頭洲，至高洲港受黨溪，樟原以西、櫧山以南之水，至金谿城受金谿東鄉西注之水，而西北略豫章入彭蠡，此經流故道也。自千金陂決壞，汝水北下，孔家渡入進賢縣界西南，下黄塘橋、白水渡，入吉安府永豐縣界。而臨水則自烏鴉石流合汝水云黄塘橋在府城西北，即連樊水口也。

又西北過虎頭洲，有櫧山水自西界橋南，合黨溪東流來入之。

《方輿紀要》虎頭洲，在府北三十里，東接龍步灣，西望宜黄水、汝水，至高洲港受黨溪，樟源以西、櫧山以南之水。

又西北至桂家村西北，岐爲二派。一派西流，折而西北百五十里，於豐城縣東北境會雩韶水合於贛江支津。又西北逕猴村鋪東，又西北至南昌府城西南入於豐城縣來之贛江經流，此盱江之支津也。

按：撫州府千金陂未廢之前，盱江本自一派，由豐城東北境入南昌東南界，此之支津正是前代盱江之經流也。千金陂既廢之後，盱江始由城東之孔家渡北入進賢縣界，分一支西南入吉安府界。此前代《臨川縣志》所載，《方輿紀要》据之者也。今則進賢縣一支已成盱江之正流，而西南入吉安府者，久無此水。從前正流所行，入豐城境者小，轉小於北下進賢之一支，形勢又一變矣。其變自何時，無文可考。

一派北流，折西北入進賢縣西南境，又西北逕管頭鋪西北有東鄉進賢水自東南來會。

《水道提綱》東鄉水，出縣東境山。一自東北來，一自東來，一自東南來，合而西流，經縣城北。又西受北來、南來二水。又西南數十里，受南一小水，折西北流至進賢縣東南，受南一小水。又西北經縣城，又西北經尋江嶺下，分爲二派，南受小港水，又西復合，又西受南來之羅溪水，又西北入盱江。

又北至謝鋪東，折東北流百餘里，有落港水自南來入之。

《水道提綱》港水二源，出進賢縣東南之六山鋪及徐橋鋪，合西北流，經縣東北之龍馬洲東，又西北百數十里，經斂足嶺東北，又西北入盱江。

又北岐爲二派。一北流曰竹山溪，至南昌府新建縣東北境趙家園之西，與贛江在南昌府北所分之東北支津名橋溪北港者會。一東北流受東南來之古路水，又東北至儿山，東南與趙家園南之支津亦會。又東北流逕三洞湖，東至長安村東北儿山，東南會廣信府之上饒江水，謂之三江口，西北滙爲彭蠡湖。

《水道提綱》三江口，指贛江、盱江、上饒江也。源流千三百餘里，此口於湖爲正南，有小洲。

上饒江即《漢志》之餘水也。

《漢書·地理志》餘汗餘水在北，至鄡陽入湖漢。

《水經注》贛水又北逕鄡陽縣，餘水注之。水東出餘汗縣。

其水有東北二源。北源出玉山縣東北之懷玉山，名曰玉溪，亦名上干溪。❶

《寰宇記》上干溪水，出縣東五里，源出懷玉山。舊記云溪源乾淺，秋冬不通舟船，故名曰乾溪。或謂干之字悮也。又《漢書·地理志》云：餘干縣以水爲名，本越勾踐之西界也。韋昭云：干越，今餘干之别名也。謂此爲上干，或以餘干之號，即因此是也。

《方輿紀要》玉溪，出懷玉山，有二源，合流十餘里，會諸溪水，入上饒縣界，或曰即上干溪也。

《乾隆府廳州縣志》上干溪在縣東五里，又有下干溪，在縣東二里。

---

❶ 上干溪　原作“上干漢”，據下文及文義改。

班固云：餘干縣以水爲名。

《山川志》上干溪，在玉山縣東五里，其水一自三清山冰玉洞發源，一自（折）〔浙〕江常山縣界發源，至是合爲一，抵新安堤南，與下干溪合流。下干溪一自江山縣干溪發源，一自江山縣上陽發源，至瀆口合爲一。

按：懷玉山，即古之干越山。懷玉之名，乃後起也。水出干越山，故名干溪，猶之山名懷玉，隨名其水爲玉溪，非有兩山，亦非有數水。山溪錯雜，統爲餘水之源，上干下干，就地形而分耳。今人呼在山者爲玉溪，近縣者爲干溪，誤矣。

西南流逕玉山縣城，東南合古井潭水，至崙溪鋪西南合冰玉水、子午口水。又西南至廣信府上饒縣東北境，合櫧溪水。又西南至府城西南，與永豐溪會，此北源也。

《水道提綱》玉溪出玉山縣東稍北之懷玉山，與浙江常山縣界草平鋪之西，大橋鋪之西北。分二流，東流者爲信安港之上源，東入浙。其西流，即玉溪也，亦曰上干溪，西南經縣城東南，西流有古井，潭水自北經城西來會。又西南流至崙溪鋪，西南有冰玉水東北自子午口南，合二溪西南流來會。子午口在縣東北白石街之西，冰玉水西南流有落馬潭水自西北界來會，折南流有汪村潭水自東北來會。又西南至崙溪鋪西南合焉。又西南至廣信府治上饒縣東北境，有櫧溪自西北來會。櫧溪即靈水也。源出上饒西北之靈山，東南流數十里，有一溪自北來會。南流有玉琊溪自東北來會。又東南數十里，與玉山水合。又西南經府東境，折西流經府城南稍西，有永豐溪自東來會。

南源出永豐縣東南之魚梁山。其源有三。一自福建浦城縣界來，入江西廣豐縣界，流過封禁山，至廣信府東南境而合永平溪。永平溪即三源之一也，自浙江常山縣界來，亦入廣豐縣界，西北流至永豐縣東南而與永豐溪會。永豐溪亦三源之一也，出自草坪關之南大山，西南流而與永平溪合，仍曰永豐溪。又西南逕縣城南，至潭口鎮北，合㟪水，又西南與浦城水合，總曰永豐溪。至府城西南，而北源之玉溪水來會，始稱上饒江焉。

《水道提綱》永豐溪，出廣豐縣東南，與福建浦城縣界之漁梁山[1]北。二源當浙江、福建之界，在浦城西北境。其東南水皆入建溪，其東北水皆北入於浙者也。永豐源一自漁梁汛之北，西北流折而東北，至小關驛北會東來一水。又北至楓嶺汛西，有一水北自江山縣界西南流來會。又西稍北，流過黄家橋南。又西至二渡關、木城關之南，入江西廣豐縣界。又西北流經太平隘南，又西北過封禁山隘。又西北至府東南境，而永平諸水自廣豐縣城合諸溪來會。永平溪出廣豐東南，與浙江界山二渡關之東山，西北流至縣東南，有永豐溪自東北來會。永豐溪出縣東，與浙江界界頭、草坪關之南大山，西南流合東來一水。又西南流合永平溪，西北流經縣城南，又西南至洋口鎮，北受北來之扈水，又西南會浦城水，總曰永豐溪。又西北至府城西南而玉山水自東來會。

上饒江西流過老虎灘，又過鐘石灘。又西南入鉛山縣北界分爲二派，一西南流，一西北流。其西南流者，會東南來至岑陽關水。

《山川志》老虎灘，在府城西十里開化鄉，灘勢險惡，故名。西八十里有鐘石灘，灘畔巨石如鐘。

《水道提綱》岑陽關水，出浦城縣西北漁梁山北麓。其東北水即永豐上源也。此水西流數十里，經岑陽關北入江西界，西北流經封禁山之南。又西北有七盧水自東北來會。又西北折西南流有横溪河，自焦嶺關西北流來會。又西北會上饒江南支水。

《乾隆府廳州縣志》岑陽關在縣南百二十里，東去福建浦城縣二渡關三十里。

又西會南來鉛山縣之東西溪，曰汭口。

《水道提綱》鉛山東水曰車盤水，源出縣南，與崇安縣界之分水關嶺，其南水即崇溪，東南入建溪者。此水東北流合西南來一水，又東北流有一溪，自東南界合温林關、渣竹關二水北流來會。又北合東來一水，折西北流，合西來一水即彭溪也。又西

[1] 漁梁山　文中亦作“魚梁山”。

北經鵝湖嶺南，又西北經縣城東北，折而西會西南來一水。鉛山西水曰桐木水，出縣西南與崇安界之桐木關。其南水即望溪東會崇溪者。此水北流有馬陵關北水自西南來會，東北流又合東南來一水，又東北百里，至縣西稍北，與車盤水合，曰汭溪。又北流入上饒江，曰汭口。

又西北與所分西北流之一派合。

《水道提綱》一派西北折而西南二十餘里，受北來二溪，與先分之西南一派合焉。

又西流入興安縣南界、弋陽縣東南界，有大洲溪南合信義港、翁源及雙港水北流入之。

《山川志》信義港，在弋陽縣東二十里，源出福建都武界。

《水道提綱》信義港，在石佛司北。

又西北有渣源水東北來入之。

《水道提綱》渣源，出興安北境山中，東南流經縣城西北。又南有水東來注之，又西南入上饒江。

又西北曰葛溪，有弋陽溪自東北來入之。

《方輿紀要》葛溪，在弋陽縣東七十里，源出靈山，下流合弋水、晚港水，並注於上饒江。弋陽溪，亦出靈山，西流合葛溪。又明溪，在縣西二十里，本名弱水，唐刺史孫成改曰明溪，下流入於葛溪[1]。

又西逕弋陽縣城南謂之弋陽江。

《方輿紀要》縣東境諸溪水，合流於縣東南，有巨石横出溪中，捍截東流，縣治賴此無衝潰之患，因名之曰神石。

又西有水自北合二溪，南逕城西來會。又西過桃花灘，折而南流，有軍陽水自東南來入之，即薌溪也。

《山川志》桃花灘，在弋陽縣西四十五里，灘石縷錯，如桃花瓣。

《方輿紀要》西流經貴溪縣，謂之薌溪，亦曰貴溪。

按：薌溪出鬱金香草，在貴溪縣東南五十步，合湖陵、箬

---

[1] 葛溪　原作"葛漢"，據上下文義改。

溪、戴星諸溪水入上饒江。

又西入貴溪縣界，受北來一水。又西南逕貴溪縣城南，而西有須溪，南自雲際關西北流，合數水來會。

《水道提綱》雲際關南與福建光澤縣界，水自關北流，折而西北數十里，有茶山東北水自南來會。又西北經火燒關東，又西北折而北流，受東南一水。又北流稍西受西南一水，又西北受南一水，又西北至縣城西南，與上饒江會。

又西北流至縣西北，有山水自北，合數溪西南流來入之。

《水道提綱》貴溪，縣北境水也。山水自徐克場東南流數十里有佛老嶺水自東北來會。又南流受西來一水，又南有一水自東北來會，折西南流，北受長溪水、南受縣北箬溪水，西入上饒江。

又西北折西南流，受東來馬安山水。又西北流至安仁縣東南界，有白塔河南自瀘溪縣合杉港、茶山、清田諸水，逕龍虎山而西北來會。

《水道提綱》白塔河二大源，一出瀘溪縣東、福建光澤縣西北境之大禾山南沼㑲村北，西流經鐵牛關，南入瀘溪界，經縣城北大山，南折西北流，有縣西南二溪北流合而來會。又北流受西南一水，又東北流受東南來一水，是曰杉港。又北而茶山水自東南來會。茶山水，出光澤縣北境大山中，西北流數十里，經茶山隘西入江西界。又西北與杉港合，又東北流至紫雲鋪西，折西北流經金貴鋪北。又西北曰上清水，以其北即龍虎山也。又西北有清田水，南自金谿縣東南山東北流，合東南來一水，折西北流，受西南來一水。又北折東北流，會上清水北流，曲曲數十里，折而西流曰白塔河。又西北流經掃帚嶺，東至安仁縣，東南與上饒江會。此水源流行四百里。

有惠安溪，亦自東北來會。

《水道提綱》惠安溪，自白雞山西南流，合東來一水曰惠安溪，又西南流入上饒江。

又西北至安仁縣城東南曰安仁港，有金盤山水自東北逕城東來入之。又西逕城南而西，又西北南受穆皇山水，又西北逕黃田鋪南，又西北逕撥雲峰東麓曰錦江。

《方輿紀要》錦江，在安仁縣南，一名安仁港，一名興業水，自貴溪縣漏石村流經縣界，下流經餘干縣爲龍窟河港，中有崩巖橫石，懸水千仞，湍犇浪激，聲合風雷，舟楫所歷，少有程准，篙工失措，便成齏粉。然居人賴其膏澤之利，溉田幾二百餘頃。又縣南有雲錦水，發源福建光澤縣，峭壁千仞，絢草成章，故有“雲錦”之稱。西北流合於錦江。

又北入餘干縣東南界，折而西南，逕縣南境。又西北流有潤陂水，自南合陽林鋪水，北流來入之。又西北受南來一小水。

《水道提綱》即流落山水。

自餘干縣界至此，總曰龍窟河。

《方輿紀要》龍窟河，經餘干縣南四十里之霞山，又西逕大溪至桐口灘分流。其一支西北出佈村走龍窟，受潤陂水注瑞虹。又一支東北逕八字嘴走馮田渡，過黄坊，注珠湖，至饒河口。又一支全由八字嘴逕破穴入城前，走西津。又自城前分新開河，入市湖，出西津，北折分派入珠湖，皆會於鄱湖。

按：今代水道與此不合，三支已併入一支矣。

又西北至三江口，與盱江、贛江支津會。

《水道提綱》上饒江，源流行八百里，所合諸水亦多。

按：上饒江，乃餘水之正流也。餘干縣之市湖注於鄱江者乃餘水之分流。《方輿紀要》所云由桐口灘分支，從八字嘴注珠湖者也。市湖水，舊有北通鄱江，南連龍窟河之稱，不知何時淤塞，今與龍窟河不相連矣。土人專稱市湖水爲餘水，《水道提綱》因之目爲《漢志》之餘水，殆未詳考。

又東北至饒州府鄱陽縣西，會鄱江之水，滙爲彭蠡湖。鄱江，即《漢志》之鄱水也。

《漢書·地理志》鄱陽鄱水，西入湖漢。

《後漢·郡國志》鄱陽有鄱水。

《水經注》贛水又與鄱水合。水出鄱陽縣東，西逕其縣南，鄱水又西流注於贛。

《寰宇記》鄱江水，自浮梁、樂平、餘干三縣合爲鄱江，經郡城南過入都昌縣，入彭蠡湖。餘干水本自信州貴溪縣流入。

按：《漢志》《水經注》皆言餘水與鄱水分行入贛江，是二水並不相入也。《寰宇記》言餘水自貴溪入鄱江，是上饒江有分支，自宋時已然矣。

有二源，南源出江南婺源縣謂之婺江，西南流入江西饒州府德興縣北界。

《水道提綱》鄱江，即古番水，入江西界。

西南流逕桐林鋪，西北有一水，北自鳳遊山西南流入之。

《山川志》鳳遊山，在樂平縣東八十里，饒、徽間一巨鎮，舊名濬源，唐改今名。山麓有潮泉。其出潤湧，其收立涸。

又西南入樂平縣界，謂之樂安江，有大溪合諸水，東自德興縣來入之。

《方輿紀要》大溪，在德興縣北二十里，源出徽州府婺源縣，至縣境會諸溪水，下流入樂安江。建節水在縣西南，源出廣信府弋陽縣界，西北流入縣境，下流入樂平縣境，合樂安江。又泊水在縣東南百二十里，出高山下，西流入建節水，並爲鄱江之上源。

《山川志》大溪水，在德興縣北三十里，源出江南徽州婺源縣，至縣境合寅港南部諸水，自東而西至港口合泊水，至樂平縣明口合長樂水，至桐山港口合建節水。

《水道提綱》大溪，自婺源界山西南流，即三清山水也。有靈山水，東南自北前村西山西北流來會。西流有一水，自東北來會，始曰大溪。西南流經德興縣城北，有林河自東北山來會，西南流有石人峰水，合二溪自東南，曲曲西北流經縣城南而西來會。又有一水南自毛嶺北山北，經界田鎮來會。又西南有湖。

按：此所言者，乃前代之水道，從上饒江分支之餘水也。今時則不然，録此以存變遷之迹。

《水道提綱》餘水，出萬年縣東北仙鶴山，西南流經縣城，東南有竹屯河，自東南山西北流來會。又西北經城西南，又西北流六十餘里，至餘干縣城西北，有二溪合，而南經城之西，折而東經其南遂東北七十里來會，即餘水，爲十川之一者也。又北流受西南二小水、東南一小水，又北而婺河自東來會。

按：此乃今代所呼之餘水，非《漢志》十川之一也。《漢志》之餘水，自是上饒江，此水在往代與上饒江相通，時故稱餘水。上饒江之分支既斷，而此水在餘干縣城側，土人仍以餘水呼之。其實乃《漢志》鄱水之别源也，《水道提綱》稍誤。

又北至饒州府城東南，會東北來自浮梁之昌江。

《方輿紀要》昌江，在浮梁縣南。

昌江，即鄱江之北源也。由江南祁門縣境西南流入江西浮梁縣東北界。

《水道提綱》昌江，一曰大共水，即祁門南河。源出祁門縣北，建節水南自陽林鋪來會。又西流有福泉山水，西北流合一溪來會，折西北流至樂平東南境，與東北來之婺河會，源流三百餘里。

又西稍北，逕樂平縣城南而西，有孥舟村水自北來，逕城西而南入之。

《水道提綱》樂平北水也。東北即烏聊山，山之東南即鳳遊山水，水之西有龍停湖，周十數里，又西二十里即此溪。

又西稍南百里入萬年縣界，逕古城南石頭街北，西北流逕高沙灣南。又西北入鄱陽縣東南境，有餘水自萬年縣來，西流合餘干縣水北流來會。

《方輿紀要》餘水，在餘干縣南，亦名市湖，中有越水。餘水，縣境諸水之總名也。北通鄱江，南連龍窟河，《志》云水會縣之西南諸溪餘水而名。以三道而入，亦曰三餘水。或云吴、楚、越之餘水，故名“三餘”。《寰宇記·干越渡》云：縣西南二十步，置津吏主守，四時不絶，有浮橋。唐大中元年，縣令倪衎置。蓋跨餘水上有鄔子港，在縣西北二十里，亦餘水之支也。水口即擔石湖。

按：此所言者，乃前代之水道從上饒江分支之餘水也。今時則不然，録此以存變遷之迹。

《水道提綱》餘水，出萬年縣東北仙鶴山，西南流經縣城，東南有竹屯河自東南山西北流來會。又西北經城西南，又西北流六十餘里至餘干縣城，西北有二溪合而南經城之西，折而東經其南，遂東北七十里來會，即餘水，爲十川之一者也。又北流受西南二小水，東南一小水，又北而婺河自東來會。

按：此乃今代所呼之餘水，非《漢志》十川之一也。《漢志》之餘水，自是上饒江，此水在往代與上饒江相通，時故稱餘水。上饒江之分支既斷，而此水在餘干縣城側，土人仍以餘水呼之，其實乃《漢志》鄱水之别源也，《水道提綱》稍誤。

又北至饒州府城東南，會東北來自浮梁之昌江。

《方輿紀要》昌江，在浮梁縣南。

昌江，即鄱江之北源也。由江南祁門縣境西南流入江西浮梁縣東北界。

《水道提綱》昌江，一曰大共水，即祁門南河，源出祁門縣北境大共山，山中曲曲南流曰梅溪，經縣東北之梅溪鎮東，又南西南流有山溪河，東北自黟縣西北嶺西南流來會。又西經縣城南，又西南曰南河，有歷河西北自櫸根嶺合界河水東南流百餘里來會。山溪河東隔一山即黟縣城西之浙源也。界河西即江西界大山，又西南至倒湖村東入江西界。

逕倒湖村東。

《方輿紀要》倒湖，在浮梁縣東北百三十里，與祁門縣接界。

曲曲西南流，逕大寒嶺吴嶺之北有小北港水自西北來會。

《水道提綱》小北港水，出浮梁縣西北境高陂蒙嶺及分水嶺，二溪合東南流，至大惟鋪西南，有一溪自北來會。又東南流至山麓，折而南流與南河會。

又西南逕洞庭山北。

《山川志》洞靈岩，在浮梁縣東三十里，有洞四，曰慶雲、蓮花、含虚、張公。

按：洞靈岩即洞庭山，東有水龍洞，水從黄壇入注岩中，潛行地下二里許，復從山前出。

又西南至縣東有涓水東自吴嶺合高嶺水來會。又西南逕縣城東南，又西至景德鎮北，受北來赤嶺水及西北來南坑橋水。

《方輿紀要》景德鎮，在浮梁縣西南三十里，水土宜陶。宋景德中，置鎮於此，因以景德爲名。

稍西受東南來鳳遊山北水及劉家灣水，又西過界牌鋪南曰昌江，入鄱陽縣界。又西南百里，至雲龍山南，折而南流，逕府城東北境求仁湖、上東湖之東，白鹿山之西，折西南流，逕下東湖南，又西至府城東南與樂安江餘水合。

《方輿紀要》昌江，經景德鎮北而西南流，合樂安江入鄱陽縣境，爲鄱江之上游。

二水既合，曰鄱江，西逕府城南，又西南有西湖水自北來會。又西南入贛江，滙爲彭蠡湖。

按：此水源流七百里。

《水道提綱》西湖水，南通鄱江，北爲上湖、珠湖，又北爲烏玲湖，會鄱陽童子、石門二港水，西入鄱陽湖童子港，出鄱陽縣東北境，與江南界之浩山，南流有東北蒙嶺及分水嶺水，合而西南流來會。又西南流有港口水，一出北斗嶺西南流，一出福峰西北流，合而西經雙鐘山來會，曰童子港。又西南經鐵藍山西，又南有上籃村南水自東北，經塔水橋雲龍山北而西南來會。又西南至府西北匯爲烏玲湖。石門港，出鄱陽北境石門司之西北山，二源合東南流，經司南曰石門港，又東有一水自東北來會，又南曲曲經烟冲山論石嶺東麓，又西南至烏玲湖，會童子港及珠湖水，西入湖即鄱陽北港口也。童子港，源流四百里。石門港，源流二百餘里。

按：鄱江實古廬江也。酈道元誤以爲廬山所出之水，與《山海經》《水經》皆不合。《海內東經》曰："廬江出三天子都，入江彭澤西。"《水經》曰："廬江水出三天子都，北過彭澤縣西北入於江。"夫《水經》之"北過彭澤縣西北入於江"，即《山經》之"入江彭澤西"也。彭澤縣在彭蠡湖東，盧江水過之而入湖以入於江。是水從東來，不從西來，明矣。若盧山則在彭蠡湖西岸，所出之水東流十餘里即入於湖，何從過湖東之彭澤縣耶？《山海經》又言浙江出三天子都，在閩西北入海餘暨南。浙江所出之三天子都，即盧江所出之三天子都，非有兩山也。海在三天子都之東，而浙江入之，是水出三天子都之東，而更向東流，江在三天子都之西，而盧江入之，是水出三天子都之西，而更向西流。經文本自明曉，酈氏誤以盧山爲三天子都，而不知其東流入彭蠡之水並不名浙江，且浙江發源之處去盧山尚五百餘里也，烏得謂三天子都爲盧山耶？《水經注》引豫章舊志曰漢封匡俗於鄡陽，曰越盧君。俗兄弟七人皆好道術，遂禹精爽於宫庭之山[1]，故世謂之盧山。然則盧山之得名因乎越盧君，越盧君之得名又因其封於鄡陽。漢鄡陽縣地在今鄱陽縣西境。《地理志》所云"餘干水至鄡陽入湖漢"者也。匡俗封於鄡陽而號爲越盧君，必盧江之水流經其地，因水以爲此號。盧江水固在彭蠡湖東，無與於湖西之盧山矣。盧山於漢時屬柴桑縣，不屬鄡陽縣。越盧君既在鄡陽，是鄡陽之水爲盧江水無疑，即盧江水之爲今鄱江水，又可無疑。鄱江之入彭蠡處，固在鄡陽也。以鄡陽証盧山，烏得謂盧山爲三天子都耶。《山海經》明指其地曰在閩西北，考山川者自當於閩之西北諸山中求三天子都，不當於彭蠡湖西之盧山求三天子都。閩西北諸山之最大者，無如徽、歙之黄山，盤亘數百里，凡石埭之陵陽，青陽之九華，婺源之率山，績溪之大障，皆黄山之隨地異名也。其山之水四流，北出者以青弋江爲大，東出者以新安江爲大，西出者以鄱江爲大。新安江即浙江之上流，又名漸江者也。浙江出率山之東，鄱江出率山之西，其地正當閩之西北。是三天子都爲黄山而非盧山。《山》《水》二經之盧江，

[1] 遂禹精爽於宫庭之山　南朝梁劉孝標注《世説新語》引豫章舊志作"遂寓於洞庭之山"，宋文讜《詳注昌黎先生文集》引豫章舊志作"遂寓精於洞庭之山"。

乃鄱江而非廬山之水，酈氏誤以廬江爲廬山所出，故以石門水當之，而未考彭澤縣之所在，且又未審三天子都之在閩西北。於是鄱水之爲廬江，無有能辨之者矣。漢廬江郡亦以廬江得名，《地理志》注“廬江出陵陽東南，北入江”是也。然此又别一廬江，與《山》《水》二經所言入彭蠡之廬江，並非一水。漢陵陽縣爲今江南石埭、青陽、銅陵、南陵諸縣地，廬江出其東南，而北入江。是爲今寧國府之青弋江也。雖亦得謂之出三天子都，然去彭澤縣三百餘里，中隔大山，東西各不相通，地理家往往合而一之，其誤與酈氏同。

中一支亦東北流，逕蟠溪村北、馬塘湖之東、三洞湖之西，分爲二渠，夾飯羅村而北，一於焦尾東，一於楊家港東，滙於湖。

按：此於冬深水涸時，二渠始見。若盛漲瀰漫中，則無所謂二渠矣。

西一支正北流，逕蛟橋東、孫家洲西。又北逕故齊城東。

《水經注》贛水，又東北逕王步，步側有城，云是孫奮爲齊王鎮此城之渚，今謂之王步，蓋齊王之渚步也。

《寰宇記》在洪州東二十里。

又北至泠溪，分爲二渠。一東流，逕馬塘湖北、曲尺港南，會中一支之支渠，北至楊家港東，滙於湖。一北流，逕樵舍驛東、故昌邑城東。

《方輿紀要》樵舍驛，府西北六十里有巡司，明王守仁擒宸濠處。昌邑城，在建昌縣北六十里，漢昌邑王改封海昏侯時所築城也。

又北至老鸛嘴，亦分爲二渠，一北會馮水支津，由赤岸山左右而北，復合脩水支津，又東北至吴城鎮。

《寰宇記》吴城山，在治東北一百八十里，臨大江。

《方輿紀要》吴城，在府北百二十里，臨江有吴城巡司。

又北至丁家山北，會西來之脩河，匯爲彭蠡湖。

脩河，即《漢志》之脩水也。

《漢書·地理志》艾脩水東北至彭澤入湖漢，行六百六十里。

《水經注》脩水，出艾縣西，東北逕豫寧縣，又東北逕永修縣，又東北注贛水。

《寰宇記》分寧縣脩水，在縣南二百步。按《水經注》云脩水，艾縣南，東流屈曲六百三十八里，出建昌城一百二十里，入彭蠡湖。

源出南昌府義寧州西南，與湖北交界之幕阜山，有南北二源。

《寰宇記》幕阜山，在分寧縣西二百九十里，高一千餘丈，周廻一百二十里。

《方輿紀要》幕阜山，在寧州西百九十里，山接湖廣通城及平江二縣界，周圍數百里。脩水出焉，分東、西二流，西流入通城縣界合雋水，東流爲脩水。

南源有大阜山之二水，血木山、黄蘗山之二水，址河之一水，合而東北流。

《水道提綱》脩水，亦曰脩河，亦曰西河，源出寧州西南與湖廣界之幕阜山，兩源合而南流，會西來之血木山、黄蘗山二水。又東南至銅鼓營東江頭村西，有址河自西南來會，即脩水西南源也。址（洞）〔河〕，亦兩源，出西南與湖廣界大山合流而東百數十里，經銅鼓營南，又北流會脩水，東經江頭村南。

數十里折而西北，逕葡萄津西、山口村西，折而東北，受北來一水。又東北至寧州西南與北源水合。

《水道提綱》南樓嶺水，西北自崇鄉東南，流經南屏山，合西南馬市一水來注之，水勢始大，即脩水北源也。

兩水合而東北流，逕義寧州城東南，有額坳嶺水、彌玉山水、清涼山水南來入之。

《水道提綱》額坳嶺水，自南合彌玉山、清涼二山水，西北流注之。

又東北逕旌陽山西，秀水自西北來入之。

《方輿紀要》旌陽山在州東一里陷水，山勢壁立，横截水口，上有旌陽觀，因名。相連有南山，懸崖峭壁，下瞰脩水。州治西北有鳳山，秀水出焉，南會脩水。

又東北數十里有鶴源水，北自九宫山南，合一溪來入之。

《方輿紀要》鶴源水，在州東北七十里，源出武寧縣九宫山下，南流入脩水，冬夏不涸，田疇藉以灌溉。

又東北受赤岡山水、陳坊山水、東延山水、九宫東山水。

《水道提綱》北受赤岡山水，南受陳坊山水，又東受北來東延山水及九宫東水，又東北受北來一水。

又東入武寧縣界，白石港水自茅坪東南山，合二溪北流，逕柳山來入之。又東受北來一水。

《水道提綱》武寧縣西水也。

又東逕武寧縣城南，又東受北來城東之水，又東北受北來南來二水，又東北有紫鹿嶺白羊山水自西北來入之。折東南流，受西南來嚴陽山水，又東南逕白崖山，有灘溪西南自洪屏山東北流逕朱家山猴子崖來入之。

《方輿紀要》白石山水，在武寧縣南五十里，源出諸山澗，北流逕縣治南爲腰帶河，經縣東四十里羊腸灘，又三十里爲三洪灘，亂石横列，俗呼和尚原。

又東南入南康府建昌縣界，逕尖山、將軍山南麓，又東南至建昌縣城南，有靖安縣長溪及奉新安義之馮水，俱自南來會。

《水道提綱》長溪，源出靖安縣西北九仙鋪之西北山，其北水即茅坪溪，北流入脩江者。此水東南流山中，曲曲百里，至縣西北有雙溪水，西自寧州界毛竹山，合兩水東流來會。又南至縣西南，有石掌溪西南自雙峰來注之。又東南經縣城南，折東北流至東北境，有一水北自牌樓下山，合東一溪東南流注之。又東北流經安義縣北境，又東北曰皓源水，又東北至建昌縣南境，而馮水自南來會。

馮水，出奉新縣西北，與寧州界之百丈山即寧州東南境東嶺之東北山也。東流經南坪橋南鯉魚山北，東北曲曲流折而東南，合西南來謝山之水，東北流有洞山及北嶺水合，自西北來會。東南流受西來一水，又東南經藥王山西南麓受諸溪澗。又東流受南來李家山水，又東受南來華林山水，又東受白鶴山水，皆高安北境山水也。又東受北來之龍溪水，又東受奉新城西水，東經縣城南稍東，有米嶺水合高胡山水自南來注之。又東北數十里，經安義縣南境，有白雲山水自南來注之。白雲山東北即南昌之西山諸峰嶺也。脩水又東北受西來縣城南二溪水，經安峰、桃花嶺、翔鸞山之北曰龍江，分爲二派。一北流經牛頭山西麓，至建昌縣東南境，與西來靖安之長溪會，而北合於脩河。

按：馮水，即《水經注》之繚水也，《水經注》曰"繚水導源建昌縣"。今義寧州東南境，皆古建昌縣地也。曰"東逕新吴縣"，則今奉新縣地。稱吴故城，在奉新縣西三十里。曰"又逕海昏縣謂之上繚水，又謂之海昏江"，則今建昌縣地矣。上繚，一作上牢，以繚牢同聲而訛。《陳書》"周文育屯上牢"即《水經注》之上繚，《寰宇記》曰漢遷江東馮氏之族於海昏西里，賜之田曰馮田，水因名之。此繚水之所以又稱馮水也。《漢志》無繚水，當是統名脩水。《水經注》無長溪，當是統於繚水。

脩水於建昌縣城南分二派，中有巨洲。一南逕洲東南流，會長溪馮水流向東北。又分二派曰慨江口。

《水經注》分爲二水，其一水東北逕昌邑城而東出豫章。大江謂之慨口。昔漢昌邑王之封海昏也，每乘流東望，輒憤慨而還，世因名焉。其一水枝分別注入於脩水也。

一東逕丁家山南，會馮水支津及贛江支渠之西北流者於赤岸山之北。

《水道提綱》章水支津西北出者，會奉新安義之馮水、靖安之變溪水、寧州與武寧之脩水，並匯於建昌縣南而東入湖。

又分二派，一於吴城鎮南入湖，一於吴城鎮北入湖。

《水道提綱》一東北與松門北吴城鎮南東入鄱陽湖，一於建昌城南東北流，受支渠水。又東北經丁家山北，東北於吴城鎮西北入湖，湖口西北即德安水口也。脩河，源流行九百餘里。

一亦東北流至建昌縣城南，受支渠水。又北至德安水口，廬山河自西南來入之，滙爲彭蠡湖。

廬山河，即《漢志》之傅陽川也。

《漢書·地理志》歷陵傅昜山傅昜川在南，古文以爲傅淺原，師古曰“傅讀曰敷，昜古陽字”。

《通典》蒲塘驛，前有敷淺原，原西十里即博陽山。

《寰宇記》德安縣傅淺水在長樂下鄉，碧色清冷，長流不息。

《文獻通考》德安縣有傅淺水。

《尚書後案》《漢志》豫章郡歷陵傅昜山傅昜川在南，古文以爲傅淺原，則敷淺原乃水也。《説文》卷十一下灥字注云：“水泉本也，从灥出厂下。”又重文泉字注云：“篆文从泉，徐鉉曰，今别作源，非是。”卷二下走部邍字注云：“高平之野人所登。从走备录闕。”俗既别造源以代泉，遂以原代邍，誤。謂原爲高平之山原而非水泉，不識字故也。

按：《禹貢》“敷淺原自衡山導脉而至”，本是山名，《漢志》云傅昜山傅昜川在南，古文以爲敷淺原者，蓋謂歷陵縣之傅昜山所出之水名傅昜川，在其山之南，即古文《尚書》之敷淺原也。傅昜山爲俗名，敷淺原爲古名，並非以傅昜川爲敷淺泉。《通典》分山與原爲二，則敷淺原爲水名矣。《尚書後案》据《説文》以分别邍字原字，其説精確不刊，但因此遂以敷淺原爲傅昜川，則未免爲《通典》所誤。蓋敷淺原即廬山也，敷淺之水發原處也。傅昜川，本出廬山西北而流向西南，又轉東入彭蠡湖，故《漢志》謂在傅昜山之南。地理家皆指德安縣南十里之山爲傅昜山，指縣西所來城下之水爲傅昜川，則川在山北，不在山南，與《漢志》不合。朱子但疑德安之山卑小，不足當《禹貢》之敷淺原，而尚未考其方向之不合也。

源出九江府德化縣西南廬山之康王谷，有四源。

《山川志》康王谷，去南康府城三十五里，一作釗城，蓋周康王名也。

《廬山志》康王者，康陽之訛也。今土人呼康王坂爲康陽坂。

按：宋避太祖諱改匡山爲康山，以周康王南巡狩至廬山也。

自以康王爲是，康陽坂乃是康王之訛。

一源出上霄峰，一源出九奇峰，一源出長衝，三源合而匯於烏龍潭。

《山川志》廬山河，源出廬山烏龍潭。

《廬山志》烏龍潭水有二源，一自仰天坪來，一自漢陽坡來。仰天坪之南有分水坳，其水從坳中西流爲弔橋水，西南流出小漢陽西，而漢陽坡北有水西流，與分水坳之水相合注邃谷中。其大龍潭常有龍居之。

按：仰天坪之水出自上霄峰之顛。上霄，見《水經注》，即大漢陽峰之最高一峰也。水流至分水坳而南北分注，南注者出鶴鳴、龜背二峰間，爲開先寺之瀑布；北注者合高尖石之水出上下弔橋而注於烏龍潭，此一源也。漢陽坡北之水出自九奇峰，在上霄之東，水分數道，自顛而下，由含鄱嶺北至擲筆峰西南而會長衝之水，此又一源也。長衝在擲筆峰東南火蓮院之東，有泉數十泓，合流逕火蓮院前，西南流與九奇之水合注於將軍山下之白龍潭，此又一源也。白龍潭之水又西南至鐵雲山，與上霄之水合而注於烏龍潭。潭有三，上二潭皆高數十百丈，下潭稍平夷。

烏龍潭之水，懸流千尺而注於康王谷，謂之水簾洞。有谷簾泉、雲液泉之水出而合之，此又一源也。

《一統志》康王谷有水簾洞，蓋崖谷蹙沓，如洞穴然。

《九江府志》洞之左右，林壑奇異。其洞深邃莫測，源流無窮。洞門高二十餘丈，四時傾瀉如織。

《廬山志》谷簾泉在康王谷中。源即漢陽所發，西行爲枕石崖所束，湍怒噴湧，散落紛紜，數千百縷，班布如玉簾，懸注三百五十丈，故名谷簾泉，亦匡廬第一觀也。雲液泉在谷簾泉側，山多雲母泉雲液也。

按：谷簾泉，本康王谷中自有之泉，在水簾洞中。當春夏秋三時，烏龍潭水極盛，從崖口下注，如簾之垂，泉爲簾障，人但見水簾而不見泉。冬時潭水如練，則簾揭而泉水見矣。

《志》謂谷簾泉即潭水，殆未詳睇。

《水道提綱》廬山河，出德安縣東北之廬山，曰谷簾水。

潭水與泉水合，西北流出康陽坂，有儒良嶺之水來會。

《廬山志》儒良坂水，逕儒良橋出康陽坂。

又西北流出石門山，謂之石門澗。

《廬山志》石門山，在康王谷西北八十餘里，是一山之大谷，有澗水名石門澗，吐源度遠，爲衆泉之宗。

《水經注》廬山之北有石門水，水出嶺端，有雙石高竦，其狀若門，因有石門之目焉。水導雙石之中，懸流飛澍❶，近三百許步，下散漫千許步❷，上望之連天若曳飛練於霄中矣。

按：《水經注》此數語，即周景式《廬山記》之文。

《廬山志》石門澗，在文殊寺南，有潭曰烏龍潭。石門者，天池、鐵船二峰並峙如門也。澗水源於長衝漾，於擲筆之前與九奇之水會而註於白龍潭，西至於石門，與上霄之水會，而北流播於陶家埠，匯於鶴問湖，入於龍開河。

按：石門澗之水，惟西南流，並不北播，而《志》言北播者，或盛夏水大時偶然有之，非常然也。今鶴問湖久淤，更不能北播矣。廬山之奇在於無峰不泉，高下懸素，幽顯競響。《水經注》所云飛湍林表者，不止一處。石門澗所會之水，原不止此四源，而四源爲最大。余遊廬山時，由石門循流而溯，按圖而考，因悟《禹貢》之敷淺原定爲廬山無疑。蓋海內出水之山，雖大如五嶽，不能峰峰出原，會爲一水，惟廬山與他山異致，禹王特志其奇，故名之爲敷淺原。原乃源之本字，言敷淺之水發原處也。敷淺又名爲傅陽者，山南曰陽，水北亦曰陽，敷淺水在廬山之陽，故謂之傅陽川。廬山在敷淺水之陽，故謂之傅陽山。敷淺雖非大川，然水以山重，山以水奇，標名自有所取，況《漢志》明言川在山南，傅易川之北，豈復有他山乎？漢柴桑縣故城在廬山西，而地

❶ 飛澍　《王氏合校水經注》作“飛瀑”。

❷ 千許步　《王氏合校水經注》作“十許步”。

志不以傅易山屬諸柴桑，而屬諸歷陵者，山水當在歷陵界也。

石門澗之水，過錦澗橋，折西南流逕東林寺南虎溪橋下。

《水經注》其水歷澗，逕龍泉精舍南。

《廬山志》烏龍潭水，逕虎溪橋。

又南逕通遠驛入德安縣界，有五乳峰水自東來會。又南逕馬回嶺東西南山無數之水來會，折東南流，葛洪山之水自東北來會，石鼓山之水自西北來會。又南逕栅嶺西，栅嶺之水自東來會，逕史君山西，史君山之水自東來會。又南紫竹林之水自西界東南流，合磨嶺水、横山水、鳳皇山水、白箬山水來會。又南至烏石門，曰東溪。

《方輿紀要》烏石山，在德安縣北十里，旁有獅子巖，兩巖相對如門，一名烏石門。

有黄婻河自西北來入之，西河自西來入之，謂之三港口。

《方輿紀要》黄婻河，在德安縣北三十里，源出德化縣界高良諸山，流經黄婻畈，至烏石門合廬山河、西河，自縣西北流至烏石門，與廬山、黄婻二河合，名曰三港口。

又南有清風嶺水，合龍山鋪水，自東北來入之。又南逕德安縣城東，傅淺水自縣西逕城南而東入之。

《寰宇記》德安縣傅淺水，源接瑞昌及鄂州永興縣界，屈曲流二百餘里，方至縣南，三時通舟，惟冬水涸，僅容小舠。唐時於水南立蒲塘場。

《水道提綱》傅陽水出德安西南樟樹坳，東北經城南又東與東北來之廬山河及諸溪會。

按：此水即諸家所指《漢志》之傅易川也。德安本漢歷陵縣地，南十二里有山，諸家皆謂爲傅易山，而此水實在山北，不在山南，與《漢志》不合，故鄙意傅淺原即是廬山，廬山河乃傅易川之正源。德安西南至傅淺水，乃别源也。

又東南入於彭蠡湖。

《水道提綱》吴城鎮西北爲德安縣東南水口，傅陽水合廬山水自西北來注之。

按：《漢志》豫章郡共十一水，合之長沙國之盧水爲十二水，而《水經注》但言十川者，蓋合豫章、彭爲一水，而傅陽川太小，不數之也。然因《班志》一言，而《禹貢》之傅淺原，人始知其所在。原、瀀之分，亦至今始明。故特詳述傅昜川之源流，俾世之考《禹貢》山水者定之。

卷五　贛水彭蠡湖

凡贛江始自南安府之西南，流逕贛州府、吉安府、臨江府以至南昌府之東北，共行二千餘里，西合袁州府、瑞州府、南康府、九江府，東合寧都州、建昌府、撫州府、廣信府、饒州府數十州縣之水，以匯爲巨澤。《禹貢》所以志“彭蠡既豬”，漢晉人皆稱之爲南江也。其入湖之小水有名者，都昌縣北之石牛浦水、馬家灣水、馬幾山水、西洋橋水、白羊湖水，皆在湖東北。

《水道提綱》都昌縣北有石牛浦水，西南流入湖。又北稍西有馬家灣水，自東北元辰山合數溪來注之。又東北有馬幾山水，自東南來注之。又東至拌龍鋪北，有西洋橋水合數溪自東來注之。劉家市西北有白羊湖水口。

星子縣之靈溪水、龍溪水、沙溪水、渚溪水、鸞溪水、石鏡溪水、藋藤港水、謝恩港水，德化縣之女兒港水，皆在湖東南。

《方輿紀要》南康府西三十里有靈溪，西南五十里有龍溪，南二十里有沙溪，六十里有渚溪，西二十五里有鸞溪，西一里有石鏡溪，西南二十六里有藋藤，東九里有謝恩港，俱源出廬山，流入彭蠡湖。女兒港在九江府東南三十五里，源出廬山，東北流二十五里入彭蠡湖。

彭蠡湖，亘南昌、饒州、南康、九江四府之間，浸南昌、新建、星子、德化、湖口、餘干、建昌、德安、都昌、鄱陽十縣之境，東西廣四五十里，南北長三百里，中狹而上下濶。《水經注》所謂“清潭遠漲，綠波凝浄”者也。

《水經注》贛水，總納洪流，東西四十里，清潭遠漲，綠波凝浄，而會注於江川。

其異名則曰鄱陽湖，

《禹貢錐指》鄱陽湖，以中有鄱陽山而名，俗因號在都昌者爲東鄱湖，在南昌者爲西鄱湖。

曰宫亭湖，

《水經注》山下有神廟，號曰宫亭廟，故彭湖亦有宫亭之稱焉。

曰落星湖，

《水經注》湖中有落星石，周迴百餘步，高五丈，上生竹木，傳曰有星墜此，因以名焉。

曰揚瀾湖、左里湖，

《元和郡縣志》揚瀾湖，北曰左里，一作左蠡。

曰擔石湖，

《通典》鄱陽郡四百七十里至擔石湖。

《寰宇記》餘干水口即擔石湖。

曰族亭湖，

《寰宇記》族亭湖在縣西，後漢張遐封族亭侯，因此爲名。

曰康郎湖。

《方輿紀要》康郎湖即鄱陽湖之南涯，以康郎山而名。

湖中之山最大者曰康郎山，

《方輿紀要》康郎山在餘干縣西北八十里。相傳有康姓者居此，因名。一曰抗浪山，謂能與風濤抗也，訛曰康郎。

《輿程記》康郎山，在湖中爲風帆之表幟，東至袁岸口三十里，道出饒州。東南至瑞洪八十里，道出安仁及撫州、南昌。西至團遇洲二十里，道出南昌、饒州。北至都昌二十里，道出南康、九江。

次則石印山、

《方輿紀要》鄱陽山在湖中，初名力士山，亦名石印山。

大孤山、

《水經注》孤石界立大湖中，周迴一里，竦立百丈。矗然高峻特爲瓌異，上生林木，而飛鳥罕集，言其上有玉膏可采。昔禹治洪水於此，刻石記功。

《方輿紀要》大孤在九江府東南四十里，山形似鞋，一名鞋山。

松門山、

《一統志》松門山，在南昌府北二百五十里，上有石鏡。

青山。

《輿程記》湖口縣西南六十里，鄱陽湖中有青山。

其小者則有磯山、黑山、甲山、苔蕘山、屏風山、几山。

《水道提綱》都昌縣湖中有磯山，稍西有黑山，東有甲山，東南有苔蕘山，又北爲屏風山，自三江口西北爲几山。

而鞋山與大孤山對峙，湖爲一束，瀉於湖口縣西北繞石鐘山而會於大江。

《水道提綱》鞋山，在湖正北，西於大孤山隔水相望，湖至此束爲一江，濶十餘里。

《寰宇記》石鐘山，西枕彭蠡，連峰疊嶂，壁立削峻，西南北面皆水，四時如一，白波撼山，其聲若鐘，因名之。

《方輿紀要》石鐘山有二，在縣治南者曰上鐘山，縣治北者曰下鐘山。

李渤《辨石鐘山記》《水經》云彭蠡之口有石鐘山。酈元以爲下臨深潭，微風鼓浪，水石相搏，響若洪鐘，因受其稱。予，幽棲者，尋綸東湖，沿瀾窮此，遂躋崖穿洞，訪其遺蹤，次於南隅，忽於雙石欹枕潭際，影淪波中，詢諸水濱，乃曰："石鐘也。有銅鐵之異焉。"扣而聆之，南聲函胡，北音清越，枹止響騰，餘韻徐歇。若非潭滋其山，山涵其英，聯氣凝質，發爲至靈，不然，則安能産兹奇石乎？乃知山仍石名，舊矣。如善長之論，則瀕流庶峰皆可以斯名貫之。聊刊前謬，留遺將來。貞元戊寅歲七月八日白鹿先生記。

蘇軾《石鐘山記》《水經》云彭蠡之口有石鐘山焉。酈元以爲下臨深潭，微風鼓浪，水石相搏，聲如洪鐘。是説也，余嘗疑之。今以鐘磬置水中，雖大風浪不能鳴也，而况石乎？至唐李渤始訪其遺蹤，得雙石於潭上，扣而聆之，南聲函胡，北音清越，枹止響騰，餘韻徐歇。自以爲得之矣。然是説也，余尤疑之。石之鏗然有聲者，所在皆是也。而此獨以鐘鳴，何哉？元豐七年六月丁丑，余自齊安舟行適臨汝，而長子邁將赴饒之德興尉，送之至湖口，因得觀所謂石鐘者。寺僧使小童持斧，於亂石間擇其一二，扣之硿硿焉。余固笑而不信也。至其夜月明，獨與邁乘小舟至絶壁下，大石側立千仞，如猛獸奇鬼，森然欲搏人。而山上栖鶻，聞人聲亦驚起，磔磔雲霄間。又有若老人欬且笑於山谷中者，或曰："此鸛鶴也。"余方心動欲還，而大聲發於水上，噌吰如鐘鼓不絶。舟人大恐，徐而察之，則山下皆石穴罅而不知其淺深。微波入焉，涵澹澎湃而爲此也。舟迴至兩山間，將入港口，有大石當中流，可坐百人，空中而多竅，與風水相吞吐，有竅坎鏜鞳之聲，與向之噌吰者相應，如樂作焉。因笑謂邁曰："汝識之乎？噌吰者，周景王之無射也。竅坎鏜鞳者，魏獻子之歌鐘也，古之人不余欺也。"事不目見耳聞，而臆斷其有無可乎？酈元之所見聞，殆與余同，而言之不詳，士大夫終不肯以小舟夜泊絶壁之下，故莫能知，而漁工水師雖知而不能言，此世所以不傳也。而陋者乃以斧斤考擊而求之，自以爲得其實。余是以記之，蓋歎酈元之簡而笑李渤之陋也。

羅洪先《石鐘山記》酈氏《水經》載石鐘山，以爲風起微波，激石有聲，不詳其故。東坡夜艤漁舟山下，聽其所以鳴者，本石多竅，遂爲辨以補遺。丙午春，余過湖口，臨淵上下，兩山皆若鐘形，而上鐘尤奇。是時水未漲，山麓盡出，緣石以登，始若伏軾昆陽，旌旗矛戟，森然成列，稍深則縱觀咸陽千門萬户，羅幃繡幕，掩映低垂，入其中，猶佛氏言海若獻琛，珊瑚珠貝，金光碧彩，錯出於驚濤巨浪，莫可辨擇。睇而視之，垂者罄懸，側者笋出，缺者藕拆，環者玦連。自吾栖巖穴以來，攀危歷險，未有若是奇者矣。夫音固由竅以出，苟實其中亦復暗然，故鐘之制甬則震弇則鬱。是實鐘者中虚外竅爲之也，虚者大，竅者小，故出之有餘而應且遠。今夫甕盎罌卣均虚器也，注之水，則甕盎不若罌卣之聲。此中外小大之驗也。東坡艤崖，未目其麓，故猶有遺論。嗚呼！石本無聲，虚猶足以召之，又况人之心乎？是石當彭蠡入江處，衆流迸駛，湍廻洑射，日刓月消，石雖堅不勝其力之久，故其形亦備鑽研磨刮之功，瑩白如玉，其未入於水者，色黯理疏，頑悍而輪囷略不相肖。然則風靡波蕩，其亦有助於石而致虚者，固有道耶。因記以俟好古者。

按：今本《水經注》無石鐘山之文，而“西枕彭蠡”數語著於《寰宇記》，是宋代《水經注》本有其文，而後世逸之也。酈氏工於刻畫山水而石鐘僅俾數語，殊不足盡靈奇之狀，濬之所以疑之，賴有東坡作辨，而山水之奇始出。李文世不多見，羅氏繼作，亦足補蘇氏所未詳。故並録之。

《水道提綱》贛江自源至湖口縣西北入江，共行二千三百里。

附録：《方輿紀要》總論鄱陽湖湖口二篇

鄱陽湖，即彭蠡湖，在南昌府東北一百五十里，饒州府西四十里，南康府城東五里，九江府東南九十里，周迴四百五十里，浸四郡之境。《禹貢》彭蠡既豬，《史記》吴起曰三苗之國，左洞庭右彭蠡。又漢武帝浮江出樅陽，過彭蠡，後亦謂之揚瀾左里。晉末，劉格破盧循於左里，即彭蠡湖口也。《水經注》贛水總納十川，同凑一瀆，注於彭蠡，清潭遠漲，緑波凝净，而匯注於江川。自隋以前，概未之彭蠡。煬帝時，以鄱陽山所接兼有鄱陽之稱。大業十二年，劉子翊討鄱陽賊林士宏，戰於彭蠡湖，敗死。唐《十道志》：彭蠡江南之大川也。《六典》曰：彭蠡，一名宫亭湖。《圖經》：鄱陽湖東至饒州餘干縣之康郎山，西至新建縣之荷陂里，南至進賢縣之北山，北至南康府都昌縣。其南入南昌界者，則爲宫亭湖。《饒州志》：鄱陽湖收江、饒、衢、徽之流，會大江入海，長三百里，闊四十里，中有雁泊小湖，每春漲則與鄱江連界，水縮則黄茅白葦，曠如平野。湖中之山，其最大者曰康郎山，在湖西南涯。其近湖西北岸者曰鞋山、曰大孤山。又湖之西北近南昌南康之界有狹處謂之罌子口。明初，陳友諒攻洪都，太祖赴救至湖口，友諒聞之，解圍東出，與明師遇於鄱陽湖之康郎山。友諒屢敗，欲退保鞋山，明師先至罌子口，横截湖面，友諒不得出。既又移泊於左蠡，截友諒於湖口，友諒旋敗死。混一海内之業，肇於鄱陽一戰。

湖口，在九江府東六十里，今爲湖口縣。其地上據鐘石，旁臨大江，彭蠡之水滙章、貢及群川之流，北注於江。湖口，其委輸處也。劉宋時置湖口戍。齊東昏侯末，蕭衍引兵東下，前峰鄧元起將至尋陽，江州刺史陳伯之退保湖口。由齊梁至陳皆爲戍守重地。唐武德五年，安撫使李大亮以其衝要，特置湖口鎮。前符五年，王仙芝餘黨王重隱陷洪州，江西觀察使高湘奔湖口。南唐始立縣。蓋湖口之緩急，江南之盛衰。江南有事，欲保固江右，則湖口不可以無備也。或曰湖口即古之鈎圻。《水經注》：贛水歷鈎圻邸閣下而後至彭澤。劉宋時，江南運米皆積於鈎圻是也。今江西之運，凡四十餘萬石悉自湖以達於江，所謂糧運資諸仰此氣息者，非乎！且自皖口泝[1]江西上，則越小孤逕彭澤不待叩尋陽之城而直掩湖口，江西已岌岌矣。湖口於九江，又獨當東南一面之險也。元至正十二年，星吉赴江州遣別將栅小孤山，自據鄱陽口，綴江西要衝，以圖恢復。既而爲賊所敗，鄱陽蓋即湖口云。

彭蠡辨一

彭蠡之豬，贛水爲之也。而《禹貢》何以專屬諸漢水，曰：此後世水道之變也。彭蠡本爲漢水所匯，而贛水從南來助之。漢在江之北岸，故其所滙之澤大半在江北，小半在江南。禹因以漢水爲彭蠡之主而命之曰北江。當時之水道本如是也。漢水於大别山南有經流，有支流。《經》曰南入於江，此言支流也，觸大别之陂分一支入江也。曰東匯澤爲彭蠡，此言經流也。經流仍自東行滙而成澤也。南入東滙，經文明分兩支，南入者合江於大别山之南，東滙者會江於大别山之東。滙澤之水尚未入江之水也。儒者不察，合而一之。試思南入之後，江漢已混同矣，何以見彭蠡之獨爲漢水乎？岷江之分中江、南江

[1] 泝　原作“沂”，形近而誤，據文義改。泝，逆水而上。

也。《經》曰東迤北會於匯，言江至石城縣分一支東迤爲南江而北會於太湖也。鄭註：東迤者爲南江。曰東爲中江，言江至蕪湖縣，又分一支東行爲中江，而東達於陽羨也。阮雲臺先生之説自來解三江者惟此爲確。二東字尚分兩支，豈導漢之一南字一東字而專指一支耶。鄭康成曰，漢與江鬥，轉東成其澤。轉東者，因後世彭蠡在江之南岸，漢水從北而往匯之，其勢不能不先向東轉。以轉字釋東匯之義，非不甚精，然則經文何不直曰南滙，更爲明曉耶？鄭氏不知東滙、南入爲兩支，故不覺其詞之費矣。漢水之經流從大别東行二百餘里，而後自北岸入江。江水本高，又逢南來之贛水，建瓴直下，相擠而鬥，回旋澎湃如旋蠡然，故名之曰彭蠡。彭者，贛水之異名也。見《漢書·地理志》。三水同滙而漢水爲主，故以滙澤專屬諸漢水，更以彭蠡之名分屬諸彭水。蓋合江之南北而聯爲一澤，非如後世之專在南岸也。自來説此經者，約有四誤：以導江之北會於滙爲會後世之彭蠡，一誤也；以贛水爲南江，二誤也；不知江北之有彭蠡而謂江漢南會，三誤也；亦有詳繹經文於江北求彭蠡者，而不明地勢，欲以巢湖當之，四誤也。至於求其解而不得，直謂經有衍文，欲删去"東滙澤爲彭蠡東爲北江入於海"十三字者，其妄又不止於誤而已。故不可以不辨。

彭蠡辨二

江北之彭蠡何在乎？曰：雷江是也。雷江有二口，一在望江縣西南，一在宿松縣東南，相去可三十里，中爲江隄築斷。在古時原爲一口，其口斜對江南岸之彭蠡湖口，正江水、贛水與漢水會而轉鬥之地也。雷江，一名大雷池，三國六朝時，設官置戍，有雷池監、雷江戍。周闊尚三百餘里，西通太子洑，在黄梅縣西。而東達於樅陽，在桐城縣東南。爲江外往來之捷道。宋劉湖從江外夜趨沔口，王奂過尋陽，從太子洑私去，蓋皆從雷江舟行。故可以不由大江。《水經注》有青林水，從東陵鄉來，歷尋陽故縣，而東通大雷東陵鄉，即《禹貢》之東陵也。其地正當大别山之南，東通大雷之水，詎非漢水東匯之故道乎？雷池，在唐代名太清湖，廣只百餘里。太和四年，江水溢没太和、宿松、望江三縣民田，其地之低下可知。唐以後愈淤愈高，分爲數十湖，見於《括地志》《寰宇記》《名勝志》《方輿紀要》諸書。如桐城之樅陽湖、團亭湖，懷寧之石門湖、冶塘湖，潛山之黄泥湖、一名黄泥港。雪湖，太湖之五湖，大湖、小湖、仰天湖、陸鐘湖、黄里湖。今皆淤。宿松之龍南湖、白荆湖、棠梨湖、黄湖、攝湖、麻湖、牌湖、鱤湖、浮湖、茅湖，望江之泊湖、漳湖、慈湖、青草湖、白土湖、武昌湖。大者周三四十里，小亦十餘里，港汊互通，江漲時幾於聯數百里爲一湖，此皆雷池之故跡，非皆《禹貢》彭蠡之故地乎？當漢水初滙之時，地形南高北下，故能跨江南北，合爲一澤，猶湖廣江北之漢、沔諸縣，在往代未築隄之前，皆洞庭湖中地也。今則洞庭專在江南矣。以古之洞庭証古之彭蠡，尚何疑於彭蠡之不在江北哉？《經》又言東爲北江者，蓋漢水從彭蠡東出，由樅陽口入江，樅陽口與石城分江水口南北對岸。舊石城縣，今貴池縣地。《鄭注》所謂東迆者爲南江也。南口東迆者爲南江，則北口東入海者能不爲北江乎？丹陽今蕪湖縣。又分之，江在南北二江之間，能不爲中江乎？南江不見於《經》，北江之彭蠡又失，禹王以北江專屬漢水之故，先儒遂不能言，而三江之説亦無定論。如知江北之有彭蠡，則論自定矣。

彭蠡辨三

以雷池爲北江之彭蠡，固與《禹貢》合矣，何以《禹貢》以後至兩漢二千餘年中無一人言及之也？曰：《左傳》言之矣。《左傳》明言彭蠡之在江北，而未著彭蠡之名，且地形已變，不盡合於《禹貢》，故人不知其爲彭蠡，則吴楚交戰之豫章是也。杜預注《左傳》，不能明豫章之所在，但就傳中相連之地而意度之，或以爲江北淮南，或以爲漢東。豫章且不能明，遑能推及彭蠡耶？

夫不先明吴、楚二國之形勢者，斷不能知豫章，何也？吴之西境廣至鳩兹，《襄三年傳》：楚子重伐吴，克鳩兹至於衡山，其地在今江南蕪湖縣。與楚之東鄙巢桐、舒鳩分江而據，故其窺楚也，必自江北始，而楚人之備吴，則必先師於豫章。《昭二十四年傳》曰：楚子爲舟師以略吴疆，越大夫胥犴勞王於豫章之汭。是豫章爲水名，去吴之西疆最近者也。昭六年，薳洩伐徐，因吴之救徐而欲困之，故令尹子蕩又師於豫章以伐吴。伐吴之師並非伐徐之師，蓋將由江北以窺江南之吴邑，俾吴人移兵自救，然後薳洩可得志於徐。此兩道出師之謀，豫章必去徐遠甚，徐在淮北，豫章斷不在淮南也。吴人之保其西疆者必固。子蕩師不能下，遂駐師於豫章而自赴。薳洩之軍逗留不進，次於乾谿。吴之保西疆者，知子蕩之去其師因攻而敗之於房鐘，所敗之師即豫章之師也。房鐘亦必近豫章之地也。杜氏因乾谿在亳州境，遂疑房鐘在壽州蒙城，並疑豫章近淮，豈專詁地名，不詳傳文耶？殆未明二國之形勢也。十三年，楚師還自徐，吴人敗之豫章，獲其五帥。五帥者，靈王所遣也。靈王被弒，兵將俱無戰心，歸抵豫章，已在腹裏之地，其不設備可知。吴人乃出其不意，攻而敗之。此吴人蓋江以南之保西疆者，與豫章最近之吴人也。不然，五帥圍徐，業已逾年，並不聞吴人救徐，豈師方退而吴人忽追及耶？杜氏因還自徐而疑豫章近淮，殆未明二國之形勢也。吴師圍弦，楚救弦及豫章。是豫章與弦近。弦國在今蘄水縣，見《漢書·地理志》江夏郡軑縣及《水經注》。此豫章之上游也。漢水南入於江之地也。楚人爲桐與舒鳩而師於豫章，是豫章與桐舒近。吴人見舟與豫章而潛師於巢，是豫章與巢又近桐舒，與巢皆在安慶境。此豫章之下游也。漢水澤爲彭蠡之地也，至於定四年之傳而豫章之所在益有據。曰“吴人舍舟於淮汭，自豫章與楚夾漢”，則豫章固通漢水。曰“楚師濟漢而陳，自小别至於大别”，則豫章正當二别。二别在漢東，豫章必在二别之東南，何也？小别至大别至近，亦應十餘里，楚師渡漢而結長陣，自因吴師尚在二别之東。《傳》所謂夾漢者，乃言豫章上游之漢水，故曰自豫章與楚夾漢，是已過豫章而駐軍於豫章之西。若在其東，則豫章漫衍數縣之地，爲浸甚巨，兩軍相持不應太遠。《傳》曰夾漢不曰夾豫章，可知吴師在豫章西，豫章固在二别東南矣。小别山，今不可考。杜注：小别在漢川，大别在漢陽，均不是。大别山見《水經注》，一名下靈山，在今黄梅縣之北，宿松、望江、太湖三縣之西北。大别爲英山、羅田、商城群山之總名。其西南陂爲漢水，南入於江之處，東南陂乃漢水東滙爲澤之處也。故以大别之所在定豫章之所在，以豫章之所在定彭蠡之所在。其爲宿松、望江、太湖三縣之巨澤無疑。

大凡考水道者，必以所近之山爲據，水道變遷不常，山則終古不易也。杜氏誤認大别爲漢陽之翼際山，故駁康成安豐之説。至豫章之確有可指者，亦以爲漢東、江北、淮南之統名。其實，豫章何嘗如是之大耶？故曰：未明二國之形勢也。《春秋大事表》亦主杜説而誤更甚。禹王以後一千五百年而至春秋之世，漢水不無移徙，江北之彭蠡漸多平陸，故吴楚交兵，雖見舟豫章，而皆用陸戰。地形變則地名自改，《左史》据當時所稱之名標之曰豫章，猶之三國六朝人不稱豫章而稱雷池，唐人又不稱雷池而稱太清湖也。山川之隨地異名，隨時異名者甚夥。書缺有間，安知江以南之彭蠡，春秋時不兼呼豫章耶？《漢志》曰贛水爲豫章水，當是在彭蠡之舊名。夫不明吴楚之形勢者，不能定豫章，不明彭蠡、豫章之形勢者，亦不能讀《禹貢》。用著於篇，大雅正之。

江源考

〔清〕张文簠 撰

整理説明

《江源考》，清張文黼撰。

張文黼，字風林，又字樹聲，浙江蕭山人，康熙年間（1662—1722年）舉人，官成都知縣。著有《大學偶言》一卷，《螺江日記》八卷，《續記》四卷。

《江源考》全文不足五百字，短小精煉，却有张文黼自己對於長江源頭的基本認識，同時批評了歷史上在此問題認識上“皆非身至其地，祇憑紙上懸揣”的錯誤做法，以及“錢牧齋作《徐霞客傳》，竟索之萬里之外，而或則以今洮岷之地當之，謂在甘松嶺八百里外”的錯誤説法。并認定江源是由多泉出水、衆流匯聚而成，合流後“由虹橋關以至松潘”。儘管張氏的“江源”説與現代科學考定的江源有一定距離，但作爲江源考究歷史文化，仍然有一定的參考意義。

《江源考》一文收録於清王錫祺編纂的《小方壺齋輿地叢鈔》第四帙之中，此次整理即以此本爲據。

江源考

江源本不甚遠，後人皆非身至其地，祇憑紙上懸揣，故錢牧齋作《徐霞客傳》，竟索之萬里之外，而或則以今洮岷之地當之，謂在甘松嶺八百里外。此不特臨洮在雍，岷山在梁，《禹貢》明分界限，而即以甘松嶺觀之，嶺去松潘不足二百里，而水源已竭，此外皆有大山四面環繞，彼洮岷之水，豈能越嶺而至哉！

按：松潘北門外四十里爲虹橋關，自關以上水源有三：一北五十里爲柏木橋，又二十里爲小西天，又十里爲王噶嶺，水源遂絶。越嶺爲南坪，羊峒有水達文縣。一西三十里爲黄勝關，又西北十里爲兩河口，又北三十里爲香蠟橋，又二十里爲狼架山，有水出焉。一自兩河口西三十里爲德龍，又六十里爲出阜臺，又二十里爲甘松嶺，以地出甘松故名。下亦有水出焉。此二水皆由兩河口進黄勝關，然止衆山溝澗之水會合成渠，非有本者可比，江源斷不在此。惟虹橋關之東北五里爲漳臘山，又名獶膊嶺，嶺下有泉穴六七十，湧地而出，光彩耀目，狀若玻璃，故又名玻璃泉，猶河源之稱星宿海也。與上三水合流，由虹橋關以至松潘。此雖視甘松嶺近一百四十餘里，然江源之確，似無踰此，特識之以備知古知今者之考正焉。

江源記

〔清〕吴麟 撰

整 理 説 明

《江源記》，清吴麟撰。

吴麟，字子瑞，號晚亭，别號黍谷山樵。出身於滿洲貴族，係鑲黄旗查拉氏。康熙四十七年（1708 年）舉人，官内閣中書，乞休。乾隆年間薦舉鴻博，參與《明史》修撰，《本紀》出於其手，充《明史綱目》纂修官。善詩文，兼工山水，有《黍谷山房集》傳世。《清詩匯》（又名《晚晴簃詩匯》）卷五十二收有其詩作。

《江源記》是吴氏索考長江上游諸河流水源的一篇文章，主要涉及金沙江、瀾滄江、緑江、大渡河的發源地以及河流走向、流域内自然風光、民俗風情、歷史沿革，等等，其文"雖記江源而實括西藏大略，筆意古雅，亦彷彿酈氏《水經注》、柳子《永州山水諸記》云"（清楊復吉《江源記跋》）。可見篇幅雖短，却是當今瞭解古代長江上游諸河流發源情况的重要史料，因而其文獻價值極高。

如今常見的《江源記》一文，收録於清人張潮編的《昭代叢書》（己集第三十五）和清人王錫祺編纂的《小方壺齋輿地叢鈔》（第四帙）兩部叢書之中。在《昭代叢書》中署名"滿洲查拉吴麟子瑞著"，而在《小方壺齋輿地叢鈔》中署名爲"滿洲查拉吴麟著"。兩相比較，在篇幅上存在差異，《昭代叢書》本正文開頭多出"滇、蜀之水以江名者甚衆，而金沙、瀾滄、緑江最著。其源皆在西南徼外，前代圖籍無考也。近自西域用兵，征哨所及，其略可得而記焉"。簡單交代了文章的寫作之由。結尾部分，《小方壺齋輿地叢鈔》本在"路險如打箭盧"處戛然而止，《昭代叢書》本則在其後多出"此其大概也。在昔乙未歲，哈密有警，未幾，唐特被兵，聖朝仗義，萬里出師，克復其地。時余在中書，頗見軍中奏報，故得知其山川形概。後於一友人處得《行程記》一帙，詞雖不文，然與前所聞者足相證據。暇日録之成篇，并其風土識之，以見聖朝之廣大，且以補桑欽、酈道元之所不逮，未必非他日職方之一助也。若水之不入中國，與其地之無關於衝要者，則略焉”，又進一步補充説明了此文的寫作背景及其意義，因而更顯完備。同時，文末附有“震澤楊復吉識”的跋文一則。

此次整理，以内容完整的《昭代叢書》本爲底本，以《小方壺齋輿地叢鈔》本爲參校本。

江 源 記

滇、蜀之水以江名者甚衆，而金沙、瀾滄、緑江最著。其源皆在西南徼外，前代圖籍無考也。近自西域用兵，征哨所及，其略可得而記焉。

金沙之源有二，一出唐武特，蓋古烏斯藏地，西僧號達賴剌麻者世居之。境内有山狀類牛，水從其尾流出，名烏寧穆蘇，西南流六七日程名穆魯烏蘇，入巴黨。巴黨者，西僧所屬之城名也，又名巴除。入雲南麗江府，是爲金沙江。歷鶴慶、武定至蜀之馬湖口，昔南詔蒙氏有國時，册爲四瀆之一，即此也。一出呼湖諾爾，即唐人青海地。有山名馬爾雜爾奈，泉水出焉，爲雜馬木特河，南流入唐武特之裹塘，名亞龍江。入打箭盧，名密尼雅克除。番人謂河爲除，其地有密尼雅克山，故名焉。自是入蜀之建昌鹽井衛，名大沖河，至三江口入金沙江。打箭盧者，唐武特之東界，去麗江府四千里，去西僧所居詔三千七百里。詔即廟，番音之訛也。東至亞龍江四百里，江以内即中國地。盧居番漢之衝，頗饒給，中國商販多集焉。其西南九十里有嶺曰居拉，諸細泉出，曰緑河。再東曰緑江，入建昌之大樹堡曰大渡河，與川江會。自建昌陸行，至雲南武定府，經火燄山渡金沙江，多瘴氣，春夏時晝不可行。途中往往有唐三藏釋遺跡，意當時取道於此，而番羌好佛，故附會爲之。

瀾滄之源亦在唐武特之察木道西北，名阿克河，流爲阿木除。又積魯池在察木道東北流爲雜除。二水至察木道廟前合流爲拉克除。察木道廟者，西僧别部所居也。有弟子萬餘，部衆五萬餘。廟在山上，山出金銀銅鐵，二水合流其前，折流入雲南之永昌，是爲瀾滄江，自騰越州入於緬。大約西南徼外，國以什數，而唐武特爲達賴剌麻所踞，故其國最富。其地北接青海，東界滇、蜀，土著而耕，有城數十。有名桑阿綽宗者，與緬近，其俗僧多民少，女多男少。女之無夫者多，有夫者少，夫死無再嫁者。婦女衣用倭緞，有裙無袴，首飾以木板尺餘穴其中，蒙以赤皮，綴珠玉其上，不盥沐，以錫敷面，商賈盡婦女。男子服亦用倭緞，以（刃）〔刀〕[1] 爲飾。土官亦然，惟冠以白布爲之，似古内臣紗帽狀。土産麥、青科、棗、柿，常食所重者蒜，最珍者敗肉及碎骨和米麪煮湯。俗皆生食，惟僧以熟。皆以手，惟僧以箸。凡人死，富者則折而盛於囊，妻子隨哭，置河次石上，倩善割者并其骨碎之，以食鳥獸。偶不食，即云死者有罪譴，復誦經懺。貧者則棄之，惟僧得火而瘞。此亦積重之勢致然也。自中國至其處有三[2]路：一自西寧鎮海堡，經古爾板索羅木，其北五六日程即河源也。南渡穆魯烏蘇抵詔，凡三千六百里，路雖平而多瘴氣，行者多食即腫頭目死，尤不利於牲畜。《漢書・西域傳》所載大小頭痛山、赤土身熱坂必其地，古今氣候，信不殊哉。一自建昌抵打箭盧，前所云三千七百里至詔者是也。自盧至詔有大嶺百餘，多茂林，路皆在山半，率用偏橋棧道，極險。一自雲南麗江府三百里至楊大木，經家大木拉李城抵詔，凡四千里。家大木有地名中甸者，西僧掌土地官居之，滇軍所需馬皆買於此。自此至詔，路險如打箭盧。此其大概也。

在昔乙未歲，哈密有警，未幾，唐特被兵，聖朝仗義，萬里出師，克復其地。時余在中書，頗見軍中奏報，故得知其山川形概。後於一友人處得《行程記》一帙，詞雖不文，然與前所聞者足相證據。暇日録之成篇，并其風土識之，以見聖朝之廣大，且以補桑欽、酈道元之所不逮，未必非他日職方之一助也。若水之不入中國，與其地之無關於衝要者，則略焉。

---

[1] 刀　底本原作“刃”，據《小方壺齋輿地叢鈔》本改。

[2] 三　底本原作“二”，據後文文義及《小方壺齋輿地叢鈔》本改。

江 源 記 跋

西藏在西南徼外數千里，荒遠無所考。國朝聲教漸被，且歲遣兵戍其地，故軺車所指，時有志述。若《衛藏圖説》，其最詳者也。兹文雖記江源而實括西藏大略，筆意古雅，亦彷彿酈氏《水經注》、柳子《永州山水諸記》云。

丙辰仲冬震澤楊復吉識

灌江四種

〔清〕王來通　等　輯刻

整 理 説 明

《灌江四種》，清王來通等輯刻。該書由《灌江備考》《彙輯二王實録》《灌江定考》《川主五神合傳》四種有關都江堰工程歷史、文化方面的史料彙輯而成，内容各有側重，各單本在乾隆年間均已刊刻問世，但流傳不廣。光緒十一年（1885 年）後，有人把《灌江備考》《灌江定考》加上王來通另外編輯的《彙輯二王實録》、陳懷仁等撰寫的《川主五神合傳》彙刻成《灌江四種》，但依舊流傳不廣。

《灌江備考》不分卷，由乾隆年間任職成都水利分府的王廷珏采輯，湔江李卓然編次，灌縣二王廟（亦稱二郎廟）道士王來通刊刻而成。初刻於乾隆八年（1743 年），原刻本不見流傳。王廷珏、李先立曾對初刻本做了一些增補。現存本記事下限至乾隆三十一年（1766 年），當係乾隆後期刻本。王來通，號自明道人，清乾隆年間住持灌縣二王廟。他除整飭廟規、勤於教務外，關心地方水利建設，發起興修横山長同堰，推廣都江堰治水經驗。他主持刊印的《灌江備考》《灌江定考》《彙輯二王實録》三書，是現存都江堰治水經驗總結的專書，有一定的史料價值。《灌江備考》收録文章、碑記、詩文三十篇。從内容上看大致涉及四個部分：或介紹都江堰自然概況，或記録都江堰歷史沿革及工程情況，或叙述都江堰工程的技術及管理，或整合歷史傳説及其他，是有關都江堰水利工程方面至爲重要的傳世專著。

《彙輯二王實録》不分卷，亦由王來通彙輯，刊刻於乾隆十九年（1754 年）。從叙文可知，該書由原任寧遠府鹽源縣儒學、順慶府營山縣辛酉科舉人張灼受王來通之託，“就傳紀之燦然可考者，從而因仍之，疑似者辨白之，散著者聯絡而總括之”（《彙輯二王實録·序一》），最終整合而成。内容多爲有關李冰及其子李二郎的碑傳材料，借此可見李氏父子在興修都江堰水利工程過程中的巨大功績及後世對他們的敬仰、崇祀之狀況，因而亦爲難得之史料。

《灌江定考》不分卷，由時任四川成都管糧水利府候補府正堂兼攝彭縣加三級紀録三次李演撰叙，住持道人王來通捐貲刊刻。收録有關都江堰興修、管理及歷史碑記方面的文章近二十篇。有關於工程管理方面的奏疏，有關於工程進展過程的記録，有關於祭祀的祭文，等等，也是整個都江堰史料不可或缺的組成部分。

《川主五神合傳》不分卷，由遵義陳懷仁編輯，南浦向京城參訂，銅梁向時鳴校訛，夔府萬縣衆客幫捐刻。據向時鳴寫於光緒十一年（1884年）的序文可知，此書約撰成於光緒十一年之前。是書所記五神分别是李冰、李二郎、趙昱、李鴻漸、海山使者，内容涉及民間傳説、歷史資料，儘管有不少近似荒誕不經的内容，但借此可以看出，歷史上都江堰地區的民俗信仰及對都江堰水利工程的依賴。

從總體上看，《灌江四種》的編刻質量并不高，主要體現在各單册書籍目録或有或無，且有些目録與正文内容并不對應，或目録標題與正文標題不完全一致，遺漏錯訛較多。此次整理，均依照正文内容，特作更正并統編新目。

另外，在普查資料時得知，《灌江備考》另存有單行本（現存國家圖書館古籍館），將其複印過來核校後發現，該本和《灌江四種》收録的《灌江備考》差别很大，序文也是由王來通撰寫，而正文内容則是從《灌江備考》《彙輯二王實録》《灌江定考》三書中選録而成，從而目録完全迥異（參見《灌江定考》目録部分的附録文字）。因而可以斷定單行本《灌江備考》是一本另起爐灶的書。書末有手寫“乾隆拾有五年抄”字樣。

總之，都江堰歷史悠久，相關史籍較爲豐富。但是，記載都江堰水利工程的專志、專書并不多見。《灌江四種》的結輯，注重實用，旨在爲都江堰的工程管理提供有益借鑒。書中保留的原始史料，如技術、施工和管理方面的内容，是其他相關都江堰史籍中罕見的。但由於所彙文章出於衆家之手，内容上難免出現雜亂和重複現象，在編排上也有缺陷。但它對於研究都江堰工程技術、工程沿革和管理情況，仍不失爲一部珍貴的歷史文獻。此次整理以清乾隆刻本爲底本。

目　録

灌　江　備　考[1]

住持王來通刊刻本
湔江李先生卓然氏編次
原任成都水利分府錢塘王廷珏采輯

《灌江備考》序

從來功莫大於創始，事莫要於守終，如都江大堰，乃蜀西萬姓粒食之原，我通祐顯英王聖神父子，又創法之祖，所以聖天子有褒封曠典，輝煌殿廡，馨香俎豆，勒石刻銘，各憲臺無不同揆，均爲蜀人之福庇，是祈蜀地之利害是計耳。通不敏，詢謀諏度，募當代檀越勷盛舉，不逮。今日者，農人倉箱，河漢安瀾，廟宇翬飛，洵極盛一時。妥王之靈，主將由蜀而保障九州而萬國矣。所慮者偉績良灋，其昭示來兹，永垂久遠。徒區區在廣陵數片石間，恐歷久未必不爲風雨所飄摇，則王偉績不著，斯良灋不傳。後考古君子無徵不信，將何以再紹前烈，爲蜀人祈福庇，蜀地計利害乎？是以日減胡麻之膳，捐貲若干兩，登諸梨棗，廣行遠布，俾一方所不能守者四方共守之，一人所不識者億萬人共識之，庶他日采風問俗，王公大人縉紳先生止按籍以求焉。書竣，因述其所以刊是集之意於篇首，而紀其名曰《灌江備考》云。

時乾隆八年癸亥仲春月清和節之吉旦
住持道人王來通題

[1] 《灌江備考》書名及下列編刊者信息原位於《復濬離堆碑記》前，此次整理特前置。本部分内容底原爲《灌江四種》卷一。

《灌江備考》目録❶

復濬離堆碑記

國以民爲本，民以食爲天，古誌之矣。故重農乃爲政之首務，力耕實兆庶之良謀。漢之文景，躋斯民於仁壽，由此道也。但勤惰之事存乎人，豐歉之數繫乎天，或旱亢之靡常，雨暘之弗若，桑林徬徨，大聖且不能與造化争，則水利之以人事奪天工，其術甚神，而其德誠厚耳。

益州古稱沃野千里，自禹導岷江，人得平土，而塘堰未開。至秦，

❶ 此目録與《灌江備考》正文標題多不一致，保留以供參考。准確目録見本書整理説明之後的《目録》。

蜀守李公諱冰者，命其子二郎，鑿離堆山，刱渠引水，灌漑成都十一州縣之田疇，名都江堰，爲萬世之利，厥功不在禹下。是後則有元至元間廉訪僉事吉當普，建白用石包砌諸堰，爲石門，以時啟閉。前明成化間，巡撫都御史夏公諱塤，規畫均役，修堰之法始備。迄弘治❶間，灌令胡光伐石冶金，即舊址甃砌，貫以鐵柱，克障水决。正德間，水利僉事盧翊躬督疏濬，直抵鐵板，得秦人所書六字訣曰："深淘灘，低作堰。"大書灌瀾亭，用昭永鑒，載在輿誌，斑斑可考，皆踵事而增華者也。大清康熙二十載歲辛酉，余欽承簡命，撫綏全蜀，值吴逆變亂之後，大師進勦之時，貔貅數十萬，餱糧於斯取給，經營籌畫，日無寧晷。且伊時伏莽未靖，備禦時嚴，而余念切痌瘝，問民疾苦，採察利弊，首以都江堰爲急務。蓋錦官爲省會之地，商賈輻輳，軍旅交馳，食指浩繁，咸取足於閭閻之胼胝，食重則農重，農重則水利重，水利重則堰重，誠不敢因軍興旁午之際而緩視根本之圖也。爰檄藩司劉君顯第、臬司胡君昇猷，先事商度，諮諏計慮，俱有同心，聞此堰廢弛已久，往歲修築，僅以草率應事，故有歷三春而水不至田，農人縣耒太息者。遂於是歲孟春發帑金四百，遴委通判劉用瑞、遊擊鍾聲，往求離堆古蹟而疏濬之。

比至，果於榛莽中得離堆舊渠，砂石壅淤久矣。蓋節年堰水惟從寶瓶口旁出，非離堆故道也。禹之治水，行所無事，李冰豈獨不然？違其道而治之，毋怪乎用力艱而决防屢告耳。今仍循古蹟，事半而功倍。仲春之初，水澤盈畦，决裂無聞，民得耕稼以有秋，官吏相與慶於庭，士農相與歌於野，咸曰："一勞永逸。吾人其無阻飢之患矣。"而余則藉二三子之力，庶幾俯愜輿情，仰答天眷，盈百室而寧婦子，慰余惓惓重農之意也。稽諸祀典，記曰：法始於民則祀之，能禦大災捍大患則祀之。李公誠其人，祀不可以不崇。是用遣官致祭，以報功德，仍勒石以記其事，俾後之君子，知民事之不可緩，而此堰之疏濬，在法古而無忽，斯民其永賴也乎。

巡撫四川等處地方提督軍務兼理糧餉
都察院右副都御史加五級杭受撰

---

❶ 弘治　明孝宗年號，此處原文爲"宏"，爲避諱乾隆皇帝名"弘曆"。徑改。

都江堰河道水利記

考《輿圖志》，天下之水，發源自崑崙山之星宿海，分流東西二支，一滙於黑水，直達西藏，一匯於岷江，直至灌口。灌口有二王廟，係秦蜀守李公諱冰、令子二郎君，開鑿離堆，即今之都江堰是也。《益州記》曰："水自都江堰，有三石人、五石犀以壓水。與神誓曰：'涸不至足，漲不及肩。'所遺'深淘灘，低作堰'六字，垂爲萬世法。"由是安瀾砥柱，十四州縣之田疇，資其利賴，號稱沃野。第時移世異，河道更改不一，當事者不得其所憑，日以爲慮。今按諸堰，溯源窮流，條分縷析，俾覽者瞭若指掌焉。

離堆之南有沙溝河、石牛堰、黑石河，引水以資灌縣、崇慶、大邑、新津之田。東南歸斜江河，北合三渡水，下至彭山江口，合府河、離堆二水中分。南右爲外江，分爲三股，一名石魚河，一名三渡水，一名羊馬河。再下新開河，又分爲江安堰，入温江長安橋，至簇橋、金花橋、雙流縣，合新津三渡水。

離堆左北爲鬪雞臺、人字堤、寶瓶口，東注灌縣南門外，分支入三泊洞，穿城而出，合新開河，又名蒲陽河。太平堰，水兩分，正流爲府河，俗名走馬河，右分爲上下兩漏罐子，下爲五斗河。府河北分爲翔鳳橋、栢木河，至牟家灘、龍口堰，入崇寧縣，下合三道堰。二分爲羊子河，下合導江堰。三分爲導江堰，即《禹貢》"岷山導江"是也。至雙王橋下，合由子河。四分爲由子河，一支入崇寧安德舖、郫縣犀浦、太和塲，至成都北門。由子河右分至郫縣北門，即《禹貢》"東别爲沱"是也。下合八里橋、劉家橋、張家橋，合成都北門河、沱江河，至郫縣西門、宋公橋，繞北合由子河，至八里橋、犀浦，入成都北門。由子河一分磨底河，一支入成都北門，又一支至土橋、西門北角。一分清水河，下合五斗河，下又合江安堰，三共入藕坡橋，下分龍爪堰、浣花溪、青羊宫，滙入九眼橋。清水河，又一支分二江寺，至中興塲，合大河太平橋，分新開河，俗名馬桑河，在灌城之東迴龍橋，分爲沙子河，二十里至湧山合北橋河。北橋河下至崇寧北門三道堰、築斷堰、轉頭堰，一支入成都北門，一支至三合塲，達新都、迴龍橋，正流族山脚至蒲陽河、兩河口、渡舡河、滚水河，一支至新繁火燒堰、老觀堰、石家垻，一支流入彭縣之清白江，即宋趙忭所謂“吾志如此江清白”處也。清白江轉新繁縣，東至新都入金堂。又一支由王忠寺入漢州巖堰村、高宗橋，東歸火盆山，達金堂錦水河，入三黄峽。以上諸水，雖成都州縣之溝洫，千支萬派，不及縷述，而各堰口河道，必分析其源流，窮究其會歸，亦可得其大概矣。

河堰既晰，水利宜陳。

都江堰由離堆山導水進口，東流灌溉十四州縣之田疇，自漢唐以迄元明，或制鐵龜鐵牛以壓水勢，或砌海底以鎮水瀾，費金不可勝計。百計圖維，尚有得失，因思都江堰爲一府田疇進水之門户，江水插入堰首，溜急與堰爲敵，外高内窪，水勢奔騰，砂石隨之，非冲則塞，宜於虎頭巖順山脚濬之，引水以暢注其流，則水不慮其不足矣。但江水直注，又恐東侵府河，宜於離堆傍人字堤作堤，長數十丈，逼江水右行，水大則阻水以出，水小則引水以入，葢灘不淘則春來民百乏水，堤過高則至秋水濫傷禾。所以古人立“深淘灘，低作堰”六字，垂爲治水法則，實範圍千萬世而莫越者也。憶辛丑歲，成都以旱告，當局者濬之過甚，水又盡入東江，爲害匪細。是又在相時度勢，因地制宜，非常法所得拘者。

道人王來通前刻《灌江備考》，古蹟歷歷可稽，更慮河道尚未分析，無以爲憑。今又欲刊刻河源堰口，以備當事者之查考。予昨在淮，目擊水災爲患，備陳興修水利一十二則，民受其利。今解組歸來，豈於本鄉而不念切民瘼耶？爰諮詢父老，採輯圖志，遂記梗概，以資採擇焉。

原任江南淮安府桃源令申元敬識

道人王來通刊刻

附考：五石以壓水，一在青城，一在犀浦，一在成都市橋，一在江中，一在縣北玉女房。

灌縣西去五里白沙堆江岸上立三石人。

乾隆十六年三月吉旦

都江堰水源考

陰陽分於一元，萬物各具一本，舍本求經覓緯，可乎？不可。都江堰水源，説者紛紛。有謂出自茂州列鵝村羊膊嶺，在州南二十里石鼓鄉之九頂山，及白水宗渠，皆源此山。又有謂發源於馬路頂草坡河沱水，在保縣、汶川縣瓦寺塗山之後。抑又謂出自石泉縣之磨溝石紐村。要皆衆水之源，來合於江者，非江之源而爲無本之水也。

夫事貴於所因，爲高必因邱陵，泰山不棄土壤。爲下必因川澤，江海不擇細流。是泰山有土壤所因而益高，土壤有泰山所因而始盛。江海以細流所因而益深，細流有江海所因而乃大。氣因類聚，美因衆成，相得益彰，理勢必然。竊考岷山志，山在今黄勝關外，一名楮山，係《禹貢》導江處。又《括地志》謂在溢洛縣，至蜀綿綆二千，皆名岷山。考溢洛即今洮泯，二説信然非誣，而微有區別。康熙六十年，愚以梓潼令，自顧不才，西藏役旋，復有松潘迤外，上下羊峝，即今南坪之役，道仍灌縣，立馬江干，見都江人字大堰，分門中立，雄波怒濤，洋洋大觀。欲覓水源，喜循江岸，由白沙溝登羊子嶺，歷汶川縣、桃關、版橋、磨刀溪、茂州、叠溪、平番、松潘、漳臘、栢木橋，又經人墮等各番地，不悉記憶。自尤溪溝起，踏危棧偏橋，攀繩梯仄磴，水則怪石翻波，山則拔地插天，虎豹印泥，猿猱挂樹，震耳駭目，馬瘏僕瘁。行由成都至彼，約二千餘里，有狼架、弓槓二嶺，仍中分一嶺，志曰楮山，不知是否。嶺之前後皆有流溪，合而爲河，名黑水河。楊子雲箴曰：“華陽西極，黑水南流。”其斯之謂歟？嶺後之水，亦曰黑水。向西北由羊峝入陝之文縣，合洮岷之黑水，又轉東由羊坪關入蜀，曰白水朝天關廣元昭化爲嘉陵江。其嶺前之水，仍分二支。狼架嶺之支，向南由人墮等各番地入栢木橋漳臘，而至紅橋關。弓槓嶺之支，向西轉南，由出皂而入黄勝關，亦至紅橋，始匯入松潘城，穿流而至平番。又有雄溪水來合，遂經叠溪茂保汶灌等縣，或南或北，出崖度壑，來會於江，茫茫浩浩，滾滾洪波，至白沙溝南紆青城山脚，北流虎頭崖下。

蜀李諱冰，其子二郎，今父子俱晉王封，始尋禹跡，開劈離堆，築埂爲堰。另有都江堰工説，其各載江源，前人自各有見。然皆係諸水未會竟委，不如尋源。瞽説臆見，未知可否。

乾隆二十二年季春月，原任四川布政使司劉應鼎撰

水利考

按：蜀中諸水，咸出岷山，江源在羌地之列鶩村，所謂羊膊嶺者，分爲二派，一西南流爲尖囊大渡河，一正南入溢村至石紐過汶川，歷今灌縣境與湔水合焉。灌之上流有水出尤溪口，又有水出白沙口，同會於灌，經灌縣西南流者即禹所導。岷江正流自秦李冰鑿離堆引江水，循灌城東注北折，於是始以東南正流爲南江，經離堆薄灌城而東北注者爲北江。北江自寶瓶口，穿三泊洞而北注者爲外江，自寶瓶口直東入五斗口而東北注者爲内江。蓋北江折爲二江並南江而三，其北行入五斗口，一支在南北二江之上，故以内江别之。外江北經崇寧、彭縣、新繁、漢洲界，會綿洛諸水出金堂峽。内江東經郫縣、崇寧界下，過府城北至城東，會府城前江以趨於彭山界。南江經崇慶、新津東流，至彭與府江合爲江口。其出金堂峽者，由簡資内江富順會於瀘州。此都江一堰之源流也。

至於大渡碉雅諸水會於嘉定，馬湖諸水會於敘州，嘉陵江經合州納潼涪諸水會於重慶，黔彭諸水會於涪州，大都高山峻嶺，無堰可作。如巡撫佟鳳彩疏稱東南北三道並無新舊大堰是已。獨李冰所鑿離堆山，立都江堰當岷江中流，歲費工資巨萬。宋元祐間，差官修築，凡高下濶狹淺深，以至灌溉頃畝、夫役工料，及監臨官吏皆注於籍。元至元元年，廉訪僉事吉當普建白用石包砌諸堰爲石門，以時啟閉，用鐵萬六千觔鑄爲大龜，貫以鐵柱而鎮其源。明初加意水利，州縣與軍衛屯所共役人夫五千，竹木工料計田均軫修葺，堰得不壞。成化九年，巡撫都御史夏塤以遠人赴役不便，將郫、灌二縣雜派科差均攤得

水，州縣專備工料，以供堰務。弘治九年，添設按察司僉事一員，專一提督都江堰各府州水利。於時灌縣知縣胡光伐石冶金，即舊址甃砌爲防，貫以鐵錠柱三，各長一丈二尺，使當湍勢。石堤中貫鐵處固以油灰，直長一十五丈、高一丈三尺、濶五尺，首濶一丈二尺，用鐵三萬二千二百餘觔，桐油五百觔，麻線二百觔，木二千五百根，各色工役計二十五萬三千二百有奇。正德間，水利僉事盧翊親詣督理疏濬，直抵鐵板，得秦人所書六字訣曰“深淘灘，低作堰”。大書灌瀾亭上，以昭永鑒。先是每年修築，有不均之嘆。翊乃下令以糧三石派夫一名，分八班，每八年一周，而蜀府每年亦助青竹數萬竿，委官督織竹籠，裝石資築。明末獻逆之變，都江堰衝決數百丈，砂石填淤，大異於秦碑所云矣。

堤堰考

《水經注》曰：江水由湔堋江入郫江。撿其左，其正流遂東。郫江之右也，因山頹水，坐致竹木以溉諸郡。又〔穿〕羊摩江灌江西於玉女房下，作三石人於白沙郵，郵在堰官上，立水中，刻要江神：“水竭不至足，盛不没肩。”是以蜀人旱則藉以爲溉，雨則下遏其流，故《記》曰：“水旱從人，不知饑饉，沃野千里，世號陸海，謂之天府也。”俗謂之都安之堰，亦曰湔堰。又謂之金堤。左思《蜀都賦》云“西踰金堤”者也。諸葛亮北征，以此堰農大國之所資，調征丁夫二百人主護之。有堰官李膺《記》云：“玉女房鑿山爲穴，深數十丈，中有廊廡堂室，屈曲殆有神功，非人力矣。”

《堤堰志》曰：“粤自禹導江正源，至石紐出汶川而南，其北無水。秦昭王、襄王時，蜀守李冰鑿離堆虎頭，於江中設象鼻七十餘丈，首濶一丈，中濶一十五丈，後一十三丈，指水一十二座，大小釣魚護岸一百八十餘丈，横豬洪流，故曰都江，以分岷江之水北折而東，灌溉蜀郡田疇，以億萬計。蜀用富饒，號稱陸海。於所過處，又設護岸，蓋籠石附岸，水不齧土而渠可堅久。指日數十處，如象鼻狀以扞之，皆冰之所爲也。都江口舊有石馬埋灘下，凡穿淘必以離堆石爲準，號曰‘水則’。其下淘深二丈二尺，而水則亦深七八尺。石渠水口横一丈五尺，縱一百二十丈，深六尺。石洞水分爲三：曰灌田水口，横一丈，縱一百二十丈，深六尺。曰彭州水口，横三丈，又分爲二，其一縱十有五丈，深五尺；其一縱四十丈，深三尺。曰將軍橋水口，横二丈三尺，縱四十丈，深三尺。外應水口，横一丈五尺，縱一百三十丈，深四尺。倉門水口，横八尺，縱五十丈，深二尺。馬騎水口，横六尺，縱二百九十丈，深二尺。鼓兜石趾水口，横二丈五尺，縱六十丈，深二尺。東穴水口，横三尺，縱一百五丈，深五尺。投龍水口，横五丈，縱八十丈，深三尺。北水口，横四丈，縱一百八十丈，深三尺。鐵溪水口，横一丈，縱六十丈，深三尺。徙水口，横三丈，縱六十丈，深一尺。歲以爲常，過與不足，其害立見。由漢以來數千百年，或因舊（茸）〔葺〕治，或因時疏築，而功實原於秦守冰，故歷代廟祀之。所謂馬騎水口者，東南六七里間有堤名上馬騎、下馬騎，各長二百餘步，世傳冰駐於此督工，後讹以騎爲堤也。”

水性説

昔大禹導岷江，自楮山疏鑿，東歸於海。經松茂歷保汶，至灌縣李王鑿離堆處，約千有餘里。其堰之形勢南河北堰，深淘淺築，由秦、漢、晋、隋、唐、宋、元、明至國朝，二千餘年皆以離堆山爲張主。其水性所發之年，或在上，或在中，或沾離堆，皆山高水急性硬故耳。落移不定，總在一里之内，億萬世不能下越離堆，故人字堤、象鼻、魚嘴，或長或短，或高或低，以就其水勢之性，隨處修淘濬築，務合農田用水時盡爲要。實瓶口爲十一州縣通水之咽喉，如人呼吸之氣管、血脉之要道，水能合其時盡，不啻人之血氣充足，佳禾自爾暢茂，歲稔自爾可必。且一渠之水能分千支萬派，周灌十一州縣之稻田，養活億萬姓之生靈，誠性命之根本，利濟之淵源也。稍有差悮，民生累焉。果能盡心斯堰，識其水性，酌其變化，則群生享樂，利於無窮，法同李聖王鑿導之功並垂矣。

天時地利堰務説

天地陰陽，化生萬物，一氣流行，即人之呼吸，水之消長，莫不以此爲性命之根、源流之本也。故地氣之升，由冬至而於夏至，天氣之降，由夏至而於冬至。人之呼出於心肺，吸則入於肝腎。水之消由處暑至於驚蟄，水之漲從驚蟄以及處暑。此天地氣運度數則也，然要皆以和爲主。天氣和而雨露深，地氣和而萬物亨，人氣和而神志生，水氣和而柔以平。假如天氣不和，則見旱乾浸淫，地氣不和，則見動摇崩塌。人氣不和而疾病始生，則見浮沉反覆。水氣不和而偏斜泛溢，則見暴漲奔騰。陰陽之順逆，理勢之相宜，類如斯也。

由此而推，修堰之法以及水性節令，如每歲修堰，必在立冬後者，何也？蓋此時天寒水凍，江流漸消，庶可淘灘作堰，須先築土堤埂一道以逼江水南行。挖淘工及有半，又外築砂堤埂一道，抽换土埂。至冬至時，而山谷點滴細流凝結成冰，且雨雪尚積山谷，不能入江，正是挖淘用工之際。至若夏秋所淤塞砂石，挖淘一尺，得水一尺。深淘至交春時，堤埂水面要比堰底高五尺，堰底比堤埂水面低五尺爲合法。如開堰放水，至驚蟄節水還消尺餘，確不悮事。此深淘灘之法也。

竹籠砌魚嘴，分水處要比水面高五尺，漸至離堆山脚，高一丈爲合法。堰長百丈，長則能截春夏水入堰，低則能洩夏秋野水還大江。此低作堰之法也。

更有切緊一層，寶瓶口上至堰口底，挖淘不合節令法則，不能分吞江水入堰。寶瓶口下至南門以上堰底，挖淘不如法則，水反瀼不流，逆湮畫則。視畫則者皆謂有水，其實農田水不敷用，因深淘低作之訣未明也。蓋六字心法久治久驗，全在以驚蟄節河水消定爲憑，但月有閏餘，節令間有遲早不等，務必乘時。如修堰，必以河水消定爲度，始可合李聖王六字心法。而於憑瓶口之畫則亦有合焉。其畫則用水高下尺寸：清明作秧田時，水湮五六畫；穀雨下秧種時，水湮六七畫；立夏小滿，成都州縣普遍栽秧，水湮七八畫至九十畫。

竊以日月經天，各有度數，堰水灌溉，亦有晝則。果其開堰修淘，能以順天地之造化，合水性之消長，按節令之氣候，用工深淘淺築，則水滿田渠，農民慶欣。一得之見若此，未知有合於堰務否？

六字碑

蜀守李公冰，鑿離堆以利蜀，書是六言，立萬世治水者法，所以制水出入，爲旱澇計者至矣。其用功緩急踈密之序，意自較然。漢晋以降，率用是法。永嘉間，李公嬴深躂之，唐宋承丞、宋約濬則猶詳，世享其利。元始肆力於堰，無復深淘之議，無乃公言不足法與？假令沙石湧積，水不得東瀾，雖鎔金連障，高數百尺，牢不可扳，亦何取於堰哉？矧所謂鐵龜鐵牛，靡費幾十萬緡者，曾未幾何，輙震蕩湮没，茫無可賴。方諸籠石廉省，今古便焉者，孰得比來？民受其困，疑坐諸此。予竊少之，乃檄有司，置鑱钁鉅畚，役夫三千，從事灘磧，以導其流，堰則仍民之便而已。顧工多日少，群力告瘁，未能竟其所欲爲究其所當止，如公法云者恥也。舊刻相傳，在虎頭山鬪雞臺水則其旁後文并年月，石爛無考。

“深淘灘，低作堰”，李王所遺治水訣也。自秦昭至今，歷二千年，咸奉此六字爲不刊之典，循之則治，失之則亂。雖大禹復生，不能易也。舊刻相傳在虎頭山鬪雞臺，繼移刻於觀音巖石壁，年歲久遠，漸就剥落。王道人存心利濟，復鳩工覔石，重鐫於王廟之側。自此神靈寶訓，焕然一新。後之人瞻仰低徊其下，恍如七曜之長懸於天地間矣。

大清乾隆十六年辛未三月穀旦蕭山張文驁題
長洲牧道人張清夜書丹并篆額
住持道人王來通捐資重立

復造水則

灌城之西南有鬪雞臺，山下有石，刻古之水則十畫。攷自秦時初鑿離堆所傳，年深剥落，今望之片石而痕蹟不全，數之六畫而高低不勻，間遇山水瀑漲，丈尺茫然莫知其幾許。迨乾隆乙酉年冬月，始議而新之，另自伐石較準鐫爲十畫，立於古水則上首，以便覽者知水之消長，亦一助云。

石標對鐵樁

都江堰河底有卧鐵一根，乃前人留作淘灘之規則。昔安放無一定之處，自乙酉歲修，添丁字鐵樁一、鐵柱一。丙戌淘挖，人夫依然不知向址，因復加長練縛住鐵樁，使無移動。豎石北山鳳樓窩爲標記，按之丈尺，人人得而知其所止。從兹以後，尋摸之勞，吾知免夫。

四川直隸松潘同知兼署灌縣事關左滕兆棨 同建
四川成都府管糧水利同知新安汪松承
住持道人王來通監立

擬做魚嘴法

先用頭號篾繩一十二根，每根長四十丈，過心一寸六分。第二號篾繩一千二百根，每根長五丈，過心一寸三分。第三號篾繩二千根，每根長七尺，過心六分。俱用石灰水浸泡月餘。做魚嘴綑籠大法：將二號篾繩三根放在堰籠身上，把頭挽回，裝籠一根。下籠時，將繩兜緊墜下，以裝出水面。這一根籠只裝石大半，用四五寸過心木將籠穿過，再裝石飽滿，仍然照前裝去，以裝出水三根面籠，將繩回頭，在木條上樵緊生根，照法裝至十六丈魚嘴足數，纔用頭號大繩十二根，以北面水揰處稠密，以南面水洩處踈稀鋪勻，在水面籠上裝籠一根，用小繩十二根拴在底大繩上。根根透籠上來。裝面籠只裝石一半，將二號繩八根當中度過，再裝石飽滿，以四根籠穿一木條，將繩討保，照樣裝滿足數，連裝四層，比水面高五尺爲合法。將六寸過心木穿籠內大繩，用地牯牛攬緊兩頭大繩，生根討保在木上。前魚嘴分水處十二根大繩內，用八九寸過心木一根，長二丈，鉋光平心解作兩塊，即時穿在十二根大繩內。如遲，其木翹强，纔用三四寸過心木條數根，以尖大繩緊爲度。將前所透二千根小繩，根根拴在大繩上，似拴扣竹簾如整石蓋面，可敵夏秋野水及筏木來撞。此使內有繩木作筋骨，外有大繩包箍通身，如物之有筋骨皮肉，內外相聯貫串，大繩包護竹籠，竹籠包護石，內外結成一塊，量亦可以較勝於歷來散砌魚嘴之法。如試果然穩固妥當，往後照樣作之。

做魚嘴活套法

每歲東作之時，當清明、穀雨、立夏、小滿節，各州縣用水灌田，或下秧種，或栽秧苗，遇天雨調匀，則田有灌溉。倘天氣晴明，日久晌暘，大河水恐欠缺，至堰內水小，稻田不敷，此宜另接短竹籠，暫截水入堰滋用。其籠只用一丈長，加在原魚嘴上。又須觀其水勢加添，或五六七八丈，或十餘丈亦可。原魚嘴寬二丈，接魚嘴只用一丈寬。即至天雨時行，水小從浮面漫過，水大其另接短竹籠隨湧水而去。既不致堰水欠缺，又不能引野水入堰。此有益無損，誠爲萬全之策。

時乾隆丙戌十一月住持道人王來通約模

離堆

離堆在灌縣西南，《漢〔書〕·河渠志》：秦時李冰鑿離堆以避沫水之害。《宋〔史〕·河渠志》：離堆之址舊鑱石爲水則，則盈一尺至十而止，水及六則流始足用，過則從侍郎堰減水河泄而歸於江。歲作侍郎堰必以竹爲繩，自北引而南，準水則第四以爲高下之度。《元〔史〕·河渠志》：江北少東爲虎頭山、爲鬪雞臺，有水則以尺畫之，凡十有一，水及其九則民喜，過則憂，没其則則困。又東爲離堆。《華陽國志》：離堆在南安縣界。洪氏《隸釋》：在今夾江縣。又保寧府南部蒼溪二縣皆有之。

二江

《史記》：李冰穿二江成都之中。《風俗通》：秦使李冰爲蜀守，開成都縣兩江，溉田萬頃。初，神歲取女二人以爲婦，冰自以爲女與神婚，徑至祠前勸神酒，酒栝澹澹，因厲聲責之，遂忽不見。良久，有兩蒼牛鬪於岸上，有間，輒還流江，謂屬官曰："吾鬬疲極，不當相助耶！南向腰中正白者，我綬也。"主（薄）〔簿〕刺面北者，江神遂死。《宋〔史〕·郡縣志》：初，李冰鑿離堆，又開二渠，一由永康過新繁入成都，謂之外江，俗名走馬河。一由永康過郫入成都，謂之內江。蜀人以此水濯錦鮮明，故又名錦江。《華陽國志》亦云：蜀時濯錦流江中則鮮明也。又穿郫江檢江别支雙流過郡下，通謂之二江。

石犀

石犀在華陽縣南三十五里，秦太守李冰作五石犀，沉江以厭水怪。其後土人立廟祀冰，號石犀廟。今有一石在太慈寺佛殿前。考《華陽國志》，李冰石犀一頭在市橋，即今金花橋也。或以爲秦惠王所遺者，非。

石人

冰治水，使子二郎作三石人以鎮江流，五石犀以厭水怪，穿石犀溪於江南，命曰犀牛里。西於玉女房下。白沙郵❶作三石人立水中，與江神約："竭不至足，盛不没肩。"

玉女房

玉女房在灌縣西。《華陽國志》：李冰西於玉女房下白沙郵作三石

---

❶ 白沙郵　原作"自涉郵"，據本文他處所引《華陽國志》及《水經注》校改。

人立水中。《寰宇記》：玉女房在導江縣，其房鑿山爲穴，深數十丈，中有廊廡，堂室屈曲。

六言

“深淘灘，低作堰”六言石刻在灌縣。《漢〔書〕·河渠志》：秦守李冰鑿離堆時所作，其傍爲治水之法，皆冰所爲也。至今節宣水利，無過此言。

誓水碑

新繁縣北有誓水碑，秦守李冰鑿山導江刻石於水旁，誓曰：“淺毋至足，深毋至肩。”唐貞元十四年立，今毀。

羊灌田

羊灌田在灌縣西。《華陽國志》：李冰自湔堰分穿羊摩江灌江。《唐志》：彭州有羊灌田守捉城，元和初，高霞寓追劉闢及之於羊灌田，即此。

壅江作堋

秦以冰爲蜀守，冰能知天文地理，行部至湔山，見水爲民患，既作石人石犀以鎮之，復作離堆以泄之。又壅江作堋，穿郫江檢江別支雙流過郡下，以行舟船。岷山多紫栢大竹，頽隨水流，坐致材木，功省用（鐃）〔饒〕，溉灌三郡開稻田。於是蜀沃野千里，號爲陸海。又通笮通汶井江徑臨邛與蒙溪分水白水江，會武陽天社山下爲合江。導洛通山洛水出瀑口，經什邡郫別江，會新都大渡。又綿水出紫岩山，經綿竹入洛東流，過資中會江陽，皆溉灌稻田，膏潤稼穡，故蜀人稱郫繁曰膏腴，綿洛爲浸沃也。

泅崖

時青衣有沫水出蒙山下，伏行地中，會江南安觸山脇泅崖水脉，漂疾破害舟船，歷代患之。冰使子二郎發卒鑿平泅崖，通利水道，蒙福至今。二郎贊助其父，厥功懋焉。

穿鹽井

秦李冰爲蜀守，鑿山導江，溉民田，獲利溥矣。復識齊水脉，穿廣都鹽井諸陂池，養生之用愈饒，蜀人永賴。

都江堰鐵牛〔碑〕[1] 記

賜進士奉政大夫、奉勅提督學校四川等處提刑按察司僉事、姑蘇陳鎏記拜書。

粤稽古導江自岷山，掠成都之南而東下，成都之北，水弗及焉。《河渠書》曰：蜀守冰鑿離堆以避沫水之害，引其水，用溉田疇之渠以億萬計。蓋至是始分江、通北道堰之始也。沫，蓋江之源云。冰，姓李，仕秦，大有功於蜀民，在在血食，號曰川主。其作堰之善，遠不可考，崖下有古刻曰："深淘灘，低作堰。"蓋治法云。至漢唐尚因之，宋以後，或失其法，堰遂壞。至元間有僉事吉當普者，聚鐵石，大舉繕治，民亦利之。然不能如李之舊，不百年復崩。我朝自弘治以來，當事者百計修復，隨築隨圮，有司歲伐竹木，歲役人夫，費不下鉅萬，民甚病焉。嘉靖間，太守蔣君憫其民，思欲修秦守之政，乃具其事以請憲副周君，相度地勢，考求故址，得堰之最要者九，欲盡甃之石。其都江堰當水之衝，則石之外再護之鐵，議者偉之。計所費不貲。會君隨牒赴江西条伯，事遂寢。僉憲施君，繼董其事，曰："事

[1] 碑　底本原脱，據原目録和文義校補。

貴有序，功貴因時。鑄鐵之功，易於甃石且要焉，盍先之，徐議其後。”乃檄崇寧尹劉守德、灌尹王來聘，謀鑄鐵牛，其費則議出公儲之應修堰者，經畫處置甚悉。蜀王聞而賢之，命所司助鐵萬觔、銀百兩。時巡撫都御史李公、巡按御史鄢公，皆急於爲民，多所因革，執施君議，深以爲然，咸刻期最之成。議定，當庚戌二月矣，春水殆發，即不能爲功，衆懼焉。施君曰：“即不及事，不可以爲來歲計乎?”毅然爲之。於是劉崇寧以君之意，晝夜勤事，絶流浚沙鑿江底，凡厥所需，不數日咸集。以是月二十四日入冶，一晝夜牛成。牛用二，各長丈餘，首合尾分，如人字狀。以其鋭通水之衝，高與堰嘴等，坯冶之日，蜀府差長史李鈞齎幣帛羊酒，勞諸從事者。民環而觀之者億萬，懽聲震山谷間。其父老皆合掌，曰：“此吾子孫百世之利也。”計鐵七萬觔及工費共銀七百兩。時各州縣多堰工舊逋，君下令，民樂之，不數日輸既完，厥費有贏。水次居民，棫急湍爲磨碓以規水利，君弗以例禁，薄税之，復歲得八百金。故事修堰需舟車之類，盡取諸民間，至是皆有備，可不勞民力，不費公帑云。僉事陳鎏以督學入灌口，牛方落成，往觀之，曰：“物與水激，其重必克。數十萬之石，可致而不可合，數十萬之鐵，可冶而可合也。合則重，并無以尚矣。水遇重不勝，則洄而支，支則力分而弱。及其弱也，竹木砂礫或可以當之。故堰莫急於衝，治堰之衝莫要於鐵。嗣是而後，若再甃之石，如周君之所議者，以歲舉焉，真百世利也。李守故智，要不出此。”時劉崇寧及通判張仁度，尚有事堰上曰：“此正古人用鐵之意，而未之發明也。乃今知之，請紀其事。”遂書之牛背，復系之銘。銘曰：

岷嶓既藝，民之攸塈。惟水之利，岷江之陰。陵谷變易，亦有原隰。惟禹之感，乃啟後賢。曰李冰氏，爰鑿離堆。乃堰江涛，乃極昏墊。乃沃千里，顧兹積石。月齧歲蝕，代有吏勤。屢興屢踣，蜀民謷謷。勞此浲水，畚锸靡止。百室磬只，明嘉靖間。守令則賢，亦有憲副。憫此下瘝，謀用大作。維力則艱，施君繼之。相時事事，弗顧弗忌。冰心姒思，乃砥洪流。言鑄之鐵，神人胥悦。二丑峥嶸，天一迸裂。馮夷夜驚，蛟龍怒咽。犇突既定，江沱既灑。溉此萬畦，豈惟生民。籩豆餴饎，郡邑十二。

惟堰之資，匪堰之力。繫人其力，纘禹之跡。爰有同心，視此牛勒。後千百年，其永無泐。

嘉靖辛亥端陽後三日立石

又鐵牛碑記[1]

灌有都江堰，粤自秦，蜀守李公諱冰命其子二郎鑿離堆山，捌築之，以障二江之水，爰作三石人、五石犀，以鎮江水，以壓水恠，以灌溉川西南十數州邑之田，爲利溥矣。堰下里許有鬭雞臺，畫石爲水則者十，有一尺及九爲利，過則憂，没則患。復刻"深淘灘，低作堰"六字於傍，以垂法於後。歷漢而唐而宋，相沿修輯，率循其法，久之湮没。至於元，堰乃不治。歲役兵民萬餘，所費鉅萬，民以重困。

時四川肅政廉訪司僉事吉公當普，達觀要害，乃召灌州判官張宏謀鑄鐵龜陸萬觔，貫以鐵柱，壘石其上，鎔鐵汁雜桐，實油灰麻以苴其罅。水利復興，詔翰林待制揭公傒斯作記以表其功。至於我朝，舊功漸就圮毁。有司歲令得水州邑，役夫輸費修葺。成化初，巡撫都御史夏公塤，以地遠者疲於奔赴，令專供工料，乃蠲郫、灌二縣雜泛科，差專事力役。弘治四年，添設按察司僉事一員，提督都江堰并各府州縣水利。自是職有專任，時輯屢省，堰以不壞。正德間，水利僉事盧公翊，督工修濬，深及鐵版，乃得李公前所刻六字冥蹠江亭，用昭永鑑。計糧派夫，分班更役，復啟蜀王，得歲助青竹四萬竿，以給盛石、篗籠之用。

嘉靖壬寅夏，二江瀑漲，金堂、簡、資、内江一帶，水勢瀰漫，駕出舊痕幾十餘丈，浸淫四五日，始漸以落。丁未之夏復然，江兩岸田地冲决，見在民居，漂洗靡遺寸椽，蓋百年來所未見之災也。適副都御史嚴公時泰重臨巡撫，見之惻然。過内江，訪余問故。余答以都江堰久失淘築之宜，公頷之。入省即檄帶管水利按察司副使

[1] 碑記　原作"記碑"，據原目録和文義校改。

周公相洎、成都府知府孫公宗魯、選委成都府通判湯拱、崇寧縣知縣劉守德，督理堰工。明年夏，江漲及舊痕而止，不復爲患。余乃作書爲鄉人謝大患。公復云："此有司勤事之力，時泰何與焉！"適周副憲遷秩去蜀，每歲修葺，類應一時之宜耳。逮今庚戌春，提督水利按察司僉事施公千祥，慮公費之徒耗，肆圖經久之計，爰集劉崇寧，同灌縣知縣王者聘，議欲復鐵龜之制，因言上年增立鐵樁三株，貫石以砌魚嘴，今水籠損其半，而省費已二千餘金，請制鐵牛以護石嘴，計當益省歲費，而工可久也。白之巡撫副都御史李公香、巡按四川監察御史鄢公懋卿，二公撫綏激揚，安養全蜀生靈之澤以溥，而興利遠害，凡可以加惠斯人者，尤惓惓焉。乃咸嘉其愛人節用之誼。即日報可。乃於堰口上三丈許，製竹兜若笆，以攔江流。乃淘江及底，密植栢樁三百餘株，實築以土，與樁平衡，鋪柏木於樁，乃漫石板，石皆長幾丈，厚幾二尺。復鎔鐵爲錠以鈐聯之。乃鑄鐵版爲底，作牛模其上。施公躬率順慶府通判張仁度、洎、劉守德等，誓告於江瀆之神李公之祠，命鑄工若干人，分據大爐一十一座，鼓鞴於牛模旁。旋築土臺之上，化鐵而瀉於槽以注於模。內要用大鍋五十餘口，陸續鎔鐵、添澆以滿乎模。凡用鐵六萬七千觔而二牛成，屹然堰口中流，以當二江汹湧之勢。復立鐵樁三株於牛之下流，以固魚嘴之石嘴下。照常仍置竹籠竹捲護持之。都江以固，諸堰攸同。

初未即工前三日，大雨不休。鑄之日，天忽開霽。牛成而復雨。時觀者如堵，歡聲如雷，咸謂神之佑之相之也。蜀府遣左長史李公鈞持綵緞羊酒以勸施公，而張通判、劉知縣以次諸執事若干員，下建石工、金工，犒賞有差。是役也，鑄工凡百二十人，爐夫凡千二百餘人。鐵爲觔者七萬二千五百有奇，炭爲觔者一十三萬，柏木用價白金爲兩者二十五，柴木用價白金爲兩者一十，約共費金七百二十一兩。唯蜀府助金一百兩，餘悉出布政司原備修堰之物，爲費不甚多而利可久。堰雖既瀦，啟導以時，不旱不澇，非唯遠邑得免憂患，而諸州縣瀕水稻田乃咸獲利。民固樂其成，衆咸嘉其績之偉。施公將公，冀後之人有所於考也，復請於兩臺，遣吏揖余記其事。竊唯諸公修堰之舉，凡以利民遠師李公父子之意，然循吉公舊築之規，石以固土木，鐵以固石，加意益深，而爲謀益遠，所以甦民之頻勞而將以佚之於悠久也。

嗚呼，盛哉！抑雖天造地設之隘固，然且有時遷變，矧石可轉而泐，金可蝕而鏤，詎知數百載之下，牛能巋然中流而不移乎！無已則存乎人焉耳。俾自是而後有事兹土者，果能心諸公愛民之心，切溺飢由己之念，纘斯成績無怠無荒，雖萬年一日也，其爲水利尚有何終極哉。是固諸公囑記之意也。是爲記。

户部右侍郎内江縣高公韶撰

嘉靖三十三年歲在辛亥夏五月吉旦

踈江亭

臨江碑

隆慶壬申夏，閱城至西隅，據睥睨一睡，青城積翠，光動几席，欲躡其巔，求所謂玉書。而巖嵐林氣相薄，峰形或顯或伏，愧兹凡骨，取哂山靈，徘徊久之，乃出郭西行數十步，引橋繩，陟離堆，石壁對峙，水瀉其間。此秦李冰所鑿，世爲蜀民灌溉之利。已而循西滸二里許，有堰曰都江，即古灌口。登厓謁李冰祠，樹木交蔭，禽鳥變聲，一幽勝處，下厓凭榭，江若素虬，音如浮磬，噌吰鏜鞳，不絶於耳。須臾神情獨得，融然遠寄，不知鞅掌在塵埃間也。

得陽勞堪識

又碑

謁秦蜀守李公祠，尋鑿離堆山故蹟。岷江分派入離堆，誰借神工霹靂開。蜀守自傳丹篆秘，秦人那得赤衣來？千年沃野春長在，萬井康謡日幾迴。伏臘試瞻香靄散，紅雲高並禹王臺。

〔詩扁〕[1]

丁酉仲春新安　題伏龍觀詩

謁范長生觀故址猶存，用太史楊用修生字韻。

長拂紅塵笑此生，偶緣仙蹟訪蓬瀛。雲迷絳節山花麗，蘚蝕丹鑪野鳥鳴。讓國祇餘高世傳，譚經空憶步虛聲。徘徊故址頻搔首，萬叠嵐光過客情。

萬曆丁酉仲春新安范涞題詩

八月提兵至灌縣，巡撫四川都御史楊南澗。

自愧非才敢將兵，西風斜趂馬蹄輕。行雲結陣山川合，飛檄臨邊草樹明。王壘百蠻瞻拜舞，彤墀千里報昇平。啣盃莫訝西南險，憂樂何如范老情。

松閣憑高爽氣，河聲不盡東流。千古沙沉石犀，半江水洛汀鷗。絶碎層層丹梯，奇峰面面芙蓉。多少洞巖深處，老禪結搆雲松。鑿破鴻蒙一竅，中流巨石如扛。障住洪濤萬（項）〔頃〕，分來白水雙江。谷口鶯啼細竹，洞門犬吠桃花。駐世何須丹灶，仙風吹長靈芽。

〔跋〕

李公，前代聞曾有封號，若“川主”，若“王”，皆父老傳言，無從考訂。雍正五年，巡撫都御史憲公請於朝，奉勅李公冰封“興濟敷澤通佑王”，子二郎“承績廣惠顯英王”。

雍正癸丑秋八月郡丞錢塘王廷珏識

[1] 底本原無此標題，據原目録和文義補入。餘同，不再逐一出校，加六角括號表示。

彙輯二王實録[1]

〔序一〕

灌邑城西二里許有二王廟在焉，由來久矣。時余以遊訪年誼，由嘉陵來，偶經此邦，竭誠瞻拜，覩其殿宇宏厰，金像輝煌，喬木千仞，修竹萬竿，禽鳥飛鳴上下，左繞城郭，右瞰江流，青城屏列於前，靈岩聳峙於後，斯誠盛地也哉。因念二王鑿山導江，功在當時，澤流後世，方之隨刊，功雖有大小，而利濟之心則一。其膺累朝之褒封，享萬年之血食，理也宜也。追憶者久之。有道人王名來通者，延余坐與語，相得甚歡。余見道人冲穆静鎮，步履安和，儼有道範，且善醫術，喜施與，樂善不倦，真可謂體天地之心以爲心也。余亦慕其高潔，嘗一再三至其院，兩相契洽。一日，道人謂余曰："二王之功績世系，雖散見於史書之記載，未免尋章搜句之難。今欲彙輯成帙，俾觀者瞭如指掌，校若列眉。但儲書數載，未得其人，靡獲遂願。吾子幸勿吝焉。"爰取《神仙綱鑑》及《通紀》諸書以示閲，遂以操觚囑余。余以譾劣謬叨鄉薦，茅塞已久，懼弗勝任，固辭，不果。因不揣鄙陋，就傳紀之燦然可考者，從而因仍之，疑似者辨白之，散著者聯絡而總括之。庶後之君子，恍然於始終源流，以發其入廟思敬之誠，而知盛朝神道設教之遺大有裨焉。時甲戌孟冬之朔日也。是爲序。

原任寧遠府鹽源縣儒學、順慶府營山縣辛酉科舉人張灼敬撰

住持道人王來通捐貲復刊

大清乾隆十有九年歲在甲戌孟冬之吉月

[1] 此書名原位於現"序二"處，此次整理特前移至此。本部分内容原爲《灌江四種》卷二。

〔題刻〕

績垂保障乾隆十五年欽賜

功垂不朽雍正十三年果親王題

功紹文命雍正十一年

恩波浩蕩

利澤綿長

俎豆維新總督黄廷桂、巡撫憲德同立

績紹平成布政司高起龍康熙三十七年上

功參造化隆慶四年欽賜石牌坊扁

繼禹之績乾隆十三年成都知府李盛唐上

現度厄身乾隆十三年彭縣知縣許伯政上

隨刊餘業乾隆十五年灌縣知縣沈裕雲上

禹稷同功乾隆十六年成都府管糧水利同知蕭山張文龘上

〔序二〕

水列五行，爲利害最大。四瀆爲之源，而江又爲四瀆之長，其爲利害尤大矣。昔者洚水警堯，天下昏溺，江實爲暴，民受其害。帝乃命禹决江疏河，東放於海，天下受其利。然受舜禪讓以膺圖立極，功配天地，德被萬世，自水始也。故孔子修書述禹之事至詳且備，繼而嘆曰："禹盡力乎溝洫，吾無間然矣。"後劉定公亦曰："微禹，吾其魚乎？"然聖人之功，大而易法，簡而易循，因時治制，必通其變。厥後千五百餘年，蜀有開明氏，能振其道，故禹之功復興焉。

在昔蜀有賢主曰望帝，獲楚人鼈靈以爲相。當是時，巫山龍戰，崩山壅江，水逆襄陵，蜀沈於海。望帝乃命鼈靈鑿巫山、開三峽、决江水，淹通綿雒，合漢沔、濟荆揚，然後得陸處，人保厥命。望帝以其功高讓位而去。鼈靈遂稱叢帝，號開明氏，襲郡於郫，故蜀人誦先王功者，以開明氏比夏后氏焉。其後秦强伐蜀，蜀遂爲秦所并。始皇庚寅秋，蜀郡守臣具告連年江水爲患，皇下議治法，涉正曰："臣舉巴東李冰，得其仙祖遺術，能驅馳雲龍。"皇遂召爲郡守。冰至蜀，聞江妖爲暴，沫水淫流，沃野歲災，民受其害，乃率官屬詣江干，江神化大牛出没水上。冰操刀入水，鬬殺之，提牛首而出，因立五石犀三石人於水旁厭之，且誓曰："淺毋至足，深毋至肩。"由是水患息。復鑿離堆以避沫水之害，鑿二山疏二水以灌田。又刻"深淘灘，低作堰"六字於石，以爲天下萬世治水者法。由是灌溉千里，變凶爲吉，蜀人咸賴之。未幾卒，皇哀之，立祠於蜀，故史氏記冰之功於蜀爲大。

自冰歿後，千五百載，厥功益彰焉。夫禹，大聖人也。智極於水用，能因天順地，永生厥民。若叢能迹禹之功，厚利三蜀，非有大賢之業安能企此？至冰又能紹禹叢之烈，以興利除害，大惠浹於黎獻，豐功遺於億萬，要亦有道之士，日貫其誠，故能勇斯身、仁斯民，輝照竹帛，豐潔祠享，如此其光也。視當日鄭國分渠於渭上、西門引漳於河朔，恩較其博，倍將萬耶！按《禮・祭法》：聖王之制祀，功施於人則祀之。能禦大菑、能捍大患則祀之。若公，可謂功施於民、能禦大菑、能捍大患者也。爰建福地以崇僊舘，旌哲人之餘烈，慰生民之報德，不亦宜乎！不亦永乎！

聿考公之遠祖始於太上老君，爰自伏羲之始，暨乎姬周之末，靈應無象，變化無方，遊元氣以上昇，感日精而下降，或從容宇宙、吐納風雲，或師友帝王、丹青神化，譬陰陽而不測，與日月而俱懸，邈乾坤以長久，跨陶鈞而亭育，至矣哉！固無得而名也。粤若金堂李氏八百，初居蜀地，流寓隴西，累代積善，養性修真。嘗修煉於華林山石室，丹成，復還蜀中，歷夏、商二代，蜀人恒見之，約其年可八百餘。又見其行輒八百里，故稱曰李八百。公其苗裔也，耀僊李之靈葩，創非常之盛舉，閱千百年而克昌。厥後衍有唐祚，開二十世之丕基，皆積功累仁之報也。惟其僊枝聖葉累世相傳，故能驅風雲運神化、剪妖厲謀疏鑿，功𢊍萬世，壽逾百歲，有以臻其盛也。然則公雖道未大行於秦，而能迹大禹之功，紹開明氏之烈，上下千百年聖神相繼，厥揆惟一，其功之極亦一也。公之真風奇績，殆與天地同悠久也哉。第代有遠近，時有變遷，有事相類而人則非，世懸殊而績渾合，如蜀志載二郎神爲趙昱，謂秦守李冰無二郎事者。若非披覽群書，相與引證，信以傳信，疑以傳疑，奚得析疑而辨難焉？考《嘉定名宦志》云：隋大業中，己巳秋，牛弘表薦蜀郡趙昱有才德。初從道士李珏隱青城修道，至是徵爲嘉州太守。郡左冷、源二河有蛟爲害，春夏水溢，漂渰傷民，昱設械舟率壯士及居民，昱持刀入水，有頃水盡爲赤，石崖崩吼如雷。昱手提蛟首，奮然出水。時有佐昱入水者七人。隋末棄官隱去後，江水漲溢，見昱青袍乘白馬於霧中，洪水遽退。蜀人感其德，立廟灌江口祀之，稱昱“灌口二郎神”。

夫昱之去公，凡千百年矣。先是，公爲蜀郡守，江妖爲害，公爲鬪牛沉犀，命其子二郎鑿離堆以泄之。考司馬遷《史記》及著《河渠書》、班固《漢書》，專載蜀守李冰鑿離堆，穿二江，與厥子二郎作石犀石人，功績歷歷可指。由是考之，在秦已有二郎之名。由秦歷晉，由漢迄唐，復有趙昱二郎神，無惑乎？後之滋疑不得其詳也。及按《神僊綱鑑》，詳論第五洞天青城諸真人云：趙昱即李冰。始知公靈異周於天壤，無代或息。至此再世而出，以拯斯人之沉淪，故前後除水之害，異世若符節焉。觀昱之立祠灌口，愈以見不忘其初也。並録之，以俟後之考古者。

顯英殿新作蜀守李公祠碑記

嘉靖十有二年冬，蜀府新作秦守李公祠於灌，崇明祀，報功也。

按志，公守蜀，殫心民事。時沫水爲災，乃與厥二子鑿離堆以泄之，治都江諸堰，導水以溉郡邑田疇，民無水災，亦不憂旱。迄今千七百餘年，遺法猶存，而惠澤甚溥，蜀人所以世祀也。祠昉於隋唐，至元始封王，以示褒崇。舊祠壞，民圖新之。將歛財，灌令張紀聞之，曰：“嗟！兹祀也，吾有司所宜圖也，未可以勞我疲民。”以告觀察于彥杲，彥杲重其役，因屬左史高鵬、右史張玠，以告於王。王曰：“嗟！兹祀也，吾有國所宜圖也，未可以遺於有司。夫有司不忍勞民，予焉忍勞之？矧咸秩無文，實我聖天子彝典。惟李公冰有懋功於蜀，兹祀弗新，無以報功，亦非所以祇奉德意也。”其新之，乃命中貴陶宣暨甯儀暨周琦暨張璐圖興役，以張繁暨張鑑督工。其祠宇以間計：正殿五、寢殿三、群祀堂一十有二、左右廊二十有八、碑亭二。祠後有臺，祠前左右有坊殿。制高廣且深，輪焉奂焉，壯麗倍昔。

是年冬，十有一月哉生明經始，十三年夏月朔落成。初，工之興也，人咸難之，謂匪期月可成。繼而人樂趨事，未幾工畢，人咸異之，曰：“是何成功之易耶？人謀厥臧，而神實相之也。不然，何若是易！”紀告於東，且請記，東曰：“嗟！聖王之制祀也，能禦災捍患則祀之矣。夫祀以報功，以昭勸也，李公功允懋矣。兹祀之新也，固宜。《書》曰：‘岷山導江。’惟兹岷江，實惟禹績。禹之澤在天下，冰之澤在蜀。蜀人思冰，不異於思禹也。自是厥後，治蜀者能如冰焉，人其不思乎？抑予聞智者作法，愚者因之。李公之遺法曰：深淘灘，低作堰。善矣，恒因焉，世世利也。夫濬其灘以導水，勿使不足。低其坊以洩水，勿使有餘。其坊也，基以巨石，其上暨傍簍石而聯砌之。石取諸灘，歲一修治，民不告勞而自獲其利。後世乃有好事者，謂歲一修治之煩，始廢竹簍，更砌巨石以爲坊，所費不貲，春夏波濤衝擊，浮木震撼，不二三年輒隳焉，財費而患不免。元之吉當普、建時胡光，往轍可鑑已夫。巨石不易致也，即可恃焉，爲固亦不免歲一濬灘，况不足恃乎？乃若簍石，其相聯，多則力重且能泄水，不與水敵，誠固而可恃。而彼以石易簍者，可謂智乎？吾懼夫好事者，猶執前説，以勞民傷財，故併及之，以告來者。”

賜進士出身奉議大夫四川等處提刑按察司
提督水利僉事阮朝東撰
嘉靖十四年夏四月成都府灌縣知縣張紀謹立

重修灌口顯英惠濟王廟引

蓋聞創非常之業者，宜享非常之尊崇。貽無疆之休者，當致無疆之報稱。故福蒸民以利社稷，雖一事之惠濟，而典例得薦於專祠，乃修祀事以報功德，歷千載之明禋而精誠彌新於衆願。灌縣之都江堰口，洩岷水之支流，作益州之膏雨，溉滋遍千鄉沃壤，粒食濟百郡黔黎。考其始，則區山川、籌利導，經營惟太守李君之功。覈其實，則驅怪孽、定波濤，終始皆公子二郎之力。斯固宜其垂裳端冕，膺褒贈於絲綸，而刻桷丹楹妥英靈於凡席者也。乃歲時變遷，風雨漂摇，漸荒苔蘚於山門，無復丹青之畫壁。驚濤飛斷檻，慨當年之靈爽何憑。返照入空簷，問此日之瞻依焉托。遂使過客流連以撫景，因而興情慷慨以圖新。維曩者歲展時歆，已致屢豐之瑞雪，況今兹薄言申禱，旋沾普潤之甘霖。緬盛舉於前人，歷世已遥，宜有重光之俎豆。述神功於邇事，即今爲烈，應申展報之悃忱。稽祀典，興大利，除大害，首酬福土之功，則蒞兹土者，悉躬沾夫惠澤。援周禮，捍大災，定大難，必表庇民之德，則衛斯民者，咸義切於欽崇。藉兹百爾之歡心，快作一時之盛事。擴規模於舊制，金章烜赫，欣表丹扉納陛之觀。肅威儀於新宫，玉座尊嚴，式正春露秋霜之典。翬飛珠閣，遥涵玉壘以騰輝。瑞靄瓊樓，近映錦江而焕彩。從此美輪美奂，洋洋之盛，儼如在以式臨。會見肯構肯堂，赫赫之靈，頻於昭夫顯應矣。

時雍正癸丑仲夏之吉

晋陽傅宏禮謹啟係提標中營總府

重修灌口二郎廟引

秦太守李公冰鑿離堆，厥功已懋。嗣君二郎，復於灌口刻石沉犀，以厭水怪，由是江之險胥慶安瀾。蜀人之沐沾膏澤，其所由來者遠矣。蠶叢魚鳧之區，血食之盛，莫可殫述。延及滇黔楚粤，皆奉祠焉。《傳》有之曰：能捍大灾、禦大患，及凡有功德於民者，則祀之。不祧之祀，非神而何？灌口之有廟也，不知幾歷年所。壞輙復治，公道在人，寧有應極。癸丑春，旱（魃）〔魃〕恣虐，甽澮絶流。樞府黄公惻然憂之，往禱於神，余亦偕往。祝辭既畢，甘雨旁敷，騁望郊原，無復焦土，神之降康於民爲何如也？因見榱桷欹斜，簷楹摧折，良恐日月逝邁，風雨漂摇，勢不至於蕩廢不止，此非當事者因仍苟且之過歟！愚謂天下事葺而修之則易，剏而新之則難。當是時，鳩工庀材，不亦用力少而成功多乎！所望諸君子黽勉同心，念神之庇蜀者深，蜀之奉神者久。其襄盛舉，綴毛成裘，斯廟肅而人安，人安而神洽矣。是爲引。

時雍正癸丑仲夏月之吉貴筑劉應鼎盥手題係四川布政司。

重修通祐顯英王廟碑記

今天子御極之十有一年，余總制全川。時東作方興，彌月不雨，而堰水未下，用是殷憂。越陌度阡，懸耒而嘆，爰親詣灌口二王廟，齋板致虔，瞽工致祝，牲肥醴潔，以祈於神。祀事甫畢，堰水隨至，百派分流，灌畦溉畛。旋又上天同雲，屏風伯，召雨師，電趨雷擊，一雨三日。既優既渥，膏禾澤麥，民乃悦懌。及秋，萬寶告成，倉箱盈溢，盖神之福被兹土者，千八百餘年矣。隄其害，幅其利，有求必應，捷如影響者若此。我皇上釐正祀典，尊以王爵，封以通祐顯英之號，猗與懋哉！無非賴神之庥，加惠元元，俾萬井盈寧，無旱乾水溢之患。其較五嶽之視三公，四瀆之視諸侯，禮且過之，宜乎！冥符默契，能闔闢陰陽，吐納風雨，以呵護一方，而國家懷柔百神之道，洵若是其不爽也。第廟貌雖尊，規制未愜，且歷年既久，不無圮廢，躬環周視，有慊於心。遂會同撫都院，暨藩臬鎮協，下至守令等官，計費糾資，爲謀而新之。又檄涖斯土者，分官董正。於是埏人戲甓，硴人輸石，鍛人呈灰，柞人伐木，梓人審曲面勢，凡百工役，翕然競趨，遂建正殿若干楹，東西廡若干楹，殿之前爲牌門，又爲碑亭於殿之左右。越數月而工告成。於以崇德報功，妥神靈而陳俎豆，庶幾無負聖朝尊祀之大典，而神之樂之，亦且奠安生民於靡既也哉。因爲文勒諸石而繫以迎神送神之歌。歌曰："神之來兮駕雲軿，雷填填兮雨冥冥。椒酒馥兮蘭肴馨，式享此兮俾萬井以盈寧。"再歌曰："江之源兮濫觴，分流萬派兮澤被無疆。原隰匀勻兮禾黍穰，匕粒我蒸民兮地久天長。”

總督四川等處地方軍務兼理糧餉兵部右侍郎兼都察院
右副都御史仍帶拖沙喇哈番紀録十一次黄廷桂撰
巡撫四川等處地方提督軍務都察院右僉都御史紀
録七次憲德同立
大清雍正十一年歲次癸丑冬十月穀旦

通祐王後殿重修碑記

自昔大禹導岷江抑洪水，而功在天下。厥後李公鑿離堆資灌溉，而功在西川。功之大小雖殊，而人溺己溺，人饑己饑，則合先後而同揆也。

李公諱冰，爲秦時蜀守，殫力民生，見灌江之一銷奔騰洶湧，泛濫時虞，乃經營相度，因築都江堰口，開鑿離堆以分其勢。引溉成都十一州縣之田畝，澇則有洩，旱則有蓄，油油然沃野千里，轉害爲利，洵所謂天府矣。蓋其時李公持籌擘劃，而公之子更以神力佐之者，即時俗所稱川主二郎君是也。民懷其德，世世勿替，建廟於山之陽，爲公棲神之所，春秋俎豆，歷代尊崇。傳有功德於民則祀之，迄今二千有餘年，而利濟群生，膏澤溥被，共天壤而不敝，巖下豐碑屹立，上鐫六大字曰：“深淘灘，低作堰。”遺爲後世法，信哉！壬子歲，憲大中丞題請，蒙俞旨勅封公爲“敷澤通祐王”，勅封二郎君爲“廣惠顯英王”，誠一代之曠典，合萬庶之歡心。制臺黄公復又倡率捐助，重修顯英王前殿以及兩廡牌坊，輝煌金碧，輪焉奂焉，神所憑依，其在是矣。時余爲茂州牧，公事往來，必登臨瞻仰。本廟住持道人告余曰：“事有爲之主者，有爲之輔者。離堆一鑿，澤及百千萬世。公主其事者也，二郎君輔其事者也。非公則指示何由，莫能爲之主，非二郎君則贊勷奚自，莫能爲之輔。父子同功一體，殿庭應與相侔，無乃一廟之中，前新後舊，前整後頹，殆非所以肅觀瞻而妥神靈也。今兩院大人俱各陞任，或者隨緣募化，將後殿一並興修。惟主持是賴。”余嘉其志之堅而意之確也，率以鹿鹿風塵，馳驅鞅掌，未遑觀厥成。

越二年，余量移成都郡丞，職專水利，下車伊始，即齋虔祭祀，以祈福佑蒼生，則見夫後殿之巍峩壯麗，與前殿相映，固大異於疇昔矣。是亦道人募化之勤哉！要以神靈功德，越千百禩而不朽者，自深入乎人心也。工既竣，宜勒貞珉，垂諸永久。道人復請於余作記，以誌本末。夫解囊啟橐，多寡維均，此道人之不泯人善也。誠心協助，趨事赴功，此紳士鄉耆之急公好義也。仰迓神庥，督我不貸，此余之夙夜惟寅者。未嘗不念兹在兹也。

若夫時際昇平，恭逢皇上痌瘝念切，各憲軫恤民依，余以菲材，俾得因時而宣上之德，又未始不自慶其遭逢，而彌歎公之澤及萬世，與大禹之平成共戴也。住持道人，一方善信，例得列名於石，用以風勵夫後來者。爰爲之記。

護理四川分巡建昌上南道印務成都府督糧
水利同知朱介圭敬撰
成都府知府王時翔　灌縣知縣胡南藩教諭曹思成
訓導趙冕　駐防陳會元巡檢蔣恩　典史周宗儀　同立
長洲道人張清夜書并篆額
住持道人王來通同募王萬柱　張永孝　李時用　李時昌
鐫字人劉福榆
大清乾隆五年歲次庚申秋九月穀旦

重修灌口二郎神祠碑記

按《地志》，江水發源岷山，山之下即灌口，以其濫觴也。昔者禹抑洪水，導江而患始息。然灌溉之利尚未興焉。繼秦蜀守李冰，鑿離堆，然後沃野千里，號稱陸海。冰自是入祀典，報德無盡。考厥成，實其子二郎以神力佐之也。《詩》曰："粒我蒸民，莫匪爾極。"民思其德，神其功，而不敢名，故直以其行稱之，立祠徧境內，歷代因之，遂封爲川主崇仁之神。粤稽祀典，能捍大患則祀之，有功於民則祀之。夫自離堆之鑿也，沿江而下，堤堰曲防，當春水發，盈科平流，原隰均沾，灌溉饒洽。水勢既殺，江流易泄，抵秋稼登，江亦漸涸，斯民乃粒，且免魚鱉，巍巍神知，成父之仁，所謂捍大患而有功者，以一方計之，當不在禹下矣。然則典厥祀，民用欣哉。灌口舊有祠，燬於火，蜀主爲民軫念焉，出內帑，重建之。命承奉菊東甯公議、票菴周公琦主其事，乃殫心發慮，益宏厥規。暨承奉西橋張公璐相與經畫，曲盡其制，務稱上意。先承奉檜峰周公宣、菊潭陶公宣，又皆捐奉以助之。于是伐木於山，鑿石於岩，工匠夫役，悉出顧募，民願施貲者聽，未嘗借助。有司以故財不知費，役不告勞。而廟制聿新，殿寢門廡，若垣墉，竹苞松茂，翼急革飛，適觀厥成，盖孔安矣。《詩》曰："萬民是若，斯役有焉。"工始嘉靖癸巳之冬，甲午之秋即告成。其采繪華飾，越歲庚子始大備。事竣，宜刻石以紀，乃命諸儆。儆嘗病史失載神名，且没其功，恒嘆惜焉。覩兹曠典，樂爲之書。因併記之，以告後之司民牧者。

賜進士第中憲大夫河南按察司副使范時儆撰

募修二王廟小引

王之功德在都江，王之式憑在廟祀。近奉皇上錫封，光厥祀事，誠盛典也。乃殿宇傾頹，規制未廓，恒不能無缺略之憾。雖然修費固浩繁，獨不曰："千鈞之重，衆則易舉乎？"爰據住持王來通募册請之。上憲俱美此舉，捐俸以倡。凡我士民，沐王灌溉之利於無窮，當亦無不飲水思源，而欣然樂從也矣。余乏兹土，念民之生，思王之績，惟期覆蕢成山，不日魯靈光焉，而陟降妥侑，貽爾多福。是余志也，用以是爲勸。

知灌縣事陳洓題

岷山導江，大禹之功在天下。離堆鑿堰，李公父子之功在全川。功之大小雖殊，要之人溺己溺，人饑己饑之心皆然也。昔禹抑洪水，稷教稼穡，不知幾歷艱辛，天下始稱大治。逮時代屢改，灌溉之利繼立法創始秦李公冰出守蜀郡，鑿離堆，然後沃野千里，號陸海焉。自是李公永入祀典。聿考厥成，實其子二郎君以神力佐之也。衆姓感極而不敢名，故直以其行稱之，立祠周境内，歷代因之，遂封爲川主崇仁之神。夫自離堆之鑿也，沿江而下，堤堰防維，當春水發時，漫衍平流，均霑原隰，巍巍神知，成父之仁，以一方計之，功不在禹稷下矣。然則典厥祀事，民用欣哉。灌口代有祠，至明嘉靖間，蜀王出府金重建之，願輸貲者聽。於是競相上納，正殿廊廡，垣墉臺坊，美輪美奂，至今猶存，磚瓦盡碧璃可鑑。遭獻賊入蜀，郡縣土崩，祠宇壞矣。幸逢聖朝定鼎，化理恢宏，百廢俱興。屬在明禋者，盡追崇之。誌載大中丞張公重建祠宇，驁然畢具，但地值半山，風雨之衝處，歷多年，飄颻殘朽，傾欹倒陷者，誠不少也。當今我皇上純孝繼統，政教維新，封山濬川，無遠弗届。以大中丞憲公題請，欽定李公“敷澤興濟通祐王”，川主“承績廣惠顯英王”，誠一代之曠典。惟廟廊如故，倘不乘時增修，恐非所以妥神靈也。仁明嘗往返松潘，拜謁祠下，目擊頹毁，感徹五中。適住持道人王來通告曰：“貧道祖孫，焚獻於此四十餘歲矣。未圖修葺，以報神庥，心甚愧焉。以千金之裘，匪一腋所能就也。”予曰：“灌口分流，郡縣蒙福。爾苟有志，寧不足觸發萬姓耶？又聞戊申中夏，堰淤水涸，禾苗盡槁。郡尊縣君，躬親掘石，日夜督率，急救民生。廟旁山半，忽焉分崩，雨水交發，漫堰而下，周徧十三州縣之田。於是人咸以爲川主起龍救災，覩者如市，觸動天良，皆欲新王之廟。以爾道人爲領袖，尚何遲疑遜謝之與有？况王廟爲全省奉祀，當堰歲修，各上臺必親臨致誠致祭，凡以爲時和年豐，家給人足，夫民心即官心也，民心欲然，官心何所不然！兼年來各大人在位，於地方之關民生者，靡不時興時革，物阜民康，何莫非留意民瘼之所至哉！”道人應曰：“君言良是。吾縣尊譚公，堰務勞心，寢不安枕，懇肫祈神，恒以保護堤工爲急急。夫爲民故敬神也，見今理刑德公，奉委監督水利，募夫掘運，悉出庫金，公親爲指畫，亦如鐵碑六字之訣。本年春水滿田疇，民不告旱。又群以新王之廟，責備貧道之一身。貧道抑何敢再辭？然人心僉同，若不禀明各上憲大人，仍是輕舉妄動也。”予曰：“爾言誠識大體。”爰并數語於册端。

雍正己酉新秋後十日南浦原丙戌科進士

陶仁明題於蓉城北關外之書齋

讀《灌江考》紀長歌一首

道人惠我《灌江志》，江源堰法詳載記。水自潘江由汶來，總歸灌口分流委。開鑿離堆繼禹功，一支北注分爲二。寳瓶入口浸成都，百萬民田貲水利。入細憂涸泛憂澇，消納堤尖作人字。淘灘之深迎水來，作堰務低防水恣。窮冬築埂淘底灘，六十日程堰工備。放閘必待立春餘，失早秧針愁水匱。堰戒巨石安竹籠，水溜歲修兼易治。李王父子廣濟心，良法昭垂憂廢寘。羽客重鐫六字碑，蒐羅眉列勤編次。前人既苦構堂基，務竭垣堵塗茨塈。菩提心腸甘露喉，煉藥種杉均此志。老憊更爲繼者憂，舌敝唇焦屬三四。何由具此悲憫心，仙佛尼山同一意。我作儒流無寸功，飽飫安眠每忘自。讀罷斯編三歎咤，滿腔生意縱横肆。願分道者心，徧贈西川吏。民饑即我饑，民事吾家事。君不見，香火道人且有心，何况官厨日飽君王賜。

時乾隆壬午閏月白嶽半研老人王夢蛟題

灌　江　定　考[1]

《灌江定考》敘

吾聞諸夫子曰："人無遠慮，必有近憂。"夫慮在一身一事，聖人猶有取焉，矧王廟爲報功崇德之所，慮之不可不周。至灌江水源，灌口水法，又千里沃野之所恃，以穀我士女，慮之更不可不詳。故聖天子慮切民生，於王廟恩綸疊沛，各憲爲民祈福，慮祀事之不修，歲必身親，即專任守職如余者，四載於兹，凡深淘低作之準繩，内江外江之疏鑿，因時乘時之補砌，夙夜匪懈，慮較父老之旱澇防患而更切。乃住持道人王來通者，在廟日久，咫尺江岸，行年六十。既恒心於廟，復潛心於水，曾不知老之將至，慮堰工之留傳失真，遂輯《灌江備考》，慮二王之謨烈不彰，遂修《彙（集）〔輯〕實録》，慮疲癃殘疾之顛連無告，遂置施藥水田，慮重建殿宇之艱於大木，遂植萬千杉樹，慮孃刨護蓄之耑人任使，遂創杉樹庄庵。是誠慮竭秋毫、慮周後世。今復慮神功，勒石昭垂，風雨漂摇，則水源水法未必不埋没於斷簡殘碑，慮將來住持窮奇不法，片石丁寧無難滅迹於荒烟蔓草，因取身親目覩事神事上、利人利物者，薈萃爲書，顔其篇曰《灌江定考》，俾千萬里外、千萬世下，展讀《灌江定考》，而水源水法，若指其掌也。即遇不肖住持執《灌江定考》而攻之，不且如道人之大聲急呼而面唾哉。嗟乎！若道人者，可謂忠於王廟而孝於二王者矣。夫安得今古人臣事君、人子事父胥同道人之於王廟，慮之之周，慮之之詳，慮之之遠，則人人忠臣也，人人孝子也。又奚至貽君父之慮乎？余故深

[1] 底本無此書名，此據内容所加。本部分内容爲《灌江四種》卷三。

嘉其慮，因書其所慮，以告後之住持必盡如道人之慮其所慮。是爲叙。

時乾隆二十六年辛巳夏月吉日

四川成都管糧水利府候補府正堂兼攝彭縣

加三級紀録三次李演撰文

住持道人王來通捐貲刊刻

《灌江定考》目録❶

附水利堤堰疏記

元揭徯斯蜀堰碑

江水出蜀西南徼外，東至於岷山而禹導之。秦昭王時，蜀太守李冰鑿離堆，分其江以灌川蜀，川蜀以饒。自秦歷千數百年，所值衝薄蕩囓，大爲民害。有司歲治堤防百三十二，所役兵民多者萬餘人，少者千人，其下猶數百人，每人七十日，不及七十日，雖事治不得休息。其不役者，日三緡，富屈於貨，貧屈於力，上下交病。會其費，歲不下七萬緡。毫髪出於民，十九藏於吏。概其所入，不足以更費。

---

❶ 此目録與《灌江定考》正文標題多不一致，保留以供參考。

今上皇帝即位之明年，僉四川廉訪司事吉當普廵行周視，得要害之處三十有二，餘悉罷之。且召灌州判官張宏計曰："若甃之石，則役可罷，民蘇弊除，何憚而莫之爲？"宏曰："公慮及此，生民之福。國家之幸，萬世之利也。"宏請出私錢試以小堰，堰成，水暴漲，堰不動，乃具文書。會行省及邊軍七翼之長、郡縣守宰鄉遂之老，各陳便宜，皆曰便。復禱於冰祠，與神約：昔鑿離堆以富川蜀，建萬世之利，神功也。今水失其道，民失其利，吏乘其弊，若此而神弗之救，是神之惠弗終也。神克相予於治，弗予相請與神。從事卜之，吉。於是徵工發徒，以至元改元十有一月朔肇事於都江堰。

都江，即禹鑿之處，分水之源也。鹽井關據其西南，江南北皆東行，北舊無江，冰鑿以避沫水之害。中爲都江堰，少東爲大小釣魚磯。又東跨二江爲石門以節北江之水，又東爲利民臺。臺之東南爲侍郎、楊柳二堰，其水自離堆分流入於南江，南江東至鹿角，又東至金馬口，又東過大安橋入於成都，俗稱大皂江，江之正源也。北江少東爲虎頭山、爲鬬雞臺。臺有水則，尺爲之畫，凡十有一，水及其九則民喜，過則憂，没其則則困。乃書"深淘灘，低作堰"六言，其旁爲治水之法，皆冰所爲也。又東爲離堆，又東過凌雲、步雲二橋，又東至三石洞釃爲二渠，其一自白馬騎東流過郫縣入於成都，謂之內江，今府江是也。其一自三石洞北流過將軍橋，又北過四石洞，折而東流過新繁入於成都，謂之外江，即冰所穿二江也。南江自利民臺有支流，東南出萬工堰，又東爲駱駝，又東爲碓石，繞青城而東、鹿角之北涯有渠曰馬壩，東流至成都入於南江，渠東行二十餘里，水决其南涯。四十有九歲疲民力以塞之，乃自其北涯鑿二渠與楊柳渠合，東行數十里復與馬壩渠會，而渠始安流。自金馬口之西鑿二渠，合金馬渠東南入新津，罷藍淀、黄水、千金、白水、新興至三利十二堰。北江三石洞之東爲外應、顔上、五斗諸堰，外應、顔上之水皆東北流入於外江。五斗之水，南入於馬壩渠，皆內江一支流也。外江東至崇寧，亦爲萬工堰。堰之支流自北而東爲三十六洞，過清白堰東入於彭漢之間，而清白堰水潰，其南涯延袤二里餘。有司因潰以爲堰，堰壞乃疏其北涯舊渠，直流而東，罷其堰及三十六洞之役。嘉定之青神有堰曰鴻化，則授成其長吏，使底其功，應期而畢。若成都之九里堤，崇寧之萬工堰，彭之堋口、豐潤、千江、石洞、濟民、羅江、馬脚諸堰工未施，亦責長吏農隙爲之。諸堰、都江及利民臺之役最大，侍郎、楊柳、外應、顔上、五陡次之，鹿角、萬工、駱駝、碓石、三利又次之。而都江又居大江中流，故以鐵萬六千觔鑄爲大龜，貫以鐵柱而鎮其源，以捍其浮槎，然後即工。諸堰皆甃以山石範鐵以關其中，取洞實之油刀麻爲絲和石之灰，以苴罅漏，禦水潦。岸善崩者，密築江石以護之，上植楊柳，旁種蔓荆，櫛比鱗次，賴以爲固，蓋以數百萬計。所至或疏舊渠而導其流，以節民力，或鑿新渠而殺其勢以益民用。遇水之會則爲石門，以時啓閉而泄蓄之。凡智力所及無不爲也。

先是郡縣及兵家共掌都江之政。延祐七年，其兵官奏請獨任郡縣，乃以其民分治下流諸堰，廣其增修而大其役，民苦之。至是復合焉。常歲蓄水之用，僅數月堰輒壞。今雖緣渠所置碓磑紡績之處以千萬數，四時流轉而無窮甚便。初都江水深廣莫可測，忽有一大洲湧出，其西南方可數里，人得用事其間，入山伐石，崩石以滿，隨取而足用，所在皆然。蜀故多雨，自初役至功畢無雨雪，故力省而功倍，民不知勞，若有相之者，亦其忠誠所感如此，致使天子賜酒之使相望於道，臺省觀工之檄不絶於使。所溉六州十二縣之民咸歌舞焉。而下自郡縣上至藩部，惡其害己，且疾且怨，或决三洞之水以灌其坎，或毁都江之石以壞其成，撓之百計，不拔益固，甫五越月，大功告成。百一恒費，民永休享，古未有也。而吉當普會以監察御史召省臺上其功，詔臣徯斯記之於碑。臣聞水先五行，食首八政，九疇之敍，其次可觀矣。夫水者衣食之源也，然所以爲利亦所以爲害，在善導之而已。禹平水土，猶己溺之。后稷播種，猶己饑之。萬世有稱焉。是故爲政不本於農，不先於水，是爲不知務，是謂冥行之臣。李冰一鑿離堆，民受其賜。吉當普一修其業，神且不違。彼失其利而欲廢之，不亦悲乎。惟吉當普才大而德敏，愛深而知遠，不枉其道，不屈其志，臨難忘身，爲國忘家，安於命而勇於義，而知所先務，故是可立而功可建。其在四川請罷鹽運司，正鹽井之法，以去奸利，置安撫司以撫四方，流寓之民使安其耕鑿。及居臺端，知無不言，言無不合，誠國之寶也。判官張宏殫智竭慮，終始克相其志，雖百折而不悔，亦令之賢有司乎！

是役也，石工金工皆七百人，水工二百五十三人，徒三千九百人，而邊軍居其二。工糧爲石千有奇。石之材取於山者，百萬有奇。石之灰以觔計六萬有奇。油半之。鐵六萬五千，麻五千撮。其工之值物之價，以緡計四萬九千有奇，皆出於民之所積，而在官者餘二十萬一千八百緡，責灌守以貸於民，歲取其息，以備祭祀。若淘灘修堰之供，仍蠲灌之兵民常所繇役以專其堰事。嗚呼！後之涖此土者，尚永鑒於斯，勿怠其政墮其事，以爲民病，以爲國家憂。臣拜首稽首而作頌曰：

天一濬靈，多源於西。岷山導江，禹績可稽。民生之初，惟水利賴。夫既利之，胡忍貽害。運有推遷，事有因革。保制安危，神實任責。於穆英惠，藩屏坤維。於赫仁祐，駿烈四馳。自秦徂漢，禩以千計。維王父子，蜀境是庇。江源自蜀，王鑿其徂。蜀溉餘波，厥施乃溥。江趨而東，勢通蜀山。春夏暴漲，橫潰是閑。既遏其衝，又決其支。以漫以灌，惟堰是資。昔王受命，司我芻牧。爲茲惠利，以阜我蜀。今我蜀民，作堰歲勞。殫智疲力，以捍江濤。僉憲有謀，將息斯患。王實誘之，旨遺以艱。吏籲於王，願受指教。王繇之詞，繼導之珓。詢謀允孚，百役以興。厥志無二，惟王之憑。象鼻之漲，茫無津涯。湧爲淺瀨，有礫有沙。匠陟彼巘，言鑿其堅。山夜發洪，穴不得穿。匠取彼石，既磊既砢。搗椎運斤，惟右惟左。蜀川不雲，蜀日旦出。涉冬届春，民就愛日。彼揵彼菑，昔水今石。其崇言言，永固爾壖。民聽鼛鼓，追思往年。富民釀錢，耕者廢田。今茲永逸，孰究我圖。顯允二神，作我蜀郛。聖神在御，懷柔百神。封章屢上，亟命司臣。錫以徽稱，華以欽命。以旌王功，以致皇敬。涣號於庭，揭虔於祠。帝命不褻，神惟顯思。登瀛有臣，復請詠賜。俞旨自天，寵命瀳至。嗟彼嬴氏，百部列署。惟茲蜀守，勳烈昭著。異趨殊歸，惟德與力。王初庇民，顧盡乃職。豈謂異世，猶濯厥靈。俾王初志，炳乎丹青。王不恃力，務德是勤。有偉斯績，益光前聞。祠臣作歌，守吏祇刻。江流沄沄，昭彼無極。

題修都江大堰疏

四川巡撫都察院佟鳳彩題：爲詳興水農之政爲足民之大本事。

案：照順治十八年六月二十三日據左布政使楊思聖呈稱，奉前巡撫高民瞻案驗，順治十七年八月十七日准工部都水清吏司案呈，奉本部送工科抄出。該本部覆工科右給事中薛鼎臣題前事等因，移咨到院，備行到司，奉此隨經備移水利守巡各道查議。移報去後，今准守西道移稱據成都府申據郫灌二縣回稱，查得當日水利舊有都江大堰，開鑿於秦時太守李冰，灌漑十一州縣。值張逆變後，所餘人民止就隅曲之水以灌偏僻之田，苟且延生，未遑修理。順治十六年蒙監軍道詳請三院司道府遠近文武捐金二千有奇，雇募淘鑿，即今開懇漸廣。但疏濬之水道易爲沙石滯塞，欲爲永久計，必行合用水，州縣照糧派夫，每歲淘鑿，庶民不憂旱，而國賦漸增矣等因移司。准此，又准巡北道移據保潼二屬州縣回稱，查得各屬州縣所轄百姓，住居高岡四野，且地勢狹隘淺薄，非平川再比，並無新舊水利當興等因到司。又准守巡東南各道移覆相同各等因移報到司。准此，相應呈報到臣。該臣查看得蜀省川東、川南、川北皆崇山峻嶺，並無應修應築之塘堰。惟成都爲省會，平川之地，舊有都江大堰在灌縣，灌漑成屬州縣。自遭兵燹之後，堰堤崩頽，通渠雍淤。至十六年，文武各官捐助修築，疏通水道，目前暫資灌漑，已於本年閏七月内備咨工部去後，至八月，臣復將都江大堰修濬事宜於條議疏内列欵入告。迨九月二十五日准部咨，内稱此案應當題覆，復行到臣。該臣覆查前情無異，理合具題。

題都江堰酌派夫價疏

四川巡撫都察院憲德題：爲敬陳管見仰祈睿鑒事。

成都一郡，地處高阜，所屬田畝惟藉引水灌漑。查灌縣都江大堰，自秦時蜀守李冰鑿離堆，以導江之支流，當時大書“深淘灘，低作堰”六字刻於石壁，以爲千古治堰之要訣。後人因之，創爲竹籠作堤之法，以竹編籠納石於内，築人字堤，以資捍禦。每歲淘築，遂爲成例。人字堤之下，又有太平堰、三泊洞、柏橋堰、上下漏礶堰、羊子堰、徐堰河、導江堰、牛子堰等處分流，而郫、灌、温江及崇寧、新繁、新都、金堂、成都、華陽等九縣俱引水溉田，由來久矣。其歲修之費，從前用水之户照田塊派夫，灌縣出夫六十九名，温江出夫一十名，郫縣與崇寧共出夫四百八名，新繁出夫九十名，新都出夫三十六名，金堂出夫九十名，成都出夫九十名，華陽出夫九十名。以上九縣共出夫八百八十三名，每夫一名折銀壹兩，共折銀八百八十三兩。雍正元年以來，每年修築之費或五六百兩、或七八百兩不等。自雍正五年，因人字堤衝決壅塞，五、六兩年費至一千二百餘兩不等。通算每年須派銀一千二三百兩，方可有備無患。但從前照田派夫，因川省田地向來不知畝數，惟有計塊出夫。目今丈量已竣，畝數可稽，若仍以田塊較算，不無大小縣殊之别，實屬不均。臣愚應請計畝均攤，方無畸輕畸重之弊。查九邑田畝，惟灌、郫、崇三處得水最近，獲利最溥。其温江、新繁、新都、金堂、成都、華陽，離都江大堰一百餘里者，其用水之處不無遲早多寡之殊，則出銀之處宜略爲區别，如郫、灌、崇三處，每畝派銀二釐，温江、新繁、新都、金堂、成都、華陽，每畝派銀一釐五毫。又華陽縣内有用水略少之田，每畝派銀一釐，庶得均平。今按九邑丈量清册，實在用水田畝，灌縣田一十一萬六千一百九十八畝，每畝派銀二釐，該銀二百三十二兩三錢九分六釐。郫、崇兩縣田一十九萬一千六百二十五畝，每畝二釐，該銀三百八十三兩二錢五分。温江縣田一千二百九十四畝，每畝一釐五毫，該銀一兩九錢四分一釐。新繁縣田四萬六千七百五十三畝，每畝一釐五毫，該銀七十兩一錢二分九釐五毫。新都縣田七萬六千九百七十一畝，每畝一釐五毫，該銀一百一十五兩四錢五分六釐。金堂縣田五萬五千三百五十七畝，每畝一釐五毫，該銀八十三兩三分五釐。成都縣田一十九萬二千七百二十六畝，每畝一釐五毫，該銀二百八十九兩八分九釐。華陽縣田五萬四千六百三十九畝，每畝一釐五毫，該銀八十一兩九錢五分八釐。又水不敷田二萬四千九百七十五畝，每畝一釐，該銀二十四兩九錢七分五釐。以上共田七十六萬五百三十九畝零，通用派銀一千二百八十二兩二錢二分九釐，每年令各縣照數徵收，竟解水利同知衙門。該同知預將估修數目造册報明，俟修完之日再造册報銷。所有餘剩銀兩，仍貯同知衙門，以備夏秋水發衝塌之費，務令深淘堅築，使各處田畝俱資灌溉。如有草率從事，即行查參。在從前民自修堰，其派夫銀兩俱係里甲經手，不無支少派多，致歸中飽情弊，請嗣後各縣鄉村用水田畝派銀數目，刊刻木榜，通行曉諭，照依江南河工歲夫折銀之例，官徵官解，給以由票，此項折夫銀兩不加火耗，永爲定例，庶幾國計民生大有裨益，實小民萬世之利，理合具題。伏乞皇上勅部議覆施行。

雍正八年六月十八日准户部咨四川清吏司案呈户科抄出，川撫憲德題前事。雍正八年正月二十一日題，二月二十一日奉旨：該部查核議奏。欽此。欽遵於本月二十二日抄出到部。該臣等查得四川廵撫憲德郫、灌、温江等九縣，田畝地處高阜，惟引灌縣都江大堰之水灌溉。其修淘之費，該撫憲德既稱每年須派銀一千二三百兩方可有備無患。查九邑田畝，離堰有遠近不同，用水有遲早各殊，則出銀之數宜略爲區别，如郫、灌、崇三縣每畝派銀二釐，温江、新繁、新都、金堂、成都、華陽，每畝派銀一釐五毫。又華陽縣内有用水略少之田，每畝派銀一釐，共田七十六萬五百三十九畝零，共派銀一千二百八十二兩二錢二分九釐。每年令各縣照數徵收，竟解水利同知衙門。該同知預將估修數目造册報明，俟修完之日造册報銷。餘剩銀兩仍貯同知衙門，以備夏秋水發衝塌之費。如草率從事，即行查參。所派銀數刊刻木榜，通行曉諭，官徵官解，給以由票。此項折夫銀兩，不加火耗，著爲定例，永遠遵行，實小民萬世之利等語，均應如該撫所請，將各縣派徵淘塌修堰銀兩，解交水利同知衙門。該同知預將估修數目造册報明，俟修完之日造册申送，該撫具題。查核餘剩銀兩以備夏秋水發衝塌之費，如該同知草率從事，或朦混報銷，並各縣額外濫加火耗等弊，該撫即行指名題參可也等因。雍正八年四月二十二日題，五月初一日奉旨：依議。

奏請興修石牛黑石二河碑記[1]

欽命四川巡撫都察院碩色[2]奏請，石牛堰沙溝、黑石二河，動帑

---

[1] 底本原無此標題，據目録加。

[2] 碩色　原書底本因避名諱空缺“色”字（共三處），今據文末信息均予以補填。

興修，部文長洲道人張清夜書并篆額，户部奏爲遵旨密議事。

乾隆陸年柒月拾陸日，内閣抄出。四川巡撫碩色奏稱，竊照蜀省山多田少，全賴都江大堰，分水灌溉，遂至沃野千里，民食豐裕。而一切堤堰工程，必須每歲修淘。從前都江等堰，修築公費，均係用水農民按畝捐派，未免艱難。仰蒙皇上廑念民依，洞悉利弊，御極之日，沛降恩綸：令行文各省，將捐輸各項，自乾隆元年爲始，一概革除，毋得私行徵派，以爲民困。其挑挖工程需用銀兩，於公項内酌量動用報銷。欽此。欽遵隨將灌縣之都江堰及以下之新金江安通濟等堰，并淘挖城河各工程，按年估請動用公項銀兩，修築在案。去秋雨水過多，堤堰冲坍，修築工程較多於往年。是以臣於今春工竣之時，奏明親履查勘，駐宿江干，乃知都江堰雖皆動項估修，而都江以上，相去二三里之石牛等堰，水利工程仍係崇慶州與灌縣之民，照畝捐派。經臣行查去後，兹據崇、灌二州縣詳稱都江堰上流二里許，有石牛堰，引水分流，灌溉民田。其流有二：一名沙溝河，由灌邑入崇。一名黑石河，在都江堰對岸引水入崇。因俱在都江上游，是以仍係崇、灌二州縣用水農民捐派修淘。每年約共費銀陸百捌拾餘兩，貧富不同，難免拮据等情前來。臣思皇恩溥被，自應一視同仁。均係堰工，豈可事同例異？況都江以下之工程，每年需費數千金。既皆動用公項，免其派捐，而都江以上之石牛等堰，相隔僅有二里許，歲需不過數百金，仍聽小民派捐，非所以仰體皇仁也。可否仰邀皇上特降諭旨，勅令將石牛等堰歲修工程，歸入都江等堰一併估支公項，永免派捐之處。伏祈皇上睿鑒。乾隆陸年柒月拾肆日，奉硃批：該部密議具奏。欽此。欽遵抄出到部。查石牛等堰，去都江僅有一二里，歲修工料銀兩，既係照畝捐派，從前因何並未同都江等堰一併聲明。及至欽奉上諭革除官派民捐之後，因何又不同都江等堰一併咨請動用公項銀兩修築。且石牛等堰現在歲修，作何派捐？或係官派民捐，或係民人情願公同出費興修，每畝派銀若干，是否一堰，抑或數堰並屬官屬民之處，摺内均未聲明。臣部又無案可查，難以懸議，應令該撫碩色逐一查明，斟酌妥協，具題到日，再議可也。於本月二十二日奏，本日奉硃批：着照該撫所請行。欽此。

公諱色，號静菴，满洲正黄旗人。由户部郎歷任陝西按察使，布政使，河東鹽院，陝西、山東、四川巡撫，都察院。

成都府知府王時翔　水利同知朱介圭　崇慶州知州萬人表

灌縣知縣胡南藩率兩邑紳士民公同敬立

灌縣典史周宗儀　　鐫字人劉福檜

乾隆七年歲次壬戌正月穀旦

明陳文燭都江堰記

灌縣都江堰，蓋江之會云。禹導江自岷山西入大渡河，南通於汶，歷於灌堰，在江中流爲二，有南河者，會新津；有寶瓶口者，流爲三，至於漢、至於崇寧、至於華陽，故稱灌口。堰外低而寬，内高而狹，水勢也。作堰灌田始於秦李冰，司馬遷著《河渠書》，瞻蜀之岷山大李公之功，且云渠舟可行，民饗其利，蜀人廟祀焉。漢唐以及宋元，堰法漸壞。至元間，僉事吉當普鑄鐵龜，民利之。昭代以來，屢修屢圮。嘉靖間，復鑄鐵牛，詳在僉事陳公鎏《記》中。其銘曰："問堰口準牛首，問堰底尋牛趾。堰堤廣狹順牛尾，水没角端諸堰豐。須稱高低修減水。"真名言云。萬曆乙亥，江大溢，堰盡壞，成都知府徐元氣、灌縣知縣蕭奇熊列狀修復，巡撫都御史曾公、羅公慨然允行，後先軫念。巡按御史郭公慮益深長，增以鐵柱，令尋牛趾而濬之。自堰以下如寶瓶口、仙女、三泊洞、五陡口、虎頭諸岸間植三十鐵柱，每柱長丈餘，共用鐵三萬餘觔。又樹柱以石，護岸以堤，水遇重則力分，安流則堰固，大都倣古云。水利僉事杜公詩悉心區畫，始萬曆三年十一月，越四年三月工成，費金三百，灌溉千里，民咸歌頌。御史公適還朝，復按兹地左布政使袁公隨、右布政使潘公允端、按察使劉公詳、參政蔡公汝賢、秦公淦、副使王公原相、僉事甄公敬共觀厥成。燭聞而嘆曰："蜀稱天府，號陸海。豈謂沃野不在人耶!"秦法作渠，與井田並，太史公論禹廝二渠以引河，其來舊矣。如西門豹引漳水、鄭當時引渭水，足利於國。中原變遷，閭殫爲河，法多湮滅，惟李公之堰幸存於蜀，乃二三公修之，俾古人之遺意千載如斯，尚永賴哉！今天下事，鑿者創新論，怠者失故道，及其不支，諉曰：

"天也！"没壁負薪何益焉？假令人皆師古，則刊山表木之勳至今存耳。寧獨一堰哉！余益嘆二三公經世之智云。

明盧翊灌縣治水記

蜀守李公冰鑿離堆以利蜀，刻"深淘灘，低作堰"六言於石，立萬世治水者法，所以制水出入爲旱澇計者至矣。其用功緩急疏密之序，意自較然。漢晉以來，率用是法。永嘉間，李公羸深鞬之。唐宋相承，世享其利。元始肆力於堰，無復深淘之意，無乃公言不足法與！假令砂石湧磧，不得東潤，雖鎔金連障高數百尺，牢不可拔，亦何取堰哉！矧所謂鐵龜鐵柱，縻費幾千萬緡者，未幾震蕩湮没，茫無可賴。方諸籠石廉省，古今便焉者孰得？比來民受其困，宜坐諸此。予竊少之，乃檄有司，置鑱钁鉅蔓、役夫三千，從事灘漬，以導其流。堰則仍民之便，顧工多力少，群力告瘁，未能免其所欲爲，究其所當止，如公法云者，恥也。舊刻在虎頭山、鬬鷄臺水則其旁，歲久剥落，索弗獲，慮後之君子無考，因磨石重鐫碑側云。

國朝朱載震修建太平堤記

成都府灌縣之都江堰，其水來自松潘之上流，其利於民也，成、郫等九邑咸資灌溉，昔人所稱陸海者也。雖有歲修成例，要皆視爲故事，塗飾一時。康熙丙戌夏五月，霪雨彌旬，山水泛溢，人字堤、三泊洞、府河口盡被衝決，諸邑沿河之城郭廬舍田畝漂没者，災傷見告矣。大中丞能公惻然深念，立捐俸資，委員詳驗，俾多方撫卹，無使失所。繼又嘆息，言曰："是特一時權宜事耳，不可不爲一勞永逸計。"冬十月，躬行相度，計程三百里，不憚勞瘁。一日往返，乃與寮屬從容商確，某處當修，某處當濬，瞭如指掌。惟是工費繁多，非千數百金不足以濟，而民力民財又不可以重累也。公於是首先倡捐清俸，以及藩臬兩司、成都屬用水九邑皆與焉。復遴委别駕、標員，協力鳩工，自一陽始生，至次年春仲，凡三閲月[1]，築人字堤，長三十

[1] 三閲月　原作"三閲三"，據文義"自一陽始生，至次年仲春"，可知共有三月。

八丈、高八尺。又於府河口、三泊洞築新堤長八十三丈、高八尺、厚五丈，支分條析，水得復循故道，灌溉無遺。民將世世食其利，豈特一時慶安瀾已哉！以故九邑之食租而衣税者，咸拜首而頌曰：“公之欒於創始，孰如公仁？公之洞悉源流，孰如公智？公之倡導捐輸，孰如公義？公之先時集事，孰如公信？”嗟乎！公撫蜀僅三年耳，凡此十郡六州之人，前所謂不便，及今所願欲而不得者，公皆爲之除弊而興利焉。春生秋肅，陽開陰閉，令修於庭户，數日之間而人自得於河山千里之外。今又軫念九邑黔黎，遺欒利於無窮者如此。公之功與流水同長矣。是役也，勞在社稷，不可以不書。

御史劉公大修都江堰碑記

今金氣爲沴，壘多兵覿，外儁内備，寇胥席卷，於巡方使者，各加以監軍之號。巡方使者，精神幹理，大半注意軍。吾蜀邇者，劍閣弛險，流氛闌入，繼以民譁，杜鵑之有無，幾不可問。廑天子西南顧，特簡劉公，持繡斧按部，乃公之精神幹理有異焉，獨注意民，謂民窮是以軍興，弭軍宜先奠民。凡一切可爲民陻害而幅利者，靡弗殫慮而畢營之。下車即禁金根子弟虎而翼者，乘傳胥役狐而假者，高隅奥窟，每爲破柱，蔀屋荒閭，咸蒙光燭。而於激揚特慎，譽知阿，毁知即墨，無閼抑焉，無假易焉，而其緒乃畢見於都江堰一役。

夫水，天下之大利大害也。都江實爲岷源，禹濬涸崖，疏其湍壅之害，是以朝宗於海。秦守李冰，鑿離堆，藉爲灌溉之利，是以沃野千里，稱陸海焉。冰之功，不在禹下，蜀人尸而祝之有以也。其有堰也，自冰昉也。嗣是陵夷，或修或湮，至於今湮久矣。灌、郫等七州縣之民，每春初，具畚臿芻茭，瀹排無何，即漲决矣，未享其澤，旋受其螯，嗷嗷兼苦旱澇焉。公廉知其苦，慨然聚監司守令而謀。或曰：“費不貲。”惟守西陳公毅然任焉。遂謀定以壬午年良月之望鳩僝，迄癸未孟陬之杪即已事而竣。課能授粲役無厲，詘楛程功器無窳。費不訾，皆公括捐。語云：“愚公移山、精衞填海，誠一所致。”僅四閱月耳，亟襄久湮之墜績，豈有神靈呵護耶？抑公誠一之致也。計惟時流，輸七州縣萬畎千澮，汪汪焉不舍晝夜，緣南畝者不抱甕，不祝芻龍，坐受介我稷黍之賜。賜者誰也？謝安石以履屐得所識阿元。是役也，又不啻履屐矣。

夫水，天下之大利大害也。隄其害斯幅其利，惠及七州縣者，公之緒也。民亦天下之大利大害也，苟善隄之，而善幅之，即梗者譎者，且頫首歸功於我，誰敢肆螫焉。凡惠及全蜀、惠及天下，亦若是則已矣。盖水者，金之子也。子乘權則母謝事，從此其不爲沴乎？挽都江堰以洗介兵，其亦可也。《易》曰："地中有水，師。"君子以容民蓄衆，振水歸地，咸茂桑麻，甘稼穡焉，則民容而衆蓄。師之道莫大乎是。苗民逆命，禹徂征，舞干羽于兩階，七旬有苗格。夫亦猶以岷山導江之道行之也。公持此道以報當宁何憂？何憂寇乎？天子必曰："俞。汝其褒大禹功，維時懋哉！"昔杜預南征，紀功勒二碣，一立禹山上，一沉禹山下。夫南征之功，與禹山何與，而幾幸於陵谷乎？若夫功在都江，志碣於都江宜也。不佞受廛武陽，雖距七州縣，而遥然食隄害幅利之賜一也。舍人郵其事於揆邸，恍悟公焉，可無一言以記？其辭曰：資其潤險者可祛，藉以斷廢者可苴。都江堰、鄭白渠。

按：院劉公，諱之勃，號安劉，陝西鳳翔人，登甲戌進士，賜進士出身，太子太保、武英殿大學士兼吏部尚書、纂修實録總裁、前經筵日講詹事府正詹掌翰林院事、國子監祭酒陳演撰。

四川布政使林儁祈水記[1]

都江堰肇自通佑王、顯英王開鑿而成，實爲成都萬世之利，靈異彪炳，垂諸志乘者，章章矣。每歲於水發之時，總視寶瓶口之水則，十畫以外爲足用。己未春，堰水縮迨三月，抄水則，尚不及四畫，鄉民懸耒蹙額，奔集會垣，環輿相告，曰："十日水不至，田且石矣。"時萑苻猶竄伏於川東北，而成都爲根本地，倘復遭無年之厄，則其患方大。心切憂之，因念神靈感非常。予曾司水利十有八載，每遇旱乾，有求輒應。爰齋心致虔，遣官署水利同知丁葵籀率同縣尉黄漣，

[1] 底本原無此標題，今據文義并參考"嘉州游子"的博文《灌江定考注釋》中的標題補入。

匍匐往禱，爲民請命。禱之明日，水（汩汩）〔汩汩〕至，未及一旬，江流湧集，水則已至十畫有餘。一時溝澮皆盈，合郡農民無不額手稱慶。鴻施妙應，萬派争流，如皷答桴，如鐘報筵，於以知神之所以保護民生者，效至速而利至溥也。既遣經歷司吕柱石報賽祟祠，並書此以志神功於不朽爾。

嘉慶崴次己未清和十日布政使林儁謹書

顯英王靈應實蹟

康熙丙戌秋，孟洞溝時有二牛相鬬，兩山崩吼如雷，横截水口，倒溢三載，約七十餘里，官民每驚恐。至戊子夏，水未發之前數日，威、保二處人民，夢寤中儼有神人指示："怪水將發，爾等岸居者，速搬移，可避其害。"醒覺，衆口僉同，遂相與謂曰："此神默佑我等也，不可以夢幻而不信。"由是遷高阜處者數千家。未幾果淤塞，暴開聲勢，山摇地震，水湧處，高八九十丈。保縣、威州城廓俱被衝塌，人民活者無算。及水至灌口，尚湧三四十丈。時洪波浸地，黑氣遮天，群見神騎白馬於江面，指所漂木石，壅舊離堆處，鬬欄如壁立數十仞，水遂洩外江東南下，不復北流。至是成都十數州縣得陸處。王爺之神奇，見於輓近又如此。宜乎，廟食勿替也。維時州縣數郡活命者，何止千萬户。郡民因虔誠敬許修建戲樓，衆皆欣從。旬月而戲樓之工告竣。果蒙王恩默庇，益郡永無水患。

明隆慶四年，灌邑士民製大石牌坊竪殿前，雖壯神儀而實遮蔽大殿，有礙敬獻梨園。至康熙四十八年，值聖誕，衆於殿前請卜，欲毁之，未敢擅專。禀明邑侯，遂竪架，將毁，不意堅如鉄鑄，毁者弗克移動。衆俱，束手失策。六月廿一日夜半，沛雨陡下，雷電互作，樓内寢者驚起，見牌坊倏忽分提東西二處。天曉集衆觀之，皆駭異，謂曰："牌坊後倒，必傷大殿。牌坊前倒，必損戲樓。今雷鳴分提兩處，實王爺神威顯應，聖德有感乃爾。"因敬將始末備陳邑侯。一時官紳軍民，俱牲肥醴潔詣廟設祭、獻戲，懽忻數日。其用水州縣以及遠方，莫不皆然。

乾隆二年丁巳，灌邑土什寺，王爺歇馬殿前，有古柏七株，附近數老人欲謀伐之，以爲壽槨，藉言修建戲樓，眩人耳目，實欲於中换月移星，以濟己私。因於酬神會畢，糾衆同議：柏樹七株，值價若干。掉换若干，贖補若干。語尚未終，天昏地暗，恍見金光黑氣，由山門直入大殿，旋繞迷縵，又從大殿倏忽而出。議話多人，四散驚走。又聞霹靂震耳，風雨互作，未幾雨止，週圍水深數尺。視柏樹時，七株從下至上，墨迹數痕。謀伐樹數老人以及遠近，皆驚懼不敢妄動，願捐己金倡衆爲功。迄今柏樹之深痕，尤顯然可驗。

乾隆二十三年戊寅，白沙溝沙灣内居民董國臣有二子，長天才，季天龍，弟兄二人於蒲月朔六日俱染瘋疾，晝夜顛狂，語言非禮，裸體不衣，見者掩目。且二人覿面即打，觀其動静，似爲邪媚所侵。但狂時，冷風四起，房屋似動。其父母爲之祈禳，延醫服藥，不獲免。作伴諸親友驚懼，不敢入其室。至望二日午刻，天才忽説："二王爺來救我。"伊父與母急沐浴叩許梨園三部。其闔宅與諸親友罔知所措，不意時近三鼓，瘋者又忽大叫："二王老祖雷來了，教我們闔家休怕。"言未訖，家中人忽聞霹靂當空，風雨猛作。其房屋又若火燒狀，遠近（憐）〔鄰〕人皆見之，俱言董室爲燬燼。及天曉視之，房屋依然，止室内瓦底燒紅，而瓦面如故。瘋人不復瘋，兄弟俱安静矣。問昨夜火光之事，董室舉家不知。明日，其父攜二子入廟伏階謝恩，酬梨園三部。於時官民皆驚異而慶幸之。

右備述五事，皆有實蹟可考，非杜撰也。因王爺威靈顯應，普救群生，故詳録之。謹讚曰：

巍巍聖德，蕩蕩神恩。見難即救，遇邪必征。若風霆迅，如日月明。願我善士，積德乃亨。

乾隆二十六年夏月住持道人王來通記

佐水七人附考

七聖應化郎官。

趙元陽應生真君。

姚光應耀真人。

宫嵩含暉真人。

李意期曲度真人。

古强精進真人。

徐佐卿靈化真人。

七人見《神僊綱鑑》。

附歷代帝王封號

唐太宗時褒封神勇大將軍。後玄宗幸蜀，以冰功及於人，命飭祠宇，追加"司空相國"，尋進封"赤城王"。

宋太祖景德中，追封川主二郎神爲"清源妙道真君"。

元文宗至順元年，候還奏水神之靈異，加封蜀都李冰爲"聖德廣裕英惠王"，其子二郎神爲"英烈昭惠顯靈仁祐王"。

國朝雍正五年，李冰封號欽定"敷澤興濟通祐王"，其子二郎神封號"承績廣惠顯英王"。

題請李冰李二郎封號疏

四川廵撫都察院憲德題：爲聖明在上，川嶽效靈，請賜封以光盛典事。

雍正五年十一月十一日，准禮部咨祠祭清吏司案呈禮科抄出，本部題前事，内開：該臣等議得四川廵撫憲德疏稱，成都府灌縣都江堰口廟祀李二郎，自秦以來，唐、宋、元三朝俱受封號。查都江堰水源發岷山，禹導江後沫水尚爲民患。秦蜀守李冰使其子二郎除水怪，鑿離堆，穿内外二江，灌溉成都等州縣稻田，使沃野千里。康熙四十七年，孟洞水決，至灌口，忽得木石關欄水洩外江，保全成都等縣。近四五年間，江水安瀾，灌口不乾不溢，修堰之需比前費半功倍。自皇上御極以來，五穀豐登，萬民樂業，捍禦保障，爲功不淺，相應題請勅賜封號等因前來。查雍正二年詹事府少詹事錢以塏奏稱，江海之神請恩褒爵秩一疏。臣部以沿海地方廟祀諸神，果有捍禦保障之功，應請封爵者，令該督撫查明彙題等因，議覆奉旨：依議。欽遵在案。今該撫既稱李二郎鑿山導江有功蜀地，康熙四十七年孟洞水決，獨至灌口忽洩外江，保全成都等縣。自皇上御極以來，五穀豐登，萬民樂業，江水安瀾，不乾不溢，捍禦保障，爲功不淺等語，理合勅賜封號，以昭盛典，但查司馬遷《史記》、班固《漢書》專載蜀守李冰鑿離堆穿二江，功績歷歷可考。惟《灌縣志》書内有使其子二郎鑿山穿江之語，是二郎雖能成父之績，李冰實主治水之功。又查王圻《續文獻通考》内元至順元年封秦蜀郡太守李冰爲“聖德英惠王”，二郎神爲“英烈昭惠靈顯仁祐王”。茲逢聖朝累洽重熙，屢彰顯應，康熙四十七年既有保障之功，近四五年間，更覩安瀾之慶，理宜並崇祀典，用答神庥。今該撫既請封李二郎而不及李冰，似未妥協。或照該撫所請，專封李二郎，或將李冰並給封號之處，恭候欽定，俟命下之日，其封號字樣交與内閣撰擬進呈御覽，行令該撫飭該地方官製造神牌，安設致祭。每歲春秋二祭，仍照例致祭可也等因。雍正五年九月初六日題，本月初十日奉旨：李冰、李二郎俱着給與封號，餘依議。欽此。隨行文内閣去後。今准内閣撰出李冰、李二郎封號等因到部，相應移咨該撫遵照施行可也。

封號敘前。

祭文　張士佩

維嘉靖十年歲次壬午，十一月乙卯朔越祭日丙寅，欽差巡撫四川等處地方都察院右副都御史陞吏部右侍郎候代張士佩，謹以牲醴致祭于秦蜀守李公之神，曰：

惟公開物之知，導利之仁，生爲賢守，殁爲明神。岷山導江，經始自禹。公疏其流，粒食益土。山鑿離堆，堰築都江。沃野千里，靡潦靡亢。自秦迄今，千八百年，公澤在民，如一日焉。繼今億祀，澤流無垠。决渠爲雨，荷鍤爲雲。聞公有子，實成公德。是宜並享，永世無斁。佩問俗兹邦，先民是程。歲時見公，春色錦城。蒙召還朝，敬謁公祠。爲民圖報，匪我云私。江水滔滔，蜀民之思。公戀我民，永言保之。尚饗。

祭文 馬如蛟

維成化庚午十月朔日丙午越祭日丁巳，巡按四川監察御史馬如蛟，謹以牲醴委灌縣知縣蒙代致祭於川主清源妙道真君之神曰：

蛟少孱弱，屢罹危病。墮沉災疾，幾不可問。借神之力，閔護惟持。且於病中，親見神儀。蒙神降語，丹桂有根。遂日壯健，而獲成名。歲祭神祠，終身仰庇。不謂轉徙，靈威忽去。數年悵怏，失所瞻依。乃承王命，行役於斯。咫尺仙源，心馳壇宇。束于官守，莫能至止。惟神垂念，相忘飭吏代躬。寸忱並將，更剖私悃。求神昭察惠愛，無負拯扳。度神正直，寧佑匪人。若其乖戾，示以震驚。誓與尊神，同心同德。惠予小子，來歆來格。尚饗。

稟捐春秋祭典碑

四川成都府灌縣知縣葉書紳爲酌捐祭典永答神庥事。

竊惟禮崇有功，爰昭禋祀之典，馨薦明備，亦作利民之忠。伏查卑縣都江大堰，爲秦時蜀守李冰暨其子二郎開鑿離堆，創渠引水，上洩岷江三支之合流，輸爲益甸萬千之浸溉，膏施優渥，利濟靈長，洵功繼神禹，宜食報無疆者也。本朝雍正五年，經前撫德憲疏奏靈異，請加封號，欽奉恩綸，勅封李冰爲“敷澤興濟通祐王”，子二郎爲“承績廣惠顯英王”，龍章焕錫，爵秩尊崇。今上御極欽題“績垂保障”之額，宸瀚光昭，山川輝映。然靈爽之名已褒，而春秋之祀未識。按《禮經·祭法》：“功施於民，則祀之，能禦大菑捍大患，則祀之。”維神鑿平涸崖，肇興水利，霑溉無窮，厥功較鄭白之渠偉矣。卑職仰荷國恩，承乏灌邑，曠懷遠澤，遐想英風，因慨血祭之未修，爰籌牲牢之所出，敢請於每年仲春仲秋祀龍王之次日，牲用少牢，祭列九品，所有儀注亦如之。每祭由卑縣捐銀八兩，具猪羊燭帛香楮以及庶饈，春秋展禮，歲以爲常。第煌煌鉅典，非稟奉憲定，竊恐廢興捐益不無隨時變更之虞。兹卑職敬臚管見，冒昧上陳，是否有當，伏乞俯賜訓示，核批立案，永遠遵行，庶二王靈爽憑依憲德之輝光，百郡蒼黔益沐神恩之汪濊。而昔時缺簡，藉補偏而增全，後此肹蠁，亦賴維持於有永矣。乾隆三十五年七月十五日具禀，二十七日奉總督部堂阿批：據稟每年春秋，該縣捐備牲品，展禮二王，以報利蜀之功，誠屬盛典，應永遠遵行。仰布政司立案轉飭遵照。繳。布政使司劉批：捐備祭品，春秋致祭二王，係属應行之事，仰成都府立案轉飭，永遠遵行。繳。按察使司李批：據禀捐資爲二王廟春秋二祭，具見崇德報功，增修闕典之意。仰成都府即飭如禀立案，歲照舉行。此繳。塩茶道趙批：據禀春秋致祭二王廟，捐備祭品銀兩一案，查二王澤及萬民，功垂百世，允宜春秋崇祀，爼豆千秋。仰成都府飭候督藩臬司批示。繳。成都府蘇批：既經通禀，仰候各憲批示遵行。繳。

乾隆三十六年辛卯孟春月中澣

住持道人王來通薰沐勒石

〔**祭文**〕　韓萊曾

乾隆三十五年歲次庚寅仲春月，水利同知韓萊曾謹卜宜祭之辰，以羊一豕一致祭於勑封“承績廣惠顯英王”之神位前，曰：

惟神奇功懋建，偉績昭宣。在家則媲美顯承作述，特隆奕禩。在國則兼師禹稷山河，並効聲靈。六字箴傳，長覩封圻，潤澤兩江，擘畫宏開。脉絡膏腴，功勳應勒之明禋，義例宜崇夫祭法。萊曾忝膺水利，殊愧職司，心期百穀之蕃昌，黄粱滿溢，地闢萬民之鎖鑰，錦水長流。節届仲春，會逢東作，翳兹沐膏浴澤，懷哉當日辛勤。即今犁雨鋤雲，允矣神慈呵護。廟貌之憑依如昨，生民之利賴何窮。萊曾仗一瓣之清香，式展妥侑。供千郊之玉粒，敬設樽爼。尚饗。

〔**祭文二篇**〕　葉書紳

乾隆三十五年歲次庚寅，主祭官、承祭官、陪祭官某等謹以牲帛酒醴、香楮庶饈之儀，致祭勅封“承績廣惠顯英王”。文曰：

惟王靈績光昭，奇功炳著，善成父志，出神力而平湏洞之災，美紹賢徽，開涸崖而奏安瀾之慶。沈犀刻石，消魍魎於重淵；斵木擒蛟，滌怪靈於湍窟。白馬丹車之顯應，三泊江間；雲旗翠羽之靈踪，青城峰上。惟精誠之如在斯，福庇之益深，惠澤汪洋。群沐都江之利，恩膏灝瀚，頻歌屢歲之豐。某等忝備員於斯土，悉憑藉夫神庥。兹届仲春秋，聿修祀典，敬陳牲帛之奠，肅展報功之忱。伏願福國利民，吐納岷源，宏澤潤調，風順雨和。恒益部，慶盈寧。永垂純嘏於灌陽，常藉明禋以昭格。尚饗。

灌縣知縣葉書紳譔

乾隆三十五年歲次庚寅，主祭官、承祭官、陪祭官某等，謹以牲帛酒醴、香楮庶饈之儀，致祭勅封“敷澤興濟通祐王”。文曰：

惟王生爲賢守，德沛西陲，智鑿離堆，沫水順安瀾之軌，功開都堰，益州霑潤溉之休。繼水土之平，翊神禹而惠流蜀甸，濬井疆之利，先文翁而澤沛蒸黎。迄今岷絡西澄，既敷奏乎清宴，觴源東注，宜報享以豐盛。某等恭膺國恩，備員灌邑，事惟靖職，念切和民。欽承赫濯之明威，敷施有藉。慶洽靈長之嘉貺，演迤無垠。爰捐祭典於春秋，聿展微忱於吉日。敬陳牲醴，肅布几筵。虔奉瓣香，祈多受祉。伏願仁膏永沛，全川恒沐。神庥美利普存，则壤咸資優渥。王其昭鑒，欽此明禋。尚饗。

灌縣知縣葉書紳譔

〔**祭文**〕　林儁

維大清嘉慶七年歲壬戌正月癸酉朔，越六日戊寅，宜祀之辰，原任四川布政使林儁謹以牲醴香帛致祭於“敷澤興濟通佑王”“承績廣惠顯英王”之神位前，曰：

維王德溥生成，功宏利濟，威靈赫奕千百年，俎豆常新，惠澤汪洋十四邑，田疇永頼。開二江以分注，内外兼資，别萬派而争流，肥磽畢達。不先不後，緩急恰合於農時，旋减旋增，遠近均沾夫水利。喜春膏之潤澤，緑遍新秧，慶秋稼之蕃昌，香浮玉粒。一時驟漲，闢旁徑而昭宣洩之奇，千里宏開，運全功而普滋培之妙。儁前司堰務，夙沐神庥，或雨澤之稍愆，或江流之偶缺。精誠可格，驚看甘霤飛来，呼吸能通，瞥見洪濤立至。預兆豐收之象，溝澮皆盈，頻登大有之書，倉箱共慶。儁緣連年引疾，即日歸田，感十八載保護之恩，隆施莫報，念億萬人身家之計，大德難忘。伏願廟貌輝煌，江上之松杉益茂，恩波浩蕩，天邊之雨露彌濃。流原澤於無窮，食德者年年歲歲，垂鴻功於不朽，受福者子子孫孫。儁今買棹東行，悵闕河之愈渺，從此望雲西向，歎葵藿之徒殷。惟祈吉曜常臨，神呵鬼護。所幸布帆無恙，浪静風恬。病骨難支，不獲親辭於玉座，愚忱莫釋，理應代叩夫瑶階。謹薦馨香，伏祈來格。尚饗。

嘉慶七年五月穀旦住持道人申復淦勒石

川主五神合傳[1]

〔五神牌位〕

謹按：李公封號，《道藏經》載“崇應護國救民大帝”，《文昌化書》載“英武昭惠靈顯威濟忠贊王崇應大帝”，《續文獻通考》載，元至順元年封“聖德廣裕英惠王”，國朝雍正五年封“敷澤興濟通佑王”。蓋帝號久矣，以王號降於帝，應從帝號[2]。

[1] 底本無此書名，此據内容所加。本部分内容原爲《灌江四種》卷四。

[2] 底本天頭處原有注文云：“有國朝封號者，應遵國朝，所謂遵時王之制也，不得以帝升王降爲嫌。無國朝封者，始從前朝封號。”

二郎封號，《道藏經》載“贊智昭貺勇應侯”，元至順元年封“英烈昭惠顯靈仁佑王”，雍正五年封“承積廣惠顯應王”。應從王號。

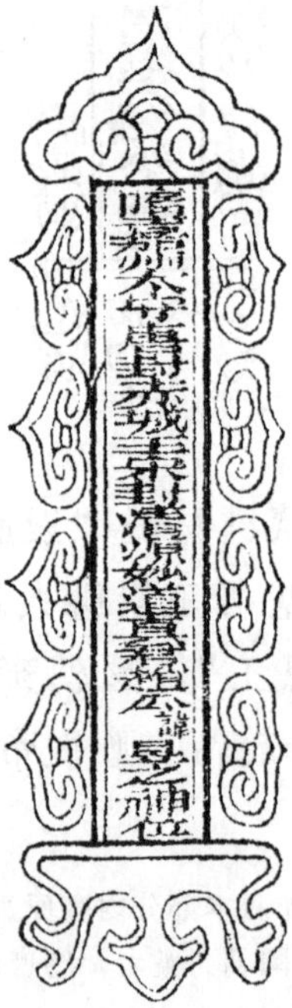

趙公封號：唐太宗封“神勇大將軍”，明皇幸蜀，加封“赤城王”，宋真宗封爲“川主清源妙道真君”。應從“真君”號。

川主五神合傳序

自來言治水者皆稱神禹，尚矣。夫禹，聖人也，何以神稱？予嘗浮灧預、下夔巫，見夫靉叢萬仞，中開一線，巉巖削壁間，隱隱有斧鑿痕，絶非人力所能爲者。舟至彝陵，有黄陵廟巍立江干，廟塑黄犢像，心切異之。考《湖廣通志》載禹爲焰魔天伊祁王子，天憂洪水，篤生俾乂，更遣五星佐之。黄牛者，土星也。佐禹治水，功尤多。又黄牛峽廟記黄牛事，與此相類。荆州南關外有息壤，相傳其下有海眼，禹特留此鎮之，其物非金非石，深藏土中，人不敢觸，觸則風雷大至，淫雨爲災。禹之靈跡，其他尤未易悉數。噫！亦神矣。溯禹本蜀産，顧今蜀人之祀禹也，反不如祀秦蜀太守李公父子爲尤夥者，何故？盖禹之功在天下，其澤溥，溥則非蜀人所得私。公之功在西陲，其志専，専故蜀人歷久而不能忘。自通都大邑，以至鄉村山谷間，莫不有公廟，幾於家尸而户祝者。噫！何其盛也。第蜀人思之深、敬之摯，而詰以公父子禦災捍患諸實跡，則俱茫然莫得其詳。予曩者曾爲公裔孫、前忠州刺史鴻漸公作傳，歷叙其斬勾龍甲、䤵豬婆龍、平五牛怪事。今年春，族弟京城見而珍之，携示同鄉陳君禹九，付諸手民，冀廣爲鄉人告。頃城又袖一册示予，乃黔人陳心齋司馬所著《川主三神合傳》也。受而讀之，見其博稽群書，考核精詳，信而有徵，與予爲鴻漸公作傳之意，先後有同心焉。書載公父子事綦詳，又記隋末有趙公名昱者，爲嘉州太守，其斬蛟救民諸事，與二郎絶相類。時人見趙公貌，與前灌口所塑二郎像亦宛肖，迨棄官訪道，又特在灌縣趙公山，隱然有返本歸真之意焉。而誕日亦適同，遂相傳趙公爲二郎後身，因塑像於灌口，與二郎合祀，累朝各膺封號，至宋真宗時，張詠奏神屢助軍破賊，遂直封灌口二郎爲“清源妙道真君”。前身後身，隱合爲一。夫宇宙大矣，古今亦遠矣，其間奇離隱怪，往往有理之所無竟爲事之所有者，則二郎化身之事，固未可執一格以相繩也。且夫人有受人尊酒壺餐之惠，爲詢其姓氏里居，以誌弗忘，矧神之惠我蜀人也。功烈彪炳於生前，靈異累著於身後，雖至繼世轉生，而其拳拳阿護我蜀人者，如此其久且摯也。宜我蜀人愛之慕之，薰蒿悽愴，如或見之，極之白叟黄童、庸夫愚婦之倫，莫不奔走頂祝而弗能已。顧食其德而不悉其事，揆諸崇德報功之隱，毋乃缺然。兹者前刻甫竣，此編復出，數十年所未獲見者，一朝得之，意冥冥中當有隱相感召者。因與京城亟謀諸同鄉萬邑諸君子，並鎸棗梨，彙爲一集，名曰《川主五神合傳》。本末始終，遥遥貫注，又烏知鴻漸公與海山使者，非仍公與二郎之靈爲之乎？幽則爲鬼神，明則復爲人，亦事理之或然者也。知此編之出，我蜀人必有争先覩之爲快者，又俾知我蜀人二千餘年所以能安樂土而歌利涉者，皆神父子祖孫精誠靈爽、永世捍衛之力，其功誠不在禹下也。豈與夫莊刊寓言、齊諧誌怪諸書，逞臆説而炫神奇也云爾哉。然則吾蜀人報施之心，又豈有涯涘歟！

時光緒十一年銅梁向時鳴鹿芩甫敬撰

并書不敢自逸之室

新鐫川主五神合傳序

人生數千年後，欲數千年以前之神聖功烈，家喻而户曉焉，非得一才學兼優、德名素著者，爲之考據精確，筆之書而付諸梓，未必信之真而傳之久也。宗兄鹿芩，蜀明進士而宦湖，歷權竹溪、襄陽、黄陂、潛江、石首諸縣篆，現官荊州司馬，勤明慈惠，兩袖清風，頌甘棠者咸以寇萊公目之。尤好學修文，學者倚爲泰山北斗。邇來三楚名士，掇巍科而獲瀛選者，半出門下。公餘即博覽群書，凡立功社稷，與夫忠孝節義湮没而未傳者，靡不顯微闡幽，爲之立傳以訓後。治術經術，兩足師焉。乙酉春，予客荊州，以手撰《江神傳》見示，焚香捧讀，始知自重夔以底彝陵，叨利涉而慶安瀾者，皆川主裔李公諱鴻漸與海山使者所賜。世食其德，莫名其功，殆無傳人耳。兄既知之確而序之詳，豈猶聽其埋没乎？適友人陳君禹九聞父病危，立願捐刻，旋日即報平安，公之神在天下，真如水在地中，無所往而不在也。予因之有感矣。公之靈，實繼其祖之盛。考公祖諱冰，同子二郎，當秦始皇三十六年，奉命治蜀，開灌河、伏孽龍，犯難保蜀。隋末，嘉州蛟患復作，二郎化身趙昱，擢守是邦，入水斬之。其惠我蜀人爲最先，建功於蜀爲尤鉅，故蜀人之祀公也，大邑以及窮鄉，莫不有公廟，詢其何以爲川主？豈特愚夫愚婦不及知，即學士文人亦未必詳其略。而妄誕者，謬以商末楊戩當之。是以邪説而誣正神也。予欲正之，文獻無徵。心齋陳司馬，生於黔而學於蜀，晉涪州守，曾撰《川主三神合傳》，紀公事甚詳，引經據典，不涉臆斷，並三江分合，燎如指掌，真先得我心者也。惜板不戒於火。幸荊沙川主宫猶存墨本一，予訪而得之，如獲完璧焉。觀其孽龍之患蜀也，荼毒生靈，代受其殃，非永公治於前，漸公平於後，蜀人將爲魚矣。豈猶國稱天府，至今樂其樂而利其利哉！嗚呼！登山者思崑崙，飲水者懷星宿，況神之惠我蜀川，生生世世，疊沛鴻恩，雖父兄衛子弟、慈母保嬰兒，未必如此其久且摯也。夫禹治水之功，固稱遠大，向非《禹貢》紀功，岣嶁垂績，世且不識禹爲何如人，焉能自夏迄今，俎豆馨香而罔替？

川主之功，不在禹下，是書之不可不復鐫也明矣。爰商同邑諸公，均有同志，芩兄復詳加校讎而成善本，合前刻《江神傳》爲一書，更名《五神合傳》。問五神維何？曰：秦蜀太守李公冰及公子二郎，與隋末趙公昱，並忠州刺史公裔鴻漸，暨海山使者。取其先後同揆，功出一門，合而傳之也。噫！兩川之水患，非李趙諸神不能平。五神之奇勲，非陳向二公不能著。是編之成，覺冰公父子祖孫，捍患禦災之惠政固與天地而同流。而心齋、鹿芩兩司馬，報功崇德之婆心，亦與五神而並傳矣。是爲序。

萬邑向京城謹撰

屏山聶培祐敬書

川主三神合傳原序

神之所以爲神者，忠孝仁義而已矣。《禮·祭法》有曰：法施於民則祀之，以勞定國則祀之，能禦大災捍大患則祀之。非此爲矯誣、爲淫祀，淫祀無福，矯誣不祥。我川主神之崇祀灌口也，二千餘年矣。人人咸以爲神，至問以神爲何人？報祀何典？則有茫然莫知者。亦有引《封神演義》妄誕之説尊之，而實以誣之者，不知神道即人道也，人道以忠孝仁義爲大，而神之所以爲神，要不外此。吾讀陳心齋司馬《三神合傳》而得川主名姓功德之實焉。

川主李公者，其祖爲蜀王魚鳧，而誕生乃在巴東。蜀王治水勤民，禪位仙去。蜀民雖思王德，究無以報。而公精習遺術，繩其祖武，獲享報祀。溯厥仁育義正事蹟，國之忠臣而即家之孝子焉。二郎者，冰之子。父爲蜀郡守，心在利民，而二郎佐之。斬蛟救民，賈其神勇，代父勤勞，卒成盛業。溯厥輔仁行義事蹟，家之孝子而即國之忠臣焉。川主趙公者，二郎後身，而以嘉州太守除蛟者也。既爲蜀神，血食灌口，能鎖蛟於秦末而不能除蛟於隋亂，非蜀之靈神也。其何以移孝作忠，未享蜀祀乎？蓋幽明始終，初無二理。諸葛忠武之爲韋南康，而以功食蜀，張桓侯之爲張睢陽、岳武穆而以忠殉難。幽則爲鬼神，明則復爲人，君子信之。二郎之爲趙公，何獨不然！總厥前後化身，皆忠孝根基，而以義正物、以仁育民者也。

三神共稱川主，信而有徵。至其禦災捍患、施法用勞，蜀志無全文，而心齋取義群書，端緒詳明，皆據諸史傳，非若人云亦云者。於此服心齋先生之博且確也。心齋之著是傳也，自云廣尋載籍，去僞存真。吾取而讀之，知其考據本之司馬遷《史記》、班固《（清）〔漢〕書》、《朱子語録》、范成大《吴船録》、司馬光《通鑑》、《蘇東坡詩集》、曾敏行《獨醒雜志》、陸伯生《廣輿記》、虞求《成都記》、《四川總志》、常道將《華陽國志》、《灌縣志》、《緜竹志》、《新津志》、《彭縣志》、《酉陽雜俎》、《輿地廣記》、《潞史》、《神仙鑑》、《新搜神記》、《神異記》、《禹貢注疏》、《風俗通》、《張惕菴翼註》、《四川水道考》、《灌江備考》、《地理今釋》、《廣事類賦》、《（宗）〔宋史〕·河渠志》、《道藏經》、《文昌化書》、《續文獻通考》、《太平廣記》、《録異記》、《名勝志》、《方輿勝覽》、李元《獨異志》、酈道元《水經注》、《一統志》、《康熙字典》諸書，凡四十部。而《封神演義》荒謬不經之説，悉辨而歸之於正。嗚呼！博也而確甚。使祀川主者皆知如是之爲川主則不誣且褻矣。烏有廟焉而不來享、祭焉而不來臨者乎？

爰取全傳，詳加註釋，剔抉義理，付之剞劂，以公同好。庶不負心齋、司馬苦心，從可知川主之永祀於蜀者，神靈有自，非忠孝仁義不足以當之矣。彼習俗叢談、荒唐幻説，祀神而反以褻神，讀《三神合傳》知二千年血食、累朝崇封，未可妄肆矯誣也，則川主祀典，不誠昭若日星與！

漢平韋葆初西崖氏敬撰

川主三神合傳

遵義陳懷仁心齋編輯　南浦向京城春臺參訂

銅梁向時鳴鹿苓校訛　夔府萬縣衆客帮捐刻

爲民禦菑捍患，除害興利，功德昭著簡册，歷朝顯應崇封，永享禋祀於川黔間者，廟一而實三神焉：秦之蜀郡太守李公、公之子二郎、隋之嘉州太守趙公是也。秦惠王滅蜀，因并滅苴巴，置巴、蜀二郡。歷武、昭、孝、莊、襄、始皇，凡五世。始皇二十六年，并天下分爲三十六郡，蜀、巴隸秦，九十四年矣。按"蜀郡"今成都、眉州、雅州、邛州、嘉定、永寧、遵義是也。"巴郡"今保慶、重夔、龍安、潼川及巴州、綏定是也。

李公諱冰，蜀主魚鳧裔孫，巴東人也。今夔州府奉節縣，即魚鳧裔孫魚復國也。復即鳧字轉音。蜀之爲國，肇自人皇，號蜀山氏。姓愷，名胡洮，字文生，見《路史注》。周御國王辰祭從之子。其母即斗姥，摩利支支乘祇車，出斜谷治世。斜谷屬漢中府鳳縣，見《蜀志·秦宓傳》。自皇帝子曰昌意，娶蜀山氏女曰昌僕，是爲女樞，生顓頊高陽氏，封其支庶於蜀，歷夏商至周武王，會師牧野，蜀與焉。《牧誓》"庸蜀羌髳"是也。迨東周襄王元年庚午，蜀君蠶叢始稱王。蠶叢縱目，見《成都記》。次柏灌、一作拍護。次魚鳧，皆其子也。見《成都記》。魚鳧王生有異相，壺樓項，見《酉陽雜俎》。名杜宇，都郫邑，今之郫縣。勵精國事，常導合江流，治蒲澤，捍禦水患，今彭山、犍爲，皆有魚鳧津。民愛戴之，自號杜宇氏[1]。戰國稱王時，遂稱帝號曰望帝。見《綿竹志》。又《華陽國志》望帝名蒲卑，本《字典》蒲。適淇水倍常，帝不能治，遂存退隱之心。荆人鼈靈者，異人也，溺於川，屍逆流抵汶山下，忽活，見王重其木立爲决玉壘山，以除水患。山在灌縣西綿虒縣，湔水所出。虒汶川也。王以鼈靈治水之功勝己也，禪位隱去[2]。其裔一支爲魚復國，傳稱魚人以奉節縣東魚復浦得名。蜀漢曰永安。《字典》。遂無王蜀者。而蜀人慕王轉甚，以去時田鵑方鳴，聞鵑聲愈慕，乃以王名宇，一字曰杜鵑。更王所築郫邑城曰杜鵑城。按：《綿竹沿革志》云鼈靈即位曰開明氏，號叢帝。至九世孫曰開明，尚徙治成都。周慎靚王五年乙巳，巴蜀相攻。秦惠王遣張儀、司馬錯伐蜀滅之，因并滅苴巴置巴、蜀二郡，而蜀隸於秦也。一考《周紀》，自襄王庚午至慎靚王乙巳，凡三百三十六年。又據《文昌化書》三十九化中稱望帝，四十二化中稱蜀主魚鳧爲予立廟於都北，四十四化中稱蜀王開明尚毁予廟，五十三化尚稱魚復。則魚鳧禪位應在東遷後貞定之間。貞定以前爲春秋，蜀稱王一百八十年，貞定以後爲戰國，蜀稱王一百五十餘年而滅矣。王去後，嘗修道於成都之小蓬萊、在府城北，名威鳳山。金堂之龍橋峰下，守真煉性，期於不老[3]。而秘傳則得諸浮邱公。浮邱公，炎帝神農氏也。神農遇赤松子，以平日採藥鋤倚巖邊，化形留世。此仙家以物代身法。群臣尋見，不知爲

---

[1] 底本天頭處原有注文云："治水，是傳中眼目，魚鳧王原以治水勤民。"

[2] 底本天頭處原有注文云："鼈靈以治水受禪。"

[3] 底本天頭處原有注文云："八百仙翁有志竟成。"

鋤，信爲帝崩，遂葬於衡之茶陵。見《神仙鑑》。而自隨赤松子，會祝融諸君點化勤修。稽元牒，定姓李，迭號浮邱子、浮邱伯、浮邱翁、浮邱公。公著《相鶴經》。郭璞《遊仙詩》："左挹浮邱袖，右拍洪巖肩。"嘗養雞千百，普濟困者，又號祝雞翁。見《列仙傳》。所到彰顯奇跡。繼乃以蜀之小蓬萊傳魚鳧王以真道，王敬師，乃改從李姓，名脱，言脱塵也。初，王妃朱提氏卒，葬武都山，在綿竹縣。遂往武都，度妃身出世，食以返魂丹乃回生，名李真多，静修綿竹山。今新津縣有真多治。脱雲遊訪覓靈區，同高弟李伯子煉金丹於華林山石室，南昌奉新縣之浮雲觀是。丹成還蜀。能拄杖日行八百里，見東坡《與子由同遊寒溪西山詩》注。人遂競呼八百仙翁。既而遷什加仙居山，種華芝作餌，音耳，食也。忽偕伯子跨虎，經一市，冲入遥空。《成都記》府北昇仙橋，以魚鳧伯子仙去得名。又云獵於湔山，乘虎仙去。真多羨浮山聳秀，寄跡其巔，是爲浮山化，亦爲真多化。翁來會，其行豫章之南，止碧落山，置丹鑪於山洞煉之，山在瑞州府，署後有洞，名李八百洞。以丹化劍，淬於池水，縷五色。瑞州府署前江即淬劍池，皆八百翁遺跡。真多返蜀，遍救疾苦。一旦至瑞州九龍岡，會翁乘雲氣，冉冉昇天。是爲明香真人。今瑞州府望仙門即真多飛昇遺跡。翁自愧德行遜真多，益隨地拯民災難，思廕庇後裔，再往金堂，苦修三學，功深。自稱學人，名山曰三學山，言己三於此山學其道也。然後玄微畢徹，位列宸班。是爲紫陽上道真君。於是舉呼喚風雨、驅馳雷霆、降伏妖邪、洞悉水脉，凡術法之躬行悉驗者，儲之瓊笈，以待哲人。而翁之裔孫李公[1]，乃生於十數世後，精習遺術，家學淵源，其來有自。雖公之勤修所致，亦八百翁源遠流長，代廕賢哲，福兹蜀土，所以閲世而公獨繩其祖武，以名太守除孽龍、《前漢·五行志》："蟲豸之妖謂之孽。"立神績於蜀江，而永享蜀祀也。以上叙李公所從生。

孽龍者，蹇氏子。見蘇東坡《神女廟詩》："秦守降老蹇，至今帶連環。"記云："秦守李冰，降毒龍蹇氏，鎖於江，水患遂除。"蘇、王皆大賢人，必非附會其説。而《新津志》辨訛有云爲孽子强者，又有爲孽永懷者，均無確證，識者非之。生於巴川[2]，今渠水河。家貧刈草，易米以養母。草刈處有日刈而隨茂者，蹇異之，掘地，

---

[1] 底本天頭處原有注文云："可見李公本領傳自乃祖。自是君身有仙骨，世人那得知其故。"

[2] 底本天頭處原有注文云："巴川即今銅梁。"

得徑寸珠，置匱中，覆少米其上，晨啟匱，米常盈，日食而多羨餘，累市積資，鄉人詢焉，對以故。群造觀焉，蹇握珠，光射群目，譁而相奪。蹇窘，納於口，珠隨咽入腹，煩且渴，飲厨水不足。母汲水與飲，仍不足。蹇自飲於溪，母隨視，已徧身鱗甲，變長蛟矣。龍屬。滚地成灘，猶回頭顧母。俗傳銅梁縣有望娘灘遺跡二十餘，未登載籍。少傾，飛沙濺石，濺音箭，激也。直入大江。久之，益能幻化諸形。瞿塘老蛟，化爲婦人。平都長蛟，化人騎馬。幻化，蛟之常情。自稱江南伯，伯，長也。自稱水族長。驅衆水族爲使，磨牙嗜人肉，每歲需民春秋祭，取童女爲婦，媵以童男，否則激巨浪，蕩没田禾屋舍，人畜或疫死相枕籍。民不得已，造江神祠，逐年輪辦祭賽。報也。報祭曰賽神。借相誇勝亦曰賽。雖鼓樂競具而子女慘離，哭聲悽野。相傳富者預出重貲置買，貧者雖獨男女，不敢擅留。男女被其淫毒吞噬者，前後無算。雖孽蛟之虐，亦始皇無道所致。秦始皇三十六年，歲在庚寅，始皇將終，蛟惡亦滿。蜀郡守連章告，水災。始皇下章議。巴東涉正《神仙鑑》正爲墨子弟子，以藥愈始皇疾見信。薦公曰："臣同郡李冰，學道人也。精習乃祖八百仙翁遺術，識水利，有奇勇❶。其子二郎，家學繼承，神力罕匹。誠使李冰守蜀，命二郎佐之，父子協濟，足制毒龍，江患不足平也。"始皇乃以公爲蜀郡守。見《神仙鑑》。又《綱目》：秦分郡縣，置守尉監。公到官，命二郎察蜀巴水勢❷，厥總爲岷江，江出岷山，故謂岷江。《禹貢》"岷山導江"是也。據《字典》通作汶。引《史記》皆作汶。《夏本紀》"汶嶓既藝"是也。《山海經》大江出汶水。《輿地廣記》汶山在茂州汶川縣西北，俗謂之鐵豹嶺，禹之導江發跡於此。按汶山即鼈靈屍活處。鐵豹嶺，當近羊膊嶺。而西條之沱水、江之東別爲沱。湔水、《郫縣志》：湔水即沱之分流。《前漢・地理志》：湔水出綿虒縣玉壘山。郫綿虒汶川也，山在灌縣西。是湔水疑有二源。馬木水、彭縣。雁水、雒水、漢州。射江水、綿江水、綿竹。石亭江水，什邡。皆宜會陽安簡州。至涇南盧州。而入於江。今按《四川水道考》：沱、湔二水，至郫縣入新都者爲督橋河。錦水河入新繁者爲清白江。入漢州者爲馬蹄河。石梯河、彌牟河，皆沱之别出，而總滙於金堂之焦山坡，與彭縣之馬木河、漢州之雁水雒水、綿竹之射江綿江、什邡之石亭江諸水，合流入簡州，逕資州富順，至瀘州而入於江。此都江一堰之分合，而川西一帶之水皆入焉。是爲中江。南

❶ 底本天頭處原有注文云："公之道術從涉正口中點出，與土文相映。"

❷ 底本天頭處原有注文云："點出二郎。"

條之大渡河水、青衣江水、沫水，皆宜會嘉州而入於江。大渡河與江水同源。自茂州分流入土番，出越雋廳，繞清溪縣逕峩眉而會大江於嘉定。青衣江源出天全木番，自蘆山縣入雅州，合邛水、峽水，經丹稜夾江至嘉定，會大渡河與江合。沫河源出西徼外，東南入江❶。《禹貢》蔡蒙旅平。注蒙山在蜀郡青衣縣。青衣今嘉定樂山也。徐退山又注云：蒙山上合下開沫水逕❷其間焉。至涸巖，水滕漂疾，被害尤苦。蜀太守李冰發卒鑿涸巖，此處在禹已用功最多也。此南條嘉定河三支水。金沙江水、若水、繩水、古瀘水、馬湖河水，皆宜會叙州而入於江。金沙江發源西番之地，一入會湖理州，合若水、繩水、古瀘水，至馬湖河，會叙府西南入江。一入雲南之麗（汪）〔江〕府，逕武定州及東川昭通等府，出馬湖河，會叙州入江。人但知岷山導江，而不知南合金沙江，北合西漢水，共成一大江也。故江之源可以濫觴，而江之大倍於黄河。本《水經注》并張惕菴《翼註》《四川水道考》。此川南一帶之總水也。是爲南江。北條之涪水、一名涪江。小河水、出小河司。廉水、讓水、江汕彰明。綿水、綿州。梓潼水、梓潼縣。瀰水、鹽亭。郪水、中江。凱水、三台。射水、射洪。乾河水、安縣。羅汶水，羅江。皆宜會赤水合州。而合於嘉陵江。《四川水道考》：涪水出剛氐徼外，流入龍安平武，合火溪水、瓜小河諸水，出江油至彰明，會廉水讓水，達綿州綿水、梓潼水，下潼川，納鹽亭瀰水、中江郪水、三台凱水、射洪射水，而安縣之乾河水、羅江之羅紋水，俱遠來潼川會入焉。又繞射洪逾遂寧，至合州而會於嘉陵江。此涪水北來之源委也。又有嘉陵江水、一名漾水、名西漢水。潛水、白水、清水、巴水、渠水，亦皆會赤水合州。而合於涪江。《水道考》：嘉陵江自陝西略陽縣寧羌州，流入廣元朝天驛，潛水合焉。即《禹貢》"沱潛既導"之潛也。南至昭化，會龍安白水河。清水江出蒼溪，至閬中，納保寧諸水，迤逌蓬州順慶，至合州，而巴州之巴江水、渠縣之渠河水，皆同來會焉。由是東會涪水，又東至巴縣之北，同名渝水，入於江，亦名巴水，以水流曲折兩江旋繞如巴字也。此川北一帶之總水也。是爲北江。總涪、嘉、渠三水合流滙渝，不亞大渡、金沙、馬湖諸水，而沱、潛其小者也。然當其時，陸續奔注，湔洪浩蕩之勢，一有壅塞，皆足以助孽蛟之虐。此下流不治，上流所以爲壑也。無以洩之，則壅滯者不流，無以蓄之，則民田無所溉。乃上溯江源發徼音叫，塞也，邊徼。外岷山，徐退山注《禹貢》"岷嶓既藝，沱潛既道"云：蜀山近江源者，通爲岷山。連峰接秀，重疊險阻。青城、天彭諸山之所環繞，皆岷山也。嶓冢山，在甘肅，漾水所出，即嘉陵江源也。凡江漢支流皆名沱潛。岷嶓藝，則江漢之上源治。沱潛道，則江

❶ 底本天頭處原有注文云："今《水經》：沫水源出雅州天全六番招討司，東南流至雅州城北，青衣水入之。又東南至夾江縣西九十里。河又東北至嘉定入大江。"

❷ 逕 底本原字漫漶不清，據《水經注》爲"逕"。

漢之下流治矣。見《經史鈔》。至羊膊嶺，歷天彭闕始盛。《四川水道考》：岷江至茂州羊膊嶺南，流逕保縣汶川，納西山諸水而達灌口，即大禹導江分水處。一名沫水。天彭山名，《字典》彭字注：《後漢·郡國志》蜀郡氐道縣前有兩石對如闕，號曰彭門，今號天門闕。故徐云：天彭皆岷山也。氐道，《字典》引《集韻》在廣漢郡。蓋猶成都府屬也。漢州古曰廣漢，彭門或在是與？總之在汶川下流，灌縣上流耳。又《地理今釋》云：江水出四川松潘衛北西番界，源有三支。正支自浪架嶺南流，東支自弓積口至漳臘營，合正支自殺虎塘至黄勝關，合正支南經茂州、威州、汶川縣，以至灌縣離堆，岐爲數十股，滂沱南下，左抱成都府，西環崇慶州衆流，以次會於新津縣南。又南行逕眉州嘉定府合大渡河，至叙州府東南合金沙江，至瀘州、台州西諸水，并黔省永寧河水，乃折而東。故流至重慶府嘉陵江、涪江，齊自北來，合流入之。此江源也。《水經注》集澄注江句。其間衝潰固多，而蓄洩得宜，民田攸賴。最利蜀都者，必須鑿内外兩江，築大堰於桃關瀦之。（豬）〔瀦〕音豬，水所停也。《禹貢注》：水聚復流曰瀦。《地官·稻人》"以豬蓄水"是也。桃關，一名湔崩江，即都江堰也。《地理今釋》謂江至灌縣離堆，岐爲數十股，非李公遺跡而何？《四川水道考》謂灌口即禹導江分水處，是地勢原宜分水，行其所無事也。今考灌口西分流入崇慶州者爲味江。其正派爲大旱犗江，一曰金馬河，逕温江雙流至新津，合羊馬河，歷眉州彭山，會成都附郭之府河，入於嘉定。又考《宋〔史〕·河渠志》，李冰守都江堰於成都分兩江，自新繁入者溉新都金堂漢州彭縣崇寧爲外江。自郫縣入者溉温江、雙流爲内江，又名錦江。二水會於城東，流入仁壽，至眉州彭山與大江合。此成都附郭之水，所謂府河者。是故《今釋》謂左抱成都，西環崇慶州也。關即孽蛟蟠踞所，必除治而後可興工。孽蛟盤踞桃關，鎖於伏龍觀下。總之即灌口地也。蛟除則堋衝盪決之害絶，而湔堋堰可成，故首除孽。爰集三老里長，預鳩聚也。民夫，問所疾苦，咸泣訴江神暴虐。公詰狀，具言："祭送日，神親迎於祠，風流飄逸，懽欣晏飲。俄而狂飈音標，狂風也。大起，塵埃遮眯，音米，迷視也。神及童男女並瞥掣無踪，老稚煩冤，富貴受害。兹築堰興利，民固樂於應役，第取婦之期又近矣，奈此神何？"公曰："無恐。此神所需，吾能自辦，不再累汝黔首也。"民交相驚愕，莫識公所寓意。届期，公發勇卒數百，持强弓勁矢列江壖，音端，河邊地也。餙二郎充女，一習技侍童充男，供於祠如常儀。孽來親迎，公進勸以酒，酒杯恒澮澮。手持杯摇動貌。孽對公而懼也。公厲聲叱之，孽遁走。公操戈疾追，孽反鬬，彼氣燄甚熾。二郎以神力佐公，更能幻化諸形，俗傳七十二變。❶ 風濤洶湧，霧氣瀰漫，瀰，曠遠

---

❶ 底本天頭處原有注文云："寥寥數語如鉅鹿昆陽之戰，有吉有魚。是得力於史□□言者。"

貌。漫，長遠貌。水立波號，天地昏黑。江中金鐵交鳴，黔首官卒數千百人無不戰惕恐傷，莫識奔避[1]。久之，霧稍霽，衆見兩蒼牛鬬於岸旁。有頃，公還，汗流。諭官屬曰："吾腰束白練以辨，汝等急助弓矢。"吼呼而入，刺牛之無記者。於是武士叢射，牛傷，還蛟形。二郎急取鐵連環，鎖繫深潭。潭在灌縣伏龍觀下，水落潭清，或時見其鎖。伏龍觀山，今灌縣之離堆也。見《風俗通》并《四川通志》。民喜害除，踴躍盡力。桃關堰成，即都江堰。爰作三石人、在白沙灘。五石犀以鎖怪。《字典》犀似水牛。水犀，三角，公以二郎變犀形，收孽。故作五石犀以鎮壓之。《灌江備考》：五犀，一在青城，一在犀浦郫縣，一在（城）〔成〕都市橋，一在灌江江中，一在縣北玉女坊。造七橋，上應七星，以紆迴堰流。《華陽國志》：李冰造七橋，上應七星，故光武伐蜀謂吴漢曰："安軍宜在七星橋間也。"《總志》云：一長星橋，二圓星橋，三機星橋，四夷星橋，五尾星橋，六冲星橋，七曲星橋。各橋繫一鐵鎖，皆在（城）〔成〕都。又《事類・橋賦》：李嶠詩：妙應七星至，高分半月輝。立碑約誓曰："汪淺毋至足，深毋至肩。"《廣輿記》：《彭縣志》云：李冰鑿山導江，其神怒，化爲牛，出没波上。冰操刀入水鎖之，因立五石压於水旁，誓曰。云云。水患遂息。一作"竭不至足，盛不没腰"。今從《廣輿記・誓水碑注》。又石刻"深淘灘，淺作堰"六字訣，爲後代疏堰法。六字初在虎頭山，今重刻灌口廟側，名《宦堰碑》。據《字典》"潬"字引《金石文》曰：秦蜀守李冰《官堰碑》云"深淘潬，淺包隅"。隅與堰同。國朝縣竹令王謙言倣其意以修堰，更增六字曰："寬砌底，斜結面。"至今猶循前法也。見《緜竹志》。公軫念下流尚隔，終貽潰瀑之憂，更由都江次第疏支渠三十有六，《四川總志》。資民灌溉，全蜀沾惠[2]《廣輿記》。《成都名宦志》：李冰守蜀郡，鑿離堆避水害，疏二江灌田，沃野千里，號爲陸海，蜀人至今利賴之，其功鉅也。《總志》支渠三十六疏至青神、嘉定、樂山、犍爲、叙州、宜賓而止。不悉録。今二江分水處，國朝置水利縣丞二員，一屬成都縣，一屬華陽縣，各於堰源經理水道，猶遵李公遺跡也。而鹽井之利亦興。《水經注》云：李冰察水脈，穿鹽井，蜀有鹽利。綜計全功，皆非易就。其尤難者，首在湔堋。音彭，即都江堰。孽蛟蟠踞所也。《字典》：蜀人謂堰爲堋。又壅水灌溉曰堋。湔堋江在成都。《水經注》云：江水由湔堋江入郫江、撿江，以行舟。是知湔堋在郫縣上流也。考郫縣上流即接灌縣，非灌口而何？今據《縉紳全書》載灌縣邑内都江堰，九邑水源，府西北一百二十里。次離雈，《字典》雈，古堆字。《前漢・地理志》：蜀守李冰鑿離雈，以避沬水之患。按蜀有三離雈，一即灌縣伏龍觀之山，一在保寧蒼溪縣，一在嘉定犍爲縣。此當舉灌縣犍爲合言之也。《四川水道考》：江發岷山達

[1] 底本天頭處原有注文云："不没二郎之功。"

[2] 底本天頭處原有注文云："與魚鳧治水前後相映，但功有大小耳。"

灌口，即禹導江分水處，一名沫水，故知灌口亦有沫水也。徐退山注《禹貢》引蜀守李冰鑿溷崖以避沫水，是鑿溷崖亦避青衣蒙山之沫水也。以下即犍爲離𡸣，沫水所經，皆李公疏水之處。又次溷崖，在樂山縣。注見上句。雷垣監溉，在樂山上流青神縣。玉岳蘭，在叙府宜賓縣。各危灘蓋數處，多孽蛟黨類，與公抗衡，見《水經注》。一一殲除，方平險阻。

是役也，公始終勤事。而典武卒、現神通，則資藉二郎爲多❶。其佐治穿江者，又有王𡐨𡐨，音琢。《正字通》：王𡐨，人名，佐蜀守李冰穿二江者。督率夫役操畚音本。挶，音局，皆舁土器。搰音骨，掘也。又用力貌。抉音决，提也，剔也。滓音子，渣滓泥澱也。垽，音印，銀去聲。澱謂之垽。禆益匪尠。蘇典切，音獮。少也，同鮮義。此其勳業固應同垂奕禩也。奕，大也。禩，台祀字祭也。年也。裔曰祀。公後卒於官，蜀人思之，報祀於灌口，立廟曰“崇德”，奉二郎配享，渾同也，齊也。稱川主❷。《新津縣志》：宋丞相張商英《二郎廟記》：李冰去水患，廟祀於蜀之離堆。而其子二郎以靈化顯。《獨醒雜志》：每歲祭用羊四萬餘頭。按：《道藏經》列載❸，川主“左丞相崇應護國救民大帝”、此天封龍號。《文昌化書》有“崇應大帝”。李序係宋光宗紹熙五年甲寅作，其列銜云“英武昭惠靈顯威濟忠贊王崇應大帝李”。而《文昌·昭明化》内既稱“崇應”，《亨屯化》内復稱“崇應帝”，《安南化》内又稱“崇應昭惠”，足爲“崇應帝”之證。《四川總志》載任瀚《浮橋記》云：李冰以治水事秦皇，至今帝祀。則帝號必非道家妄託者。内宫“普思彰順妙光廣福皇后”、聖父“廣佑英惠靈濟順澤王”、聖母“彰淑慈懿廣福皇后”、神兄“昭靈廣福李佑順烈王”、神嫂“順聖皇后”、神長嗣“翊善濟美通利侯”、慈懿“淑惠夫人”、神次嗣“贊智昭貺勇應侯”“福昌慈惠夫人”，神佐“嘉應利濟侯”“正利夫人”、鎮西將軍“孚佐侯”“協惠夫人”、押直“恭烈威濟侯”“福惠夫人”、侍從“楚江王”“導江王”“華嶽鐵瓜三郎”“鰲靈相公”、鰲靈，魚鳧之相也。是魚鳧爲李公祖之證。“七聖都統”、後趙公有應化七聖，是稱趙公爲李二郎之證。“三聖阿婆將軍”，左右“鎮殿風火將軍”“伏虎將軍”“鬬雞相撲將軍”、是鬬雞臺之證。“帶劍火盤將軍”“逐毬捕獵之神”，二郎好獵之證。離堆人頭山神部下卿、裔十將“山王”“希夷真君”等。尚有二十餘號，無徵不録。雖未詳肇刱何代，然必

❶ 底本天頭處原有注文云：“傳點二郎。”

❷ 底本天頭處原有注文云：“與上愛（載）〔戴〕蜀王遥映。此川主是民所稱號。”

❸ 底本天頭處原有注文云：“以下叙封號。”

不誣也。迨元至順元年，文宗庚午。封李公“聖德廣裕英惠王”，始分封二郎“英烈昭惠顯靈仁祐王”。見《續文獻通考》。國朝雍正五年，丁未。封公“敷澤興濟通祐王”，封二郎“承績廣惠顯應王”。徵號尊崇，俱以表揚神功也。

而其累代之幽冥顯化，庇廕群黎，又有可臚舉者。唐太和五年，文宗辛亥。江水驚潰，公神化爲龍，白練誌腰，與蛟妖鬬，水漂下左綿梓潼，西蜀無患。見《太平廣記》。天祐中，昭宗。成都夏霪，灌堰將壞，夜聞堰上若千百人呼噪聲，列炬無數。會大風雨，火影自熾。迨明，堰去故址數百尺，移地高處水入新津江，而此堰完固。祠中所立旗幟盡沾濡。見《録異記》。宋高宗時，張浚用兵，乞陰扶，果應夢戰勝。見《朱子語録》。寧宗開禧二年之亂，丙寅四月，吴曦反蜀。與文昌神默助安丙楊巨源兵威，削平蜀亂，吴曦授首。又憐六丁五未之數，難逭蜀郡，俱有變遷，與文昌神合奏上帝，移整於瀘，以全蜀本渝、嘉以下，實免流毒。並見《文昌化書》。國朝康熙四十七年，戊子。孟洞水决逼灌口，似空際有所轉幹湧木石關攔，水洩外江。見巡撫憲德疏。雍正六年戊申。仲夏，堰水涸，苗將稿，知縣譚公禱於灌廟，廟旁山半忽分坼，雨水齊發，漫堰而下，周徧十三州縣之田。見《灌江備考》陶仁明題記。十一年，癸丑。蜀大旱，總督黄公廷桂蠲潔齋祈，赴宿廟廡。須臾，雷電大作，廟柱所塑雙龍繞殿飛去，雨通宵如注，合郡霑足。及曉，雙龍在柱，身帶沙泥，堦下小溝一道，約五六尺，漸遠漸深，直出廟外，狀類蛇行。近江邊，則山岸掣崩數十丈。見李雨村《新搜神記》。所見威靈赫奕，無往非恩佑下民，誠蜀川主宰也。

顧其間神迹，有與隋嘉州太守趙公神迹相牽合者焉❶。趙公諱昱，峩眉人也。家在峩眉山下。《名勝志》謂爲青城人，因公曾修道青城山而誤。家世積善，父自宏，精醫，廣施方藥活人。公生之夕，母夢神捧日立身旁，因名曰昱。長而才兼文武，年十六舉孝廉，好道從師李班，習法青城山，受水遁劒術於神僧林澹然❷，性倜儻，善獵，收七人者爲用，即❸

---

❶ 底本天頭處原有注文云：“組合輕浪。”

❷ 底本天頭處原有注文云：“水遁劍術與八百翁法術相映。”

❸ 即 底本作“郎”，疑形近而誤，據文義改。

應化郎官七聖。世稱爲七姓將軍。並擾順也，畜也。其畜六擾。一神犬，色純白，駿爽通靈。高數尺，臆廣尺餘，俗呼爲嗥天犬，種出曹州，間生，不過千百中之一二。唐中宗時，宰相唐休璟得以殺賊免禍者，即其類也。每縱馬高原，密箐間七人前導，喊音庶，使犬聲。犬馳逐，靡不如意。公外寄遊騁而隱德內充，交安侯牛弘，大雅君子矣，識其賢，表薦於煬帝。時弘專任選舉。大業六年，煬帝庚午。是冬弘卒。犍爲冷源二河老蛟恣害，帝辟公守嘉州。今嘉定府。公至，設械舟，揀壯士，率甲士千人，夾江鼓譟。已持劍披髮入水，七人暨犬隨入，與蛟連戰一晝夜，石崖崩裂，潭吼如雷，二水盡赤。公手提蛟頭，奮波而出，州人大驚，相向失色❶。自是嘉民獲免蛟雲。見《方輿勝覽》。公在官數載，多惠政，以世亂隋唐交際。棄職，隱趙公山，灌縣。顯異莫測。未幾，嘉陵江漲，運餉者瞥見青霧中，公乘白馬，引白犬，從數獵者過波面，水尋退。蜀民德之，亦於灌口立祠奉祀。蓋緣習公貌，與崇德廟二郎像儼然相肖，故喧傳公爲李二郎再世，合奉公爲灌口二郎神也❷。見《仙鑑注》。後人附會乘馬事，演爲二郎雲中走馬之戲。唐貞觀十年，太宗丙申。公託名趙道士，垢形敝衣，居利州今廣元縣。南門，賣葫蘆種，云："大有用處。"常掩耳叫風雨，聲甚急。明年丁酉。秋，嘉陵江泛濫，漂流數百家。道士坐一大瓢，拯民溺，仍掩耳叫如故。衆方悟公寓言警世，惜早不察而脩水備也。有司具奏太宗，封"神勇大將軍"❸，或作宋太宗封者，誤。遣使致祭。天寶十五年，丙申。明皇幸蜀，加封"赤城王"。宋真宗咸平六年，癸卯。復以張詠知益州，詠於太宗甲午年知益州，安李順之亂也。劉旰王均之亂，公屢助詠破賊。事平奏聞，真宗封"川主清源妙道真君"。後遂直云封灌口二郎爲"清源妙道真君"，前身後身，不區別也。稽之《仙鑑》，公神宅名寶仙九室洞天，即青城山。其所屬神，應化郎官七聖，外備載應生真人趙元陽、族姓。應耀真人姚光、于吉弟子。含輝真人官嵩、瑯琊人，涉正弟子，應屬李而屬趙，是合二郎趙公爲一人之證。曲度真人李意期、青城隱士。精進真人古强、李阿弟子。靈化真人徐佐卿。青城道士。

---

❶ 底本天頭處原有注文云："與李公鎮蛟法又變。"

❷ 底本天頭處原有注文云："後靈跡□□隱。"

❸ 底本天頭處原有注文云："公封號□□趙。"

芙蓉城闕仙衆，成都爲芙蓉城。其廟制皆宜。後殿供聖父母，而川主塑像在前殿，中左右而三變。三像：一喜，一怒，一面藍可畏，皆年少無鬚。旁侍者一執刀、三尖兩面。一腰弓挾彈，殿兩壁分列執鎗劒者數人。別一龕塑白犬蹲地，而昂其首焉。遵義城外十餘里，高巖山川主廟，遵義，古播州，原屬蜀，國朝屬黔。創建在唐僖宗乾符二年乙未，僖宗乾符間，南詔陷。播州楊端領兵復之，封子孫世襲播州安撫宣慰使。此廟當在楊端入播之先。見明萬曆四十六年，知縣劉人表《碑記》。迄今九百餘年，靈應如響❶。明末流賊居兩川，遣一支取遵義，由綦江進攻，神如和桐婁山關現形，遏其凶鋒。賊退走，民不被禍。萬曆二十五年，楊應龍叛，劉綎討平之，改播州爲遵義府，仍屬四川。明末退賊。見郡守蘇霖泓《碑記》。國朝康熙中，吴三桂僞將馬三寶，擁兵入遵義，《東華録》：康熙十七年戊午七月，三桂死於衡州。馬三寶立其孫世璠於貴陽。己未、庚申間據遵義府。將大加殺戮。一夕行城上，突逢藍面露齒神揚刀怒喝欲斫之，寶懼伏汗流，倏不見。述狀詞，左右以高巖山神常顯聖對。詰朝，具牲儀上山祭。甫入廟，怵然駭曰："昨夜喝我，正此神也。"已而指白犬曰："神受祭禮也。人可祭犬乎?"令移於側，拜祭而還。夜夢犬來嘊嘊，犬欲齒貌。齧其足，大叫以醒，平日脚疾復發，痛倍不可忍，乃買田助神犬香火。至廟悔罪，至今田存，俗呼爲養犬田。痛遽已。從此畏神懍懍不敢肆虐。並見廟碑。乾隆三年戊午。夏，亢陽爲厲，郡守蘇公霖泓竭誠禱於山，焚牒後，陰雲密布，雨傾盆下，竟夜乃止，閭里均沾神恩。蘇公爲重脩高崖廟。其他護善良、警奸詐、糾正人心、維持風教諸軼事，郡父老往往聚而讆音割。譶，音沓。讆譶，衆言喧雜之貌。以䚩䛘音邕農，多也。語言過度貌。不備書。相傳有工匠匿真金於懷，以假金飾高崖神像，忽腦前烟起，速解帶，真金墜地，奸露被詈。又曹姓者，祭意不誠，神是夜於廟下現巨蟒示警，曹怖死，久而始甦。俗傳有護廟蟒蛇，常夜見神座，雙目如燈云。

總循始末，灌口之廟，其靈如彼，而高巖之廟，其靈又如此。推之全蜀，城市鄉村，祠廟多矣。其靈應自難更僕數❷。禮云：法施於民，禦大菑，捍大患。三神洵足當之。四民之虔恭廟祀，用以崇德報

---

❶ 底本天頭處原有注文云："高崖靈以寶之應舉。"

❷ 底本天頭處原有注文云："總結上文，遥映首段。"

功，亶其然乎[1]！但三神功德，前後繫維，散見於正史别史，彰彰可考，以較文士雜引俗習叢談，未免附會錯訛，有不容不辨者十事。

杜宇本李公之祖、魚凫王之名也，而誤作二人，甚謂王禪位鼈靈而淫其妻，《路史》亦引其説。是以遜國。賢君道證天仙，而翻舉浮薄之行，無端污衊也。又云化爲子鵑，謂之蜀魄，若精衛鳥然。又云八百翁仙去，在商太丁九年三月三日，俱屬荒唐。其當辨者一也。

李公之夫人，史無明文，俗謬爲二郎劈山救母之説[2]。謂母乃織女，降凡娩，穢天光，上帝拘入桃山。織女降凡有之也。《墨莊冗録》載郭翰配織女，曰："上帝命遊人間，願乞神契。"遂爲夫婦。至七夕數夜方至，翰戲白："樂乎？"笑曰："天上那比人間！"忽一夜凄然曰："帝命有程，便用永訣。"事載《群芳歲譜》。是知星降必奉帝命，烏得以生子罪之耶？且果罪也，而其子敢違帝命，劈山擅救耶？無是理也。至開劈桃山之説，俗士每引爲廟聯云。夫生産固然之理，詎有神母而遭愆咎，亦是踵血盆妄説，何足徵信！大約欲表二郎靈奇，附會以梁玉清事，隨太白逃匿衛城小仙洞，生子被謫，叢談耳。其當辨者二也。

以李公爲蜀守，或謂秦昭王，見《風俗通》。或謂秦孝王，見《華陽國志》。昭與孝並無確據，是不如《仙鑑》所載，始皇庚寅歲，實有涉正之薦可證也。其當辨者三也。

假餙美女，李公以二郎少俊，更有神術，可資以降蛟，《風俗通》竟謂公自以女與孽婚。公女無考。世傳二郎與妹較術，有"兄摘草以量天，妹擔山而趕日"之語。家家祀川主，每引摘草、擔山二句，而不言兄妹，大抵傳文不足徵信。然據《風俗通》，公必有女。顧先王制禮，不踰防閑，嫌疑之間，君子尤慎。焉有朝廷顯官，居然命親女艷妝僞配淫孽於衆所聚觀之地乎？《成都志》則謂公自爲其女以婚孽，公豈肯以尊嚴體貌，自嫚褻乎？是何若信二郎狀貌英俊，充稱幼婦之爲得也？其當辨者四也。

入祠勸酒，《水經注》既引《風俗通》以爲李公也，復謂文翁因江神常溺，殺人祀之，勸以酒不盡，怒劒除之。據《史記》載漢文黨文翁名黨。治蜀，典學造士，穿湔水溉田，未著其習道法有斬蛟之舉。酈道元不加研考，濫引重書，是與翟顥以文昌神即文翁之謬，無以異

[1] 底本天頭處原有注文云："鎖上兩大段，開下十辨，眉目朗然。"

[2] 底本天頭處原有注文云："此辨足解俗謂之説。"

也。翟灝著《通俗編》，因文翁二字不曉，遂指文昌帝爲文翁。李雨村[1]已斥其謬。其當辨者五也。

降蛟治水，主之者李公，輔之者二郎也。而司馬遷《史記》、班固《漢書》，止叙公不及二郎[2]，蓋謂事主於公，從事者且其子，故略之。至曾敏行《獨醒雜志》、范成大《吴船録》、《朱子語録》、《四川總志》、《灌縣志》，始父子兼叙，而相國帝王各顯號，究莫定其屬於父而屬於子，是自元文宗分封王爵以前，其稱號並未分明也。其當辨者六也。宜從分封，乃無混稱。

神聖誕降，徵兆原多，謂趙公係二郎後身，理似不謬，以生辰皆六月下旬，而相閒僅一日。二郎二十六日，趙公二十四日，獨李公生辰無考耳。二郎好獵，鬬雞臺遺跡在灌縣離堆左虎頭山側，相傳爲當年遊獵及收伏雞精處。趙公亦好獵，事見上文。二郎以少年除蛟，年譜無考。趙公亦以少年除蛟，時年二十六歲。而趙公棄官後，又恰隱於灌縣趙公山，見李雨村《新搜神記》。二人行跡，處處印合，况兩貌又酷相似，無惑乎！推尊題詠者，悉比而同之，貴州省會川主廟有觀察使某題柱聯云："侯封靈應下爵赤城崇德報功蜀疆俎豆黔疆廟，灌口鎖龍離堆平水禦菑捍（崽）〔患〕嘉州事業柳州書。"柳州書謂事載柳子厚《龍城録》也。獨異木公方諸大會，方諸仙山名即蟠桃會也。迎客册子注趙公云趙昱即李冰，見《神仙綱鑑注》。胡弗云即李二郎乎？是注語轉增人眩惑矣。其當辨者七也。

世人不讀正史，多好閱《封神演義》[3]，信二郎爲楊戩，謂應化七聖即戩收之七怪，捏名袁洪、猿精。常昊、蛇精。吴龍、蜈蚣。朱子真、猪精。楊顯、羊精。戴禮、狗精。金正斗，牛精。不知《封神》僞書，乃明嘉靖間道家託言以誇道教者，其神怪名姓，大都鑿空妄撰，文獻無徵，因信趙公即二郎公，所用者七人一犬，又復聞織女轉爲二郎母，遂忽牽合於晋時西蜀治水之楊翦，以戩同翦音，僞造一商末楊戩，謂係天帝之甥，没爲二郎神。是尤幻説中烏有、亡是公之甚者。其當辨者

[1] 李雨村　底本訛作"李兩村"，因形近而誤。李雨村，即李調元、號雨村，清代四川羅江人，著名文學家、詩人。

[2] 底本天頭處原有注文云："此辨足徵合傳根底。"

[3] 底本天頭處原有注文云："此辨足破《封神》之妄。"

八也。

川主之取義，謂四川主宰也，而實三神焉。予攷藥王有三，扁鵲真君、孫真人思邈、韋真人慈藏。黑神有三，貴州祀南霽雲，四川祀李大全。土主且有十六。遵義祀趙延之，壁山祀張桓侯，射洪祀陳子昂，遂寧祀夏魯奇，黎雅祀任貴，彭縣祀韋皋，鐵峰祀隋之姚萇，内江祀龐統，儀隴祀晋之張英，通江祀李繼賢，慶符祀陳立，名山祀花三郎，天全祀李忠真人，仁壽祀嚴顔，簡州祀梅使君，緜竹祀諸葛瞻，皆稱土主。則川主何妨有三？然出身封號原判别也，倘彼此混淆，是祝詞靡定，敬神耶？反以褻神耳。其當辨者九也。李公、二郎均宜遵雍正五年分封王號爲確，趙公另稱赤城王及清源妙道真君。

神無不在，像固贅設而必藉以觸目警心，非可游移遷就。若今之川主廟居神座者，莫不李公也。而座下半趙公之侍從，且祭時若不知有趙公者。報侍從而忘其主，於義何當！抑思聖父聖母，循名核實，將何所憑依乎？惟均造神牌一二，刻云某神之位，或並塑三像，發明互相沿襲之由，庶次序攸昭，祀典無紊。其當辨者十也。

噫！余生也晚，徒蓄思古之幽情。聞漢唐時，西蜀圖經甚備，朝野之士多寄聲録寫，主斯務者，苦其煩，盡削而潛焚之，百不存一，見虞求《成都記・序》，作於唐宣宗九年乙亥八月。安知川主實録其詳不灰燼所焚之中耶？幸而散見諸書者，雖章零句碎，尚有端緒可尋。爰廣爲搜羅，考據諸書。凡四十部。去僞存真，合作一傳，以備好學者參觀互證之資。抑余猶有贅詞焉。禱祀求福，舉世紛紛，獨不念川主積功累行，没爲靈神，聰明正直，鑒觀不爽，苟閲是傳者，知神乃庸行常德，而信服之，敬畏之，雖不祭猶祭也❶。若猶以神爲怪異奇跡而褻誣之，畔離之，雖祭猶未祭也。降祥降殃，豈在豊潔與否哉！望我同人，一言一行，務加謹惕，恒如三神臨在上而質在旁，則不惟川黔翕受護佑，亦崇封禋祀之爲勿虚也已。

跋《三神合傳》後

予曾詢川主神爲誰，或答以李氏名二郎，即楊戬所變化者也。除

❶ 底本天頭處原有注文云："知人道之常則知事神之理。中庸不可能也。"

蛟治水，立功於蜀，故崇祀而稱川主。予蓋嘗疑世之奉神佛者，率多淫誕，姑莫之深考。茲讀心齋孝廉陳子所著《川主三神合傳》，始知爲李公父子及趙公三人，均稱川主，宜同祀焉。而除蛟治水，功著蜀江，則皆事載史傳，確有可據，並上溯李公之祖爲魚鳧王、爲八百仙翁，以見水源木本，積厚毓奇，神靈有自。趙公則定爲二郎後身，是以行事與其父子印合而貌更相類。厥後民祀灌口，既廟貌之同輝。宋封川主復徽稱之共焕，則合三神而並祀之。夫豈淫祀誕説哉！世所奉三清三官，皆一氣三化，三神合爲川主，亦何以異？第廟祀者並塑三像爲宜耳。傳中三像，一喜，一怒，一藍面，大抵喜者居中爲李公，藍面爲二郎，變形鎖蛟之像，怒者趙公，斬蛟之像也。惟是三神合一，事跡攸分，分之中又有其合，加以沿源及流，頭緒紛糾，欲昭晰貫串，合傳實難。乃其叙事應穿插斷續頓宕，長江大河，滔滔一氣，烟波濛密，沙嶼縈迴，十辨奇零，一堅義理，其得力於史漢韓歐者，神似非貌似也。彼《搜神》《列仙》諸記傳，豈能及其擇之精而語之詳乎？昔昌黎作《黄陵廟碑》，人謂湘君事簡，不足發舒筆力。而蘇子瞻《四菩薩閣記》《十八羅漢像贊》，能狡獪其才，效佛經禪偈語耳。而鴻文大篇，固應俯讓後賢也。八百仙翁，蹟著於瑞州，其序次乃爾明覈，余瑞州人也，不得不信服孝廉博雅，心齋固自云廣尋載籍、去僞存真、捧讀百遍，足徵心齋之學之品與文章之造矣。至楊戩之爲亡是公，傳中考辨已詳，是足取信。

時嘉慶丁丑立秋前一日丙午科舉人年愚弟
鄴芸居士李騰華拜跋於湘州書院之藝圃

跋

予來成都謁李王廟，求其所以爲川主神者，而不可得，詢之同僚，彷佛記鑿江開堰之功，而二郎鎖蛟除孽，説亦不詳。若趙公之同爲川主，則固未之前聞也。宦蜀十餘載，見州縣廟祀者，或曰李王廟，或曰川主廟，又或曰蜀聖宫，稱名不一而祝詞率徜徉游移，莫有確據，幾疑爲淫祀，不必深考也。丙戌，司牧涪州，適陳心齋司馬佐治鶴游坪，出所著《三神合傳》，披而閱之，如尋河源，如窺二酉，始知川主之名一，而川主之神實不一。考據功深，悉本史傳，是足以信而無疑矣。心齋爲遵義孝廉，稽古蜀郡，亦一蜀人也，故留心川主事特詳。然非健於文者，何克臻此？公暇之餘，時時爬玩，不惟神功得斯文而顯，即斯文可直與神功並垂不朽矣。

道光七年丁亥春賜進士出身知涪州事桐城

吴庭煇星槎氏拜跋於涪陵官署

題《三神合傳》後並頌心齋司馬德政

鴻濛之雪化爲液，構爲仙骨天珍惜。原是玉真峰頂姿，世不得聞仙不識。三千年桃十丈藕，兩間奇事無不有。何況胸藏百代書，手摇山岳龍蛇走。心齋夫子司馬陳，六載循良舊有聲。冰雪爲心玉爲骨，文播藝苑人馳名。等身著作高數尺，桃李培栽羅群英。月前示我《三神傳》，一日百遍時時玩。河源直窮星宿海，朝宗自是同江漢。秦隋西川兩太守，曰冰曰昱除江患。冰子二郎承父績，前身後身非臆斷。八百仙翁烟霧開，遂合五色雲霞焕。倒流三峽掃千軍，舌底蓮花飛萬（辦）〔瓣〕。珠璣叠賜到荒齋，如獲異寶光彌絢。薔薇盥手誦新詩，洗滌肝腸頻飲之。天工人事各臻極，風流儒雅真吾師。寢食不離文字裏，甫聞一善心先喜。佐涪半載忝神交，敢謂招賢從隗始。江河雖不擇細流，撝謙自下誰能儔。一夫不獲猶引咎，芻蕘可採先民憂。獨嘆瓜期留不住，黄霸重回潁川路。但求寡過敢言功，公詩中語。此境能知惟有翁。廉泉讓水頻年飲，五馬旋還遠近同。實心實政都爲國，憂勤惕勵忘不得。億萬生靈在一心，棠陰從此思膏澤。

時丁亥五月柏塘山人張克鎮重夫氏拜題於鳴鶴書院

江神李公從祀序

蜀中山水奇險，甲於天下，自重、夔以下巖高天小，雲重日遲，魚龍百怪，往往各闢巢穴，蟠聚窟藏，時出而爲行旅害。當夫石峙江心，山横峽口，濁浪洪波，星犇電掣，舟行至此，心胆欲裂，罔不祝神籲天，以求呵護。而香火之盛，以秦蜀郡太守李公名冰者爲最。蜀人敬祀之，重其名曰“川主”，云神治灘堆，引三川之水滙於江口，使環錦城數百里無水旱之憂，迄於今猶利賴之。隋又有趙公名昱者，擢嘉州太守，扁舟之任，時蛟水發，勢猛甚，民居蕩析，奮然仗劍入水斬蛟，遂棄官入山學道不反。士民感其德，立廟祀之，亦至於今勿替。而冰之子又有所謂二郎者，相傳佐公治水，擒孽龍於灌口，故灌口廟貌巍峩，尤甲他處。此皆載在志乘，斑斑可考者。而以余所聞《六合瑣言》所記冰之後，又有裔孫名鴻漸者，嘗爲涪州刺史，晋重慶太守，復以欲治水怪自請守忠州，得異人海山使者，卒擒勾龍甲、鹹猪婆龍、斬五牛怪，遂使二千餘里水怪盡伏，永爲安流，至今舟舳上下，風帆順利，皆公之功也。而祀事不及，何以鎮水國而逻神庥？爰告同人添設公及海山使者木主於川主之側，僉曰：“諾!”顧其事未詳，囑予爲文記之。予曰：“唯唯!”繼而思之，事涉幽怪，文不雅馴，故縉紳先生難言之，其湮没不傳或亦此歟！雖然先王之制祭祀也，有功德於民則祀之，能禦災捍患則祀之，功之所在無天神人鬼一也。古史所載，不特太真燃牛渚之犀，退之驅潭溪之鱷，信而有徵，即近世所傳如海舟之祀天后、黄河之祀大王將軍等神，要皆靈異累著，特邀封號、頒祀典，煌煌天語，允垂制册，又可以神異而外之乎？荆沙爲川江門户，凡我同人别鄉井，涉波濤，服賈於兹者，其往來舟楫所經，皆公昔日出身犯難保護商民靈蹟留遺之所也。予知而不言，豈崇德報功之意乎！第其事原委甚繁不詳，又懼無以徵信，因先撮其大概而别爲傳，以備載其事云。

公名鴻漸，瑯琊人，冰之裔孫，世代不可考。初筮仕爲涪州刺史，甫下車，問民疾苦，知部卒勾龍甲者，虎而冠，魚肉鄉里，酷甚。州東南有母猪灘者最險惡，相傳有猪婆龍巢其下。公欲制之，而未得其術。一日，悉召城鄉父老集灘上，拘勾龍甲至，聲其罪，縛之，沉諸江。一時童叟歡呼，以爲有西門豹之風。公亦以爲幸，爲我民除一害。

勾龍甲者，幼通幻術，投處又適當精窟，故入水不死。乃咒解其縛，起行不數武，見有宫室，因直入，見一物猪首人身，酣睡正熟，左右皆無人。甲固無賴而黠，直前擒之。其物驚醒，曰：“若將奈何?”曰：“奉刺史命特來擒汝!”曰：“能相全乎?”曰：“全爾我不能歸矣。能讓宫室奉我爲主，且以美女相伴則可。”曰：“敬如命。第美女頗難，顧我食人多，亦能幻化耳。”遂爲夫婦。甲乃備告以刺史相虐狀，誓有以報之，猪婆曰：“是不難。自此至彝陵，灘深水惡，水怪無慮千百，而以五牛爲最。五牛聽命則餘盡伏矣。”問：“五牛若何?”曰：“居大狐灘者曰青牛，鏟背梁者曰黄牛，折尾灘者曰赤牛，馬嶺者曰白牛，慈莊廟磯間者曰黑牛。”乃刻日發使召五牛飲，酒酣，相得歡甚，約爲兄弟。又商所以報刺史事。五牛曰：“敬喏！渠若涉吾地者，當有以報命。”堅爲約束而别。時涪州隸夔屬，公解犯往夔就鞫，至馬嶺，波浪山立，如有物拽其舟者，遂覆。公忽被大風攝至一地，昏瞀間忽聞有人傳語曰：“汝知今日之阨乎？乃勾龍甲勾白牛所爲也。吾憐汝居官正直，以爲民除害故，欲治部下一卒不得，反爲所陷，故救汝至此。此後，須訪能者制之，勿隳前志。白牛本應誅戮，以渠氣數未盡，姑從薄懲。”即命人牽一大白牛至，命鞭之三百，拔其一角，牛委頓竄去。公乃知勾龍甲固未死也。天明起視，乃雲安之張桓侯廟，正肅謝間，雲安令適至，爲易衣具食，告以事，令曰：“嘻！此間嘗有水客者，自稱勾龍甲，每以珍寶珠玉鬻於市，殆即是乎！再至當爲公擒獻。”公曰：“甚善！第其人幻術通神，且勾結水怪，非易制也。幸善圖之。”

越年，公擢重慶太守，下車數日，一老嫗攔輿控訴，狀甚哀。公詢之，據云：“氏婦無子，只二女相依爲命，均及笄矣。前數日忽有一人自稱勾龍仙，索二女爲妾，不許，渠轉身，二女忽不見。聞公神人，能了此事乎?”公矍然曰：“是矣。汝姑待之。”乃選幹役數人，授以圖，曰：“第往涪州南岸母猪灘上伺之，若有形狀似此，或挾婦女出入水中者，爲我擒以來。要須離水稍遠方可，否則勿孟浪也。”卒如言至其地伏焉。不三日，果見二女自水面浮出上岸行，隨後一人狀似圖中所載者，乃争前執之。其人反身躍入水逸去，詢二女，乃猪婆不容，甲欲携上岸覓地寄居者。卒以二女復命。公以女予民婦而貸其卒。

又年餘，公以憂解任，然心固未嘗一日忘諸怪也。嘗浪游江湖，陰求道術士。一日，登金山，見水波不興，江流如鏡，嘆曰："神禹治水之功大矣，遠矣！我祖昔治（灕）〔離〕堆，血食蜀中，功亦不在禹下。顧予小子無能，以爲民除害故，治部下一卒不得，反爲所陷，幾致殺身，有愧先人多矣！"正浩嘆間，忽一黄衣僧携一少年突入，問曰："公何思之深也？其有所圖乎？曷告我！"公諦視，知非常人，乃備以情告，僧指少年曰："此事惟此兒可了。"公曰："嘻！是物幻術通神，且勾通水怪，非易制也。豈弱冠兒能伏乎？"僧曰："是名海山使者，歷塵世千餘年矣。從前佐陶峴斬蛟伏龍，事甚夥，因立念欲再立功救人，故尚在此耳。幸勿輕視也。"公乃與使者約爲兄弟，挈以相從。僧遂去。越年，起復原官，乃自請守忠州，蓋以忠州居諸怪之中也。時雲貴銅船至此多覆，官是地者每因是被議，輕重有差。公乃請於海山使者代爲廵河，遂無恙。會當除夕之前日，使者忽謂公曰："元日，我將有事，不能廵河。又適有貴州銅船至，公須使人闗白請於明日過灘則善，否則難保無事也。"公如言白之，而銅船舟人以除日怠於行舟，泊灘上。明日，解纜東下。甫至灘，灘水如萬馬奔騰，銅舟盡覆，二十萬銅無片存者。解官以救得起。越日，使者還，公告之，曰："已具知之。顧二十萬銅已運十萬於秦塞，爲梓牛神造殿柱去矣，今僅存十萬尚可撈耳。"公曰："將奈何？"曰："兄無憂，諸怪氣數盡矣。三日内當爲兄盡除之。"曰："若何？"曰："弟初至即思翦除諸怪，緣見怪所至諸山神皆以旌旗迎迓，知其氣尚旺，未可輕動。昨自海上還，見諸神旌旗皆收去，山頭多鬼卒夜哭。是諸怪伏誅之秋，亦弟報兄之日也。兄第廣集民兵於兩岸，多置金鼓，務使鼓鼙之聲日夜不絶，三日後準獻俘耳。"公如言，使者遂躍入水。思五牛中惟赤牛最悍，遂先闖入赤牛宫，門者止之，曰："我勾龍甲之弟，勾龍乙也。特來尋兄耳。"赤牛命放入，歟之酒，因言："汝兄昨日方歸，汝嫂有一女，吾求爲吾兒配，汝兄欲緩其期。我思人事不常，不如早完其事，弟當爲我成全之。"曰："歸即告兄嫂。吾去矣。"赤牛走送，乃乘機刺之。刀被齕，不得出，疾遁，復幻身闖入母猪宫，詐稱赤牛使者，見猪婆與甲飲歡甚，已泥醉矣。因直前挾甲出，甲駭，欲遁，手口俱禁。猪婆追之，亦被殺。時李君方在岸上，見波濤洶湧，灘聲如雷，倏使者挾一人自水出，甲也，遂斬之。又返身至大狐灘，則五牛皆知，各集水族圍繞酣鬥，轉戰至慈莊廟磯間，使者一矢貫青牛腹，遂殪。久之，黄牛又踣。三牛猶奮勇惡戰，忽空中飛一杖下，將白牛一角打落，白牛愧忿，觸巖死。使者見赤牛猛甚，思誘上岸殲之，赤牛亦緊追不捨，離岸數里地，赤牛忽狂吽滚地亂舞，砂飛石裂，須臾死矣。其左眼中忽一物滚出就地，化爲人。公甚驚異，趨視之，乃向者所遇老僧也。因言："昨在金沙江心，忽動知使者與諸怪鬥，恐勢孤，特助一臂力，空中之杖乃老僧所爲也。又見赤牛追使者，乃幻身餌之，被吞入腹。頃於腹中裂其肺腸，故不支耳。今只一黑牛，使者已去，頃刻間大功成矣。"有頃，使者果手提黑牛首至，公因邀僧及使者還署，僧曰："非惟老僧不能留，即使者亦當去矣。公立此大功，不久亦名證仙籍，勿久溷紅塵也。"公悚然受教，乃作平五牛誅勾龍猪婆露布，誌其事於石。事畢，解組飄然而去。老僧姓名不傳，殆神龍與！

銅梁向時鳴鹿芩甫謹撰

灌邑二王廟住持熊永泰刊

華陽國志·都江堰録

〔晋〕常璩 撰

整 理 説 明

《華陽國志》，亦稱《華陽國記》，十二卷，晋常璩撰。

常璩，字道將，東晋蜀郡江源縣（今四川崇州）人。生卒年無可考。時巴氐人李特、李雄在四川一帶建立了成漢政權，常璩曾任散騎常侍等職。晋穆帝永和三年（347 年），晋朝派大將桓温南下進攻成漢，常璩曾勸李氏投降，桓温以常璩爲參軍，隨至建康。其著作除《華陽國志》見存外，其餘均佚亡。

《華陽國志》分爲巴志、漢中志、蜀志、南中志、公孫述劉二牧志、劉先主志，劉後主志、大同志、李特雄期壽勢志、先賢士女總贊、後賢志、序志并士女目録等，共十二卷，是我國現存最早的、比較完整的地方志，記載了公元四世紀中葉以前今四川、雲南、貴州三省以及甘肅、陕西、湖北部分地區的歷史、地理，具有很高的史料價值。

位於今四川省的都江堰興建之前，岷江水常常泛濫成灾。到距今約兩千二百五十年的秦昭王時期，秦國李冰及其子李二郎，吸取前人治水經驗，率領當地人民興建包括魚嘴、飛沙堰和寶瓶口在内的三個水利工程，總稱爲都江堰。從此，成都平原沃野千里，被稱爲陸海，“水旱從人，不知饑饉，時無荒年，謂之天府”，四川一帶的經濟文化有了很大發展，人民受益匪淺。

在《華陽國志》之中，并無“都江堰録”這一專篇，但有專門介紹都江堰工程始末的相關文字。爲了凸顯都江堰工程的重要性，特將原在《華陽國志》中有關都江堰的文字析出，另行加上標題，稱之爲“都江堰録”。

《華陽國志》成書之後，流傳極廣，因而版本衆多，各版本間文字差異也較大。1984年，巴蜀書社出版了由劉琳整理的《華陽國志校注》一書，才算對該書做了一次全面、到位的整理。此次整理，我們選取劉琳《華陽國志校注》中的相關文字，并參考其中的部分校注成果，同時核校了較爲常見的文淵閣《四庫全書》本、《四部叢刊》本和《四部備要》本的相關文字，對其中有些重要文字的異同作了必要的校訂和交待，以期爲人們瞭解都江堰早期的歷史提供一些幫助。

華陽國志・都江堰録

周滅後，秦孝文王以李冰爲蜀守。冰能知天文地理，謂汶山爲天彭門，乃至湔（及）〔氐〕❶縣，見兩山對如闕，因號天彭闕。髣髴若見神，遂從水上立祀三所，祭用三牲，珪璧沉濆。漢興，數使使者祭之。

冰乃壅江作堋❷，穿郫江、撿江，别支流雙過郡下，以行舟船。岷山多梓、柏、大竹，頹隨水流，坐致材木，功省用饒；又溉灌三郡，開稻田。於是蜀沃野千里，號爲陸海。旱則引水浸潤，雨則杜塞水門，故記曰：水旱從人，不知饑饉，時無荒年，天下謂之天府也。外作石犀五頭以厭水精；穿石犀溪於江南，命曰犀牛里。後轉（爲耕）〔置犀〕牛二頭❸，一在府市市橋門，今所謂石牛門是也；一在淵中。乃自湔堰上分穿羊摩江、灌江西。於玉女房下白（涉）〔沙〕郵❹作三石人，立三水中。與江神要："水竭不至足，盛不没肩。"

時青衣有沫水出蒙山下，伏行地中，會江南安，觸山脇溷崖，水脈漂疾，破害舟船，歷代患之。冰發卒鑿平溷崖，通正水道。或曰：冰鑿崖時，水神怒，冰乃操刀入水中與神鬬❺，迄今蒙福。

---

❶ 氐 文淵閣本《四庫全書》和《四部叢刊》本均作"及"，誤。按：湔氐縣，秦始皇時始置縣，兩漢稱湔氐道，蜀曰氐道縣，晋改爲升遷縣。故城在今松潘北。

❷ 堋 分水的堤堰。

❸《四部叢刊》本作"後轉爲耕牛二頭"，《四部備要》本作"後轉置犀牛二頭"。

❹ 白沙郵 文淵閣本《四庫全書》和《四部叢刊》本等誤作"自涉郵"。今據前人校勘改正。白沙郵，即今灌縣西八里之白沙街。郵，古代傳遞文書的驛站。白沙街位於白沙河與岷江會合處，處在成都至岷江上游地區的出入口，故置郵。

❺《水經注》引應劭《風俗通》："江神歲取童女二人爲婦。冰以其女與神爲婚，徑自神祠，勸神酒。酒杯恒澹澹。冰厲聲以責之，因忽不見。良久，有兩牛鬬於江岸旁。有間，冰還，流汗，謂官屬曰：'吾鬬大亟，當相助也！南向腰中正白者，我綬也。'主簿刺殺北面者，江神遂死。蜀人慕其氣節，凡壯健者，因名'冰兒'也。"

僰道有故蜀王兵蘭，亦有神作大灘江中。其崖嶃峻不可鑿，乃積薪燒之，故其處縣崖有赤白五色。

冰又通笮（通）〔道〕文井江❶，徑臨邛，與蒙溪分水白木江會武陽天社山下，合江。又導洛通山洛水，或出瀑口，經什邡，〔與〕郫別江會新都大渡。

又有綿水，出紫巖山，經綿竹入洛，東流過資中。會〔江〕❷江陽。皆溉灌稻田，膏潤稼穡。是以蜀川人稱郫、繁曰膏腴，綿、絡洛浸沃也。

又識察水脈❸，穿廣都鹽井，諸陂池，蜀於是盛有養生之饒焉。

漢祖自漢中出三秦伐楚，蕭何發蜀、漢米萬船而❹給助軍糧，收其精鋭以補傷疾。雖王有巴、蜀，南中不賓也。

高祖六年，始分置廣漢郡。

高后六年，城僰道，開青衣。

孝文帝末年，以廬江文翁爲蜀守，穿湔江口，溉灌繁田千七百頃。是時世平道治，民物阜康，承秦之後，學校陵夷，俗好文刻。翁乃立學，選吏子弟就學，遣儁士張叔等十八人東詣博士受七經，還以教授。學徒鱗萃，蜀學比於齊魯。巴、漢亦立文學。孝景帝嘉之，令天下郡國皆立文學，因翁倡其教，蜀爲之始也。孝武帝皆徵入叔爲博士，叔明天文、灾異，始作《春秋章句》，官至侍中、揚州刺史。

……

蜀郡，州治，屬縣（五）〔六〕。户：漢廿七❺萬，晉六萬五千。去洛三千一百二十里。東接廣漢，北接汶山，西接漢嘉，〔南接〕犍爲。

---

❶ 笮道文井江　文淵閣本《四庫全書》等誤作“笮通汶井江”。今參照劉琳《華陽國志校注》注文改正。

❷ 江　文淵閣本《四庫全書》等脱，今據劉琳《華陽國志校注》注文補入。按：綿水（亦稱沱江、中水），過資陽（漢、晋資中縣）等縣，至瀘州（漢、晋江陽縣）入長江。

❸ 識察水脈　文淵閣本《四庫全書》等作“識齊水脈”，《水經注》引此文作“識察水脈”，據改。

❹ 而《四部備要》本作“南”。

❺ 廿七　文淵閣本《四庫全書》作“二十七”。

州治太[1]城，郡治少城。西南兩江有七橋：直西門郫江中〔曰〕沖治橋；西南石牛門曰市橋，下，石犀所潛淵（中）也；城南曰江橋；南渡流曰萬里橋；西上曰夷里橋，（上）〔亦〕曰笮橋；（橋）從沖治橋西（出）折曰長昇橋；郫江上西有永平橋。長老傳言：李冰造七橋，上應七星。故世祖謂吴漢曰："安軍宜[2]在七星間。"城北十里有昇僊橋，有送客觀。司馬相如初入長安，題（市）〔其〕門曰"不乘赤車駟馬，不過汝下"也。(其郫西上有永平橋）於是江（衆）〔上〕多作橋，故蜀立里，多以橋爲名。

其大江自湔堰下至犍爲有五津：始曰白華津；二曰〔皂〕里津；三曰江首津；四曰（涉）〔沙〕頭津，劉璋時召東州民居此，改曰東州頭；五曰江南津。入犍爲有漢安橋、玉津、東沮津，津亦七。

---

[1] 太　文淵閣本《四庫全書》和《四部叢刊》本作"大"。

[2] 宜　《四部叢刊》本作"置"。

練湖志

〔清〕黎世序 纂

[illegible]陶志

整理説明

《練湖志》十卷，清黎世序纂。黎世序（1772—1824），初名承惠，字景和，號湛溪，河南羅山人，清嘉慶、道光年間治河名臣，嘉慶元年（1796年）進士，嘉慶十三年（1808年）任鎮江知府。鎮江丹陽練湖（舊名曲阿後湖）年久失修，積淤成田，汛期即成水患。黎世序依據圖籍和民衆意見，制訂浚淤方案，動工建造三座大閘。工程竣工後，練湖通航，水患减少，淹没區農田開始受益。黎世序後任淮海道員、南河總督等職，頗有政績，道光四年（1824年）一月病逝。道光皇帝爲其加尚書銜，晋太子太保，謚襄勤，入祀賢良祠。

練湖，在江蘇省丹陽縣城西，即古曲阿後湖，其最初名“開家湖”。之所以名“練”，説法不一。據相關史料可知，或認爲“由孔子登泰山，觀吴門若匹練然”（《（乾隆）江南通志·卷十三·輿地志》）。是從遠觀水面的形態而言。抑或認爲“宋建炎間值亂世，練兵於湖内，因號爲練湖”（《練湖志·卷十·軼事》）。是從軍事功用的歷史而言。過去曾與鄱陽湖、洞庭湖、青草湖、太湖一起被譽爲“天下五湖”，南朝宋文帝曾贊之爲“勝景湖”。在古代文獻史料中，用得最爲頻繁的名稱則是“曲阿後湖”，亦稱作“練塘”。

練湖是人工湖，是一千七百多年前西晋初年爲解决丹陽一帶水患和農田灌溉而修的水利工程。史載爲“西晋廣陵相陳敏令弟陳諧遏馬陵溪水以灌雲陽”。練湖形成時，“週四十里，受句容高驪山、丹徒長山八十四派之水，匯爲巨浸”（《丹陽縣志·水》）。唐代刺史韋損擴湖爲周長八十里。後來演變成爲頗爲壯觀的人工湖泊，充分發揮了濟漕功能。元、明、清時期，因淤積和圍墾，練湖蓄水日益减少，逐漸堙塞成田。中華人民共和國成立以後，建成練湖農場。

現在所知最早爲練湖編纂的史志，是清朝嘉慶、道光時期鎮江知府黎世序領修的《練湖志》，主要彙輯歷史上與練湖相關的史料，諸如圖攷、興修、奏章、公牘、論説、書叙、碑記、賦詠、軼事等諸内容，是後世瞭解練湖沿革始末的重要文獻。該書初刻於嘉慶庚午年（嘉慶十五年，1810 年），至今流傳廣泛。民國 5 年（1916 年）有鉛印本問世。在《故宫珍本叢刊》（海南出版社，2001 年 6 月）和《中華山水志叢刊》（綫裝書局，2004 年 6 月）中均有收録。1988 年 11 月，江蘇省國營練湖農場《練湖志》編寫辦公室（江蘇省丹陽市）新編《練湖志》，記載内容截止到 1985 年，記述了練湖的自然、政治、經濟、文化等各方面發展的歷史與現狀。2005 年，江蘇省丹陽練湖農場又編出新版《練湖志》，上續 1985 年，後止於 2005 年，有關練湖的現代狀况得以具體展現。

2012 年 11 月，中國文聯出版社出版了由丹陽市地方志編委會整理的《清丹陽縣練湖志校注》一書，除本志外，還收有清湯諧的《練湖歌叙録》校注、清楊允棻的《練湖歌叙録續編》校注、民國孫國鈞的《練湖歌叙録三續》和《練湖歌叙録四續》校注。這些資料多年來深藏秘閣，普通學者難以見到。另附録了臺灣孫毓驊、朱沛蓮《重印練湖志》增補的民國 4 年至 38 年間有關練湖浚墾方面的記載，共三卷，包括文字、圖表等計有三萬字，名爲《練湖志續篇》。這是迄今爲止對練湖史料最爲全面的彙總和整理，意義重大。此次整理以清嘉慶刻本爲底本，进行標點爲主。

目　録

[1] 目録　爲底本原目録，保留以供參考。

卷首

敘

《練湖志》者，吾友鎮江知府黎君之所作也。練湖者，鎮江之水利也。其開濬盖在東晉之世，歷唐及宋，益疏瀹而渟蓄之，以資傍湖之田之灌溉。明時通運道於鎮江，又引其水以轉漕，久之，湖廢而爲田。

皇朝康熙中，巡撫張清恪公復其下湖，而上湖遂不可復。大抵湖雖有源而不甚遠，其四周雖寥濶，而中不甚深，而又資之以轉漕，水之洩也易，故其湮塞也亦易。湖廢則爲田，田之利近而易見，無湖之害遠而難知。或狃於近利而弗慮其遠害，故自晉至今，疏濬者屢而湮塞者亦屢。黎君至，則詢斯土之利弊，僉以爲復湖之利大，乃按行其地，相其形勢，攷之故牘，參之民情，議以克協，遂鳩工庀材，疏其源而開其淤，治其堤埂而修其牐。凡爲限若干日，費金錢若干，已乃集昔人之著作有關於是湖之興廢利害者，以爲此《志》，以貽後之人，俾有所稽考而遵守，而以授予曰："子其序之。"

夫民者，國之本也；而食者，民之天也。國家撫有斯民，設之有司，以牧養之，將使之敝敝焉。日焦心勞思，講求利弊，爲民開衣食之源乎？抑別求其所謂利弊，而於民生之休戚汎汎焉，若秦越人之相視乎？既講求所以利民矣，將善其經畫，以垂諸久遠乎？抑姑自盡其一身之責乎？有君子於此，其辨之必審矣。黎君之爲政，可謂能見其大矣。始，君與予同舉於禮部，而君爲知縣江西，未幾遂赫然有名。而予於此處重君之能務其實也。夫清恪，固君之鄉先生也，又其前則湯文正公，皆吾民所尸而祝之者也。君其益勉乎？實以求無愧乎鄉之先賢，則被其利者，豈僅鎮江之民而已哉？

嘉慶十五年歲次庚午冬十月望後二日元和陳鶴撰

纂修姓氏

輯著

鎮江府知府　黎世序河南羅山人，進士。

參訂

鎮江府教授　許鯉躍安徽桐城人，進士。

校閱

丹陽縣知縣　徐學瀚安徽懷寧人，監生。

校刊

丹陽縣教諭　左潢安徽桐城人，舉人。

副貢生　劉會恩邑人。

目　　録

凡　例

一、練湖舊本無志，《丹陽縣志·山川志》内有《練湖志》三十餘紙，實川志中之一事，不得謂湖志也。《湖漕成案》，拉雜鈔録，殊無體例。《練湖考》，前繕案牘，後録咏歌，間及遺事，似仿志例而未詳密，且併不當入集者亦多闌入，製亦未善，《歌敘録》止載本朝復湖事由，不過如官署存卷而已，皆非著作體也。兹特正其義例，嚴其決擇，補其缺漏，較之諸書，略爲可觀。

一、志書門類繁多，蓋以其事多而體例自不得少也。練湖方四十里，不能如一省一郡一邑，有户役、人物、學校、官職諸門，故自興修而後，大約文藝可括耳。兹特例以義起，即於文藝中分門別類，庶連篇累牘，如網在綱，有條不紊。辭尚體要，志亦如之，而觀覽者可免兔園册子之誚。

一、卷首恭繕宸翰，昭臣子敬謹之心也。志書首重圖攷，故門居初一。而志練湖，意重本圖，創建濬治，務所必先。次志興修，重水利也。圖修復者，或昌言于朝，或抗議于上，次奏章、次公牘，標循政也。外此則鄉先生之坐論，文士之著作，皆與練湖爲綱維者也，故論説、書敘次之。至於工成利久，又必紀其功績，勒之貞珉。故碑記又次之。若夫都人士之謳吟，過客之歌詠，皆可以尋繹舊蹟，其他瑣事異聞，亦足與湖相久長，其末也則以賦詠、軼事殿焉。

一、志凡九門，書分十卷。圖攷、興修、奏章、論説、書序、碑記、賦詠、軼事，各成一卷，惟公牘篇帙略多，較爲繁重，分爲二卷。量其多寡，區分遂異，别無義例也。

一、志中所採諸書，小引中已間及之，每條下未暇備載者，蓋以一事而彼此互見，偏舉則遺。且兩書攷定，始成本文，頓改故也。

一、是志所載，止録奏章、公牘，即論説、書序，亦取其持之有故，言之成理者登諸篇帙，庶崇大雅。至如《歌敘録》所載民呈及大吏批示，文不雅馴者，概從略焉。或有以關係湖案爲疑者，不知湖之興廢已詳見各門，可毋藉此瑣瑣也。

一、是湖土堤、石閘頹廢已甚，余按諸志乘，詢兹耇老，力圖修復，故興修門中間敘及之，而牘請大吏瑣言，亦附載有唐以來諸公後，所以紀實，非敢弋名，閲者諒之。

宸　　翰

高宗純皇帝辛未南巡御制詩

練湖

練影渟泓緑水春，長堤十里净無塵。中郎品藻稱淵注，此語還當出此人。

高宗純皇帝丁丑南巡御制詩

練湖

曲阿後湖古所聞，波光如練漪澐澐。中郎品鑒得神韻，光禄摛藻多清芬。七十二流皆滙此，築隄之後事紛矣。濟運利田胥賴之，閘磋修置寧聽毀。停艫試望有所思，豈容易言制復始。

高宗純皇帝壬午南巡御制詩

練湖

四十里周迴曲阿，當年讓地慮非訛。祇今閘礎依然在，但覺開田日以多。

卷一 圖攷

地理山川之有圖攷久矣，若稅安禮所撰《地理指掌圖》、俞箎所校之《禹貢水道圖》，博古者皆珍寶而藏弆之。至其攷核之詳博者，《皇輿表》《地理今釋》而外，王伯厚、楊升菴、章本清、馮嗣宗各有辨言，而歷史之溝洫、河渠諸志，又其彰彰較著者也。練湖特陽邑之一渠耳，然源流曲折，圖繪始明。而自有晉而後，遞廢遞興，代不一軌，非旁蒐無以示信也。志圖攷。

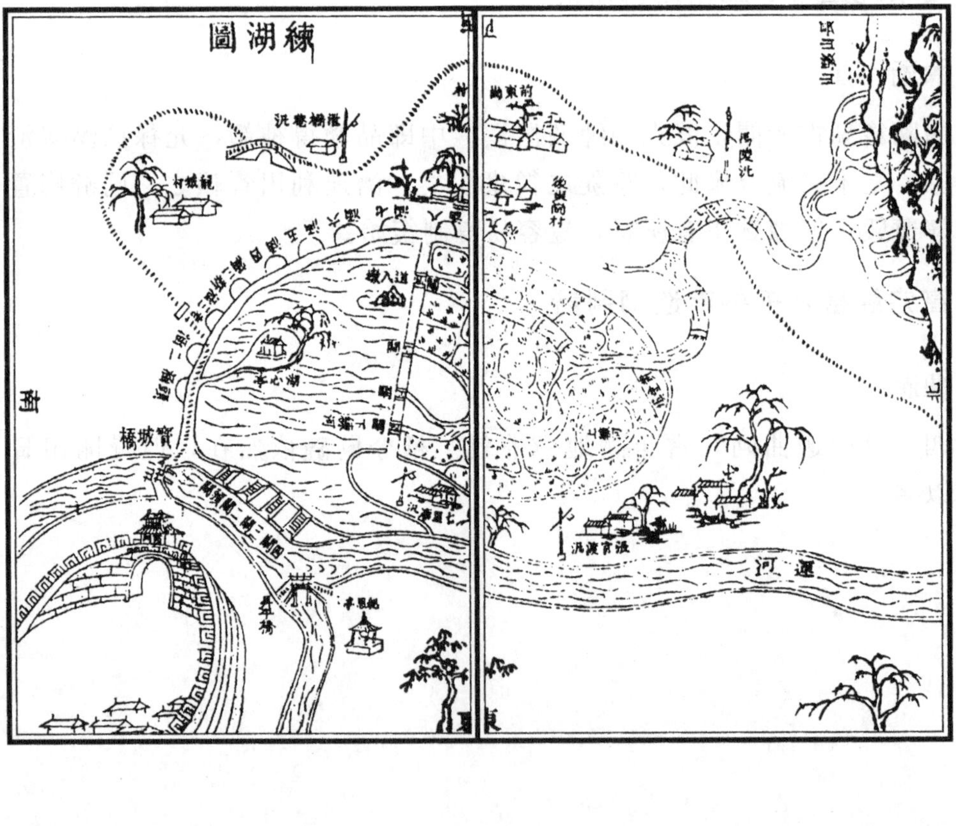

按：《唐〔書〕·地理志》云練塘八十里，里數與《水經注》《元和郡縣圖志》及劉晏《狀》所稱多寡不同。今步湖境，則以言四十里者爲是。湖自西北高麗山發源凡四，合流而東經長山之陽，又滙有水六，合流折而南至馬陵。又合辰溪諸水折而東，再折而南，始瀦爲湖。湖分上下，北爲上練湖，南爲下練湖，上高而下低，中界斷有長堤一道，計一十四里。堤有閘四，今已廢。上湖爲田，下湖尚可蓄水。據《元史》堤埂長四千七百八十二丈九千五百六十四步，高一丈二尺，下廣三丈六尺，上廣一丈。堤之西南有涵洞十二，洩水以灌民田。堤之南有閘四，洩水以濟運河。中有墩二：曰道人、曰湖心。湖心墩上有亭曰湖心廟二：曰關帝、曰將軍。湖堤通城西門有橋曰成橋，南四十里曰吕城閘一，又南十八里曰奔牛閘一，使水無下瀉，北九十里有郡城南門閘、西門閘，以納江潮。此皆與湖閘相表裏者也。

丹陽縣志·練湖源流

練湖在縣北，週迴四十里。《唐書·地理志》《水經注》《元和郡縣圖志》，里數多寡不同。《輿地志》：晉時陳敏據有江東，務修耕織，令弟陳諧遏馬林溪以溉雲陽，號曲阿後湖。《世説新語》："謝中郎經曲阿後湖，曰：'胡當淵注停著，納而不流。'"即此。一曰練湖，一曰練塘，在縣治北百二十步。唐時近湖民築堤，横截一十四里，取湖下地作田，遂分上、下二湖。永泰中，轉運使劉晏、刺史韋損狀請重開下湖。南唐昇元中浚治之，復作斗門以通灌溉。宋紹聖中，蘇京重浚。淳熙中，增置斗門磋函。其後，上湖爲民所侵。景定中，修築岸埂。元初居民占租爲田，至元三十一年仍濬爲湖。大德中，又嘗開治。九年，重修練湖。海陵陳膺有《記》。至治二年，總管毛莊言練湖淤淺，宜依瀫山等湖農民取泥之法，用船載泥，緣地利與彼不同，徒費工役，主簿馬榮祖言不若就湖取泥，修築堤埂，令其高濶，即可瀦水灌田。計料合修埂長四千七百八十二丈，計九千五百六十四步，下廣三丈六尺，上廣一丈二尺，共一十七萬五千六百八十尺，共用二十六萬九千八百九十二工。自泰定元年正月十七日，至三月四日，官給傭直，修築完具。知事翟思忠有《記》。洪武辛巳，知府劉辰、知縣董復昌重修埂閘。正統辛酉，知縣陳誼令耆民督役築埂植柳，及修東埂二斗門、駕橋于上，以便行者。景泰六年，巡撫周來學檄同知俞端、主簿鄭賢修治湖埂陂塘，以蓄水利。成化中，知縣蔡實每歲春首召民修築坍塌，加修斗門函管，民有侵占湖田者，痛治如律。嘉靖間，知縣高謙復修築之，申禁侵佃湖田。隆慶三年，巡撫海瑞修練湖堤岸。五年，復奏請通修，悉令完固。

新唐書

近湖民築堤，横截一十四里，取湖下地作田，遂分上、下二湖。永泰二年，轉運使劉晏狀云：按《圖經》練湖周圍四十里，比被丹陽百姓築堤，横截一十四里，開瀆口洩水，取湖下地作田，湖中地窄，無處注水，横堤壅碍，不得北流，稍遇亢暘，近湖田苗無水灌溉，今已依舊障水爲湖，乞牒浙西觀察使韋損，勿使更有修築，致有妨奪。

宋史·河渠志

潤州水　紹興七年，兩浙轉運使向子諲言：“鎮江府吕城、夾岡形勢高仰，因春夏不雨，官漕艱阻。尋遣官屬李淵詢究練湖本末，始知此湖在唐永泰間已廢而復興。今堤岸弛禁，致有侵佃冒決，故湖水不能瀦蓄，舟楫不通，公私告病。若夏秋霖潦，則丹陽、金壇、延陵一帶良田亦被渰没。臣已令丹陽知縣朱穆等增置二斗門、一石磋，及修補隄防，盡復舊蹟，庶爲永久之利。”

乾道七年，以臣僚言：“丹陽練湖，幅隕[1]四十里，納長山諸水，漕渠資之，故古語云：‘湖水寸，渠水尺。’在唐之禁嚴甚，盜決者罪比殺人。本朝寖緩其禁以惠民，然修築嚴甚。春夏多雨之際，瀦蓄盈滿，雖秋無雨，漕渠或淺，但泄湖水一寸則爲河一尺矣。兵變以後，

---

[1] 隕　《宋史·河渠志》作“員”，互通。

多廢不治，堤岸圮闕，不能貯水。彊家因而專利，耕以爲田，遂致淤澱。歲月既久，其害滋廣，望責長吏濬治堙塞，立爲盜決侵耕之法，著於令。庶幾練湖漸復其舊，民田獲灌溉之利，漕渠無淺涸之患。”詔兩浙漕臣沈度專一措置修築。

慶元五年，兩浙轉運、浙西提舉言：“以鎮江府守臣重修吕城兩牐畢，再造一新牐，以固隄防，庶爲便利。”從之。

元史·河渠志

練湖在鎮江。元有江南之後，豪勢之家於湖中築隄，圍田耕種，侵佔既廣，不足受水，遂致泛溢。世祖末年，參政暗都剌奏請依宋例，委人提調疏治，其侵佔者騐畝加賦。

至治三年十二月，省臣奏：“江浙行省言，鎮江運河全藉練湖之水爲上源，官司漕運，供億京師，及商賈販載，農民來往，其舟楫莫不由此。宋時專設人夫，以時修濬。練湖瀦蓄潦水，若運河淺阻，開放湖水一寸，則可添河水一尺。近年淤淺，舟楫不通，凡有官物，差民運遞，甚爲不便。委官相視，疏治運河。自鎮江路至吕城壩，長百三十（餘）〔一〕❶ 里，計役夫萬五百十三人，六十日可畢。又用三千餘人浚滌練湖，九十日可完。人日支粮三升、中統鈔一兩。行省、行臺分官監督。所用船物，今歲預備，來春興工。合行事宜，依江浙行省所擬。”既得旨，都省移文江浙行省，委參政董中奉率合屬正官，親臨督役。

於是，董中奉言：“所委前都水少監崇明州知州任奉政、鎮江路總管毛中議等議：練湖、運河，此非一事，宜依澱山諸湖農民取泥之法，用船千艘，船三人，用竹（箒）〔篅〕❷ 撈取淤泥，日可三載，月計九萬載，三月之間，通取二十七萬載，就用所取泥增築湖岸。自鎮江在城程公壩，至常州武進縣吕城壩，河長百三十一里一百四十六步，擬開河面濶五丈，底濶三丈，深四尺，與見有水二尺，可積深六

❶ 一　底本原作“餘”，據《元史·河渠志》改。

❷ 篅　原作“箒”，據《元史·河渠志》改。

尺。所役夫於平江、鎮江、常州、江陰州又[1]建康路所轄溧陽州田多工户[2]内差倩。若濬湖開河，二役並興，猝難辦集。宜趁農隙，先開運河，工畢就濬練湖。”省準所言，與都事王徵事等於泰定元年正月，至鎮江丹陽縣，洎各監工官沿湖相視，上湖沙岡黄土，下湖茭根叢雜，泥亦堅硬，不可（篙）〔篙〕取。又議兩役並興，相離三百餘里，往來監督供給爲難，願以所督夫一萬三千五百十二人，先開運河，期四十七日畢，次濬練湖，二十日可完。繼有江南行臺侍御史及浙西廉訪司副使俱至，乃議首事運河，備文咨稟，遂於是月十七日入役。

二月十八日，省臣奏：“開濬運河、練湖，重役也。宜依行省所議，仍令便宜從事。”後各監工官言：“已分運河作三壩，依元料深濶丈尺開浚。至三月四日工畢。數内平江崑山、嘉定二州，實役二十六日，常熟、吴江二州，長洲、吴縣，實役二十八日，餘皆役三十日，已於三月七日積水行舟。”又監修練湖官言：“任奉議指劃元（科）〔料〕[3]，增築隄隁及舊有土基，共增濶一丈二尺，平面至高底灘脚，增築共量斜高二丈五尺。依中堰西石磋東舊隄卧羊灘修築，如舊隄高濶已及所料之上者，遇有崩缺，修築令完。中堰西石磋至五百婆隄西上增高土一尺，有缺亦補之。五百婆隄至馬林橋隄水勢稍緩，不須修治，其隄底間有滲漏者，窒塞之。三月六日破土，九日入役，至十一日工畢，實役三日。歸勘任少監元料，開運河夫萬五百十三人，六十日畢，濬練湖夫三千人，九十日畢，人日支鈔一兩、米三升，共該鈔萬八千一十四錠二十兩，米二萬七千二十一石六斗，實征夫萬三千五百十二人，共役三十三日，支鈔八千六百七十九錠三十六兩，粮萬三千十九石五斗八升。比附元料，省鈔九千三百三十四錠〔三十四兩〕[4]，粮萬四千二石二升。其練湖未畢，相視地形水勢再議。”

參政董中奉又言：“練湖舊有湖兵四十三人，添補五十七名，共百人，于本路州縣苗粮三石之下、二石之上差充，專任修築湖岸。設

[1] 又 《元史·河渠志》作“及”。

[2] 工户 《元史·河渠志》作“上户”。

[3] 料 底本原訛作“科”，據《元史·河渠志》改。

[4] 三十四兩 底本原脱，據《元史·河渠志》補。

提領二員、壕寨二人、司吏三人，於有出身人內選用。”工部議：“練湖所設提領人等印信，即同湖兵，宜咨本省通行議擬。”又鎮江路言：“運河、練湖今已開濬，若不設法關防，徒勞民力。除關本路達魯花赤兀魯失海牙總治其事，同知哈散、知事程郇專管啟閉斗門。”行省從之。

明史·河渠志

江南運河，自杭州至楓橋，由射瀆經滸墅關，過白鶴舖，長洲、無錫兩邑之界也。錫山驛水僅浮瓦礫。過黄埠，至洛社橋，江陰九里河之水通之。西北爲常州，漕河舊貫城，入東水門，由西水門出。嘉靖末防倭，改從南城壕。江陰順塘河水由城東通丁堰，沙子湖在其西南，宜興鍾溪之水入之。又西，直瀆水入之，又西爲奔牛、吕城二閘，常、鎮界其中，皆有月河以佐節宣，後並廢。其南爲金壇河，溧陽、高淳之水出焉。丹陽南二十里爲陵口，北二十五里爲黄泥壩，舊皆置閘。練湖水高漕河數丈，一由三思橋，一由仁智橋，皆入運。北過丹徒鎮，有猪婆灘多軟沙。丹徒以上運道，視江潮爲盈涸。過鎮江，出京口閘，閘外沙堵延袤二十丈，可藏舟避風，由此浮於江。

洪武三十一年濬奔牛、吕城二壩河道。永樂間，修練湖堤。

天順元年，尚寶少卿凌信言，糧艘從鎮江裏河爲便。帝以爲然，命糧儲河道都御史李秉通七里港口，引江水注之，且濬奔牛、新港之淤。巡撫崔恭又請增置五閘。至成化四年閘工始成。於是漕舟盡由裏河，其入二河者，回空之艘及他舟而已。

弘治❶十七年，部臣復陳夏港、孟瀆遠浮大江之害，請亟濬京口淤，而引練湖灌之。詔速行。正德二年，復開白塔河及江口、大橋、〔潘家〕❷ 通江（二）〔四〕❸ 閘。十四年從督漕都御史臧鳳言，濬常州上下裏河，漕舟無阻者五十餘載。

---

❶ 弘治　底本原作“宏治”，爲避諱清乾隆皇帝名“弘曆”。現徑改爲“弘治”。

❷ 潘家　底本原脱，據《明史·河渠志》補。

❸ 四　底本原作“二”，據《明史·河渠志》改。

萬曆[1]元年又漸涸，復一濬之。歲貢生許汝愚上言："國初置四閘：曰京口，曰丹徒，防三江之涸；曰呂城，曰奔牛，防五湖之洩。自丹陽至鎮江蓄爲湖者三：曰練湖，曰焦子，曰杜墅。歲久，居民侵種，焦、杜二湖俱涸，僅存練湖，猶有侵者，而四閘俱空設矣。請濬三湖故址通漕。"總河傅希摯言："練湖已濬，而焦子、杜墅源少無益。"其議遂寢。未幾，練湖復淤淺。

五年，御史郭思極、陳世寶先後請復練湖，濬孟瀆。而給事中湯聘尹則請於京口旁别建一閘，引江流内注，潮長則開，縮則閉。御史林應訓又言："練湖自西晉陳敏遏馬林溪，引長山八十四溪之水以溉雲陽，堤名練塘，又曰練河，凡四十里許。環湖立涵洞十三。宋紹興時，中置横埂，分上、下湖，立上、中、下三閘。八十四溪之水始經辰溪衝入上湖，復由三閘轉入下湖。洪武間因運道澀，依下湖東堤建三閘，借湖水以濟運，後乃漸堙。今當盡革侵占，復濬爲湖。上湖四際夾阜，下湖東北臨河，原埂完固，惟應補中間缺口，且增築西南，與東北相應。至三閘，惟臨湖上閘如故，宜增建中、下二閘，更設減水閘二座，界中、下二閘間。共革田五千畝有奇，塞沿堤私設涵洞，止存其舊十三處，以宣洩湖水。冬春即閉塞，毋得私啟。蓋練湖無源，惟藉瀦蓄，增堤啟閘，水常有餘，然後可以濟運。臣親驗上湖地，仰八十四溪之水所由來，懼其易洩；下湖地平衍，僅高漕河數尺，又常懼不盈。誠使水裕堤堅，則應時注之，河有全力矣。"皆下所司酌議。

十三年，鎮江知府吴撝謙復言："練湖中堤宜飭有司春初即修，以防衝決，且禁勢豪侵占。"從之。

崇禎五年，太常少卿姜志禮建《漕河議》言："神廟初，先臣寶著《漕河議》，當事采行，不開河而濟運者二十餘年。後復佃湖妨運，歲累畚鍤。故老有言'京口閘底與虎邱塔頂平'，是可知挑河無益，蓄湖爲要也。今當革佃修閘，而高築上下湖圍埂，蓄水使深。且漕河閘座非僅京口、呂城、新閘、奔牛數處而已，陵口、尹公橋、黄泥

[1] 萬曆　底本原作"萬歷"，爲避諱清乾隆皇帝名"弘曆"。現徑改爲"萬曆"。

壩、新豐、大犢山節節有閘，皆廢去，竝宜修建。而運道支流如武進洞子河、連江橋河、扁擔河，丹陽簡橋河、陳家橋河、七里橋河、丁議河、越瀆河，滕村溪之大壩頭，丹陽甘露港南之小閘口，皆應急修整。至奔牛、吕城之北，各設減水閘。歲十月實以（上）〔土〕❶，商民船盡令盤壩。此皆舊章所當率由。近有欲開九曲河，使運船竟從（包港）〔泡港閘〕❷出江，直達楊子橋，以免瓜洲啟閘稽遲者，試而後行可也。回空糧艘及官舫，宜由江行，而於河莊設閘啟閉。數役竝行，漕事乃大善矣。”

輿地志

晉時，陳敏據有江東，務修耕織，令弟陳諳遏馬林諸溪以溉雲陽稻田，號曲阿後湖。

世説新語

謝中郎經曲阿後湖，曰：“故當淵注停著，納而不流。”

酈道元《水經注》

晉陵郡之曲阿縣下，陳敏引水爲湖，湖下週四十里，號曰曲阿後湖。

按：晉陵，今常州府。曲阿，今鎮江府。丹陽縣舊屬晉陵。

文選注

宋文帝時名勝景湖，車駕時遊幸其間。

---

❶ 土　底本原作“上”，據《明史·河渠志》改。

❷ 泡港閘　底本作“包港”，據《明史·河渠志》改。

行水金鑑

《元史》：至治三年，省臣奏："江浙行省言，鎮江運河，全藉練湖之水爲上源，官司漕運，供億京師，及商賈販載，農民來往，其舟楫莫不由此。宋時專設人夫，以時修浚。練湖瀦蓄潦水，若運河淺阻，開放湖水一寸，則可添河水一尺。委官相視，浚治運河，自鎮江路至吕城壩，長百三十一里，役夫萬五百〔十三〕❶人，六十日可畢。又用三千餘人浚練湖，九十日可完。"《明會典》：嘉靖六年，浚丹陽至京口驛諸處淤淺，令運船避孟瀆風濤之險。萬曆四年，丹陽一帶運道淺阻，議准挑浚練湖上下，並浚孟瀆河通江。

水利全書

鎮江據京口上遊，其地高於蘇、松數十丈，水勢趨下如駿馬。下坂所隸三縣，丹徒全境遶江，丹陽沿江境少，而土原與丹徒埒，四郊衍漫，皆江潮濁水，易於淤積，去少而來多。又練湖每遇泛溢，蘇、松並受其患。古人於要害置閘，及添石磋函管，隨時節宣，並有深意。至浙西一路，北上運艘官舫悉由漕渠。自昔鑿山開導，濶廣有限，岸土壁立，遇雨冲淋崩墮河底，水淺舟滯，歲歲待瀹，民力苦矣。

《練湖説》云：練湖即諺所謂開家湖也，在丹陽縣北百二十步，自馬陵至縣治，沿河上下週圍約六十餘里。乃丹陽所視以爲利病者也。何也？丹陽乃運道所經，運河之通塞，常係于湖水之收放，十六水函與七石匣是也。運河之水原係江潮，從京口、丹徒二閘而來。若江水涸時，則二閘之水不至，而運河不通。所資者開練湖諸閘之水而已。向來豪家多占湖爲田，此義不明已久。須縣令留心經理，當水涸之日禁民開閘，常養湖水以備蓄泄，斯利莫大焉，不可忽也。晉陳敏

❶ 十三　底本原脱，據《元史·河渠志》補。

鑿練湖，齊建武中鑿丹徒、雲陽運瀆。南唐昇元元年，知丹陽縣事吕延貞上言："當縣有練湖，源出潤州高麗、長山，下注官河一百三十里。臣考之碑志，訪諸鄉老，當爲湖。曰：湖水放一寸，河水漲一尺，旱可引灌溉，潦不致奔衝，其利田幾逾萬頃。昔環湖而居，衣食於漁者凡數百家，有斗門四所。由前唐兵亂之後，民殘湖廢。近湖人户耕湖爲田。後農家失恃，漁樵失業，民復思湖以禦災而無所置力。臣頻仍條制，修葺陂塘，切度其湖爲利甚溥，遂聚材糾工於斗門基上，以土堰捺及填補破缺處。初，謗議震動，謂臣不良圖。且廢湖豐己者不十餘家，有湖無災者四縣之地，臣明知利害，獨如弗聞。自今歲秋後不雨，河道乾枯，累放湖水灌注，使商旅舟船往來免用牛牽。當縣及鄰縣人户請水救田，臣並掘破湖岸給水。如欲久遠，須置斗門，方得通濟。其斗門木植須用楠木，乞給省場板木起建。狀下所司處分。"

宋紹興七年，兩浙轉運使向子諲言："鎮江府至吕城，一路夾岡，形勢高仰，因春夏不雨，官漕艱阻，尋遣官屬李潤詢究練湖本末，始知此湖在唐永泰間已廢而復興。今隄岸弛禁，致有侵佃冒決，故湖水不能瀦，舟楫不通，公私告病。若夏秋霖潦，則丹陽、金壇、延陵一帶良田亦被淹没。臣已令丹陽知縣朱穆等增置二斗門、一石䃂，及修補隄防，盡復舊蹟，庶爲永久之利。"

元至元三十一年，詔丹陽縣濬練湖，從參政暗都剌奏，依宋例，委人提調疏濬湖水及修築隄岸斗門、石䃂、函管，咸一新之。役夫六千四百有奇，用米五千石有奇，仍核侵占湖額，驗畝加賦。大德九年，詔分遣江浙行省御史臺、行宣政院廉訪司官同本路達魯花赤都水監濬練湖，鎮江路總管史某董役，止費工二千有奇。至大三年，設練湖提領官，查舊額湖兵四十三名，添補五十七名，共百人，於本路州縣苗糧内給食。應令耑任修築，設提領壕寨一人、司吏一人，於出身人内選用。至大四年，詔鎮江路濬漕渠修練湖，依浙江行省所擬，委參政某率各屬正官親督，轉檄前都水少監崇明知州任仁發同鎮江路總管條畫。自鎮江在城程公壩，至常州路武進縣吕城壩，長一百三十一里一百四十六步，面闊五丈，底闊三丈，深四尺，與現有水二尺可積深六尺，合用夫萬五千一十三名，六十日畢工。練湖合用夫三千名，九十日畢工，共經費於平江、鎮江、常州三路江陰州，及建康路所轄溧陽州田多上户差倩。

至治三年，中書省臣某奏："浙江行省言，鎮江運河全藉練湖之水爲上源，官司漕運，供億京師，及商賈販載，農民來往，其舟楫莫不繇此。宋時專設人夫，以時修濬練湖，瀦蓄潦水。若運河淺阻，開放湖水一寸，則可添河水一尺。近年淤淺，舟楫不通，凡有官物差民運遞，甚爲不便。委官相視，疏治運河最爲急切，伏望亟賜指揮。"本年鎮江路言："本路漕渠，全藉練湖之水以資灌溉。一切遞運官物、商旅船舫，悉由於此。舊設官專一掌管修濬，停蓄湖水，如遇河水淺澁，隨宜通放，湖水放一寸，河水增一尺。近年以來，練湖漕渠俱成淤塞，每有轉輸，必勞民力。相勢漕渠，自江口至吕城一百三十一里，合用人夫一萬五百一十（二）〔三〕[1]名，六十日可以修濬。練湖淤塞之處，合用人夫三千名，九十日可以開挑。庶幾湖水不致乾淺，運河得以接濟。"中書省以聞，制曰："可。"行省行臺分官臨視，本路常州、平江、建康、江陰五郡差倩人夫。泰定元年正月十七日庀役，三月四日竣事，每夫日給官米三升、中統鈔一貫。凡費米三千一百一十八石五斗，鈔一十二萬三千九百五十貫。

泰定三年，疏漕渠，修濬練湖。時湖水淺塞，牽輓不前，浙省平章剌罕謀諸僚屬，委任仁發同總管毛莊計工程，適朝臣暗都剌上奏，命行省參政董中、行臺侍御史忽都魯參阿奉臨視，監司副使董不八僉事和尚奉議，董督差倩本路及常州、平江、建康、江陰五路夫萬五千二十二人，工六十日，縻錢六十二萬七百二十緡、米萬八千九百石有奇。繇程公壩抵浦河口百二十里，濬深四尺，廣上五尺，廣下三尺，置函管五十四，又役夫三百、舟千隻、工九十日，縻錢二十七萬緡，米八千一百石，以南湖葑根盤錯，難事畚鍤，止循土漕堤埂，爲斗門一、石礎六、石函十有三。

明弘治十三年，丹陽縣知縣高謙修築練湖。隆慶三年，應天巡撫

---

[1] 三　底本原作"二"，據《元史·河渠志》改。

海瑞修練湖堤岸。萬曆五年，巡視下江兼督水利監察御史林應訓疏孟瀆，濬練湖。時漕運淤梗，林應訓履任，先疏孟瀆，糜鏹一萬六千五十三兩有奇。次濬練湖，糜金一萬三千四十四兩有奇，並取諸導河夫修河米及各府協濟運河銀兩，其不敷之數，又將練湖占田科税補凑。

江南通志

大江在府治西北六里，即揚子江也。一名京江，東至大海，北拒廣陵。郡城臨其南岸，金、焦障其中流。魏文帝將南征，臨此江，見波濤洶湧，歎曰："天所以限南北也。"漕河自江口至南門九里，又南至丹陽九十里，水道經大小夾岡。夾岡在丹徒縣有二：縣南者曰小夾岡，在丹陽北者曰大夾岡，皆漕河所經也。海鮮河，在府治西北，宋郡守史彌堅開，西北通京江，東南〔接〕[1] 漕渠。珥瀆河，在丹陽縣南七里，自漕渠經珥村鎮達金壇，俗呼七里。丹徒港，在府治東南十五里，南抵漕河，有壩，北入於江。新豐湖，一名新豐塘，在府治東南三十五里，晉大興初，晉陵内史張闓以所部四縣並以旱失田，闓乃立曲阿新豐塘，灌田八百餘頃。練湖，在丹陽縣北，周四十里，一名練塘，晉陳敏據江東，令弟諳遏馬林溪引水爲之，以溉雲陽，號曲阿後湖。唐人取湖下地作田，分上、下二湖。唐永泰中重開下湖。宋紹聖間重浚，治斗門，更浚湖之近田者。元及明皆相繼修築。練湖之口有化岡。隋大業間，敕穿江南自京口至餘杭八百里。唐永泰中，轉運使劉晏開丹陽之練湖，作斗門以通灌溉。宋慶曆中，鄭向爲兩浙轉運使，疏蒜河漕渠抵於江。治平中，修夾岡河道。乾道六年，郡守蔡洸自丹陽南浚河至夾岡。嘉定中自江口浚至城南，長一千八百六十九丈，濶十餘丈，復五閘以時蓄洩。元至元、大德、泰定間屢浚。明天順中重浚，復鑿社稷壇西隙地，以通濠塹，達於漕河。本朝康熙十九年，科臣張鵬請開浚練湖，巡撫余國柱勘將上湖工費不繁者令民上價墾種，下湖工費浩繁者仍留爲湖。

---

[1] 接　底本原脱，據《江南通志》卷十三《輿地志》補。

河防志

鎮江府丹陽縣運河，自武進九里舖起，至丹徒縣草舍頭止，計程八十五里。丹徒縣運河自草舍頭起，至大江口止，計程七十里。

嚼梅軒偶存

予奉委查勘江南運河，勘得丹徒縣境內丁卯橋、猪婆灘、華家莊、龍王廟、坍山界壩等處潮退之時，水深不過二尺上下，重運頂淺，勢必稽阻，惟有蓄潮接潮，方可濟運。丹陽縣境內長樂舖、七里橋、青陽舖、聖墅菴基莊、陵口等處，亦深不過二尺上下，重運經臨，勢必淺阻。其七里河，上通金壇運道，近因餌莊淤淺，河水旁洩，正河塞支河方可濟運。

明會典

隆慶五年題准：通修吴淞江白茆塘，丹陽縣練湖隄岸，悉令完固。萬曆三年，又開黄浦、白茆、吴江諸湮塞口，及修浙江海寧、海鹽等縣衝壞海塘。其海鹽石塘南環澉浦，北接金山、上海等界，尤爲要害。越三年工成。四年，丹陽一帶運道淺阻，議准挑復練湖上下，並濬孟瀆河通江。正德十二年，遣都御史一員專管蘇、松等七府水利。嘉靖七年，令各處撫按守巡官嚴督所屬，以時修濬圩岸、壩堰、陂塘、溝渠之在禁內者。

鎮江府志

漕渠在丹徒界者四十五里，在丹陽界者九十里，地勢如建瓴，上置京口閘，下置吕城閘，每冬閉閘蓄水，以濟漕艘。不足則以湖水助之。又去吕城十八里，設奔牛閘。水利官親臨閘上，俟漕艘畢入，先閉奔牛閘，後啟吕城閘，以防水洩。嘉靖之季，此制漸弛。時改冬運，河水淺阻，輒驅百姓開濬。隨濬隨淤，歲以爲常，民不堪命。知府吴撝謙始修復舊制，民稍得息肩矣。

吴偉業《王慕吉墓志銘節略》

鎮江居三郡上遊，導江入輓漕之口，東以陂陀陵阜，河身狹而建高趨下，因冬夏分盈縮，所資惟有練湖。練湖上受長山八十四汊之水，河高而湖又高於河，河則仰之以濟漕。治河者尚憂其易涸，則設京口以下諸閘以啟閉之。萬曆中，政平漕緩，漕船往往以三月出江，春水大至，河可無事。於湖埇廢，而民且占湖，以田於其中。自思陵需餉孔亟，輒以秋冬辦漕，而水輒不利，推求其故，有詔禁湖田，而湖卒未易復也。湖既不能注河，而埇又不能閉水，不得已發民夫以濬河，歲爲常。河壖之田不幸水旱，無蓄洩之利，而有挑濬之勞。丹陽於是乎大困。君至，撫吴者下其事以講求得失，君輒條三利以請：一曰築湖埂，二曰修石埇，三曰復孟河。民自占填淤以爲田，而水門故處皆壞，無以高下節宣，故湖水非乾即溢，漕固憂而田輒被其害。今若築隄障水，又疏其旁支河以利導之，民之失湖田者，百不得一，利湖水以灌田者無算。是用一水而得二米，不獨以治漕已。石埇以吕城、奔牛、京口爲大，次有南埇、黄泥壩、陵口、麥舟、尹公橋諸處，甃石累甓，甓跡具在。舊制漕運回空船由孟瀆河以入，可以不經諸埇，直達毘陵，故丹陽得十月下板嚴公私舟楫而爲之禁，此皆祖宗故事，可舉而行也。上官韙其議，亟以屬君，君乃修湖堤之已壞者一千一百七十餘丈，又開九曲、麥溪、香草、簡橋、越瀆諸支河。堤成，植以榆柳，行者方軌其上。支河之所灌者十餘萬畝，民大德之，惟石埇未易修舉。君争曰："復湖所以蓄水利漕也，湖復而無埇以爲之制，與不復同。埇修而歸漕不由孟河故道，與不修同。"於是發水衡錢之存庫者，加以勸分之粟，大治其事。會值是年亢旱，練湖亦涸，不得已又濬河以導江。江流甚細，賴君諸埇就，而水次所停漕艘僅而得濟。君猶恨吕城埇不以時閉，反覆於上官争之。

王慕吉《宰陽政略三則》

一、禁湖田備旱澇。

炤得練湖上受長山八十四汊之水，下通運河，週圍四十餘里，上、下二湖蓄水以濟糧運，並備民間旱澇。因萬曆年間召民佃築圍埂、開墾種作，遂不得湖水濟運，以致糧船擠塞不能前行，而民間澇則以隣爲壑，旱則桔槔無施。本縣奉旨永革湖田，今造函閘蓄水，漕艘一至即令啟閘放水，濟運通行。如秋間稍旱，隨洩涵水灌溉，五十里之田俱得湖水之利。至今官民兩便，庶糧艘無膠滯之虞，而民亦免乾溢之患矣。

一、修石閘蓄水以濟重運。

炤得練湖原蓄水濟運，但自改春運，民佃爲田，閘座盡廢，水洩無聚。查練湖上下並吕城及陳家橋等處，舊有石閘九座，今止存基址，尚未修復。本縣奉文革佃湖田，於是請動協濟修河銀兩、辦料，督同管工耆民郭成坤、王化等建造。其陳家橋石閘二座，設處無礙官銀，勸諭得利居民修理。未經數月，古制頓復。從此湖水深蓄，每歲冬運開閘注流，則可以擊楫而行歌矣。此亦一永利也。

一、修築湖埂以蓄水利。

炤得本縣練湖一帶圍埂，俱已被浪洗瀉無多，如水勢漲發，邊近田地盡被淹没，每每受害，且濟運所需隄防既潰，何以瀦蓄？自本縣到任，先行勘明，隨令邊近得力里甲炤田地均派人夫挑築，計高一丈、濶一丈二尺，計長一千一百七十六丈餘，修築平坦堅固。非但田畝免于淹没，而濟運之水亦得以瀦藏。堤旁左右植柳，而堤上行人益得信步周行矣。

卷二　興　　修

言水道者，《元和郡縣志》《寰宇記》而外，即以《水經注》爲宗，然《水經注》所詳，皆如江、淮、河、沔諸水，源遠流長，且傳之最先者耳。渠塘溝洫，興自人工，起于後代，或從略焉。練湖，源流不遠，名非甚著，創自有晉，傳之不久。道元生于北魏，時去無多，且方密之云："道元北人，身未得至南方，練湖之未詳于《經》也宜矣。"兹《志》詳考歷代史，暨《江南通志》《鎮江府志》《丹陽縣志》，旁采《水利全書》《行水金鑑》，以及邑人《湖漕成案》《歌敘録》諸書。而練湖之肇興與屢朝之修復，燎若指掌，俾後之言水道與水利者有所觀覽也。志興修。

晉時陳敏據有江東，務修耕織，令弟諳遏馬陵溪以溉雲陽，號曲阿後湖。以上事見《輿地志》。《世説新語》"謝中郎經曲阿後湖，曰：'故當淵注停著，納而不流。'"即此。一曰練湖，一曰練塘。又因開氏故址，一曰開家湖。在縣治北一百二十步，周圍四十里。

唐開元十五年，丹陽刺史徐某開京口，以郡北隔江，舟行繞瓜步，多風濤之險，乃於京口埭下開河二十五里渡江。後因近湖民築堤横截一十四里，取湖下地作田，遂分上、下兩湖。

永泰中，轉運使劉晏因刺史韋損狀，奏請重開下湖，從之。

南唐昇元元年，知丹陽縣事吕延貞奏請作斗門以通灌溉，狀下所司處分，五年十月，斗門成。

宋紹聖三年，詔武進、丹陽、丹徒三縣修沿河隄岸、溝礎。知丹陽縣事蘇京以練湖蓄水，可濟漕渠，歲久湮塞，是年告旱，乃募民浚湖，易置斗門十數，以時瀦洩，民不知饑，湖水貫注，公私便之。

元符三年，漕臣曾孝藴築鎮江歸水澳閘。

崇寧四年，臣僚言有司，以練湖賜茅山道觀，緣潤州田多高仰，及運渠夾岡，小淺易涸，賴湖以濟，請别以沙田賜之，仍令常平官考求前人規畫修築，從之。

宣和五年，詔漕臣補葺練湖隄岸。《宋史·河渠志》：臣僚言鎮江府練湖與新豐塘地理相接八百餘頃，灌溉四縣民田。今隄岸損缺不能貯水，乞候農隙次第補葺。詔本路漕臣並本州縣官詳度利害，檢工料以聞。

紹興七年，兩浙轉運使向子諲奏請增置練湖斗門、石礎。知丹陽縣事郭京濬練湖。

乾道六年，知鎮江府事蔡洸濬河。

按：乾道在淳熙前，《縣志》誤，今正之。

七年，詔臣沈度修築練湖隄岸。《宋史·河渠志》：臣僚言丹陽練湖，漕渠資之，望責長吏濬治湮塞，立爲盗決侵耕之法。詔兩浙漕臣沈度專一措置修築。

八年，知鎮江府事宋況浚運河自利，涉河至江岸。

淳熙二年，知鎮江府事張津浚京口閘河以北至江口。

六年，秋旱。總領錢糧臣請以縣官在庫緡錢及粟募民夫濬湖治堤。

十六年，提舉浙西常平詹體仁督平江、常州、鎮江三府，開漕渠，置斗門。體仁謂：“浙右之有漕渠，非止通饋運，資國信往來而已，蘇、秀、常、潤田之高低者實賴之。”故盡心是役。是年，總領錢糧臣修丹陽練湖横壩及諸斗門、礎函。《記》略曰：“自長山合八十四流而爲辰溪，自辰溪而爲湖，湖又自别爲重湖，堤環湖四十里，而築高于舊者六尺，加厚四十尺，而半殺其上。舊疏爲斗門者五，爲石礎者三，爲石函者十有三，皆以備蓄洩也。今加板于礎者十有二，加函之管數倍之，而易斗門之柱，以石者抵函之數。”

慶元五年，兩浙轉運、浙西提舉言以鎮江府守臣重修吕城兩閘畢，再造一新閘，以固隄防，庶爲利便。從之。

嘉定元年，鎮江府築吕城中閘，浚江口河，置閘。丹徒縣主簿馬榮祖修築練湖堤岸。

淳祐二年，知鎮江府柯元壽修練湖牐。

景定三年，知丹陽縣趙必棣修築練湖岸埂。

元初，居民占租爲田。至元三十一年，詔丹陽縣仍濬爲湖。

大德初，又嘗開治。

九年，行都水監濬練湖，海寧陳膺有《記》。

至大三年，設練湖提領官，查舊額湖兵四十三名，添補五十七名，共百人，於本路州縣苗糧内給食，應令耑任修築。設提領壕寨一人、司吏一人，於出身人内選用。

至大四年，詔鎮江路濬漕渠，修練湖，依浙江行省所擬，委參政某率各屬正官親督，轉檄前都水少監崇明知州任仁發，同鎮江路總管條畫。自鎮江在城程公壩至常州路武進縣吕城壩，長一百三十一里一百四十六步，面濶伍丈、底濶三丈，深四尺，與現有水二尺可積深六尺，合用夫一萬五千一十三名，六十日畢工。練湖合用夫三千名，九十日畢工。其經費於平江、鎮江、常州三路，江陰州及建康路所轄溧陽州田多上户，差倩人夫。

至治三年，總管毛莊言：“練湖淤淺，宜依澱山等湖農民取泥之法修築堤埂，九十日可辦。”

按：至治在泰定前，《湖漕成案》誤，今正之。“三年”，《縣志》作“二年”，今依史《志》正之。

本年，鎮江路言漕渠全籍練湖之水，兼資灌溉，近來練湖漕渠俱成淤塞，但修濬練湖不致乾淺，運河得以接濟。中書省以聞，制曰：“可。”

泰定元年正月十七日庀役，三月四日竣事。每夫日給官米三升、中統鈔一貫，凡費米三千一百一十八石五斗，鈔一十二萬三千九百五十貫。

泰定三年，疏漕渠，修濬練湖。《元史·河渠志》：練湖在鎮江。元有江南之後，豪勢之家於湖中築堤圍田耕種，侵占既廣，不足受水，遂致泛溢。世祖季年，參政暗都剌奏請依宋例，委人提調疏治，其侵占者驗畝加賦。至治三年十二月，省臣奏請役夫三千餘人濬滌練湖，九十日可完，人日支糧三升、中統鈔一兩。行省、行臺分官監督。所用船物，今歲預備，來春興工。合行事宜，依江浙行省所擬。既得旨，都省移文江浙行省，委參政董中奉率合屬正官親臨督役。於是董中奏言："所委前都水少監崇明州知州任奉政、鎮江路總管毛中議等議：先開運河，工畢就濬練湖。"省準所言。各監工官言："已分運河作三壩，依元料深濶丈尺開濬，至三月四日畢工。"又監修練湖官言："任奉議指畫元料，增築隄堰及舊有土基，共增濶一丈二尺，平面至高低灘脚，增築共量斜高二丈五尺。依中堰西石礲東舊堤臥羊灘修築，如舊堤高濶已及所料之上者，遇有頹缺，修築令完。中堰西石礲〔至〕[1] 五百婆隄西上增高土一尺，有缺亦補之。五百婆隄至馬林橋隄水勢稍緩，不須修治，其隄底間有滲漏者，窒塞之。三月六日破土，九日入役，至十一日工畢，寔役三日。"又鎮江路言："練湖今已開濬，若不設法關防，徒勞民力。應關本路達魯花赤兀魯失海牙總治其事，同知哈散、知事程郇專管啟閉斗門。"行省從之。

按："三年"，《郡邑志》作"元年"，今依《通志》引《元史》正之。

明洪武二十五年，命崇山侯李新通杭、嘉、湖、蘇、松、常、鎮七府運河。二十八年作堰塘。

建文三年，鎮江府知府劉辰、丹陽縣知縣董復昌重修埂閘，邑人張存有《記》，別載。此役《縣志》作"洪武三十四年"，按：史洪武止三十一年，無三十四年，其作"洪武三十四年"者因文皇削去建文年號，仍以洪武紀年而誤之也。《湖漕成案》沿《府志》作"洪武辛巳"。按：辛巳乃建文三年，揆之以洪武紀年正當三十四年，則《通志》稱"建文元年"者亦誤，今依《欽定資治通鑑綱目》仍以建文紀年作"建文三年"。

宣德六年，巡撫侍郎周忱修五堰。

正統六年，知縣陳誼令耆民督役築埂。植柳，及修東埂二斗門，駕橋于上，以便行者。

景泰二年，修練湖。

---

[1] 至　底本缺，據《元史·河渠志》補。

六年，巡撫周來學檄同知俞端、主簿鄭賢，修治湖埂陂塘，以蓄水利。

按："周來學"，《縣志》《湖漕成案》云姓周，《通志》《郡志》又云姓鄒。

天順三年，浚鎮江漕河，修京口、甘露、吕城、奔牛各閘。

成化二年，丹陽知縣蔡實每歲春首召民修築坍塌，加修斗門函管，有侵占湖田者痛治如律。

弘治十三年，丹陽知縣高謙修築練湖隄岸。

正德十二年，遣都御史一員專管蘇、松等七府水利。

嘉靖四年，浚丹陽至京口驛諸淤淺河道，令運船避孟河風濤之險。

七年，令各處撫按守巡官嚴督所屬，以時修濬圩岸、壩堰、陂塘、溝渠之在禁内者。

十五年，知縣高謙復修築之，申禁侵佃湖田。刑科眭煜避諱改。作《記》，别載。

二十四年，吕光洵督濬蘇、松、常、鎮四府塘浦。

隆慶三年，巡撫海瑞修練湖隄岸。

五年，題准通修吴淞江、白茆塘、丹陽縣練湖隄岸，悉令完固。

萬曆四年，宋儀望建金壇縣運河三閘。

本年，巡按御史郭思謙、陳世賓先後疏請復練湖，並濬孟瀆。疏聞，下工部議，咨巡江御史會勘。五年，巡江御史林應訓題覆。十四年湖工告成，立欽依湖禁碑竪堤上。疏及碑刻别載。

十三年，知府吴撝謙條議重立湖禁。條議别載。

三十二年，丹陽知縣韓萬象浚運河，自丹徒至武進縣界。

三十五年，丹陽知縣曠鳴鸞浚運河，自倉前起至觀音山。

三十九年，丹陽知縣曠鳴鸞浚運河，自新開、三義閣起至轉河。

四十一年，鎮江府水利通判張畏天浚丹徒運河，自草舍頭至陵口。

四十三年，丹陽知縣王志道浚運河，自青陽至基莊。

四十六年，鎮江府同知邢登雲浚丹陽運河，自栅口至青龍橋。

天啟元年，丹陽知縣袁鯨浚運河，自觀音山至草堰。

四年，巡漕御史徐卿伯請清湖地以濟漕運。奉旨："運河淤淺，管河各官自當及時挑濬。練湖蓄水備旱，豈容豪强侵占？着作速清查，還官追租正法。該部知道。"《疏》别載。

按："四年"，《湖漕成案》作"六年"，今依《縣志》正之。

本年，鎮江府同知林向廷浚運河，自丹徒縣界至武進縣界。

崇禎元年，丹陽知縣蔡如蕙浚運河，自吕城至武進縣界。

二年，常鎮道吴時亮浚武進縣運河東倉灣至龍嘴尖、新閘至連江橋、東沙溝至奔牛三官塘。

四年，丹陽知縣王範浚運河，自草舍頭至石洋子。

本年，巡按御史饒京疏請復湖濟漕。奉旨：該部議覆。工部覆題，奉旨："練湖既足濟漕，即着該撫按同巡漕御史查明舊制，力圖修復，其經費錢粮准將協濟修河等項銀酌議動支，仍嚴核冒濫，務期工築堅久，可爲永利。如有勢豪頑猾阻撓把持，即指名參來。該部知道。"《疏》别載。

五年，巡按御史余城奏請濟漕安民。奉旨："練湖堤埂及閘座俱着上緊修築，務令堅整永賴，不得率玩虚糜。"《疏》别載。

本年，知縣王範修築堤閘，工竣，巡漕御史疏復並請修復奔牛、吕城、丹徒、京口諸閘。從之。

六年，鎮江府照磨署丹陽縣事張世宷浚運河，自三義閣至馬家涵，又自凌口至吕城。

本年，巡撫僉都御史莊祖誨、巡按御史陳乾惕疏報練湖修復已完。奉旨："練湖修復，漕運有賴，亦見急公，今後着該管印河各官每年先期浚葺，不得弛玩，致有淤阻，撫按官仍不時查飭，違者參處。"《疏》别載。

按：陳乾惕：《縣志》亦誤作"巡撫"，今依《湖漕成案》正之。

十一年，巡撫張國維浚鎮江漕渠。

國朝順治九年，巡按監察御史秦世禎題稱：練湖之興廢，關運河之通塞，請旨清還占業，修復故址，以利漕蘇民。奉旨："着詳察確議具奏。該部知道。”工部題請勅下該督撫按諸臣嚴行司道等官力禁侵占，將廢閘湖堤照舊修理，奉旨：“依議。欽此。”

本年，修築黄金壩，其餘斗門、函礎均如舊制整葺，御史秦世楨有《碑記》。《疏》及部覆碑刻别載。

康熙十三年，江寧巡撫馬祜題稱：奸豪違禁，朦佃練湖，關係漕運民生，請旨再申永禁，酌議各復函閘以全水利。奉旨：“該部嚴察議奏。”部覆：本部看得江寧巡撫馬將賀傳籙等佃種奉禁練湖一案，審擬杖罪，分别赦前赦後，依律究治，其各犯名下已墾湖田，盡數剷削還湖。奉旨：“依議。”《疏》及部覆别載。

康熙十九年，吏科張鵬題稱：湖水横決，有因熟田就荒可惜，謹具陳利病積弊請勅詳勘，陞科便民裕國。奉旨：“該部議奏。”部覆稱查得吏科給事張條奏疏稱江南鎮江府丹陽縣之練湖，宜令民佃種，陞科請勅江南巡撫于今冬水涸時親行詳勘，具覆相應行文，江撫親行踏勘詳定，具題到日再議可也。奉旨：“依議。欽此。”巡撫慕天顔題稱：該臣看得丹陽練湖地界，徒、陽兩邑北者爲上湖，南者爲下湖，上湖高仰，召民佃種，下湖低窪，仍留蓄水。奉旨：“依議。”《疏》别載。

按：此係上湖佃種成田，下湖永留蓄水之關鍵，故敘録略詳，嗣後衆皆效尤。二十四年，弊陞下湖田四百二十八畝三分一厘二毫，報後又于二十五年陞下湖田七百四十三畝二分一厘五毫，三十一年陞下湖田四千八十五畝一厘九毫，四十二年陞下湖田一千九百六十五畝五厘，前後共陞田七千二百二十一畝六分零。佃者愈多，原設函洞、閘壩不利其存，反利其廢。已陞之外，存有四千四十餘畝，亦盡行私墾，濱湖民田歲有旱乾之患，害不可勝言矣。

二十八年，知縣竇重光詳請復修練湖。

本年，江藩司李亮詳請復修練湖。

二十九年，知縣高聯詳請復修練湖，署常鎮道王批仰候轉詳。

三十年，知縣高聯覆詳請復練湖。

三十三年，知縣馬光裕詳請歸田還湖，修舉函閘。以上詳議別載。

二十四年，江藩司張條議請復。

按：自二十八年後，屢經藩縣詳請修復，維時因下湖陞科錢粮未有着落，遂中止。

康熙四十六年，欣逢聖駕南廵，是時下湖與上湖俱廢者垂二十年，當事者往往執濟漕之説以争之，莫能得。仰賴聖天子軫念東南水利，飭督撫河漕諸大臣條議，凡有資灌溉應疏應築者以聞，俱准發帑修建。丹陽練湖亦在其内。於是有沿湖居民邵日茂、孫道宏等呈請復湖，情願將下湖所陞田應徵賦額，于濱湖民田内均攤認完。廵撫于準會同各院具題。奉旨："依議。"

四十八年，兩江總督邵穆布、江蘇廵撫于準總漕桑疏，稱下湖仍留蓄水，每年額徵地丁、漕項、米麥，相應在湖旁民田各户攤徵。丹陽主簿一員職守清閒，責令專管，將所收湖内魚菱出息變價，以作修理閘壩、函洞、堤埂之需，歲終造册報銷。奉旨："依議。"

康熙五十五年，百姓感恩圖報，築墩于湖心，建"聖恩亭"於其上，勒"萬世永賴"四大字碑。蘇州太守長沙陳鵬年書。其上湖之北黄金壩一條，自張官渡起至馬陵止，約二十里，收長山之水歸於下湖，有公莊田四十二畝八分。募夫看守、修築，係上湖魏、桓、孫、楊四姓人承值，與他姓無干，案：定于雍正五年，詳見舉人湯諧《練湖歌敘録》。

嘉慶十四年冬，郡守黎世序與丹陽縣令徐學瀚議請大憲重修下湖頭、二、三閘，府縣共捐銀四千餘兩，並勸資湖水灌田諸户加培湖堤。檄經歷李培勲董其事。至十五年三月，閘堤工成，並立善後章程公牒，《章程》別載。撫軍章有文紀其事，載《碑記門》。

卷三 奏 章

國家大計，漕運爲先，大吏首務，粒民斯重。二者皆有資於水利。以是而勤其相度，登諸奏牘，其籌畫度支之幹、濟經營民田之猷，爲一展卷而舉可覘也。練湖之在陽邑，既關輓輸，復利禾稼，溯厥經始，迨于明時，遞廢遞興，代非一軌。暨我本朝賢公卿規畫于上，奏章之文烺若日星，採入志乘。而聖主廑念民依之至意，與統轄斯土者思艱圖易之良謨，皆可垂遠久示來兹，俾奕禩觀感而興起焉。志奏章。

唐

練湖修廢利害疏　劉晏

永泰二年，轉運使劉晏《狀》：得刺史韋損、丹陽耆壽等狀上件：按：《圖經》練湖周圍四十里，比被丹陽百姓築堤，横截一十四里，開瀆口洩水，取湖下地作田，其湖未被隔斷已前，每至春夏，雨水漲滿，側近百姓引溉田苗，官河水淺，又得湖水灌注，租庸轉運及商旅往來，免用牛牽。若霖雨泛濫，即開瀆洩水，北流入江。自被築堤以來，湖中地窄，無處注水，横堤壅碍，不得北流。秋夏雨多，即向南奔注，丹陽、延陵等縣良田八九千頃嘗被淹没。稍遇亢暘，近湖田苗無水灌溉。所利一百一十五頃之田，損三縣百姓之地。今已依舊障水爲湖，官河又得通流，邑人免憂旱澇。奏聞，中書門下牒浙西觀察使韋損，勿使更令修築，致有妨奪。永泰二年四月十九日。

南唐

請建斗門奏略　吕延貞

元年，知丹陽縣事吕延貞奏，其略曰：當縣有練湖，源出潤州高麗山、長山，下注官河。臣讀石碑，得聞湖利，訪諸鄉老，咸曰：疇昔以湖爲利，故立碑於縣門，其廢於今將百年矣。當爲湖日，湖水放一寸，河水漲一尺，旱則可引灌溉，澇則不致奔衝。其旁腴田幾逾萬頃。昔環湖而居，衣食於漁者凡數百家。有斗門四所，繇前唐末兵亂之後，民殘湖廢。安仁義取斗門餘木以修戰備，自此近湖人户耕湖爲田，後來弓量賦税租籍，農商失恃，漁樵失業，河渠失利，租庸失計，民思復湖以禦災，奈何無所寘力焉？苟欲訪其利病，則讀碑可知，觀湖可見，臣頻承條制，修葺陂塘，切度其湖爲利甚溥。遂集材役工於古斗門基上，以土堰捺，及填補破缺處。初，謗議震動，謂臣弗良圖，且廢湖豐己者不十餘家，有湖無災者四縣之地。臣明知利害，獨如弗聞。自今歲秋後不雨，河道乾枯，累放湖水灌注，使命商旅舟楫往來，免用牛牽。當縣及鄰縣人户請水救田，臣並掘破湖岸給水。如欲久遠，須置斗門，方得通濟。其斗門木植，須用楠木，請給省塲板木起建，《狀》下所司處分。昇元五年十月四日，斗門成。

宋

增置練湖斗門石礎奏略　向子諲

鎮江府吕城、夾岡形勢高仰，因春夏不雨，官漕艱阻，尋遣官屬李潤詢究練湖本末，始知此湖在唐永泰間已廢而復興。今隄岸弛禁，致有侵佃冒決，故湖水不能瀦蓄，舟楫不通，公私告病。若夏秋霖潦，則丹陽、金壇、延陵一帶良田亦被淹没。臣已令丹陽知縣朱穆等增置二斗門、一石礎，及修隄防，盡復舊跡，庶爲永久之利。

乾道七年，臣僚言：“丹陽練湖幅隕四十里，納長山諸水，漕渠資之。故古語云：‘湖水寸，渠水尺。’在唐之禁甚嚴，盜决者罪比殺人。本朝寖緩其禁以惠民，然修築嚴甚。春夏多雨之際，瀦蓄盈滿。雖秋無雨，漕渠或淺，但洩湖水一寸，則爲河一尺矣。兵變以後，多廢不治，堤岸圮闕，不能貯水。强家因而奪利，耕以爲田，遂致淤澱。歲月既久，其害滋廣。望責長吏濬治湮塞，立爲盜决侵耕之法著爲令。庶幾練湖漸復其舊，民田獲灌溉之利，漕渠無淺涸之患。”

元

請修濬練湖疏 毛莊

至治三年，總管毛莊言：“練湖淤淺，宜依澱山等湖農民取泥之法，用船千艘，以五千料爲率，每船用夫三名，以竹罾撈取淤泥，日可取泥三載，十船計三十載，三月通計二十七萬載，令就近田多上户驗糧出備船夫，每夫官給米三升、鈔一兩，如此于民甚便。”監工主簿馬榮祖言：“上、下二湖别無上源，正籍高麗長山八十四岔山水入湖，近年湖底低狹，蓄水不及一尺，若依澱山取泥法，地利與彼不同，徒費工役，不若就湖取泥，修築堤埂，令高濶即可瀦水灌田，合修埂長四千七百八十二丈，計九千五百六十四步，下廣三丈六尺，上廣一丈二尺，加上不等，共一十七萬五千六百八十尺，每工挑土四十尺，計用二十五萬一千八百九十二工，並築打一萬八十工，共二十六萬九千八百九十二工，每日三千工，九十日可辦。”

本年，鎮江路言：“本路漕渠，全藉練湖之水以資灌溉，一切遞運官物、商旅船舫悉由於此，舊設官專一掌管修濬、停蓄湖水，如遇河水淺澁，隨宜通放，湖水放一寸，河水增一尺。近年以來，練湖漕渠俱成淤塞，每有轉輸必勞民力，相視漕渠，自江口至吕城一百三十一里，合用人夫一萬五百一十二名，六十日可以修濬。練湖淤塞之處，合用人夫三千名，九十日可以開挑。庶幾湖水不致乾淺，運河得以接濟，中書省以聞，制曰：‘可。’行省、行臺分官相視，本路常州、平江、建康、江陰五郡，差倩人夫。泰定元年正月十七日庀役，三月四日竣事，每夫日給官米三升、中統鈔一貫，凡費米三千一百一十八石五斗，鈔一十二萬三千九百五十貫。”

明

請復練湖並濬孟瀆疏　郭思極

巡按直隸監察御史臣郭思極謹題：爲江南亢旱日久，運道艱阻可虞，乞勅當事臣工清復蓄水湖額，疏通達江間道，以垂永利事。

臣惟蘇、松四郡，關係國計民瘼之大莫急水利，近荷皇上洞悉民隱，專勅憲臣董理其事，將見澤國，奠安四郡，黎民熙熙然有更生之望矣。臣復何言！近臣巡歷常州、丹陽，以至鎮江，則見漕河淺涸，大異往時，運舟鱗集，停閣不前，葢繇天時久旱，外無江潮可入，内無支流可濟，雖竭盡挑濬之勞，未如之何。于時督漕憲臣以及司道有司絡繹道塗，星行露宿，經營相度，多方計處，乃導流轉灌遠戽港汊之水注之漕河，又廣募民舟以剥運，多撥民夫以挽拽，知慮悉殫，水陸畢力，工費無算，僅能引舟出江，雖於漕期尚可無誤，而二郡騷然，民幾不堪命矣。臣觸目疚心，不遑寧處，顧無策以濟民艱，乃考按圖經，咨諏士庶，則固有陳迹可復、地利可修者得二説焉。

一曰清復練湖以永資蓄洩。葢江南漕河綿亘四百餘里，其勢北高而南下，自蘇州以至常州則地形最下，水得流通，雖遇歲旱不至甚涸。自常州以至京口，地形高亢，河流易涸，雖奔牛、吕城建有石閘二座，以時啟閉蓄水，以待運船，然而仰藉蓄水以濟運者，寔有丹陽之練湖爲之源也。練湖北去丹陽城百步而近漕河縈遶其側，舊額廣周四十餘里，仰受長山高麗之水，滙爲巨浸。唐宋以來，築有中埂、斗門、石閘，制度詳備，歷代修浚。本朝天順、成化之間，屢嘗疏瀹增修，是以水得停瀦，汪洋不竭，夏秋則戽水以漑田，冬春則放水以濟運，故有“湖水放一寸，河水漲一尺”之志，其有資于漕運者甚大也。夫何守令狃近利而忽遠圖，縱令勢家豪户周圍告佃成田，日侵月削，寖失舊額，且佃户之家輙私放其水，冀免渰没而便於耕作也。傍湖之民又私開函洞，張綱其間而利於取魚也。彼皆相仍，視爲己有，雖嘗有建議清復者，而怵于謗讟，因循中止，年涸一年，至今且揚塵矣。一遇亢旱，束手無策，是天造地設之利而人棄之，安得盡諉之天時哉！臣愚以爲佃湖租税之入爲利甚微，漕河蓄洩無賴爲害甚大，理當清復無疑矣。但向之清復未能者，勢家豪户阻撓於其間，而任勞任怨之難其人也。今既勅有憲臣專管水利，姦頑之徒自當讋服。憲臣主持於其上，有司奉行於其下，披圖按籍，一清復之。倘以貧民失業爲慮，臣又訪得該縣有萬頃洋等處皆可墾爲膏腴之區，使佃湖之家轉佃於彼，則失於東者償於西，公私兩可便矣。

一曰議修孟瀆，以旁通舟楫。夫奔牛、吕城之二閘，例於冬閉春啟，蓄水以待運船，然秋冬之交運船回空者必取道於此，而官船之往來者亦必取道於此，上下交馳，情奪勢阻，欲其恪守閘規，不可得已。求諸先年，有不繇二閘，而可以間道達江者，則又有武進之孟瀆河在也。孟瀆在武進之北，延袤六十餘里而長，外通長江，內資灌溉，商民舟楫，罔不便之。向使此河不淤，則空回糧船與往來官船率由此以抵江，俾奔牛、吕城得閉閘蓄水，專通運艘，則勢不至於淺涸之甚。緣自嘉靖間，遭值倭亂，築堡中流，設兵禦守，於是河流漸微，日就阻塞，雖嘗有建議開濬之者，計度工費約該五萬餘金，而當事之臣經理欠周，乃欲以武進一縣之民力當之，譬之一國之事而責辦於一家，以十人之負而責荷於一人，勢有所不能矣。以故旋議旋寢，至於今將爲平陸矣。安望其能通舟以達江哉？臣愚以爲此河之開不獨有資於灌溉，而寔有資於漕運；不獨有便於武進一縣，而寔有便於常、鎮二郡。今惟責之水利憲臣詳爲酌議，民力取諸常、鎮二郡，錢糧取諸漕運衙門，要不必加派以病民，而計工授直則無不濟矣。孟瀆一開，則既有間道以通舟楫，而運閘得啟閉之宜，又引江潮以達奔牛，而運河資接濟之力，縱遇亢旱，不至坐以待困如今日矣。故議濬孟瀆以旁通舟楫，亦緩急可賴之一策也。此外若預查勘時挑濬等事，漕規具存，臣無事瑣瑣矣。伏乞勅下該部再加查議，如果臣言可採，覆請定奪施行，庶於國計民瘼咸有所裨矣。

萬曆四年

請復練湖浚孟瀆疏 陳世寶

巡按直隸等處監察御史臣陳世寶謹題：爲敷陳末議，懇乞聖明亟賜舉行，以俾將來糧運大計事。

計開：内摘修浚湖瀆二欵。

一、清復上、下練湖。照得練湖上下約一萬三千餘畝，長山之水，盡注於中，東距運河不過一隄，如使已往湖形未湮，舊制猶存，停流蓄水不使外洩，雖今年運道旱涸，而引湖以濟，苐見建瓴而下，須臾盈滿，豈至使臣等驚惶區處，備嘗艱苦，軍民疏導撈濬，重遭勞擾，而後徼倖利涉於萬一也哉？今臣督同浙江都司葉歡，於張官渡車水之暇，沿埂逐崖查得原設之閘半廢，函洞之底大抵中雖有水，走洩甚易，且豪黠彊禦之徒占爲己田，雖近有公租之入，所值幾何？彼且利其水之不存，而便於耕種矣。以故今春引水通運，累及百姓，遂有一二鄉紳貽書於臣，以歸咎此湖之久廢，里老百餘人遮道泣訴，謂復此湖而後常、鎮之民始有息肩之日。吁嗟！此湖之便於漕運若是，人情之願於清復若是，乃有司惟以城狐社鼠占恡掣肘，竟寢而不問，不知朝廷三尺之法，議單清復之令將安用之？即歲納些須公租，亦豈能當我官民一遇河道旱乾輙勞費如此耶？況有誤國計，干係匪輕。臣昨於糧運通行之後，檄行管河參政王叔杲，委官踏丈。但非奉明旨，則臣行既遠，將又停閣不舉。伏乞皇上鑒今年之事，爲未然之防，勑下該部鋭意清復，咨行應天廵撫專管河參政，督同各該府縣掌印管河官逐一踏丈。要見四圍原額若干畝，今存若干畝；某處蓄水，更當挑渠以入湖；某處隄壞，更當修築以防溢；舊閘當修者修之，函洞之當改者改之。應於某官掌管其事，塘長、壩夫各該若干，修濬錢糧費若干，嚴立限期，務在五月以裏踏丈明白，造册回繳。仍於每歲年終廵撫衙門具本練湖蓄水若干文册，報部查考，仰祈聖裁。

一、復開孟瀆河。照得清復練湖，誠漕運要務，而孟瀆河不開，亦爲缺典。聞此河於嘉靖初年，當漕船旱澁，該漕司呈達該道開挑，而運事始通。今該臣親至奔牛鎮疏浚閘左之月河，查得孟瀆河亦在奔牛之中，因督同蘇松管河參政王叔杲、督糧參政楊世華往彼踏勘，見得河形尚存，閘基猶在。又據士民稟稱，本河起於奔牛萬緣橋，歷黄泥、謝店、羅墅、石橋、萬遂等處，約七十里而入大江。入江之後，由黄牛山、圌山、門焦山、金山之側以達瓜洲閘，雖有百里之遠，而急流之險止一二十里耳。但因嘉靖三十一、二等年倭冦突犯常鎮，有司始將此河緊要去處築壩堵塞，以斷其入寇之路。日積月累，遂至此河淤墊，而糧運商賈之船不復經行矣。臣又博訪衆論，謂此河復開，不惟遇旱可通運船，而秋冬回空倘值丹陽一帶打壩修河之時，逕由大江入此，直出常州，無復阻碍，而船到必早。夫回空早，則赴兑亦早，最有益於運政者也。仰祈聖裁。

萬曆四年

請清復練湖疏　林應訓

巡按直隸巡視下江兼督水利監察御史臣林應訓謹題：爲江南亢旱日久，運道艱阻可虞，乞勑當事臣工清復蓄水湖額，以垂水利事。

該臣奉南京都察院劄付，准工部咨，該巡按直隸監察御史郭思極題前事疏，開清復練湖，以永資蓄洩。

該本部議覆，奉旨核咨到院，備劄至臣，隨即案行蘇、松、常、鎮四府兵備道，轉委廉能官員，及行常、鎮二府掌印水利官臨湖踏勘，該道仍親詣湖所，查革占佃去後。今據本道參政王叔杲呈稱：遵依備行常、鎮二府掌印水利官，及委蘇州府通判劉體道前去，會同該縣掌印水利官踏勘，議報。續據劉體道呈稱：會同鎮江府通判劉琚、丹陽縣知縣尹良任，查得本湖自西晉陳敏遏馬林溪，引出長山八十四汊之水，以溉雲陽之田，周圍築堤，名曰練塘，又曰練湖，約四十里許，計一萬三千畝有奇，蓋包山溪兼隣邑丹徒縣界，由張堰湖至龍頭岡止，而概言之也。環湖之限仍立函洞一十三處。至唐永泰初，中作横埂，分爲上、下二湖，置上、中、下三閘，凡八十四汊之水，始經辰溪衝入上湖，復由三閘轉入下湖。本朝洪武間，因運道水澁難行，依下湖東堤開建三閘，借湖之水以濟糧運，舊址現今具在。其佃種成田，勘得丹徒縣居民蔣祥等公莊田一千七百二十畝一分三釐九毫，華諒等佃田四百二十畝，丹陽縣民姜得三等佃墾田三百一十三畝，俱起科辦糧，與水利無妨，相應存留外，其華諒附近決口田一百八十畝七分，並居民任清等佃墾田六百七十四畝四分，張芸、荆貴等佃墾田四千七十三畝，此皆未經起科，于湖地水利有礙，俱應開濬。切詳長山八十四汊，天雨時行，則群山崙水奔流淜湃，來不可禦，去不可留。

而湖之形勢本高，又非若昭陽、邵伯等湖低窪滙水之比，隄障濬治之功誠不容已等因到道。本道隨親詣練湖處所，督同府縣掌印水利等官周迴細審本湖形勢，看得所勘練湖源委，原額已詳，其堤內所佃田畝俱係侵占湖利，不問丹徒、丹陽告佃久，近已未陞科，既奉有嚴旨，自應盡行查復，以杜後來侵占之漸。

所議姑留以助疏濬，殊屬未妥。惟公莊田坐傍高岡，且藉此以守黄金堤，庶免衝決，相應存留。其湖心淤漲，相應挑濬，即以其土加築西南一帶堤埂，務令高厚，仍堅築閘座，以備蓄洩。行令該府覆議詳悉，併估築砌隄閘工費速報去後。續據知府張純申稱，會同常州府知府穆煒，蘇州府通判劉體道，該府通判張汝正、劉琚，督同丹徒、丹陽二縣知縣楊廷相、尹良任會勘，得上、下練湖前代資以灌田，國初兼以濟運，其間興廢不一，皆緣節宣失宜。葢本湖雖無常源，然夏秋雨潦，正受長山八十四汊之水，每每衝溢，傷堤壞閘，堤壞水乾，于是民佃爲田，舊制寖失。是堤壞者，民佃之漸，民佃者，湖廢之由也。今奉明旨，查復舊制，革田歸湖，誠切時務。然欲使堤可不壞，河可常恃，則濬湖築隄爲要，而設閘節宣尤急，議得上湖四際夾阜、下湖東北臨湖一帶，原埂完固，無容再增，中有缺口四處，相應填補。惟西南一帶殊覺單薄，合行倍加增築，約令高以一丈、厚以十丈爲率。按：《縣志》中有脱簡，更無他書可考，今從《湖漕成案》節抄。其沿堤私設函洞，概行禁塞。中有古設函洞一十三處，皆民田賴以灌漑，湖水賴以宣洩，合無照舊存留，每遇秋夏，呈官給示，方准啟放，一入冬春，即行閉塞。有私啟者，官治以罪，如此則官民兩便，非惟運道有賴，抑且農業不妨矣。合用人夫相應三縣協濟，合用錢糧照依部覆取足漕銀興工等因，並將勘估新建中閘一座、改造下閘一座、建築減水閘二座、修造中埂二閘，合用石料、夫工等用共銀三千五百三十八兩七錢九分八厘，及挑濬等堤，其合用人工該銀九千五百五兩六錢二分，通共銀一萬三千四十四兩四錢一分八厘，數目緣由到道。照得練湖自晉宋迄今屢興屢廢，葢因水本無源，雨集則群流奔湧，湖緣堤障而成其勢，易于潰決；天旱則泉源既枯，地以積淤肥美，小民利於佃種。該府所謂："隄壞者，佃種之漸；佃種者，廢湖之由。"誠確論矣。

今既查明原額，除公莊田于水利無妨姑留外，其餘盡行清復。已經起科者，準與開除。其挑濬築砌之工費，公私函管之存革，上、下閘座之啟閉，該府酌議詳悉停妥。乘今春水未至，湖地方乾，便于挑土，本道已行令多募夫役，先那常、鎮二府解淮兑軍減存行糧銀二千六百三十一兩，並暫借貯庫練兵銀，即日興工挑築，計月餘內可完。其閘座一面，採辦石料，立限修砌。未敷銀一萬四百一十三兩四錢一分八厘，伏乞速行措處補庫，接放兵餉，刻限完工，庶可以乘時蓄水，以便秋冬濟運。再照工固詳於經始，而事每忽於圖終，誠使隄障既設，而督察不勤，函閘既修，而節宣無法，是繕治於一時者，未免全廢於日久。湖額既清而禁令不嚴，泉源已微而疏導不加，是取辦于目下者，豈能永利於將來？合于隄埂函閘完固之後，專委鎮江府水利通判督令丹陽縣水利縣丞，時常沿堤巡視，稍有滲漏，即加補塞。遇山水泛漲，則啟閘口以防灌潰。秋冬水泉微涸，督令塘長多方疏導歸湖，無令他洩。或湖水盡涸，亦不許奸民乘機佃種，違者重治以罪，悉著爲令甲。各官奉行不謹，聽本道不時參究等因，具呈到臣。該臣看得上下練湖水無常源，非隄障而濬治之，何能爲運河助也？是以國初有三閘之址，議單有歲修之令，積久以來豪民習見佃田之利而私相侵鑿，以潰其防，有司亦倖其河運之通而不復禁制，以虞其後。居常率稱如故，不意天旱水涸如今春，而漕運幾失濟矣。今欲施湖之工，必先復湖之舊，故委勘於通判劉體道等革田四千九百二十八畝一分，覆勘於知府張純等革田五千六百四十三畝一分，督勘于參政王叔杲革去佃墾田五千八百五十七畝三分四厘一毫，其所存留，止籍守黄金堤之公莊田耳。臣親詣其地，周圍四望，基埂平夷，無復阻撓障礙者，廼就形勢而考鏡之。

竊見上湖地，仰八十四汊之水所由來也。雖不能蓄，而懼其洩，洩則水力分矣。下湖地形較上湖頗平衍，而高於運河僅數尺，故懼其不盈。水盈而堤堅，則應時而注之河，有全力矣。二者，上、下湖之大略也。上湖四際夾阜，循治故岸，足無疎洩；下湖環旋計四十里，頃者委官建議濬以一尺以上，不爲深，而費以三萬餘，且泥無所歸，旋盪入湖，概濬何益？故沿湖築堤，相隄建閘，殊爲長便。所據知府張純等、參政王叔杲共議工程，則隄凡一十七號，長二千七百七丈，各高以一丈、厚以十丈，西南一帶務與東北相等；其司啟閉則增建中閘，改建下閘，修造中埂二閘。其虞秋水，則建減水二閘。而參政王叔杲又欲于隄閘完固之後，督官緝理勿隳，前功、始事、善後之議，似俱詳當。今人夫已集，約用銀一萬三千四十四兩四錢一分八厘，部覆原取之漕運衙門，臣等已將應解減存行糧銀二千六百三十一兩，扣兑支用，仍有不敷銀一萬四百一十三兩四錢一分八厘，與夫前項事宜，通應題請，伏乞勑下工部再加詳議。如臣所言不謬，將革去湖田已經起科者，除其差糧，應增隄閘，如前布工。應用銀兩，如數催發。臣等胼胝赴之，功可踰月而望矣。

萬曆五年

請清湖地以濟漕運疏　徐卿伯

巡按直隸等處、督運理河監察御史、臣徐卿伯謹題：爲糧船次第開行，運道淤淺爲患，懇勑河官勤撈濬以資飛輓，更遵祖制，清湖地以利蓄洩事。

臣惟漕運在今日爲極重，漕限至今日爲極遲，漕重則河道不得視之爲輕，漕遲則河道尤期濟之以速，而今日之河道更有不可言者。

查今年開帮，視去年較遲一月，直至五月終旬，空船方盡數抵淮。由于北自臨清，南至汶上、南旺一帶水淺舟膠，漕儲道與各府佐諸臣自南旺南閘等處築壩，俾汶水盡往北流，而又閘閘下板遮灌，以至臨清，復閉下流閘口，使得不洩。諸臣于是更替叠番各閘監視啟閉，而多船始得以絡繹南下也。最苦數日之蓄不足當一日之放，一日之涸又須待數日之蓄。臣詢諸運弁，僉云："從来回空未有如今番之費力艱難者。"然彼猶空船耳，今重運之船兑者、兑開者、開行者又將銜尾而北上矣。船益重，水益欲深。乃吴橋縣、郭家園二處報淤淺長十五丈，滹縣阻滯，鎮海等衛南糧船百餘隻，至今竟不見作何料理設法疏通。而縉紳之自北來者，皆謂河之深處亦可以褰裳而涉，則其淺者又不待問而可知。臣待罪趲漕，兼理河道，無奈馬腹之鞭，雖長不及，情急呼天，則惟有籲求皇上嚴勑管河各官，多集人夫及時挑濬，務徹未雨之桑，毋掘臨渴之井而已。乃臣因是遂有感于有備無患之説，而知祖制之當遵而不當壞矣。

臣按：運道所經處，各有湖貯水，以備旱涸，故民間呼爲水櫃，如汶上之南旺、蜀山之馬踏、東平之安山、濟寧之馬塲、沛縣之昭陽諸湖是也。而丹陽有所謂練湖者，當穆宗、神宗之時，屢經豪占，屢奉明旨，清復濟運，或刊之議，或勒之碑，記者尤明。而且悉湖周廣四十餘里，納長山諸水八十四流，爲石閘者七、木涵者十有六。國家東南財賦，浮運河而北，遇涸則起閘以濟；近湖民田數百頃，遇旱則啟涵以資灌溉。此先臣給事中眭煜志湖之文，可考而鏡也。昔之侵佃此湖者，其人如吉汝孝、唐麒、唐寶等，不旋踵而奪之官，國初尤有戍遠邊、下獄而死者。即世宗朝，豪民眭完、楊著等皆以侵佃追租正法，而楊著亦斃于獄，其設禁之嚴，葢爲沃壤厚利如血集蠅，不如是不足以杜豪有力者之占據而爲之鑒耳！

夫何近年以來，借口抵充遼餉，而勢宦大家侵者侵、占者占，遂舉此湖之制蕩然不可問，而屢奉之明旨、歷代之祖制，幾等于弁髦而不可守？切謂以一年之遼餉而廢萬世之水利，所規者近，所失者遠。湖田膏腴之利，惟勢宦大家享之，而邊湖數十萬畝之民田，一遇旱年，盡歸枯槁，不亦所利者少而所病者衆哉？臣檄道府清查，久無以應，宦勢已爐之熖，尤足令人畏如此！乃臣爲漕運理河，只知有漕河；爲皇上執法，只知有皇上之法。即有欲剸刃于臣者，臣當袒胸待之，又何懼焉？伏乞皇上念漕事必不可遲，運道必不可梗，嚴飭諸臣留心治河。至水利如練湖有爲豪强占據者，速清還官，仍追租正法，容臣運務粗畢，即乞歸以謝諸豪，庶漕輓得有備無患之上策，而微臣亦免爲受直怠事之瘝官，其幸大矣！奉旨："運道淤淺，管河各官自當及時挑濬，練湖蓄水備旱，豈容豪强侵占？着作速清查還官，追租正法。該部知道。"

天啟六年

復湖濟漕疏 饒京

巡按直隸監察御史臣饒京爲復祖制萬年之水利，除地方累歲之征求，以濟漕運，以安民生事。

臣曾兩令三吴，稍存覩記，今復巡兹四府，則羅四方之情形致之闕下，皆巡方之職也。倘見大利大害、畏禍避怨而不言，則安用此巡方使者爲哉？臣滋懼矣。

葢江南水利，以漕河爲先，而灌田次之。漕河之水利，以鎮江之丹徒、丹陽爲先，而他邑次之，何也？長江之水，自京口分一支入鎮江爲河，河水歷丹徒九十里達丹陽，又九十里達常州之武進縣，由武進而至無錫以及蘇州之吴江，而通于浙。凡浙之運船與蘇、松、常之運船，總由此河遡流而上達京口以出于江，此河乃運船之孔道，而民船次之。然地形有高下，水勢亦相因，江水泛漲，由京口閘入鎮江，河身迤邐夾岡，其勢昂，丹徒高于丹陽，丹陽又高于武進，以次而低，水勢下流，有若建瓴，易泄易涸，南去數百里皆無水源，而冬春反成陸地矣。臣嘗聞丹陽縣有練湖蓄水，可以濟運河之窮而利漕艘之涉，久藏于心。于七月杪出巡丹陽，即爲詢訪。事竣登城而望，一水潺湲，與離離之禾黍相雜，問之，即練湖也，去縣治纔一百二十步，臣遂乘船登岸，周覽形勢，而鄉民群至，持諸碑記，且告以從來興廢之由，尋取《縣志》觀之，慨然曰："丹陽之練湖，無異于汶上之南旺、東平之安山、濟寧之馬塲、沛縣之昭陽等湖，是天于無水處生此湖以貯水濟運，非等閒也。"臣請得而悉言之。

練湖又名練塘，仰受長山、高驪山八十四汊之水，瀦而爲湖，即古之曲阿後湖也。晉人陳敏務修耕織，築堤障水。唐時近湖居民又于湖中築堤，横截十四里，名曰"中埂"，取湖下地作田，遂分上、下二湖。唐轉運使劉晏開下湖備灌溉，至宋復修治之，尋廣上湖幅隕約四十餘里，廣下湖幅隕將五十里，上湖置二金斗門、一石碪，下湖置三金斗門、二石碪，視乾溢以爲蓄洩，環湖之堤高八尺五寸，濶一丈有零，疏爲十三函，函各有渠，支分聯絡，唐李華有《練湖頌》以記其勝，然而傾圮無常。我太祖高皇帝龍飛之三十四年，命鎮江知府劉辰重修練湖，以丹陽令董復昌集其事，始塞上湖二斗門、一石碪，引水流入下湖，下湖塞二石碪，移廢碪之石先修中斗門，次修下斗門，最後修上斗門，隨湖勢崇卑疏板爲五級以瀉水，歷一年餘工乃成。邑人張存立碑以記其勝。正統年間，令耆民築埂植柳，併修東埂二斗門。成化、弘治年間，復加修斗門、函管。至嘉靖年，丹陽知縣李學道修復治之，併開運河引水而入，丹陽人、刑科給事中眭煜又勒石碑以記其事。臣再按圖經，查上練湖坐丹徒縣，高下湖數尺，下練湖即仰流焉。下練湖坐丹陽縣，高運河數尺，而運河即承流焉，勢若建瓴。上練湖中埂有石閘三座，蓄水以濟下湖之涸，下湖亦有石閘三座，蓄水以待運河之涸。水去丹陽，防其下洩，于水之下流、離丹陽四十里地名吕城，有石閘一座。去吕城二十里地名奔牛，亦有石閘一座，以護其外。水滿又恐上洩，又于水之上流京口有石閘二座，以扼其上。前人之制，可謂周備，總之爲此運船計耳！

當年糧船皆于冬春起運，如丹陽一路水枯，舟淺難行，遂起下湖閘板放水入河，而緊閉吕城、奔牛二閘，《湖記》云："湖水放一寸，河水滿一尺。"自奔牛至京口一百六十里，運船得以銜尾遡流而上以達于江，全仰賴此練湖之水也，厥功豈細哉？後至萬曆年間，漕船移爲夏秋之運，江潮盛來，不苦無水，兩湖棄爲空曠之地，變爲桑田，上、下湖之石閘與奔牛、吕城、京口之石閘俱成頹敗矣。臣復乘舟沿堤上下觀諸斗門、石䃥暨諸函洞，辰次星列，故址宛然。臣爲之歎曰："昔人蓄以灌田，歷朝且賴之濟運，而圮壞若此，可爲傷心。今漕規已復，起運正在冬月無水之時，奈何不修復祖宗舊政，而年年勞數萬之民，費六七千金臨時挑濬？將無已時也。一浚而胥役獲大利，細民受大害，每年死於奔走饑寒者不知凡幾，從何處控訴之病民又若此？"

崇禎三年分回空漕船俱于十一月抵京口，而鎮江一帶運河枯淺難行，即頻檄築壩挑浚，動民夫三四萬，壩方成而糧船急欲進口赴次兑米，掘壩争入，前功盡棄。且旋挖旋築，再築再挖，府縣申詳如雨，而受兑亦係急務，勢不能禁，及至告成，而費力已不可勝言矣。臣目擊心傷，且關係國家大利大害，用敢冒怨冒罪倡言曰：漕規既復，則祖宗故事當修也，二湖之水當蓄，而既壞諸閘當理也。閘能止水，而函洞爲尾閭之泄，傍湖之馬陵、上新等處一十三函當議也。湖水蓄而臨期不過一啟板之勞，浙直漕船可無遲誤之虞，而數萬生民頻無浚掘之苦，真天地生成水利，古今獨擅勝埸，前人久有成績，未可永以相棄，反見小利而忘大害，恤衆怨而忘國計哉？説者不過謂棄置已久，修復未免廣費金錢。臣聞浙直地方每年有協濟鎮江修河銀兩凡幾千金可以動支，不然而鎮江府貯外府協濟備倭銀兩此内亦可通融。費財一年，而可省頻年浚河之冒破；勞民一年，而可省年年浚河之痛苦，正所謂一勞而永逸，暫費而永寧者也。伏乞勅下該部查議，如果臣言可行，明春即可議修，必嚴勅擇有才有守水利官修復埂閘，及木板尺寸俱如當年舊制，不得低矮。在昔，既曠之湖或可佃、可耕，一修復即嚴著爲令，有敢透水道洩水者坐以重辟，勒石以紀其事，乃永遠無虞矣。覩兹湖也，即不言有濟於漕，而專言水利當興，更孰有大于此哉？爲此具題。

崇禎四年九月十八日奉旨："這條陳練湖事宜，深于漕事，有裨該部確議具覆。"崇禎四年十月十三日，工部一本復祖制萬年之水利等事，奉旨："練湖既足濟漕，即着該撫按同巡漕御史查明舊制，力圖修復，其經費錢糧準將協濟修河等項銀酌議動支，仍嚴核冒濫，務期工築堅久，可爲永利，如有勢豪頑猾阻撓把持的，即指名參來。該部知道。"

濟漕安民疏　余城

巡按直隸、督運理河監察御史、臣余城謹題：爲復祖制萬年之水利，除地方累歲之徵求，以濟漕運，以安民生事。

崇禎五年八月初三日，據漕儲道右布政錢呈詳，於崇禎四年閏十一月初一日蒙總督漕撫部院劄付，準工部咨，都水清吏司案呈，本月二十五日奉本部送工科抄出本部題前事。

崇禎四年十月十三日奉旨："練湖既足濟漕，即着該撫按會同巡漕御史查照舊制，力圖修復，其經費錢糧準將協濟修河等項銀酌議動支，仍嚴覈冒破，務期工築堅整，可資永利，如有勢豪頑猾阻撓把持，即指名參來該部院知道。欽此。"欽遵抄出到部，送司案呈到部，合咨前去，煩照本部覆，奉明旨事理，欽遵查照施行等因，抄疏到院，劄仰本道即查上、下練湖與吕城、奔牛石閘，並馬陵等處一十三函作何修舉？錢糧工程作何稽核？何日興工？期于何日完工？文到酌議妥確，通行詳報，以憑查考。如有勢豪阻撓，指名具報，定行從重參處，决不輕貸。此係漕務喫緊，慎勿遲誤等因。

又蒙本院案驗，亦同前事。蒙此，本道隨經移會常鎮道，並檄常、鎮二府及各理刑廳，查上、下練湖與吕城、奔牛石閘，並馬陵等處一十三函，見係何人侵占？既奉明旨修復濟漕，作何舉行？計用錢糧若干？疏內所云“協濟修河等銀”，現有若干？存貯何處？不足用者作何設處？其工程應議何官分管？興工於何時？報竣於何日？逐一查議去後。屢次行催，俱未回詳。至閏十一月二十九日，本道親詣踏勘，間據鎮江府水利通判張舍錦呈遞：上、下湖石閘六座、水礎一座，共估工料銀一千三百八十九兩五錢八分五厘，數外擡石襯匠人夫，工程浩大，難以憑算。如用里長田夫，不派工銀。若用民夫，工食飯銀，另行加派。文册在卷，又蒙本院批，據鎮江府經歷司呈詳，蘇、松、杭、嘉、湖五府歷年欠解該府協濟修河銀兩，請乞先行提解一二年錢糧，方可興工緣由。蒙此，該本道查得蘇、松、杭、嘉、湖五府所欠歷年協濟修河銀兩頗多，遽令全解，恐一時難措，檄行各府，合爲三限完解。

續據湖州府回稱，府屬修河米銀據安吉、歸、烏、長、德五州縣完解。天啟四、五、六、七等各年銀三千七百三十九兩三錢零九厘，內蒙總河部院憲牌提取一千四百五十三兩一錢一分零，解發山陽縣庫，助修睢寧縣堤壩，止餘銀二千二百八十六兩一錢九分零，及各屬未完以前各年銀兩，蒙本部院批，允動修該府運河塘岸，已經造册呈送題疏。其協修鎮江府之銀，合候本府塘工就緒之日另行催解。又據杭州府回稱，先準鎮江府關催各年未完銀，一差仁和縣吏陳士貴解銀二十六兩八錢二分八厘，一差錢塘縣吏馬愈馴解銀八兩四錢一分四厘，俱赴該府交收，其餘銀兩候催各屬至日另解。

又據松江府回稱，松屬三縣每縣原編修河工米銀一千二十一兩九錢九厘三毫，常年解赴鎮江以備修河之用，自萬曆四十四年河道深通，議詳院道奉文免編，前銀已久停徵，無從徵解各緣由到道。其嘉興、蘇州二府未完銀兩節催，通不回報。後準常鎮道吴參議以鎮江府屬估修上、下湖七閘工料大略回覆到道，尚有閘函及築湖埂，並募夫工食督工料理等項屬催未據確議。至七月二十一日，據常州府吴推官回稱，前項閘函已經鎮江府水利張通判，並丹陽王知縣，同管工善人、匠作逐一估計工料等銀，于三月二十日興工矣，六月初旬告竣，並造工料細册、管修員役總册到職。隨即會同張通判、王知縣親詣上、下練湖，唤同管修善人、弓手將所修閘函逐一驗明，開具查過丈量閘函數目，簡明揭帖，並工料各項寔用銀兩，管修員役總册，與同武進縣管修奔牛等處石閘應用工料銀糧，取具該縣估計細册，現今合並呈送，除一面嚴行該縣，設處銀兩，擇日興工，取各日期緣由至日另報等因，並工料文册呈送到道。

據此，爲照練湖之水，以濟東南運道之澁，所關甚鉅。缘武進、丹陽、丹徒一帶河渠逐節高昂，河流易洩，必借是湖蓄水以灌，江南諸郡之漕艘而始得乘流北渡。袛緣年來運期遲悞，遂致函閘頹壞，湖變爲田。今漕期克復，按院疏請修浚，誠濟運之急着也，恐錢糧不繼，請核協濟備倭等銀以佐之。本道奉行之日，隨會該道，並檄行府廳，再四催查，皆未獲一確議，遂督運而北矣。直至孟秋始接常州司理之文，謂上、下湖閘、水磋，業已竣工，經該廳覈寔，其坍塌之隄埂與吕城、奔牛之石閘尚未興工，或稱協濟未到，或稱行縣設處皆屬未了之局，欲再督催，本道僦居潞河守催回空，距彼千里之遥，鞭長何能及腹？合無請乞本院再行常鎮道，就彼料理，庶盛舉不致中阻，而新運得有攸賴矣等因，呈詳到臣。該臣查照江南練湖之議，從來遠矣，其週圍濶長計可九十餘里，自往昔以迄于今，屢修屢廢，屢廢亦屢修，其在今日，則斷然宜修而不宜廢，斷然宜速修而不宜緩修。何以明其然也？浙直四千數百餘糧艘必經常州、丹陽、鎮江一帶河道達之京口閘渡江，而地勢自南而北漸以高聳，諺語云：“蘇州塔頂與鎮江河岸相平。”所以武進、丹陽、丹徒河身設有數閘，豈以防江海之水，使之不入而泛濫？正以節練河之水，俾之不流爲逝波，總之爲濟運計耳！而練湖運環有二，其在南者爲下練湖，石閘有四；其在北者爲上練湖，石閘有三。原以受西北諸山之水滙爲巨浸，其形勢居運道之傍緊相接焉。水自閘出以歸于河，復有河中之奔牛、吕城，並鎮江京口諸閘啟閉節宣，使練湖之水步步皆有資于漕艘。其利涉也，即于春不患枯澁，無借資于江潮，而亦不全靠乎挑浚，此行之歷年而有成效者。自冬運遲爲夏運、秋運，此時江水盛漲，雨澤滂沱，水不患其不盈，而練湖遂以漸廢，閘函之湮塞者不疏，隄埂之殘缺者不補，馴至于傾圮頽廢而陂澤變爲桑田。中間溝洫交横，塞官函以開私洞，使水不得蓄，利于私而不利于公，遂使運無所資，以致一綫河流每歲挑濬、每歲淤淺，毫無濟于冬運之緩急，則練湖之侵佃貽之害也。前蘇、松按臣饒京慨然以復練湖爲請，誠熟察利病之源而有味乎其言之矣。其情形始末載之原疏極詳，業經奉有力圖修復之明旨，且據疏議，以五年春興工濟運，臣與該撫按均有省成之責。臣既急漕，不得不急河，既急河，又不得不急湖，惟是冬末春初催兑催行、惜寸惜分，以爲刻日晝夜拮据，無非漕事，心與湖遊而身不能到湖岸，但僅以文移筆劄往返與撫、按商確。至二月十三日漕艘盡過，白舫半渡，臣單騎往迎白糧，即至丹陽縣，沿途踏勘練湖，周覽未遍而日已晡矣。臣復乘月夜同水利通判張含錦、丹陽知縣王範徒步亂石巉巖之間，躡履荒草蓊虈之側，閘函堤埂，目擊口詢，悉入睹記。又復步行湖身，深入三里許，阻水而返。彼時月明如晝，丹湖中高岡相望，波練参差，以及麥禾青青，皆歷歷可指。臣復叮嚀二臣嚴禁湖田，不許播種，有妨儲水，仍當即日興工，修理堅好，作緊報完，二臣唯唯。臣于漏下四鼓乘舟而北，次午批鎮江料理文書，兩日夜即渡江儹船，從此戴月披星、風餐水宿，無非與褦襶之子相爲追隨，邪許之聲，相爲呼唤，遂不能躬自督催，再一寓目。然不時移檄道府，急望完工，而常鎮道于六月十二日報閘工次第將完，臣復促之，乃漕儲道據常州府推官所報，練湖閘磋告竣，臣不勝慶幸。其一應錢糧、夫役、册籍，自有該撫按之綜核。在獨謂湖函堤埂尚未修復，奔牛、吕城閘座現在估議，臣不能無望于並工修築，而應用錢糧，該經管官當急爲設處也。蓋行百里者半九十，練湖所難全在閘座，而堤函爲力稍易，若仍惑于道傍之築一簣中止，恐湖仍爲田，終無濟運之期，復循挑河故事，徒自擾民，無益淤淺。今歲新運何以能速？臣之所爲鰓鰓慮也。既經漕儲道議詳前來，敢因布其區區之愚如此。伏乞皇上勅下在事諸臣即將湖埂、水函及奔牛、吕城二閘速行修復，並丹徒鎮、京口二閘一體補修堅緻，蓄洩啟閉，其源頭入湖支渠、橋梁毋令湮没，至有湖無水，以收練湖濟運之全局，庶一勞可以永逸。興利即爲除害，而冬運之飛輓無滯，寔久遠嘉賴之矣。臣無任悚息之至。

崇禎五年八月□□日奉旨："這練湖堤埂及閘座等項俱著上緊修築，務令堅整永賴，不得率玩虚縻。工部知道。"

練湖修復已完蓄水濟漕有賴疏　陳乾惕

廵按蘇、松等處監察御史臣陳乾惕謹題：爲練湖修復已完，蓄水濟漕有賴，謹據寔恭報，以慰聖懷事。

臣惟練湖之興廢從來不一矣，我國家隄防盡制因時蓄洩，其大以利轉漕，而其餘以資灌溉，弘治、嘉靖間更嚴豪民侵佃之禁，至有置之重典者，蓋視晉唐以來其法爲甚備，而利賴亦爲甚溥。至於今，廢壞日甚，修復之議雖亦時聞，而歲費修浚金錢每以千萬計，卒莫得此湖之利，則以膏沃爲人所必趨，勞怨爲人所必避，有與官争利之民，而無爲國任事之官也。臣奉力圖修復之旨，宵旦靡寧，同常鎮道臣吴麟瑞等親至上、下練湖相與循堤周覽，則原隰高低一望無際，總屬禾黍之埸，求所爲淵注停泓之勝，無有也！臣心訝之。已而視其東，爲斗門者四、爲石閘者三，俱臨運河，其遺址尚在而石甃多圮，亂石纍纍，斷岸之間無復可施閘板；其西則爲函洞者九，俱臨民田，而洞之勢低與田平，湖内私佃之田既利於閘之無障，而湖外供賦之田又利於函之常通，如是而欲湖之不爲揚塵，其可得乎？臣思國家如不欲復冬運之舊，則夏秋江河之水亦自可資，此湖可無急也。今既復冬運，輸輓惟嚴，則修復一事何容延緩？於是檄行鎮江府通判張含錦，闢其草萊，疏其淤淖，其阡陌之高者平之，函洞之低者高之，而堤之障湖者又加築而高且厚之，前後合用工料共計銀二千六十九兩有奇，用物少而成功倍，從來修湖之費未有若此之省者，則嚴核虚冒，每事撙節之故也。臣又思練湖而下爲吕城，再下而爲奔牛，雖舊設有閘而廢壞已久，建瓴之勢一瀉無餘，雖有十練湖無益也，乃復加修理，以潴上流之水，而時其啟閉，各令附近廵司兼管之，而責成府佐一員董其事，專聽漕艘往來，至于商民船隻，俱令由孟河出入。而又有九曲河者，居丹陽東北，原與練湖相望，舊設閘二座，灌田濟漕公私兩利，自練湖廢而亦淤塞有年。玆有居民王文勲等各願捐資修復，臣聽其開浚而鼓舞之。此亦練湖之一助也。至是而所以爲轉漕計者，亦可謂無剩義矣。不意亢暘日久，在在乾枯，而練湖亦無從得水，有司且蹙額相告，臣甚憂之。幸去冬連日雨雪，未幾而湖水漸增，近報已盈六七尺許，則運船銜尾而進者可無稽阻之虞矣。此皆皇上之德澤有以福庇三吴，故天生自然之利以爲國家萬世之永賴。臣謹會同巡撫應天、右僉都御史莊祖誨據寔上聞，仍乞天語嚴飭該府縣印河各官，以後每年頻行查勘，稍有傾圮，蚤爲葺治，毋使仍前廢弛，致艱修復，庶事有責成而漕運無誤矣。

崇禎六年奉旨："據奏，練湖修復，漕運有賴，亦見急公。今後着該管印河各官，每年先期浚葺，不得弛玩，致有淤阻，撫按官仍不時查飭，違者參處。該部知道。"

修復練湖疏　莊祖誨

總理糧儲提督軍務、兼巡撫應天等處地方都察院右僉都御史臣莊祖誨謹題：爲練湖修復，新漕轉輸，謹據寔恭報以慰聖懷事。

準工部咨。該本部題奉聖旨："練湖既足濟漕，即着該撫按同巡漕御史查照舊制，力圖修復，其經費錢糧準將協濟修河等項銀兩酌議動支，仍嚴核冒破，務期工築堅整，可資永利，如有勢豪頑猾阻撓把持的，即指名參來該部知道。欽此。"欽遵備咨到臣，隨經會同按、漕二臣仰道行府查修去後。續據常鎮兵備右參議兼僉事吴麟瑞呈，據鎮江府申準水利通判張含錦牒開勘得練湖延袤四十餘里，往者蓄水原有石閘五所、水函三處，按時開閉以濟漕運。自佃田之後，内外築埂，毀閘開函，水盡洩去，遂于漕運有碍。今欲退出湖田，以復湖水，先塞水函以固閘壩，使水無洩漏，則不退田而田自退，不復湖而湖自復。更有京口、丹徒、吕城三閘上下走洩湖水，即有停泫，不足以當此三處漏巵，必先築此閘壩，趁時瀦蓄，方濟漕運等因，牒呈府道。該本道看得居民貪佃湖田，横築堤埂，毀壞閘函，致無蓄水濟運。今據詳覆，舊有石閘、水函，必先議復，湖水自盈等因具詳。本院奉批，湖本濟運，急應檄府，亭蓄工費數目若干，錢粮動支何項，仰速查議報。奉此，行間又奉本院批，據鎮江府署印推官周廷鑨申稱行准水利廳勘估，修閘料價共一千三百餘兩，然所議止七閘木石諸料，尚有九函及修築湖埂八十餘丈，募夫工價不與焉，大約以三千金爲準，尚有蘇、松、杭、嘉、湖等府每年協濟本府修河米銀六千一百餘兩，歷年逋解。及本府屬三縣支存修河米銀七百餘兩，應于內動支，合請檄催速解興工，預行丹陽縣禮聘義民綜理料價工費，不使吏書經手，至有爲就田派夫之説者，斷不可行。

夫以江南之水利，豈可偏累雲陽之赤子乎？又吕城、奔牛、丹徒、京口各閘皆爲練湖而設，蓋徒陽地居上流，若湖水一入運河，即去而之毘陵以下，勢不可圉。故先年練湖蓄水時，吕城、奔牛等閘冬初下板封閉，商民船隻悉取道孟河，今不再申禁，千頃汪洋，不足以當一宵流洩，宜急行縣，將數閘設板、募夫、特嚴啟閉等因。奉批，仰常鎮道速查議報，備行鎮江府查議去後。續據申稱備行通判張含錦牒開，會同丹陽縣知縣王範帶領匠作公同查估，下湖石閘四座、上湖石閘三座，應用物料夫工寔該銀二千九百六十三兩三錢六分，牒府申報到道。該本道覆覈無異，呈詳到臣批允去後。續據該府知府王秉鑑申准水利通判張含錦牒報，練湖各閘于去年三月初九日興工，至六月十八日報竣。築埂五十三丈，于六月十八日興工，至八月初十日報竣，共用過工料銀一千九百一兩四錢四分八厘五毫，築埂共用過工料銀一百六十八兩五錢一分七厘，通共用銀二千六十九兩九錢六分五厘五毫，各閘比原估節省銀七百三十一兩七錢四分一厘五毫。又南埂新舊俱已築高加濶，比照河埂高尚數尺等因，並造支銷數目文册呈報前來。

據此，該本道覆，看得練湖修復關係漕務、灌輸，勘驗閘埂俱倍加堅築，幸已告成，其工費取之蘇、松、杭、嘉、湖等府協濟修河銀內照數支給。及查南埂低陷加築高濶，稱係上年未用人夫，著令畚鍤，並未動支錢粮。其吕城、奔牛二閘，兩府並已報竣等因，呈報到臣。陳乾惕候代離任，該臣覆核。臣覆核看得練湖一水，豫潴蓄以資灌輸，此國家無疆之利也，惟是建閘、築埂，堤防有法，啟閉以時，斯足永賴。年來兑運愆期，遲至夏秋，河水瀰漫，重艘遄行，無籍停蓄，而此湖侵占爲田，今漕既挽遲爲速，則嚴冬水涸，練湖修復難緩須臾。故臣欽奉明旨，催檄道府各官，估勘節省浚築告成，湖流傾注，凡重艘經過時，啟函洩水以通濡滯，新運盡銜尾出江矣。其吕城、奔牛二閘復行修整，以遏上流之水，隨令附近巡檢時其啟閉。粮運之日，南北商民船隻仍照往規盡由孟河出入，此皆防尾閭之洩，爲飛輓之計。丹陽北舊有九曲河，向亦灌田、濟漕，自練湖廢而此河與之俱廢，今正鼓舞義民修復，亦補助練湖之不足也。除另册送部查考外，仍請明旨勒石著令，庶練湖水利永資漕運矣。

崇禎六年

國朝

請復湖疏　秦世禎

巡按江南淮、揚、蘇、松、常、鎮、徐州等處綜核將領、監察御史臣秦世禎謹題：爲練湖之興廢關運河之通塞，請旨清還占業，修復故址，以利漕蘇民事。

臣巡歷鎮江府，事竣，以次至丹陽，漕河水不盈尺，舟膠難行，九十里之程越兩日始到。未及抵郭，有父老子弟百餘人緣岸而望臣之舟，呼籲不止，咸謂奸豪侵占練湖，洩水成田，殃民病國，公懇清復。臣查係地方利獘，一面批行常鎮道履勘，一面取縣志册籍詳覽，始知練湖之關係于漕運者甚大，利在修復，害在侵占，賢愚共曉，今古同然。惟是占者勢豪，即有知之者，而亦不敢明言之耳。臣請爲皇上悉陳之。

按：丹陽縣在鎮江之南，地勢最高，兩岸夾岡，一流如帶，下視蘇、松、常諸郡，有若建瓴，爲江浙漕艘必經之路。若使上流既無所受，下流又無所砥，則河涸不能行舟，而運漕曷由以濟？邑有練湖，水來上天，仰受長山、驪山八十四流之水，漲而爲湖，去縣治百二十步，其勢高於運河。湖有上、下兩名，貼近運河者爲下湖，蓋上湖以濟下湖之窮，而下湖以濟運河之窮者也。是故上、下兩湖各置有閘函，以時啟閉，盡制曲防，載在典制。自晉、唐以來，無不興舉修築，力禁侵占。明末漕運愆期，常至夏杪始出京口，惟時霉水正發，似若無需湖水，而其邑之豪右大猾漸有横爲侵占。在崇禎四年間，御史饒京疏議清復速漕冬運，時有知縣王範奉行，惟謹革侵佃、修廢閘、加築湖堤，不知費金錢幾千緡，而始獲告成事，江以南之人至今頌之。乃自鼎新以來，豪猾與衙蠹表裡爲奸，奸豪乘經制未備，捏爲練湖荒棄，高者可耕，取其租銀以益蘆課之税，鼓惑上下，而一時侵佃者多至九千餘畝。自侵佃既廣，無論占者不能還湖，而占利既多，趨者如鶩，勢必百計洩水，恐目前之一望汪洋者不盡變爲焦土不止。西北神京在焉，士馬飽騰全賴東南轉輸。今理漕督按諸臣經畫儹催，無慮起運不速，然湖水既涸，一線中阻而如鱗之艘豈能飛渡？雖盡驅江南之民以供浚河之役，恐亦無濟于毫末也。況夏潦之時，諸山之水驟至，若無此湖爲之停注，勢必奔騰泛濫。近事之可鏡者，如順治六年六月，佃户喬日洪等懼渰其侵占湖内之田，盜掘黄金壩百有餘丈，湖地瀉空七里，泥沙盡入運河，自黄金壩上下二十里之漕河盡皆淤塞，黄金壩既掘，則山水涓滴不歸練湖，盡瀉低鄉，蘇、常、金壇、溧陽等處一概渰没，及至（早）〔旱〕[1]魃爲虐，而湖以外之民田又無資灌溉，妨民病國，灼灼可見。

臣復于十二月初四日躬行履勘，傍湖居民咸擁臣而行，指點上下，利害昭然。臣思古先制作，具有深意，故釐剔創興之事，非百利不輕舉。自練湖一廢，潦無可蓄，旱無所資，而漕艘、民田盡爲困敝。民田荒廢則租賦無出，漕艘阻滯則軍國奚資？彼攘官湖爲私業者所利于公幾何？而此邑之所失不幾倍萬乎？爲今之策，一當革侵佃之田，仍濬爲湖，一當修築埂閘、函洞，仍復其舊，庶上可濟運通漕，下可灌田救旱，數郡之水灾不至如今之甚，萬民之困厄或者自此而蘇，此真東南第一水利，垂之萬年可久不衰。第臣以介性孤踪、勇于

---

[1] 旱　底本原作“早”，據文義改。餘同。

任事，招忌已多，今又以清復練湖爲言，奪豪右占有之利而還之地方，以利國摘獘，臣亦殆哉。望我皇上鑒憫而已。除佃占畝數、人户姓名，取册存案，修築事宜，酌用工費，待常鎮道臣詳報外，相應具題，伏乞敕部施行。奉旨："着詳察確議具奏。該部知道。"

部覆題：爲練湖之興廢關運河之通塞，請旨清還占業，修復故址，以利漕蘇民事。都水司案呈奉本部，送工部抄出，蘇松巡按秦世禎題前事，本年正月初十日奉旨："着詳察確議，具奏該部知道。欽此。"欽遵抄出到部送司，案呈到部，該臣等看得練湖閘函歷代修築以防旱澇，兼有資漕運輪輓，急着近以經制未備，侵占叢生，至九千餘畝，甚可驚訝，以致湖失水利，漕河幾成陸地，低鄉將爲澤國。按臣秦世禎巡歷該縣，縣父老子弟環訴，會查舊志，特疏請旨修復，誠爲國計民生至慮，伏乞敕下該督撫按諸臣嚴行，司道等官力禁侵占，將廢閘、湖堤照舊修理，庶運河無淺阻之虞，小民鮮淹没之苦。至動工費又在諸臣之善爲措處可也。既經該司案呈前來，相應覆請，恭候命下臣部遵奉施行等因，順治九年二月二十日奉旨："依議行。欽此。"

請復湖疏　馬祜

江撫馬題：爲奸豪違禁朦佃練湖，關係漕運民生，請旨再申永禁，酌議各復涵閘以全水利事。

該臣看得丹陽一邑乃江浙漕運必由之路，而近城一帶地勢最高，水不能聚，極易淺涸。查《縣志》，西北有練湖，廣袤四十餘里，是湖有上、下兩名，下湖（貼）〔貼〕近運道，但隔一堤；上湖仰受長山、驪山八十四流之水，由中埂石閘以入下湖，專濟運河之涸。惟有山水驟發，勢甚奔騰，溢則瀰漫，止則涸乏，是以向設閘涵關鎖便于瀦蓄，冬春啟閘濟運，夏秋啟涵灌田，兩省漕運轉輸，數萬民田灌溉，定惟練湖之水是賴。其運河南北有奔牛、吕城、陵口、黄泥壩，各處閘座，依時啟閉，調濟漕運，規畫無不詳備。獨是練湖地勢較于運河更高，一遇水涸，底皆可墾種，每有奸豪垂涎侵占，妨漕病民。故明歷來嚴禁，碑志昭然。即本朝定鼎之初，奸豪乘經制未備，揑爲練湖荒棄，高者可耕，取其租銀以益蘆課，侵占數至九千餘畝。前按臣秦世禎于順治九年閒具疏，詳陳練湖一廢，澇無可蓄，旱無所資，漕艘、民田盡爲困敝。

部覆：請勅督按諸臣嚴行，司道等官力禁侵占，將廢閘、湖堤炤舊修理，奉旨："依議。欽此。"遵行在案。祇因各閘涵修理未固，年來湖堤圮倒，地方各官畏工費浩繁，無從設處，竟不詳議修復。每年漕艘經臨之時，惟將運河派濬，大爲民累。又有奸豪賀傳籙、王士良、朱尚綱等貪利營私，復敢悖違禁律，遂借口練湖濟漕無寔，先後赴蘆政衙門朦混告佃，併從前史遺直等墾占共至六千五百餘畝，幾廢練湖，以致湖傍田地併絶灌溉之利。業户王道臣等具呈控告，臣嚴批究審，因承問各官，屢未協力，現駁臬司執法確究詳報。

至于練湖運河各處閘涵，雖修理工費浩繁，事關國計民生，未便因循貽悮，亦現在嚴催藩司作速勘估確查，酌議經費，另疏題請修復，以垂永利。但涵閘雖議修理，恐侵占湖田不行嚴勘清復，事屬妨漕病民，况查蘆課每畝所輸甚微，無補國用，相因請旨將賀傳籙等先後違禁朦佃蘆課湖內田畝勘寔，有碍水利者盡數退還，仍歸于湖，再申永禁，不許奸豪借端侵佃，庶漕運、國課均無有悮矣。理合具題，伏乞勅部議，復行臣遵炤施行。奉旨："該部嚴察議奏。"

部覆户部題：爲奸豪違禁等事，户科抄出，江撫馬題前事。奉旨："該部嚴察議奏。欽此。"查丹陽縣練湖之水，據該撫題疏，關係兩省漕運轉輸，十萬民田灌溉，向因經管不力嚴禁，一任史遺直、賀傳籙等前後侵佃湖田共至六千五百餘畝，疏內不將私佃起自何年、炤何例起科，俱未説明，不便遽議。臣請敕下該撫即行嚴催究審賀傳籙等，速將先後赴何部蘆政衙門具告，及違禁侵佃起自何年、每年炤何例起科、查得朦混准佃之各官，與不行嚴禁之該管地方各官職名，查明據寔具題，以便再議，可也。奉旨："依議。"

卷四　公　牘

按巡星使，封疆大僚，留心水利，爲漕運、民田計，其詢訪練湖利害，形諸奏章，炳若日星者，固已採入簡編，昭茲來許矣。而司道守令力勤治績，上爲國計，下廑民瘼，或登之啟牒，或立爲章程，類可見濟世之經猷、圖政之勞勩者也。録之奏章後，以見官有尊卑，興利則一。至於府史所藏革佃禁侵諸檔案，皆有關于練湖之興廢，謹擇其文之雅馴者，間附入焉，若其文不成章、語涉鄙俚者，則概從芟汰，非略也。志公牘。

明

鎮江府申詳撫院嚴革佃湖詳文

天順二年，儲、沈二尚書、蔣尚寶卿要行開佃練湖，（商）〔商〕議起本先將管湖巡檢革去。天順三年，沈懌、儲廷儀、蔣桂將湖假作荒田，奏請開佃，奉户部鎮字四百六十號勘合，准令佃種栢岡等處湖灘一十五頃五十九畝，此外若有空閒地畝，與水利無妨碍者，無田小民並聽開耕爲業。又先經鎮江府爲民税草灘起科田工事，蒙欽差巡撫都御史朱批發丹徒縣民吉汝孝狀告前事。竊見丹陽縣七里廟對岸練湖，年深水涸、沙土壅高，見有荒閒草埸三百餘畝，無碍水利，堪以開耕，況與徵糧田地無干，思户無卓錐之地，欲備工本圍築岸埂作田，畊種成熟，炤田辦納糧差。續有丹徒縣無田小民李茂等告，奉南京户部鎮字五百三十一號勘合，内稱據李茂等告稱庄前草埸七頃有零，委的荒閒，不碍水利，及與上粮田地無干，今將四至開呈，堪以開耕起課辦粮等因。蒙批：抑府從公查勘所告草灘是否荒閒，不碍水利，就便丈量明白，取官吏里老人等結狀繳報以憑定奪。蒙此，卷查先蒙欽差巡撫都御史朱批發丹陽縣民陳倫狀告開墾荒閒草場，認納官粮事，蒙批：仰高同知查報。又蒙欽差巡撫都御史何准發丹陽、丹徒民江宗、殷綱等三狀各告佃前項灘地。蒙批：查勘過江宗等告佃灘地，並聽開墾起稅，當有塘長湖隣里老人等，呈欽差巡撫都御史何稱儲、沈二尚書，蔣尚寶卿，豪民吉汝孝、李茂、陳倫、江宗、殷綱等，將洪武十七年修築濟運練湖假作荒閒草場，朦朧告佃，蒙發府拘審，蒙府參看得告佃地方俱在江南腹裏，不係江漢之間，斷無新漲之土，雖有荒閒灘地，非練湖水涸之時從何得有？且自一湖之境坐落徒、陽二縣，東傍運河，西受諸山之水，四圍高築堤岸積水，旱則灌救田禾，放入運河則通濟兩浙、蘇、松等處粮運，關係重大，斷斷不可聽其開墾。至儲、沈二尚書，蔣尚寶卿，豪民吉汝孝等實係豪强大户，只圖一己之私，不顧官民兩害，或隱情詭呈府縣，或朦朧妄訴上司，百計千方營謀侵占，築圩圍埂，阻塞山水，妨漕害農，一遇水發，恐傷其違法侵占湖內田中禾稼。晝夜剜堤洩水，以致湖水不得停留，湖灘常多露出，遂起多人紛紜告佃。且承平日久，閒薄山坡盡皆墾種，尚無空閒，前項許多灘地，不係濟運禁湖，前人豈肯輕棄，直待今日方來告佃？及訪所佃之家，皆非無田小民，乃權豪勢要之家，側目傍睨，欲佃甚多，若一准其承佃，彼將倣效而來，勢不可遏，一湖之境盡爲勢豪所有，兩縣之利皆爲數豪所擅，況湖內告佃之田一熟，而湖外陞科之田旱澇無備，日就荒蕪矣。如是，則東南數千艘漕船將何灌濟？本府數十萬石粮稅將何徵納？不至虧官損民不已也！今日不允，不過失告佃者之心，告佃之謀失，而兩縣小民之心終不失矣。三五人之心，其事小，千萬人之心，其事大。況當漕運重務，而敢弁髦功令哉？爲今之計，合令該縣除儲、沈二尚書，蔣尚寶三家，查有勘合于高阜去處不碍水利者，每家各姑存四十八畝，暫且耕種，其餘不奉勘合，雖經當差，俱敕令革退還官，各治以應得之罪，起發人夫及時開深攤平圩岸，務令蓄水盈滿，以待新運，懇乞嚴批，行令該縣并本府水利官遵奉施行。

蘇州府理刑申院革佃詳文

嘉靖二十年二月初七日，奉巡御史舒案驗，據蘇州按府周推官呈，炤得國家賦税半在江南，而兩浙、蘇、松糧額尤重。每年軍民船隻皆由嘉、蘇、常州以至京口渡江，比年以來，往往運道淤塞，有司歲歲開濬，而勞民傷財，每用人夫動至數萬。江南，澤國也，今乃反苦水涸，何哉？良由有司有利而不知興，有害而不知革也。

夫各府、州、縣設有水利官員、塘長、圩甲等項名色，今各官坐食稟禄，或需索常例，其於修築圩埂、疏浚淺澁視爲末務，漫不加省。訪得鎮江沿河一帶，以至武進，皆係練湖蓄聚山水、灌濟漕船。近年以來，屢被勢豪占爲膏腴，堤岸任其倒坍，閘座任其毁壞，雖有雨水亦不能積。漕河全藉南岸練湖之水放濟行船，何等重大，豈容奸豪侵占，致妨漕務？伏乞批行兵備道，轉行各府、州、縣掌印官及水利官，將兩崖湖蕩四至照册查出，盡數報官，丈量明白，定立界牌，敢有勢豪仍前侵占，治以重罪。督令塘長、圩甲築堤以防滲漏，浚渠以備泛濫，運道淺澁則引湖水以浮舟，仍于壩閘嚴加巡守，雖運河弗浚而不致阻滯，湖蕩餘利又可灌田，數萬之費或可減省。又海潮入閘，潮退河淺，是以年年淤塞。今能蓄湖中之水以濟枯竭，可以無憂矣。

水利官必選有才能、廉潔者居之，毋拘資格，年終任滿，各具修浚實跡文册一本，稽其勤惰以爲黜陟。掌印官亦以此定其優劣。如此而水利可興，運道可通矣等因到院。看得所屬地方水利之政頹廢已極，相應查處各處湖蕩灌濟運河。田之與湖原有界限，兩岸隄防時合修理，備禦乾溢。今湖蕩多爲豪强所占，而堤岸畝澮任其倒敗，久無通洩，或又被豪强任意開鑿，引水灌田，皆水利官不得其人，塘長人等受賄縱容，以致運河淤塞，官河歷年費心挑浚，勞民傷財，而舟不加浮，淺阻如故。豪强得利，小民受害，亦獨何心哉？稔奸積弊，深爲可恨。案發兵備道，即行各府州縣及水利官著實用心料理，先具依准及選委水利官姓名并應浚、應培，逐一經畫呈來。蒙此，擬合通行。爲此案仰本府著落當該官吏，照依案驗內事理，轉行所屬該縣正官并水利官，務要查照憲行事理，逐一遵行，毋得怠玩，致悮漕運，自取參究。先具依准及查委水利官員，酌議應浚、應培工料數目，并行過日期緣由，一樣二本，各另申來，俱無違錯，不便須至帖者。

重立湖禁　萬曆十三年　知府　吴撝謙

練湖上受長山八十四汊之水，下通運河周迴四十餘里，分上、下二湖，界以中埂，現有石閘三座，蓋引上湖之水以漸達之下湖。更有石閘三座、石礶一座，則引下湖之水以漸達之運河。又有函洞一十二處，則引上、下湖之水以達之田間。函洞以時啟閉，則民間之旱澇無虞；閘座以時啟閉，則運河之蓄洩有備。行令該縣水利官，每年春初督修湖堤，以防衝決，著爲令。其費取之湖中漁課，不足則以修河米銀益之。水利通判不時查閲，一應啟閉事宜，悉聽經理。若有勢豪侵業撓法者，參呈究治。撫按會題下部覆奏依擬行外，仍議每年八月初旬，兵備道呈請撫按巡江，行委各府理刑官員到湖查勘，如有侵占及蓄水不多，有妨運務等弊，據實參呈，庶法在必行，利爲垂久。

鎮江府奉欽依清查練湖帖

直隸鎮江府爲漕粮暫行募運，不止速一歲之漕，實可速向後歲歲之漕，謹就臣親行督察者，攄爲膚見，仰乞聖明嚴敕，以垂永利事。蒙欽差常鎮兵備道吴案驗，欽差總河部院劉劄付，准户部咨，該本部題雲南清吏司案呈：崇禎三年四月二十四日，奉本部送户科抄出應天巡撫曹文衡題前事等因，奉旨："漕船早回早兑，是儹運要著。這疏臚陳情弊甚晰，條議各欵俱明悉，切中肯綮，曹文衡足見留心，還著該部摘要具覆，以便飭行，務期釐絶弊除，便民裕國，著爲漕規。該部知道。欽此。"欽遵抄出到部送司，案呈到部，相應具覆，該臣等看得漕運之遲十餘年矣，人人知之，歲歲言之，卒不能挽遲爲速者，則先事未能預圖，而當面又復錯過耳。

今歲有司僱募民船，代衛所掌運備諸苦楚，機會正不可失，則今年之回空而未用者，正明年之首幇而需次者也。倘非嚴加申儆，即行督促，責令各官及時徵米，及時貯倉，各道府及時查核，及時押運，竊恐虚擲居諸，躭閣事會，後雖欲再圖振厲而不可得矣。撫臣曹文衡以當局經畫未雨之遠圖，扼要于回空一著，致詳于釐弊十欵，便民裕國，計無出此，真可謂留心漕務，鋭意圖維，挽積習而復祖宗之舊制，在此行矣。謹將原議十欵覆酌臚列上請，恭候命下臣部行文各該衙門一體欽遵施行等因。于崇禎三年五月初四日該太子少保、本部尚書畢自嚴等具題，初六日奉旨："漕船原有舊額何故不敷，致累民船，已有旨通查，著速具覆，以便預計回空早到、倉米早集、河道早浚，自然起兑開幫，更無遲待。此係重務要策，其餘飭軍督官、責成稽覈事宜，都著一一飭行。漕務積弊，總因船阻兑遲，日悮一日。今歲既募民艘，正宜權宜通變，若不因此更端，挽遲爲速，更于何日得復成規？以後漕臣、河臣及各撫按有司如或尚沿舊習，不務設法勤公，致妨運事者，定置重典，決不姑貸，即速通行諭知。欽此。"欽遵抄出到部送司。查得應天巡撫曹文衡所議漕務十欵：一曰未用回空宜覈；二曰運船原額宜充；三曰河道挑浚宜豫；四曰粮米貯倉宜早；五曰官旗勒索宜禁；六曰旗軍挾衆宜懲；七曰撥派運官宜酌；八曰責成推官專催府屬；九曰專委府佐立單催兑；十曰責成粮道親至水次。俱本部參酌時宜，覆奉欽依，相應移咨總漕、總河、工部、六省監兑漕儲道，一體申飭，仍移咨督部知會，案呈道部，擬合就行，爲此合咨貴院，煩爲查照咨文。

及題奉欽依內事理，轉行各該所屬衙門，將後開條議欵項著實舉行，一曰河道挑浚宜預。前件看得漕河一帶各有管河、兵備、工部分司，及府州縣印河等官，併撈淺舖夫以備築疏，每年俱先期挑濬，限十月完工。舊例淺阻十日至一月者，各降調有差，其丹陽蓄水練湖清復還官，舊例可按，自來府縣不關痛癢，司道不行參罰，正項錢糧上下乾没，有虛揑之僞報，乏督浚之實功，以致水淺舟膠，雖兑軍早而鼓樴遲，悮事不小。今當新運修復之始，正漕、河袪弊之時，總河衙門務行申儆，及早疏瀹，以免臨時阻滯，其練水原屬官湖，務要清查還官，毋令豪右侵漁，致爲蓄洩之害，違者聽總河及撫按查参正法，伏候聖裁等因備咨前來。准此，擬合就行，爲此劄仰本道查照欽依咨劄事理，即將該管河道先期挑浚，以免臨時阻滯。其鎮江練湖，更要清查還官，不得聽勢豪侵占，仍一面清查緣由，具文詳報，毋得遲延未便等因，備劄仰府官吏，即將所屬練湖應浚河道，先期挑浚。其該府丹陽練湖，更要清查還官，不得聽勢豪侵占，仍一面將清查緣由具文徑詳院道，毋得遲延。蒙此，擬合就行，仰縣官吏查照劄內事理，即將該縣應浚河道先期挑浚，以免阻滯。其練湖更要清查還官，不得聽勢豪侵占，仍一面將清查緣由，具文詳報，毋得遲延未便，須至帖者。

常鎮道奉按院復湖濟運牌 崇禎三年

鎮江府爲儹運糧儲事。蒙欽差常鎮兵粮道吴憲牌，蒙巡按御史王憲牌内開：照得丹陽一帶運河爲漕船孔道，故祖制蓄積練湖之水，于冬春旱涸之際啟閘濟運，法嚴令重，不得侵佃，蓋已三百年于兹矣。

自運事之遲，每年率爲夏秋之運，其間强有力者，遂占此湖膏腴。稽之往案，雖經具題清查，然究未舉行，此豈無必行之法？良由無果行之人，因循相踵。或謂："民間已經納價，奪之未便。"不知數年花利已倍收無算。方今漕事輓遲爲速，斷在冬春，爲此牌行該道，照依事理，即將上、下練湖躬親踏勘，某某侵占湖地若干畝，某某阻塞河道若干處，應修斗門、石磋凡幾座，應築函洞、堰塘凡幾所，考之歷年志乘，質之傍湖居民，一一擘畫停妥，詳報施行。該道受兹重委，毋狥情，毋畏難，毋踵因循之風，致成道傍之築，漕務所關，萬勿遲滯等因。備蒙仰府官吏，即會同理刑廳，上、下練湖躬親踏勘，蒙此擬合就行，爲此仰縣官吏查照，備蒙憲牌事理，即將該縣上、下練湖速速躬親踏勘，某某侵占湖地若干畝，某某阻塞水道若干處，逐一開報，毋使隱漏。至于應修斗門、石磋，應築函洞、堰塘，亦俱處處查驗，一一擘畫停妥具詳，以憑本府會同理刑廳親勘，仍將全湖形勢、四至里數、頃數，繪成圖志，一樣三本，以便省覽，覆覈轉詳該縣，毋狥情面，致悮漕務，須至牌者。

鎮江府奉軍門清復練湖牌 崇禎四年

鎮江府爲分當引年謹先瀝林壑微忠事。蒙欽差常鎮兵粮道吴憲牌，奉欽差巡撫都御史莊憲牌内開：案查接管内准工部咨，該南工部右侍郎何喬遠奏前事。内稱臣昨過丹陽縣，原任太常寺少卿姜志禮爲臣言其縣爲運道所必經，河身高仰，運糧之候又屬冬月，此時江潮不來，河水淺澁，役民開河，汔無少康。本土有練湖，週亘九十餘里，水溢之時開放，可以濟運，國初爲運道計，設禁甚嚴，犯者戍邊論死。今豪民占以爲田，莫有問者，若嚴行清復，運免愆期，民無苦役等因。奉旨："何喬遠聞警趨任，條奏兵餉機宜，具見老臣體國，該部知道。欽此。"查得丹陽蓄水練湖一節，先該巡按御史饒條議清復還官，復該本部覆奉欽依，通行在卷，相應嚴行清復，以濟粮運等因到院。該前院檄行鎮江府理刑官及丹徒、丹陽二縣印官查復去後，未報。今本院蒞任，據該道呈爲清查練湖事，該本院批開：蓄水以濟新運，誠經國甦民之至計也。秋水未涸，急應檄府停蓄。工費該用若干，錢粮動支何項，仰速查議報等因，擬合併行查議備牌。本道查照部咨及本院批詳事理，速查練湖週亘若干里，向來可以蓄水濟運，起自何年民佃爲田，務須清復還官，毋容豪民侵壖，致爲蓄洩之碍，即日查確，具文申報，以憑覆核。

鎮江府理刑廳周呈詳院道申文

練湖濟運，乃天地自然之利，祖宗不刊之典，前院條陳已悉，無容更贅，惟事關興復，謀貴深遠，卑職自奉憲檄，日與廳縣商量，則錢糧其首務矣。

據水利廳原估，修閘料價共一千三百餘兩，然所議者止七閘木石諸料，尚有九函及修築湖埂八十餘丈募夫工價不與焉。前院疏開協濟修河、備倭二項內，備倭銀年來支銷殆盡，且係緩急軍需，未便動移，惟蘇、松、杭、嘉、湖等府每年該協濟本府修河米銀六千餘兩，歷年逋解。及本府丹徒等三縣尚有支存修河米銀五百餘兩，先賜檄催各府立行撮解一二年，錢糧齊集而後役可興也，有錢糧矣。經理應用何官，除本府水利通判張含錦實心任事，應令專督，必得能幹有守之佐領官一二員分理，方能集事無已，請于該縣擇尚義善人、家道殷實、行誼敦篤者，令印官禮聘數人，以一人管一閘之料價工費，匠夫悉付綜理，每五日將用過銀數送廳查考，不使錢糧經吏胥之手，則需索、冒破兩無所容，完日上臺破格獎卹，以旌其勞。

至有爲派夫之説者，卑職以爲斷不可行。往年開河，就田派夫，苦不可言，况此曠日持久，工費繁多，民豈堪命，獨奈何以江南水利偏累雲陽之赤子乎？宜令管工善人按閘工之繁簡自募夫匠，每日給散工食，水利官間一查點，稽其勤惰，則民不擾而功自成矣，而猶未也。丹陽、吕城二閘，武進奔牛閘，丹徒、京口二閘，皆爲練湖而設也。葢徒、陽地居上流，若湖水一入運河即洩而之毘陵以下，勢不可圉，故先年練湖蓄水時，吕城、奔牛等閘十月即下閘板，皆有院封，懸禁甚嚴，惟仕宦船隻有家眷行李多者，於閘内量設小船盤剥至京口，其餘商民船隻悉取道孟河，無敢犯者，邑之先輩猶能言之，葢專貯此水以疏重運，其制甚善。使此禁不嚴，雖千頃之汪洋不足當一宵之流洩，雖蓄與不蓄等耳。謂宜急行丹徒、丹陽、武進三縣，將數閘先行修造，仍設版募夫，嚴其啟閉，而後湖水爲有用也。

常鎮道革佃攤圩追帖追租告示

欽差常鎮兵粮道吴爲復祖制萬年之水利等事。照得練湖蓄水濟運，業奉明旨，嚴行修復，府廳估計現在興工，頃據該縣居民王永汴等連名具呈，爲細陳練湖顛末，官民兩賴事。内稱豪民于斯立抗旨藐憲，偷名孫茂順，復揑蓄水利弊，誑聳按院現批本縣，又揑芻蕘一得虚詞，誑聳本府現批水利廳，計圖留田栽蘆，高起官函。切思此湖若可栽蘆，即可栽稻，當三春蘆苗方萌，必先洩水以俟生長，則夏之灌田失望，秋來斧斤將入，必先洩水以俟樵砍，則冬月之濟運失望。儻遍湖蘆茂，變爲盗藪，爲禍不小，伏乞追去佃帖，攤去私圩等情。據此，除行廳縣嚴禁外，合行曉諭。爲此示仰佃户人等知悉，凡有本縣原給佃帖，各要盡數繳縣。其從前佃湖採利者，俱不深究，即今夏麥將登，亦係違旨私種，法應入官，姑聽民間自割，仍輸半年夏税。自後速將私圩圍埂盡行攤平爲湖，永不許借端栽蘆，暗圖復業。如有豪强故違明旨，本道訪出，即時鎖拿，盡法究治，仍解院參處，决不姑貸，各宜猛省，毋致噬臍。須至示者。

崇禎五年四月十一日示

復湖濟運詳文　邑令　王慕吉

爲申詳湖田興革緣由，復萬年之水利等事。卑職自崇禎四年十月二十一日到任之後，其復湖濟運之議已經明旨勅行，盡革佃種。五年，申請修河米銀，蘇、常二府接濟，上、下湖閘已成，古制濟運之湖毅然恢復矣。按查前年前任知縣韓以修砌南京一帶官路，錢糧無出，招民佃種僅一千一百餘畝耳。後知縣袁請詳佃種，以湖田之價抵遼餉，以歲徵之租抵透支，亦七千餘畝耳。當斯時也，冬運已改，諸閘俱廢，官無取於濟運，而民始得以取資，後佃種相沿，又不啻韓、袁二縣在任時之所佃矣。五年，修復之後，上下石閘功成，又復冬運，則曩者之腴田今合變而爲汪洋萬頃也。尚有傍上湖高崗處所如蕭家等圍，不礙蓄水，前詳，以五十二畝議抵閘夫工食。奉本道批，湖田尚存，未免開佃種之端，則餘畝並當革矣。又有井田諸圍，亦不礙蓄水，仍爲舊佃，觀望紛紛，呈擾遂至，有相搆成訟者，有持遠年舊帖而以納糧爲詞者，有據昔年公議廢腴田而今求抵補者，總爲此高岡數處爲湖水不注之地，而舊佃者乃戀戀不捨，革佃者執議相爭。又奉前道吴原行云："有高岡田畝不礙湖面，亦須係萬曆初年以前給有佃帖，果係完糧，准送本縣查驗明白，申詳另給新帖。"開此一線之端，又起覬覦之想，而蕭家井田各圍竟至爲革佃者所觀望也。如議革則當一概還之公家，如議留則當以之酬好義廢腴田而輸國課者。即如上湖一帶，坐落馬陵地方起，至張官渡止，地勢高阜，下湖自張官渡下首起，至三閘止，地勢稍高，接連運河堤埂，俱係原佃淺灘，前議有栽植柳蘆以防湖中風浪，並令民間不得田之利，而猶得柴薪之利者，因革之閒，公私將攸賴焉。伏候上裁。

一、湖田既革，湖租當議免也。原額七百二十九兩八錢一分七厘二毫，解府（克）〔充〕[1]餉。今桑田已復爲湖，則耕種已無憑藉，輸納何從取償，民且有望恩於佃價者，況其租乎！合無從既革以後盡議捐免，庶國課不致有拖欠之名，而卑縣亦免追呼之苦矣。舊佃士民其有賴乎。伏候上裁。

一、湖閘雖復，湖埂當修也。前修閘時，議湖埂銀九十兩以上，湖埂斷六十餘丈，漲費銀一百六十八兩五錢一分七厘，則週圍土埂歲

[1] 充　底本原作"克"，據文義改。

議培補，不惟於瀦蓄有賴，而且防潰决之虞，則西埂一帶民居逼近，一有疎虞，民其魚矣。上年以錢糧無出，勸諭里保修培湖埂，僅五里耳，而費金錢者已不貲。究竟時值亢陽，湖水無蓄，而開河之役又勞百姓矣。職以爲，近運河一帶湖埂應動官錢，近民田一帶湖埂得利人户，每年照田畝捐費培補，兩旁栽植楊柳以固湖堤，斯不可不早爲之計也。伏候上裁。

一、湖埂議修，諸閘當備也。雲陽地勢高嵎，湖水一出，則爲江口，蘇、常分流而逝矣。按查濟運之初，近則有黄泥壩、陵口、麥舟、尹公橋等閘，遠則有南閘、吕城二閘，又遠則有京口、奔牛諸閘，節節關鎖，隄防漏洩，而十月下板之後，一切回空，官座盡由常州孟瀆河，仍請嚴旨委廉能水利官司其啟閉，庶法在必行，軍民畏懼，運務其有賴矣。當下板濟運之時，而回空官座一時壅集，不惟於運事有妨，而地方官且受非議多也。職以爲，重運之不通，則湖閘未善，卑縣任之。回空官座之不通，則孟瀆河之未濬也，武進任之。此非職之臆説也。職閲先達姜鳳阿《水利圖説》有曰："鎮江之水利以漕河爲先，漕河以丹陽爲先。"丹陽居丹徒、金壇之中，受練湖之水以濟運也，故丹陽之漕河以治練湖爲先。練湖上受諸山之水勢，奔騰難於蓄，而漕河居蘇、松、常上流，地形高而易於走洩也，故湖以治湖閘爲先，河以治河閘爲先。湖閘治令蓄，河閘治令不走洩矣。然而回運船每梗，河閘不得閉，故欲使運回船不梗，河閘令得閉也，以開武進之孟瀆河令放行回運船爲先。如是則閘始可以蓄水，而運苟有濟則漕河可以不挑，故使閘設而得閉，可蓄水以濟運，亦可以蓄水，免民挑河。然其事惟撫、漕兩臺得專之，蓋一主起運，一主儹運。運船空而回，撫臺先期令曰由孟河入，不由孟河入於本船之官旗罰無赦。河閘當以時閉，漕臺倘亦先期令曰閘設而不閉與無閘同。閘應以時閉，而或不閉也，於本地方之所司罰無赦。閘閉矣，運回船由孟河入矣。如是又告總督於淮，亦無或有所異同而可否也。至於處官舫之往來，講求爲禁令，務有以相濟而相成焉。三復斯説，誠今日復湖濟運之全局，缺一不可者也。伏候上裁。

一、湖制雖備，開濬宜酌也。練湖議復多年，惟聖明在御，毅然興復，賴諸憲臺之焦勞、錢糧之協濟，湖水（克）〔充〕盈，民將曰：“此制一復，可免開濬之苦也。”如去年甫用民力，又費民錢，而河竭則湖亦竭，河盈則湖亦盈，究至臨時有涸轍之患，而天時人事窮矣。司牧者何以取信於百姓哉？是不可不早爲之慮也。伏候上裁。

一、湖閘既備，私函宜塞也。西南原有官函數處，設以備濟，旱荒則放湖水以灌民田，斯亦濟民之舊制也。及數年佃種之後，遍湖皆成土壤，而開私函以洩湖水者，總爲便種故也。今古制既復，私函當嚴，尚有等奸民宦僕覬望湖田，喜爲盗洩，恐私涵未盡無而官涵未盡閉也。合請嚴示，以杜弊端，斯亦濟運之寔也。伏候上裁。

漕運詳文 王慕吉

爲漕運萬分緊急，速請委官司閘以濟運務事。

丹陽地處高阜，上至丹徒界三十五里，下至武進界四十五里，運河一帶水勢分流就下最易，瀦蓄最難。古制修練湖以濟運，又有京口、黄泥壩、淩口、吕城、奔牛諸閘嚴司啟閉，節節關鎖，始得湖水、江潮相濟不竭，而回空船又由孟河，諸制俱備，而練湖始成萬年之大利也。後緣冬運改爲春運，而水利不借于湖，遂諸閘諸制俱廢，而每年開河之役惟丹陽獨苦，不惟傷財勞民，百姓可念，且令守玆土者功少而罪多，從來舊矣。恭遇聖主精明，鋭意恢復，兼之諸憲臺奉功令惟謹，卑職拮据從事，幸練湖諸閘俱復，方擬啟閉濟運，可恃無慮，不意歲值亢陽，練湖亦涸，開浚之議又復孔亟。即今河工告竣，不知費幾心力招手。河干所恃者惟涓滴之江潮而已，于是修復吕城大、小二閘，又設木閘于黄泥壩、淩口二處，蓄江潮以濟重運。但吕城之閘一啟，水勢就下，原設奔牛閘次第啟閉。今奔牛不閉，雖有江潮，一洩無餘矣。懇乞憲裁，速委廉能水利官，總司奔牛、吕城二閘之啟閉，並委官司兩木閘之出入，務須首尾相應，啟閉如法，庶幾涸轍之餘猶留涓滴，不惟漕運可恃無虞，而卑職稍逭僨運之愆矣。

又本縣看得歲值亢陽，河源稍涸，目今漕運在即，關係非輕，况丹陽地居高阜，即蓄水易以就下，而涓滴寔藉江潮。縱今練湖雖復，諸閘俱備，奈湖中之水不及閘板，斯亦天時使然，非人工之不及也。

緣是開浚之議，勢不容已，卑職親詣河干，擇其最淺阻者並力開挑，仍于適中之處設木閘二座，俾令不洩江潮，除將夫工數並督閘工善人申報外，目擊運河一帶日見水涸，竊恐如式開挑，而天雨不降，江潮不來，萬一糧艘鱗集，阻滯不前，卑職不惟空費功勞，且恐事干稽運，伏希本府轉申院道，庶異日之漕限非關河工，而天時人事有所攸歸矣。

申覆按院祁詢訪水利　王慕吉

本院下詢，而以水利終篇，誠重其事也。江南之水利，以漕河爲先，漕河以丹陽爲要地，而丹陽上自辛豐，下至吕城，近百里矣。邑處徒、壇之中，形勢高阜，故每至秋冬之交則湖水涸竭。練湖之設，所以濟運河，所以利漕務也。及後改爲春運，湖閘盡廢，而佃種爲田，每年有開河之役矣。查前規，開河之役從田上派夫出自民力，工完則申請修河米銀以給之。嗣後署篆相更，河工草率，而錢糧冒支，總督遂禁支此項，而民力無所酬其勞矣。今漕事又復冬運矣，練湖固已修復矣，但諸制不備，終難濟運，前已備詳。本院兹姑挈其要領言之：湖閘復，不復河閘，與不復湖閘同；復河閘，不修孟瀆河，與不復河閘同。爲今之計，則惟恃上臺嚴督開浚，倘得開浚，則回空官座可不入京口而諸閘得閉。諸閘得閉，則湖水可蓄，不惟運事有賴，而且可免小民開河之苦矣。不然，當蓄水之時、築壩之際，而回空驟至，則以赴水次交兑爲名，官座驟至，則以遵憑限赴任爲説。當斯時也，卑縣能阻其行乎？水利官能當其鋒乎？勢必閘不能閉，壩不能築。而湖水一出則爲京口，蘇、常分流而逝矣。雖欲蓄水以待重運，其將能乎？故此一運河也，欲用民力開浚，則必酬之以工食，欲蓄湖濟漕，則必修浚孟河。然非憲臺留心漕事，俯循古制，則孟瀆、常州地也，以隔屬，則痛癢不關；以利漕，則均勞王事，寔在憲臺加之意耳。若有堤岸之修培、内港之蓄洩，凡有利民田者，卑縣則及時親臨踏驗，以爲民生計也。

卷五　公　　牘

國朝

院道行府下縣清復練湖文

鎮江府爲練湖之興廢關運河之通塞請旨清還等事。蒙欽差常鎮道原憲牌，該蒙巡按御史秦憲牌内開：奉都察院勘劄，准工部咨，都水清吏司案呈，奉本部送工科抄出，該本部具覆巡按御史秦題前事等因。順治九年正月初十日，奉旨：着詳察確議，具奏該部知道。欽此。欽遵抄出到部，送司案呈到部，奉此相應議覆。

該臣等勘得練湖閘函，歷代修築，以備旱澇，蓄洩有資。漕運輪輓急着，近以經制未備，侵占叢生，多至九千餘畝，甚可驚訝，以致湖失水利，漕河幾成陸地，低鄉盡爲澤國。按臣秦世禎巡歷該縣，父老環訴，稽查舊制，特疏請旨修復，誠爲國計民生之慮也。伏乞敕下該督撫按諸臣嚴行司道等官，力禁侵占，將廢閘湖堤照舊修理，庶運河無涸阻之虞，小民鮮淹没之苦。至動工費又在諸臣之善爲措處可也。既經該司案呈前來，相應覆請，恭候命下臣部遵奉施行等因。順治九年二月二十日，奉旨：依議行。欽此。欽遵抄出到部，相應咨會合劄遵照施行等因到院。奉此，爲照練湖一水上關軍國，下保民生，建閘置函以備旱澇，應啟應閉，各有其時。今豪右奸民私洩湖水，侵占湖田至九千餘畝，以致運河無濟、漕艘難行，各屬低鄉每遭水患，妨民病國孰甚於此！已經本院具題，奉旨清查修復，合行查議，爲此牌行該道，查照本院原疏及工部議復事理，即將侵占練湖盡數清出，成田者作何開墾？淤淺阻滯者作何通濬？上、下各處閘函作何修葺？私開黄金壩作何填塞？應用工料錢粮作何設處？會集鄉紳、士民、耆碩，逐一從長酌議，仍取閱舊制碑刻、疏議等書參訂妥確，通詳各院會奪，刻日施行。此係奉旨修復，非比尋常，務須大破情面，執法秉公，籌畫周詳，共襄盛舉，以副功令，如有豪右奸民阻撓把持，即據寔具揭報院，以違旨論，參拿重究，必不狗隱，俱無違錯等因。蒙此，合行查議。爲此仰府官吏查照院題及部覆事理，將侵占練湖盡數清出，成田者作何開墾？淤塞阻滯者作何通濬？上、下各處閘函作何修葺？私開黄金壩作何填塞？應用工料錢粮作何設處？會集鄉紳、士民、耆碩，逐一從長酌議，仍取閱舊制碑刻、疏議等書參定妥確，通詳各院會奪，刻日施行。此係奉旨修復，非比尋常，務須大破情面，執法秉公，籌畫周詳，共襄盛舉，以副功令，如有豪右奸民阻撓把持，即據寔具揭報院，以違旨論，參拿重究，必不狗隱，俱無違錯等因。蒙此，合行查議。爲此仰府官吏查照院題及部覆事理，將侵占練湖盡數清出，成田者作何開墾？淤塞阻滯者作何通濬？上、下各處閘函作何修葺？私開黄金壩作何填塞？應用工料錢糧作何設處？會集鄉紳、士民、耆碩，逐一從長酌議，仍取閱舊制碑刻、疏議等書參訂妥確，具詳本道，以憑轉詳會奪施行。此系奉旨修復，非比尋常，務須大破情面，執法秉公，籌畫周詳，共襄盛舉，以副功令，如有豪右奸民阻撓把持，即據寔具揭報院，以違旨論，參拿重治，必不狗隱，俱無違錯須等因。

又蒙本道硃批最緊之件案，留心五日內速結，足覘急公。邇來各上臺件案急如星火，該府稔知無俟本道之喋喋也，速速蒙此合行查議。爲此仰縣官吏查照院題及部覆事理，將侵占練湖盡數清出，成田者作何開墾？淤淺阻滯者作何通濟？上、下各處閘函作何修葺？私開黄金壩作何填塞？應用工料錢糧作何設處？會集鄉紳、士民、耆碩逐一從長酌議，仍取閱舊制碑刻、疏議等書參訂妥確，具詳本府，以憑詳道轉詳會奪施行。此係奉旨修復，非比尋常，務須大破情面，執法秉公，籌畫周詳，共襄盛舉，以副功令，如有豪右奸民阻撓把持，即據寔具揭報院，以違旨參拿重治，必不狗隱，俱無違錯，須至帖者。

順治九年　月　日帖下丹陽縣准此

劉郡守勘語

看得練湖幅隕四十里，聚蓄長山八十四汊之水，由西而東有上湖、下湖之分，而湖之東北則爲運河。上湖高於下湖，下湖高於運河，是以前人於上湖之東建石閘四，又于其北建黃金壩一，使上湖之水既不徑歸於下湖，又不直瀉于運河，此上湖之制也。至于下湖亦於其東建石閘四以鎖其水，使不徑洩于運河，此下湖之制也。自是而運河南則有奔牛閘、吕城閘，北則有南閘、京口閘，又有丹徒減水閘，更宜急整，庶一帶河流南不直下于常、蘇，北不直下于揚子江，此又河與湖相維之制也。

自有此制，是以湖水常盈，每遇冬春水涸、漕艘難行，則啟閘放出湖水，使入運河以濟漕艘。及夏秋水發，則閉閘蓄水，使無旁溢。則是湖也，專以制河之窮，而河之冬春不致病涸，夏秋不致病盈。則上、下湖之各閘與夫黃金一壩最爲喫緊，而河之南北四閘亦政相須矣。不意後來閘座俱壞，啟閉盡弛，以致湖漸成田，人争告佃。耕種者日多，恨不使湖水盡去，皆變爲田也。乃上湖之南有官函三處，下湖之西南有官函九處，以灌民田。方其用水，必稟縣官，然後啟函出水，用畢即便閉塞。不知何年又于其北鑿私函三，以出湖水，直瀉于河，加以上年霪雨連綿，山水横發，湖既漲滿，閘壩危岌，而湖中有田各家不無盗掘，竟將黃金壩衝倒，湖水盡瀉，下流之田地被衝固不待言，而運河受其淤泥，致煩畚鍤，職此之故矣。然猶不止此也，即今兩湖之水已一瀉無餘，即山水源源而來，而壩不築、閘不修、私函不塞、湖田不革，則終爲無當之管、直漏之巵，致病運河，爲憂方大矣。

本府仰奉鈞批，親詣踏勘，反覆思維，惟有亟將黃金壩並湖河各閘修復如舊，其私函盡皆閉塞，是爲徹底澄清，一勞永逸之計也。但各田不除，終屬病根，原係蒙批查勘事理，合行具申，伏乞照詳施行。

常鎮道原練湖勘語

看得丹陽運河爲輓漕孔道，運河之西則萬頃茫然之練湖也。湖高于河，苟不隄防節蓄，則水之就下勢若建瓴，洩無餘瀝，必病于漕，且濱湖田疇灌溉無水，又兼而病民矣。是以前人建壩、建閘，制極周詳，禁決、禁墾，法亦至峻也。無奈嗜利若飴之豪右垂涎告佃，彼無遠見之官府復以增課貪功，一錯俱錯，轉佃轉多，致釀鑿函、掘壩、渰没多田之變。于墾田各佃，誠爲得計，其如一路之哭何？非特此也，苟不及今修復，恐運河日漸壅淤，將來漕運有不忍言者。惟是修閘、築壩、塞函俱無難，獨革民種田爲難。葢種田，鄉農也，告佃取租者，走死如鶩、百足不僵之豪也。我能行之，彼能撓之，必祈憲臺具疏特題，請旨乾斷，庶幾克濟耳。運河帶水，非惟數千漕艘出于其塗，即各處本折錢糧、貢進方物，莫不假道于此，孰重孰輕，廟堂多勝算，將必猛然一割矣。爲此具由呈乞照詳施行。

常鎮道原申報各院回詳行府牌

常鎮道爲蠹國殃民事。該本道呈詳修築練湖閘壩、蓄水濟運緣由。奉總督部院馬批，據詳練湖成田、滄桑遞變，有利于此，必其不宜于彼，此理之常，無足怪者。惟是湖田已供賦税，水勢直達下流無塞，諸邑高下既殊，自難免渰没之患矣。原設壩閘之修築，關濟漕而利民生，非入告不可行者，仰候按院詳示會題行。繳。奉總河部院楊批，閘不宜久廢，應行府速速估計，炤舊制修築。至于函洞，查舊有者，留之；私開者，塞之。必練湖復而閘壩方爲有用，必國課除而練湖方可復也。不然，空談終無寔用，仰申請撫、按兩院定奪。繳。奉總漕部院王批，練湖之興廢寔與運道關切，前經按院特疏，部覆該督、撫、按嚴行司道等官力禁侵佃，將廢閘湖埂炤舊修理，已奉有俞旨矣。仰道大破情面，一力擔當，將喬日洪嚴行究審。要見侵佃起自何年，是何姓名，每年額供若干，其湖河壩閘應作何修建，動何項錢糧，逐一議束册報，仍通詳各院，以憑會題。繳。奉按院秦批，復湖興利，本院已疏聞矣，候廟議定奪。繳。奉漕院朱批，據詳練湖閘壩寔關國計民生，該府踏勘既確，該道言之極詳，應即修築，無容再計矣。其湖田之賦既入正供，按院已經具題，奉有俞旨，仍候部覆咨行。繳。蒙此案照先據該府申詳前事到道，該本道具由詳批前因，擬合行知，爲此仰府官吏查照批詳事理，即將丹陽縣練湖炤舊速行修築，其函洞查舊有者，留之；私開者，塞之。現奉按院具題候旨，另行知照，仍一面先將喬日洪等嚴提究審，要見侵佃起自何年，是何名姓，每年額供若干，壩閘作何修建，動何項錢糧，逐一議妥，具由報道，以憑轉報施行，須至牌者。

請復練湖詳文 邑令 竇重光

查看得水利一道，關係國計民生，或天時偶竭，地利失施，爲民上者方將探源窮流，以資蓄洩，又何敢輕言閉塞，率意更張，以貽地方百世千秋之重困哉？此丹陽之練湖不可不亟講于今日也。

蓋長、驪諸山八十四汊之水，奔騰交滙于丹陽，仰而承之者則爲上練湖焉。上湖形勢高阜，不能久存浩澤，俯而蓄之者則爲下練湖焉。上、下各有函洞，相時啟閉，以濟漕爲首務，而田畝之灌溉次之。緣上湖既高于下湖，而下湖復高于運河，縈迴聯絡，勢如建瓴，一遇河乾水澁，則導下湖之水達諸運河，漕船賴以迅發。迨漕船過盡，又復留餘波以待夏秋之涸，湖傍十萬民田無不仰資沾濡。自唐宋及今，幾千百年，其閒告佃有禁，私放有禁，掘埂有禁，請浚有疏，建閘有疏，修堤有疏，載在邑乘，班班可考，良以地方水利端貴疏通，未有堵尾閭而養四肢，驅血脉而供蠶食，稱爲良法者也。今上、下兩湖歲陞之科已有一千餘兩矣，應上之價已蒙駁增矣，未墾之田告佃者已造册呈報，争墾者紛紛雜出矣。卑職以渺爾微員，方招徠催督之不遑，又何敢徒逞嚼蠟，輕滋謗讟哉！但職司守土，心切民瘼，任怨任勞，皆不暇計，兼以糧里之哀籲、耆庶之疾呼，卑職何敢緘默其詞，致貽地方百世千秋之重困，此所以迫切敷陳，亟干憲核者也。

請先以漕運言之。夫浙江全省以及蘇、松、常各幫運船何止千百餘隻，總視丹陽爲出江門户，每年運船過汛，例在春初，而丹陽河道較蘇、常等處復高數丈，全恃下湖蓄積之水開放濟運。比年以來，湖既成田，水無所蓄，以致泥墊官河，羈遲漕運，雖督挑督剥，費盡脂膏，究之溜土走砂，旋疏旋涸，終非人力所能挽回，誠不若天成地設之水利可以舉手而通利涉也。至于天年旱澇不常，農事歉豐靡定，此湖一墾，俱有隱憂矣。蓋旱則數萬膏腴之田無源灌溉，悉成焦土。是下湖之廢，所利者不過萬餘畝，下湖之興，所利者不下十萬畝。其閒孰得孰失，孰重孰輕，可昭然而無煩再計也。不特此也，如逢水澇，害更難量。蓋長山諸汊一經發水，則汪洋澎湃，勢若山傾，下湖既墾爲田，無區承受，自必瀰漫下流，一洩如注，且佃墾之家，惟恐奔騰不及淹没禾苗，又復盗掘東堤以作損人利己之術，不獨湖傍膏腴化爲魚鱉，而金壇、武進等縣亦有池魚林木之憂。

夫湖之有益于漕運若是，有益于旱澇若是，一旦被覬覦之子壟斷而耕，計固得矣，其如維桑受毒、隣國貽殃何哉？卑職不言，則告復下湖之人視爲聾瞶；欲言，則告佃下湖之人等諸仇敵。筆既濡而復停，舌屢伸而還縮，不知費幾經籌畫，而後迫切敷陳，亟干憲核也。

因思皇恩聖德，遠邁唐虞，愛惜蒼生，無遠弗届。欲救淮、揚兩郡水災，猶出帑金數十萬以爲開海疏河之用，即督撫各憲，仁能覆物，論可回天，倘照按憲秦、撫憲馬議復之疏，合詞特請，自必符合宸衷。仍准開浚，永杜侵漁，庶國計民生均有攸賴也。

康熙二十八年六月

糧道胡批，練湖蓄放之水，灌民田、濟漕運，萬世之利也，豈得以勢豪争墾，僅輸微賦，頓壞古今水利成模？本護道久欲條舉，以守吴而未逮也。今該縣能剴切上陳，不避嫌怨，具徵才力兼優，仰候各院憲兩司暨江常鎮道批示録報。繳。

請復練湖詳文　方伯　李亮

敬陳：運道有備無患之一得，懇賜據情題達以濟漕政，以利民生事。

爲照朝廷軍國之需，莫重于漕政，而東南漕務之急，莫切于運河，方今聖明在御，百職効理，漕運一節，尤必恪遵冬兑、冬開之令。而江浙運事，每每愆期，致罹參罰，既非輸納之不前，又非催科之不力，實皆由河道之艱阻悮之也。本司司臬三年，承審欽部大案，往反江蘇大約閒月一去來，行歷徒、陽等處，每當冬寒凛冽之時，築壩纍纍，民夫千百成群，泥手塗足，大半浸身于冰濤凍土之中，備極艱辛萬狀，甫完挑浚一番，本司心甚憫之。

夫江南，澤國也，而乃甚苦水涸如此，詢諸土人，咸羅拜曰：

"欲除此害，除非復得練湖方可。"及至春來，復見漕艘接踵而至，仍然阻澁難行，旗丁、水手沿途强捉民船，剥淺短運，民船各有生理，一被拿捉，兒啼女哭，載路號咷，幾有迫不欲生之勢。往來官府，又以事關漕糧阻運，難以禁遏，惟有目擊心傷，付之無可如何而已。本司親至練湖週圍遍閱，復核諸志乘、碑碣、疏議等書，而信濟漕運以利民生，斷非速復練湖不可，不揣固陋，敢一一爲憲臺陳之。

國家歲輓東南漕日數百萬，咽喉于如帶之河，自京口至常郡之奔牛，高下一百五十六里，逐節低垂，首高尾下，河窄而峻，勢若建瓴。舊制于京口連建三閘，當潮水來時，則啟板以受，潮落時則閉閘以蓄水，接濟之法不可謂不盡善矣。惟是開運之候正當臈底，正初冬水既落，春潮未生，平來之江水流入運河者原已無幾，加之徒、陽一帶兩岸積土如山岡對夾，俱係歷年宿累之浮砂。水既無多，縱備畚鍤之勞，無如人力止能浚河，不能益水。河即稍深而水不加長，未幾水溜砂隨，漸且仍積原所，而河淺如故。葢江水至百里之外，雖潮信盛時，勢亦已殺。况冬令無潮之日乎？

歷代以來，欲嚴冬運，未有不藉源于練湖者。湖距丹陽城西一百二十步，地連徒、陽二邑，又名練塘，即古之曲阿後湖也，仰受長山、高驪諸山八十四汊之水，中界一埂，名黄金壩，分湖而爲上、下，各週四十餘里而廣。上湖高下湖數尺，設有石閘三座，蓄水以濟下湖之涸。下湖高運河數尺，設有石閘四座，蓄水以濟運河之窮。故《湖漕成案》云："丹陽之練湖，無異汶上之南旺、東平之安山、濟寧之馬場、沛縣之昭陽，是天于無水處生此湖以濟運也。"而湖水一出運河則必下洩，故于水之下流離丹陽城二十里名淩口設石閘一座，節節關鎖，以護其外。有閘，而湖之用始遠；有湖，而閘之設不虚。來有源而去有節，是故不特濟河水之涸，而且以濟湖水之窮。《湖志》曰："湖水放一寸，河水滿一尺。"此天地自然之水利，雖極人事之艱辛，焉能彷彿其萬一哉！自明季漕運愆期，常至夏杪始出京口，維時霉水正發，似可無需湖水，而遂有乘機以佃湖爲利者，至我世祖章皇帝始准秦按院條議而毅然復之。聖朝盛舉，迄今耆老尚能嘖嘖稱道不少置。夫湖一廢，隆冬竭盡力役之苦，春來仍費盤剥之煩，誠有如本司向所目擊者，固漕運之艱也。而三農亦因之而並困，何者？湖廢而各山來水茫無歸貯，潦則以田爲壑，旱則戽救無資。雖或承佃者偶享千畝之新畲，而環湖數萬之沃壤竟使旱澇兩無所恃，不亦所利者少而所病者多乎？惟湖水蓄而江浙四千漕艘臨期不過一啟之勞，得以銜尾溯流而上以達于江。即今考之案卷，合之輿圖，歷來試有成驗，其爲漕政之大利，固甚彰明較著者矣。且潦藉以貯有餘之水，旱藉以灌無水之田，此其利于農事也。有蘆葦菰蒲可以樵，有魚鰕水族可以漁，此其利于民用也。較之數千畝租税之入，其關係大小輕重，又豈僅僅逕庭之相去而已哉？本司于此妄謂知之，明而信之，確聊陳芻蕘之獻，惟憲臺之俯擇焉。

康熙二十八年　月

巡撫部院洪批，該本司呈詳清復練湖以濟漕政緣由到院，據詳各欵俱關漕運重務，自應會商題請，但練湖原經科臣條議，復經前撫勘報，且墾田六千餘畝，目今作何着落，工科錢糧作何開銷，並未議及。前據縣詳已批江常鎮道確查通報矣。事關國計民生，難容草率，仰即日會同確議，妥詳通報，並候督、漕二部院批示繳。

總督部院傅批開：據詳開復練湖之議，籌畫周詳，誠屬有裨漕運，仰候漕撫各院核奪會題。繳。

總河部院王批開：練湖關乎運道民生，本部院前任兩江時，久已洞悉。兹該司溯其源流，察其興廢，備陳從前復湖建閘之利，今日妨運病民之害，以及設防修閘條議，井井具見。該司寔心任事，念切民生，亟應會題清復舊制，以永利運道民生。但當日廢湖爲田之原委，詳内未據議敘明白，昨據丹陽縣一詳已批行該司矣。仰再查妥議，並順治九年修復成案，一併速行通詳會題，仍候各部院批示。繳。

總漕部院董批開：丹陽練湖，有益于運道民生者其來久矣，祇因此湖久廢，是以阻運勞民，據詳條議，井井情形如繪，非真知灼見、留心運道者，曷克企此。至于開通、疏浚、修葺、築塞等項未盡事宜，尤深思熟慮，期于萬全，庶便會疏入告，仍候各部院批示具報。繳。

請復練湖詳文　邑令　高聯

遵查得湖之名練，自晉始。及唐分而上下，之宋元明季，滄桑代變，載在邑乘者，固指不勝屈。至我朝定鼎之初，喬日洪等侵佃九千餘畝。順治九年，按憲秦特疏清復，碑碣猶存。嗣後閘函、堤壩日就圮坍，而賀傳籙等又告佃矣。康熙十三年，撫憲馬題復永禁，至十九年科臣張以湖水横决等事，請將上湖佃田，下湖蓄水，未幾而上湖既墾，下湖隨之，此則廢湖爲田之大略也。至奉查報墾田地作何着落，捧讀憲議，欲將已上價者給蕩抵之，此誠軫念民閒之至意也。卑職愚戇，不避嫌怨，竊以爲不可。蓋上湖田價三千八百餘兩，于二十二年陞科之後，屈指數之，于今七載，所完者止百餘金爾。下湖和尚圩田價幾三百金，二十四年陞科之後，于今四載，所完者十兩有餘；馬家圩田價幾五百兩，陞科業已三載，所完者不及十兩。一任頻呼不應，積歲無完，民享膏腴，官罹参罰，其爲勢占不言可知矣。今欲盡復全湖，而惜其百金之價給蕩于中，不獨魚禽樵採之利將爲踞占，一遇水涸而盗佃侵耕反得以藉口，應將未完田價報墾錢糧請題除革。而已上之價爲數無幾，置之不論又何憾焉？若奉查工料錢糧作何開銷？卑職歷視上下兩練湖，黄金壩爲之襟帶，有七閘、九函爲之孔竅，有漕河諸閘爲之鎖鑰，一處不修，其制不備，奈基址僅存，石甃殘缺，非卷石抔土之功，一手一足之力，則所需工料錢糧誠不可不亟講也。乃檢查順治九年修復之卷案，片紙無存。因集《湖漕成案》與志乘諸書詳加參考，從前修復之費取用不一，候憲裁詳請題達，或取諸河工，或取諸漕運，則振作有資，庶可成久大之規而得寔際矣。其中斟酌損益，因時制宜，統候憲臺遴委賢員，專司督理。卑職竭蹷趨事，以共襄厥成焉，合將《湖漕成案》若干卷恭呈憲覽，以備採擇。

江常鎮道王批：練湖有關運道民生，一有瞻狥，便如聚訟。該縣據理直陳，明目張膽，可謂能斷大事矣。仰候轉詳，仍候藩憲批示，報《湖漕成案》存閱。

覆議復湖詳文　高聯

查得練湖之利害不並立，居民之公私不同趨，及可興可廢者非練湖也，人之情也。人之情有公私，則其言有可否。墾湖之民利在無水，湖傍之民利在有水，其于漕運之濟否，均無與焉。必謂有濟于漕之王道誠等，出而爲利國便民之事，安得人人盡如王道誠耶？必謂無濟于漕之深爽等出，而矯徒勞無益之弊，安得人人盡如深爽耶？且必謂墾者宜留，未墾者莫佃，即爲國計民生兩全之道，又安得人人盡如郭嘉耶？卑職凜遵查議，彙閲呈詞，據王道誠之狀，則可復。據深爽之狀，則不可復。據郭嘉之呈，則可以復，可以不復。此唐宋元明以來屢佃屢禁者，蓋各有所據之理存焉爾。

嘗聞成大功者不謀于衆，可以即其詞議之。蓋練湖之興廢在于人，練湖之濟否在于制。卑職莅事兩月，未及目睹汪濊之勢。然而廵視全湖以及一帶運河，揆情度理，知湖非不可以濟漕也，非湖可以濟漕也。丹陽一帶運河勢若建瓴，可以濟漕也。恃湖中之水，尤恃河中之制耳。使無河中諸閘之關鎖，欲恃湖水以濟之，譬如决巨滙于泰山之巔，其勢雖大而不留，惟有諸閘以爲之關鎖，乃引湖水以濟之，譬如覆斗水于釜盂之中，其勢雖小而不洩矣。再以湖中所見陳之，昔之革田爲湖者，築中埂以蓄上湖之水，埂有三閘，下湖之圍埂東有四閘，西有九涵，平時閉塞不使滲漏，故長山之水一下，上湖滿。然後啟中埂之閘，達諸下湖，恢恢乎寔能容之。此所以成其爲湖也。今之廢湖爲田者，上湖之人恐妨其田也，于是掘中埂百餘丈，長山之水一下畢達下湖，上湖殆無一勺之蓄矣。下湖九涵不塞，四閘不塞，長山之水一下，東西畢達矣。馬家等圩恐其水之妨田也，各于臨河埂上私决一涵，以爲洩水之計，此所以下湖之中亦無一勺之蓄也。

今于議革之中，深爽等欲留數圩于下湖之中。卑職目擊有成，豈不可惜？然爲深爽等計，必全湖不復，然後可。蓋馬家等圩雖與公莊備用相連，其勢漸低，在下湖之東，偏若盤之底，使將函閘閉塞、中埂復興，則公莊備用駸駸乎有淹没之憂。何馬家等圩不爲鮫人室乎？縱使深爽等佛法靈通，斷不能水底插蒔栽秧也。此時顆粒無收，諒無點金之術可以賠完國課矣。兼之上價未完，錢糧無辦，不幾自貽伊戚乎？卑職逆料其心，將謂留此圩于下湖之中，上策則築埂防護，不使淹没，而上、下湖田各用其上策，將何處是蓄水之地耶？中策則亢暘之水可耕可種，而上、下湖田各用其中策，將何以弭盜佃之源耶？下策湖水泛濫，盗掘湖堤而達之河。噫！危矣！數年前曾有掘埂之患，泥土直下，衝翻舟艇，河道幾平，勢若黄河之決，疲極人力不能閉塞。甫及完工，而浚河打撈之苦又幾費拮据矣。此近事之可鑑也。

至郭嘉等欲于議革之中參以持平之論，既以爲無濟于漕，則亦已矣。乃云："今則不能濟漕者，舊制廢也，如此則宜修復閘制，以濟漕矣。"一轉念間輒云："今歲無雨，湖涸見底，閘制修復而亦無濟。"夫今之湖不獨無雨見底，即多雨亦見底者，不蓄水也。非不能蓄水也，又安見萬萬不能濟漕耶？且欲取地方官印結保，免徒、陽開河撈淺之費，噫！亦奇矣。徒、陽一帶，運河兩岸壁立對夾如谷，雖有賢有司不能止其飛沙浮土不爲風雨侵下也。試問順治九年修復之先出具印結者幾何員乎？至于竇令之詳，雖因王道誠等具呈而起，其運河積年淺阻，湖價積歲無完，兩受參罰，詎不思良法乎？乃云："今之欲革湖田者，衹緣西鄉之民賄縣誑申而起。"此非卑職任内事，不暇深究，但思藩憲深悉湖漕，特詳條議，豈亦西鄉之民賄囑乎？故曰："可以即其詞議之，亦可不以其詞議之也。"

總之，此一湖也，復湖中之制，然後成其湖。復河中之制，然後可以濟漕。斬斷異日之葛藤，斟酌當前之經費，然後可以復湖中、河中之制。此卑職之管見。至于其中可否，伏候憲臺採酌定議轉詳，非卑職之所敢膠執也。

康熙三十年　月

請復練湖詳文　邑令　馬光裕

查勘得丹陽四境中衙運河一道，北接郡城，爲出江要津，南抵蘇、常，水鄉低窪，東界大江，其形卑下，西連崇山峻嶺，其勢最高。高驪、長山八十四汊之水，驟然而下，不有上、下練湖各週四十里爲受水之區，則陽邑濱江附水之地久成蛟宫鯨窟，而民盧焉附耶？

唐朝劉晏奏稱豪右掘堤洩水，取湖爲田，湖中地窄無處注水，横堤壅礙，不得通流。秋夏雨多，即注丹陽、延陵等縣，良田八九千頃常被淹没。稍遇亢暘，近湖田苗無水灌溉，所利一百一十五頃之田，所損三縣百姓之地。今依舊障水爲湖，邑人免憂旱潦，奏聞中書門下牒，浙西觀察使韋損勿使更令修築，致有妨奪，載在邑乘，朗若曉星。自唐迄明，千年所矣，立禁甚嚴，然豪强嗜利如鶩，屢占爲田，民亦屢訟公廷，官亦峻法屢治，廢復靡常。廢湖者損人而利己，復湖者裨公而濟衆。

本朝鼎建，亦遭豪占爲田，順治九年，按院秦力請存湖，工部尚書羅堅論資運利民。康熙十三年，撫院馬酌復函聞以全水利，户部議將佃人治罪，奉旨依議，欽遵已久。豈知前吏科張諱鵬，丹徒鄉宦，不達丹陽水利，誤聽幕賓計僑之語，誤題墾種。前撫憲慕雖未直指侍郎之失，尚有應蓄水者，浚渠疏通，應承佃者，畫疆墾種之議。自此奸豪佃墾者，上、下湖田通共一萬三千二百三十八畝，而張宦以同善堂爲名，知數潘大成獨佃三千餘畝，計僑以子計全出名，告佃千有餘畝，圖利己也。豈知諸山之水遇雨仍發，同善堂之田棄而不耕，上價田糧歷年不完，負嵎欺抗。卑職遵奉憲檄追徵上價，並催歷年陞科田糧米麥，而潘大成數千畝之夫，已經張宦逐出，而煢煢一丐矣。計全無策，賣男應卯，今更棄父潛逃而僑死不殮矣。卑職叩電湖案初詳，頗悉其概。

今湖内之水既無蓄洩之備，湖外之田旱無灌溉之資，浸遭衝決之害，墾湖田畝水旱俱災，迄無舉耜之日，初望利己而損人，終成人己而皆害。卑職躬詣湖畔週圍踏勘，湖制宜存而不宜廢，湖田宜棄而不宜墾，倘不及早議革，濱湖之民生計日絀，佃湖之户逃亡相繼，民困不能上達，終成百歲之憂，相應急請憲臺回天之恩，力請歸田還湖，修復湖身。至于修舉涵閘，浩費繁難，憲慮之周詳也。今據捐資自備，不費公帑，民情之自願也。伏乞憲恩急賜詳題，去民之害，成民之利，垂不朽而利漕運，恩自九重之浩蕩，利從憲鑒以成全，卑職未敢擅，便擬合申詳，伏候憲裁。

康熙三十三年八月

申報欺隱詳文 邑令 張□

丹陽縣爲號憲陞科，恩救窮黎，上增國賦，下免貽害事。蒙本府信票開，奉布政司劉憲牌開，奉江撫都院朱批，據丹陽縣民朱朝綬等呈，墾上、下兩練湖共報墾田一萬一千二百餘畝，衿蠹吴之寅、裴之焕等數人各霸千餘畝，成熟二十餘年，價抗四千兩不完。又于三十六年稱奉旨抵補上湖虚田，誘身等在下湖代墾數千畝，另立户口，代完上湖條糧印票。切據一半豪等採租取利，若不報明憲轅，必貽後害緣由，奉批仰布政司併查報等因到司，抄呈發審到府，轉行到縣。蒙此，該卑職以事關欺隱報陞大案，未敢草率詳報，于上年委知事張衡、朱文炳、吴儲萬、朱調、朱公栢、張吉、張連城、吴公綬、戎全、朱培、郭廣元、蔣公莊等編號砌丈。今復躬親查丈勘，查得上湖湖水横决案内原報陞田五千九百八十二畝七分六厘九毫，下湖墾准换帖等事案内原報陞科田四百二十八畝三分二厘，墾恩飭查等事案内原報陞科田四千八十五畝一厘九毫，以上上、下兩湖四案共原報陞科田一萬一千二百三十九畝三分一厘五毫，下湖尚有龍城等處田灘溝塘二千七百餘畝未曾報陞。其上湖報陞五千九百八十二畝零之内，雖不無溝灘塘埂、墩潭低窪、不堪耕種之處，然當日既自告佃陞科，已經各憲題達定案，豈容任意棄置、更翻成案？乃生員吴之寅、郭廣元、蔣公莊，民裴之焕等妄生覬覦，計圖壟斷，捏報上湖當日係前任鎮江府防廳許籠綱總丈，致有缺額，墾將下湖閒田抵補。前任馬令據呈轉詳各憲，未奉批允，吴之寅等即私令民人朱朝綬等佃墾，及朝綬等察出之寅等上湖田原未缺額，抵補未奉憲允，遂即控憲告陞批發卑職查審。

卑職確查得上湖田雖有溝塘，灘埂低窪，若照民田一例陞科，不無苦累，然之寅等何不于告陞時棄置不行告佃？而之寅等稱有缺額，則額原無所缺，究其所以缺額之由，則係之寅等將上湖報陞田内抛荒一千二百四十六畝零，云有缺額，是即據稱缺額亦係因抛荒而始有缺。至抛荒則因之寅等欲壟斷下湖龍城等圩之田而始抛荒，且所抛荒田畝現又有告墾佃種成熟者二百餘畝，則此田之荒由于之寅等作奸罔利以荒，非田之不可耕種而荒，明矣。且又敢于作奸于卑職委知事丈量之時，竟將丈弓改大，據所砌造册内上湖遂缺額三百餘畝，若非卑職親丈，並將丈弓較勘民田，則卑職竟爲伊等所欺，亦以果有缺額，爲之上請矣。卑職勘查得寔，當即面諭生員吴之寅、郭廣元、蔣公莊等，以報陞有案，豈得妄稱缺額！上、下兩湖各有疆界，豈容牽混！上憲並未批允抵補，豈容私墾！應仍照報陞之案執業。上湖之田所有溝塘、灘埂應否折算，候詳憲裁示。下湖各圩田畝應聽朱朝綬等另行報陞。詎該生吴之寅、郭廣元、蔣公莊恃衿不服，且查當日奉旨召墾湖田，原令濱湖貧難小民分佃餬口，乃今上湖共報田五千餘畝，而吴郭等三四人已佔湖之大半，而又欲借上湖以佔據下湖，且歷年錢糧不完，奉旨六錢三分一畝之輕價猶不肯上，卑職爲所參處者已非一載，而之寅等價不上納，反將田得價轉賣，且詭其名曰“撥頂”。夫既力有所不能，何爲告佃，而又欲撥頂與人？既已得價撥頂，而應上之價又何抗不上納，且又即將下湖之田紛紛撥頂？則是朝廷之土田竟爲該生等私家之物，其何怪乎朱朝綬等之紛紛嚎控耶？今該生等不知自反，志在横佔，卑職理諭不服，理合備詳憲臺，請賜嚴飭批示遵行，庶大案不致久羈矣。

康熙四十一年三月

于撫院題復下湖奉旨准行文案上

江南江蘇等處承宣布政使司爲籲請復還練湖，蓄水灌溉民田，裕國課以廣皇仁事。奉江撫都院于批，據丹陽縣民邵日茂、史謨、徐元振、冷茂高等具呈前事內稱，竊惟丹陽上、下練湖，乃天地生成之水利，環湖十餘萬畝民田，旱則藉湖水灌溉，禾苗不致枯槁，潦則山水驟發，有所滙蓄，田疇不致渰没。又無湖泥衝塞運道，更免挑濬撈淺之役，水旱無虞，民生得遂，寔爲利國利民。自康熙十九年，故宦張吏科題請召佃，當蒙前任撫院慕題明止將上湖墾種，仍留下湖蓄水，奉旨俞允遵行，乃有陽邑土豪衿棍，罔顧功令，惟圖利己，輙借陞科名色佔墾下湖，壅塞水道，以致環湖田畝旱潦俱灾，數百村男婦皇皇無告。康熙二十八年，陞任李藩司洞悉輿情，曾有復湖之請。三十四年，陞任張藩司亦經條議請復。此時皆因陞科錢糧未有着落，事遂中止。今十數年來，湖旁田畝旱則無水戽救，潦則無處宣洩，昔年祖遺美産今皆盡成荒瘠，而額賦應輸，點金乏術，年年受鞭朴之苦，究之十室九空，縣官徒罹參罰，我儕徒困催科，仍與國課無補。身等焦心會商，與其田荒賠累，河塞挑撈，莫若將下湖陞科田地七千餘畝，濱湖業户按畝均認完納條漕，較之開河賠糧，不啻天壤。一轉移間，既無損於公家，仍有益於蔀屋，所當泣請，繪圖入告，以拯向隅者也。況歷奉上諭，凡地方事宜有不便於民者，具題改正。今陽邑大害，莫過於此，在私墾下湖者爲違制，請復下湖者爲急公，良頑宜別，興革難遲，伏乞爲民請命，亟賜題明。一面檄行司府禁止私墾，國課無虧，民困得甦。

至於復湖之利，廢湖之害，各任藩司原詳備載，並祈弔閲，恩垂不朽等情。奉批：丹陽練湖爲聚水灌漑之區，今稱陞科錢糧概愿包認以資蓄洩，是否出自衆情，仰布政司審取確供妥議詳報。

又奉總督部院邵批，據邵日茂等呈同前由，奉批仰江蘇布政司查案妥議詳奪各等因到司，奉此隨經飭行鎮江府確查詳報去後，續據該府詳稱遵奉行，據丹陽縣詳稱奉發邵日茂等請復下練湖一案。卑職遵提原詞，有名人等到縣，當堂查訊，問邵日茂："這練湖田地陞科年久，你爲何説有碍水利，到督撫衙門去具呈呢?"回供："小的是湖邊居民，那湖邊有數千萬家耕種，各村田地俱靠湖水灌漑，自下練湖陞科之後，水無蓄洩，小的們湖旁田地遇乾旱之年，滴水無處車救，水發時節，下流壅滯泛濫渰没，田荒地白，不但錢糧無處設措，即數千家大小户口俱受凍餓，可憐小的們祖傳産業，終歲力作，指望完課之外養贍家口。今湖中佃種之人只圖自己便益，不顧他人死活，水發就開壩放出，冲瀉民田。若遇亢旱，即閉煞涵洞，涓滴不放下來，湖旁田地漸次抛荒。這湖一日不復，小的們一日不得安業。"

又問："本縣有上、下練湖，那上湖也是陞科的，不見説有碍水利，怎麼獨是下湖有碍水利呢?"回供："練湖是天地生成的一個大湖，後來百姓在中間作了堤埂，横截分作兩湖，這上湖地高，水滿就流入下湖去了，是過水之區，所以康熙十九年間科中條奏，聽民告佃，還無碍於水利。那下湖比上湖低，是受水的處所，旱潦蓄洩全靠此湖。今一概佃種，他們止管自己田畝，水大放壩，水小堵塞涵洞，故此就碍了水利。那湖四面八方的田地，水大就渰了，水小就旱死了，今小的們情愿包認下湖陞科的錢糧就是了。”

又問：“那錢糧是年年要完的，你難道年年肯包認麼?”回供：“小的們的湖旁田地是祖宗傳下來的，墳墓家室都在那邊，一時無可搬處，即賣與他人，如此水旱有碍的田地那個肯要，萬不得已，衆人公議只得分賠了湖內錢糧，復了練湖，使自己的田水旱有靠，年年成熟，不致渰没旱死，顆粒無收，這幾百錢糧糧米情愿包認的。”問史謨、徐元振、冷茂高等，各供與邵日茂無異。

該卑職看得錢糧重關國課，水利寔切民生，斟酌變通，俱宜躊躇至當，始得永遠循行。兹邵日茂等以下練湖告佃之後，濱湖田地旱潦無備，具呈督、撫二院批司轉發到職。卑職以事關錢糧，且係地方利害，不敢草率，隨提集原呈人等逐加細訊，並檢查志乘，察訪輿情。查練湖一區在縣治之西北，晉時遏馬陵之溪以成湖。至唐，附近居民於湖內横築堤埂，分爲上、下兩湖，週圍設函洞、閘壩，以時啟閉，此乃前人以陽邑地土高亢，詳察形勢，誠有見於水利之不可偏廢。故溯本窮源，上接長、驪諸山八十四汊之水，滙爲巨浸，夏秋蓄水以溉民田，春冬啟放以利舟楫，歷代相沿，已非一日。祇因亢旱之年，堤根湖畔間有涸出，小民貪利，漸次墾種，然終非自然之利。故自唐迄明，墾而爲田，旋復爲湖，興廢不知凡幾。即本朝順治初年，有民人喬日洪等承佃九千餘畝，比時因阻遏水利，經前按院具題，奉旨豁除，仍舊復湖。康熙十九年間，張吏科以此湖荒棄不毛，殊爲可惜，題請應蓄水者仍留蓄水，其餘比可成田者令民佃種陞科，經前任司府查議上湖爲過水之湖，應令開墾成田，下湖乃受水之湖，一遇霪雨，遂成澤國，應仍留蓄水，詳奉前院題覆，共計上湖成墾田五千九百餘畝，報部陞科在案。是下湖之應留蓄水，原案彰彰可考，嗣因趨利之民見上湖已墾，下湖漸次效尤，原設涵洞、閘壩不惟不爲修葺，且私挖盗放，從前之巨浪滔滔者漸變而爲蔓草萋萋矣。於是群相墾種，紛紛告佃，前後四案共報陞科田七千二百二十一畝六分八毫九絲九忽三微。在佃湖之民。竊非固有之田，歲獲籽息，望出意外，獨不思本縣原額田地環繞湖旁藉沾水利者不啻數千萬畝。今因下湖開墾，旱無所蓄，潦無所洩，每至田事告急之時，竭盡農工終難挽救。即或雨暘時若之年，得以冀望秋成，然天時難必，十不得一，何若留此自然之利，補天工之不及，而收水旱無虞之效乎？此邵日茂等所以呈請復湖、願認錢糧也。

卑職研訊供詞，稽之成帙，更察地理，此湖之應復而不應墾已無疑義。兹據呈遞甘結前來相應詳請俯賜核轉等情到府。據此，該卑府查得丹陽縣練湖乃天地生成之水利，山川不竭之源流，潦則諸水滙歸，由湖入河，不致散漫於田疇。旱則容納有素，導流接引，漸可直達於遠郊，糧田萬頃，資其利濟無窮。自聽民陞科之後，小民但知開墾湖田，群相趨附，從前之涵洞不惟修理無人，抑且惟圖利已。遇水發之時，近湖田地方祈宣洩以施耕耨，而彼則開渠漫放；或遇連旬不雨，溝滄生塵，方冀引流庰救，而彼則閉塞上流。是向爲聚水灌漑之區，今成隣壤剥膚之患矣。故邵日茂等連袂具呈督、撫二院，請將下湖仍復爲湖，奉院批司轉發查報，今據該縣訊供詳報前來，卑府覆查，此湖若尚可以永佃爲田，歷來何以旋墾旋復？良由得利少而失利多，得利於湖内者不過十之一二，失利於湖外者反有十之八九。今邵日茂等具有甘結，願將已報陞科田七千餘畝之本折錢糧代爲包認，在國賦毫無虧損，而於民生寔有裨益。

卑府身任地方，深悉情形，用敢據寔詳明，伏乞轉請題達等情到司。據此，該本使司查得江南地方土窄人稠，民閒耕鑿全資水利，而水利之興廢尤貴乎因時，尚有宜於古而不宜於今，便於彼而不便於此者，務須斟酌變通，因地制宜，庶民受其利而輸將無悮。兹丹陽之練湖受長山、高驪諸山之水，容納萬頃，該縣地勢高阜，城西一帶田疇藉以灌漑者不少，衹緣有等民人不圖永遠，惟利目前，當天道亢旱之時，湖邊閒有涸出地畝，遂爾墾闢，歷代相沿，時而爲湖，時而承佃，滄桑不一。康熙十九年閒，科臣條奏令民開墾，當經前司暨該府縣查勘此湖有上、下兩湖之分，上湖爲過水之區，地高而瀦蓄少，可以佃種，下湖爲受水之區，一遇霪雨，汪洋浩淼，應仍留蓄水，詳奉前院題明有案。嗣因週圍涵洞、閘壩傾圮，湖水漸次乾涸，小民視爲天生之利，開渠築埂、闢土刈草，群相告佃，前後報陞共七千二百餘畝。在佃民惟圖自便，遇水則開放四溢，遇旱則閉住不洩，湖外民田水旱交迫，數百家村落昔享自然之利，今則無日不占晴驗雨。千萬畝田疇昔爲膏腴之壤，今則漸次瘠薄。此邵日茂等所以具呈本院，願認已報陞科之錢糧而籲墾復湖者，奉院批司隨經飭行查報去後。今據該府縣審取供結詳覆前來，本司覆查，興利當圖永久，立法宜順民情，此下練湖苟無碍於水利，從前何以旋佃旋廢而不永墾爲田？即今邵日茂等又何以甘爲認糧而無悔？其情其理，彰明較著，毋庸再贅者矣。相應詳請院臺鑒核會題等緣由，呈詳江撫都院。奉批：據詳下練湖爲受水之區，向議仍留蓄水，自聽民告佃之後，附近民田水旱失宜，應請復湖，似矣。但報陞錢糧歷有年所，因何承佃之始不即具控，遲至今日方始嘵嘵請復？且原佃民人尚有未完田價，作何清追，仰即專委道府廳官親行察勘，並飭該縣傳集紳衿、里庶、原佃人等從長確議，另詳核奪。繳。

奉經移行道府親勘，並飭丹陽縣傳集會議，據寔詳報去後。今據鎮江府詳據丹陽縣詳稱，卑職傳集紳衿、里庶，並原佃人等在於公所會議，僉云："向因上湖陞科，故下湖亦行告佃。"從前初佃之時，墾種之地尚少，湖內尚有蓄水之處，附近民田猶可稍資瀦蓄。今則佃種日多，每遇水旱不齊之年，環湖田地上流不能接濟，下流無處宣洩，竭盡農工播種，不克及時收穫，每多歉薄，以致湖外萬千烟火盡皆困苦蕭條。從前居民亦經哀籲請復，祗因既經陞科，錢糧未便請豁，因循至今耳。今邵日茂等既願認完錢糧，則公私兩便，寔爲允協。卑職竊思下湖壅塞水利，有碍湖外民田，亟應復湖以慰民情。前詳已經備晰，兹奉院批，隨同察勘，並集公議，寔緣年來陞科愈多，蓄洩愈少，仰沾水利者日益無資，以致田地漸次荒蕪。今輿情既已允協，應請核轉。至於未完田價，並節年拖欠錢糧，在承佃各户向來所收籽粒可以抵辦，應仍於原欠各户名下歸入原案照追，無容他諉。其原報陞科湖內七千二百二十一畝，每歲應徵條漕銀五百四十一兩二錢三分五厘一毫一絲二忽四微五纖六沙五塵六渺四漠八埃七逡，米麥二百七十九石二斗六升六合一勺一抄一撮四圭八顆二黍，又人丁銀十二兩，已據邵日茂等具有認完甘結，相應加結，造册詳送等情前來。據此，該卑府知府馮庭棠會同本府同知施世驊會查，得邵日茂等請復下練湖一案，遵奉院批，即隨同江常鎮道前往丹陽親臨湖邊詳加察勘。查練湖幅隕四十餘里，上接長山、驪山八十四汊之水，下流直達運漕河道，中閒横築堤埂，分截上、下兩湖。上湖地勢稍高，下湖地勢低窪，誠蓄水之巨區。湖之週圍舊有閘壩、涵洞遺址尚存，總爲旱潦蓄洩之具，環湖田畝溝洫縱横交錯，悉係引水灌溉之地。查勘之時，惟見老幼雜遝，千百成群，咸謂："民等世居此地，向受練湖之益，自湖田陞科之後，告佃日多，水無去處，亦無來處，年年水旱交困，十種九失，千萬家户口去既無處可去，生亦無以爲生。"環繞號呼。卑府察之地理，驗之民情，此下湖之應復而不應佃，誠無疑議者也。至於應徵錢糧，並未完田價，應照縣議相應將該縣送到册結一並詳送，伏候轉詳題達等情到司。

據此，又准江常鎮道移稱奉院批，委本道查勘丹陽之下練湖，遵即率同該府縣並同知施世驊親往察勘，查得下湖地勢外高而内低，上流諸山之水滙歸于此，附近民田向資灌溉，後緣閘壩傾頹，舊制漸失，水無閉蓄，射利之民告佃陞科，傍湖田地水旱失宜。查勘之時，老幼擁擠環籲，咸願復湖。本道覆查江南水利，寔切民生，我皇上軫念蘇、松、常、鎮四屬濱臨湖海，特諭建閘、浚河，以備旱潦，經各院會勘，題復練湖四處閘座現在興修，是此湖之應留蓄水，已蒙入告，毋庸再議者也等因移司。

准此，該本使司查得丹陽之上、下練湖名雖一脉相連，而形勢各别，上湖地居上游，無關蓄洩，自墾佃至今，民皆相安。而下湖寔爲山川之尾閭，諸水滙歸之處，康熙十九年閒，吏科張鵬條奏令民佃種，經前司暨該府縣勘議，上湖高阜，可以成田，下湖低窪，仍留蓄水，詳奉前任撫部院慕具疏題明。嗣因上湖既佃，下湖亦遂開墾，以致湖外田地旱潦兩無所恃。所以邵日茂等有救焚拯溺之控，前詳已經備晰。兹奉本院以報陞歴有年所，因何至今方始請復，未完田價作何清追，批令委員察勘，從長確議，仰見院臺爲國爲民，至公無偏之意。遵又移行該道府縣勘議前來，本司覆查下湖初佃之時，墾闢尚少，湖内尚有積水之區，附近民田猶可資其利益，及至既墾之後，群相趨佃，積累而增。康熙二十四年，原報陞科止田四百二十八畝三分二厘二毫，報後又于康熙二十五年陞科田七百四十三畝二分一厘五毫，三十一年陞科田四千八十五畝一厘九毫，四十二年陞科田一千九百六十五畝五厘二毫九絲九忽三微。前後共陞科田七千二百二十一畝六分八毫九絲九忽三微。墾種日廣，蓄洩全無，一遇水旱，濱湖居民束手無策，以致湖外膏腴盡類石田，而千百村庄悉多蕭索。此邵日茂等痛極剥膚，所以甘心認糧，而哀籲請復此湖也。

況江南水利特廑宸衷，蘇、松、常、鎮等屬欽奉上諭建閘、浚河，爲民謀經久之計，經本院會勘，練湖四處閘座應行修葺，以備旱潦，題奉俞旨，允行。是下湖之仍應蓄水，聖明久已洞鑒。各院亦已詳察，群情皆已允洽，本司遵奉部文，現在發帑興修，將來閘工告竣之後，古制無失，新模洪遠，啟閉以時，蓄洩有方，數百萬生民咸歌樂土，供輸賦稅于億萬斯年矣。

查原報陞科下練湖田每歲共應徵起存條漕等銀，五百四十一兩二錢三分五厘一毫一絲二忽四微五纖六沙五塵六渺四漠八埃七逡，米麥二百七十九石二斗六升六合一勺一抄一撮四圭八顆二黍。又人丁銀一十二兩。據邵日茂、孫道宏等濱湖各户具有認完錢糧甘結，該縣加具印結，相應轉造清册，詳請會題亟賜復湖，以廣皇仁，以垂永久。再查未完田價，並節年舊欠錢糧，在佃湖各户既已播種多年，所收籽粒足以完辦，自應仍着原欠各户名下勒追，於各原案内完報歸結。至于中埂三閘、下湖九涵以及湖堤殘缺之處，俱聽得沾水利之民自應及時修築，合並聲明，呈乞照詳施行。

康熙四十七年十一月

于撫院題復下湖奉旨准行文案中

江南江蘇等處承宣布政使司分守江常鎮道爲籲請復還練湖，蓄水灌溉民田、裕國課，以廣皇仁事。康熙四十八年五月十六日奉江撫都院于憲牌内開，康熙四十八年五月十三日准户部咨開，江南清吏司案呈，户科抄出，江撫于題前事，康熙四十七年十二月十四日題，四十八年正月二十三日奉旨："該部議奏。欽此。"欽遵于本月二十四日抄出到部，該臣等會議江寧巡撫于會同江南江西總督邵、總漕桑疏稱，鎮江府屬丹陽縣向有練湖一區，冬春蓄水以濟漕運，夏秋開涵以灌民田，康熙二十年間，經前撫臣慕議，以上湖可以佃種，下湖不能成田，仍留蓄水，具題部議，題覆准行在案。乃上湖既允開墾，下湖乾涸，則奸民希圖利己，陸續報墾下湖田共七千二百二十一畝零。湖底涓滴無存，以致湖旁民田悉成荒瘠，仍請復留爲湖，每年額徵地丁、漕項銀五百五十三兩二錢三分零，米麥二百七十九石二斗六升零，相應在于湖旁民田各户攤徵。抑臣更有請者，丹陽縣主簿一官，職守清閒，責令專管，將所收湖內魚菱出息變價以作修理閘壩、函洞、堤埂之需，每歲冬造册報銷。庶湖制可垂永久，而無廢弛之虞等因前來。

查四十六年江南蘇、松、常、鎮等屬微被旱灾，荷蒙皇恩浩蕩，截留漕項，破格蠲免，保惠元元，無以復加，復爲閭閻圖經久之計，特頒俞旨："宜於所有河渠水口，度其地有支河港蕩淤淺，並加疏濬，着令督撫確查具奏。欽此。"經江南江西督撫等以鎮江府屬之丹陽縣，民生咸資水田，練湖等閘年久傾圮，俱應修葺，以備旱澇等因題請，經工部議復，准行在案。但此下湖田地，民人開墾上納錢糧二十餘載，今即俱復爲湖，則民人無田佃種，果否有碍民生，及前項開墾湖田應徵之錢糧若干，湖旁之民攤徵錢糧有無重徵苦累之處，俱未聲明，不便遽議。應行令該督撫將此下湖田地復爲湖，蓄水與民，果否有益之處，再行查明，據寔報題，到日再議可也。康熙四十八年四月初一日題，本月初三日奉旨："依議。欽此。"抄部送司，相應移咨前去，查照本部，等部會覆，奉旨內事理，轉行會題，官員一體欽遵施行等因。咨院行司。奉此，遵即移行道府，再加確查妥議詳奪去後，今據鎮江府詳據丹陽縣詳稱，該卑職查得卑邑練湖坐落運河之西，仰受長、驪諸山八十四汊之水，向設涵洞閘壩以資蓄洩，夏秋乾旱則引流以溉田疇，春冬水涸則啟放以濟漕運，與地方民生均有裨益。秖因康熙十九年間，張吏科條奏開墾上湖之後，趨利小民遂將下湖亦漸墾種，水無瀦蓄，以至環湖十餘萬畝膏腴沃壤旱澇無資，歲收歉薄，錢糧無辦，故濱湖之民邵日茂等有愿認湖田賦税、籲墾復湖之控。前經卑職研詢供詞，稽察地勢，廢田復湖，利濟寔多，當經剴切具詳，轉請題復。兹奉部覆，以下湖田地民人開墾、上納錢糧二十餘載，今即俱復爲湖，民人無田佃種，果否有碍民生，及湖田應徵錢糧若干，湖旁之民攤徵有無重徵苦累，復湖蓄水果否有益之處，再行查明等因轉行到縣。卑職不敢拘執前議，復經遍訪輿論，下湖之開墾成田，始也由于奸徒之盗種，繼則貪利之民群相效尤，陸續報墾有七千餘畝之多，向之一望汪洋者皆成平陸，以致環湖民田水旱無資，租税兩無所恃，故其群望廢田復湖也，有刻不容緩之勢。在佃種湖田各户，本非無業之人，當日相率承佃，不過冀獲望外之息，今已佃種多年，歲收籽粒足償開墾上價工費，原無有碍民生。在湖旁居民自下湖開墾成田之後，旱無所蓄，澇無所洩，環湖數萬腴田，十歲九歉，一復爲湖，則向之瘠薄難耕者仍爲沃壤豐收之産，無不踴躍歡忻。視此湖田數百錢糧均攤賠認，心悦情願，又豈有重徵苦累之憾？

總之，下湖之廢湖成田，獲利于湖内者小，而遺累于湖外者大。若廢田復湖，失收湖田之利者少，得沾復湖之惠者多。凡爲地方興利除害，當圖其大而不計其小，與其留此湖田七千餘畝而使旁湖數萬民田盡皆旱澇無資、民貧賦絀，孰若廢田復湖俾均沾利濟之爲便也？相應出具保結，詳請轉詳，亟賜保題，速復爲湖，官民幸甚，地方幸甚等情到府。據此該卑府查得丹陽縣下練湖請復蓄水灌溉民田，其報墾湖田陞科額徵地丁、漕項、米麥在于湖旁民田各户攤徵，葢緣練湖不復，則旁湖民田旱潦無資，每年不惟籽粒無收，反有賠糧之苦，練湖一復，蓄洩有備，不致水旱失宜，西成有望，原屬濱湖之民自願認完，並無重徵苦累。至于佃種湖田各户，本非固有之業，且已獲利多年，足償開墾上價之費，並無有碍民生。是復湖蓄水寔與國課民生大有裨益，兹據該縣覆加確議，出具保結前來，理合加結，轉請亟賜會詳題覆等情到司道。據此該本司道查得丹陽之上下練湖仰受長山、高驪諸山之水，滙歸瀦蓄，環湖田畝旱則藉以灌溉，不致禾苗枯槁，澇則藉以容納，不致瀰漫奔騰。是練湖一區寔與陽邑大有關係。康熙十九年間，吏科張鵬條奏開墾成田，比時原議上湖爲過水之區，應令開墾，下湖爲受水之區，仍留蓄水在案。孰知上湖開墾之後，射利奸民遂將下湖陸續報陞，以致湖外田疇旱澇無備，昔日之膏腴沃産悉變爲瘠薄難耕，所以邵日茂等有救焚拯溺之控，願認湖田錢糧，哀籲請復爲湖也。前經本司飭行府縣，查議轉詳，業蒙本院洞悉民隱，會疏題請，兹奉部覆，以下湖田地開墾納糧二十餘載，今即俱復爲湖，民人無田佃種，果否有碍民生，及前項開墾湖田應徵錢糧若干，湖旁之民攤徵，有無重徵苦累，復湖蓄水，果否有益之處，再行查明，據寔保題到日再議等因。本司道遵查下練湖墾闢爲田，上納錢糧雖已多年，然非佃户固有之産，歲獲籽粒原屬望外，佃種年久得利已多。今復爲湖，寔無妨碍，而濱湖之民以練湖一復，灌溉有資，得以依時耕耨，歲獲豐收，此湖田數百錢糧甘心包認，亦無重徵苦累。至于復湖蓄水，利田濟運，有益國計民生，前詳備載，毋庸復贅，所有湖田額徵本折錢糧，即應于康熙四十八年爲始，令濱湖各户完納，除地丁銀兩已奉全蠲外，其應徵漕項銀、米麥石即于邵日茂等名下照數按畝攤徵。至湖中魚菱出息，着令該縣主簿收管，變價以作修葺閘涵、補築堤埂之費，每歲終造册報銷。仍不時巡察，如有閘涵殘缺、堤埂坍倒不爲修築者，即行詳參。倘有奸民盗决，嚴拿從重治罪。兹據該府縣覆加查確，出具保結，詳送前來，相應轉詳，伏候本院會核保題，亟請復湖，俾久困蒸黎永沐皇恩於奕世矣。再照濱湖各户認糧册結先經送部在案，毋庸復造，合並聲明，呈乞照詳施行。

康熙四十八年六月　日

于撫院題復下湖奉旨准行文案下

江南江寧、蘇、松、常、鎮、淮、揚七府，徐州一州承宣布政使司布政使、加六級宜爲籲請復還練湖等事。康熙四十八年十一月初一日，奉總理糧儲、提督軍務、巡撫江寧等處地方都察院右副都御史、加五級于憲牌内開，康熙四十八年十月二十七日准户部咨，江南清吏司案呈，户科抄出，江撫于題前事，康熙四十八年七月初七日題，八月初四日奉旨："該部議奏。欽此。"欽遵於本月初五日抄出到部。

該臣等會議得，先經江寧巡撫于等疏稱，鎮江府丹陽縣向有練湖一區，冬春洩水以濟漕運，夏秋開涵以灌民田。康熙二十年間，經前撫臣慕議，以上湖可以佃種，下湖仍留蓄水，具題部議，題覆准行在案。但上湖開墾，下湖乾涸，則奸民希圖利己，將下湖陸續共開墾田七千二百二十一畝零，湖底涓滴無存，以致湖旁民田悉成荒瘠，將下湖仍請復留蓄水，每年額徵地丁、漕項銀五百五十三兩二錢三分零，米麥二百七十九石二斗六升零，相應在于湖旁民田各户攤徵。抑臣更有請者，丹陽主簿一官，職守清閒，責令專管此湖，將湖内魚菱出息變價以作修理閘壩、涵洞、堤埂之需，每歲終造册報銷等因。臣部以下湖田地民人開墾上納錢糧二十餘載，今即俱復爲湖，則民人無田佃種，果否有碍民生，及應徵錢糧，湖旁之民攤徵完納，有無重徵苦累之處，俱未聲明，不便遽議，應令該督撫將此下湖田地一復爲湖蓄水，與民果否有益之處再行查明，據寔保題，到日再議去後。今准該撫等疏稱，下練湖佃種陞科不特有碍水利，抑且有害民生。今若一復爲湖，可資糧田千頃，旱潦無虞，萬姓均沾利濟，所陞田糧攤徵完納，仰懇皇上俯准，仍復蓄水以資灌溉，令該縣主簿專管，歲爲修葺。抑臣更有請者，湖田錢糧僅止八百餘金，倘蒙我皇上俯念湖旁百姓困苦已久，永行豁免，皆出浩蕩洪恩等因前來。

查前項下湖田地，該撫既稱“佃種陞科不特有碍水利，抑且有害民生，今若一復爲湖，可資糧田千頃旱潦無虞，萬姓均沾利濟，應徵田糧攤徵完納”等語，應如該撫等所題，准復爲湖，蓄水濟漕利民。至湖内魚菱出息，責令丹陽縣主簿變價以作修理閘壩、涵洞之需，仍于每歲終造入地丁册題銷。至該撫既稱下湖應徵銀八百餘兩，湖旁居民攤徵完納，並無苦累寔出情愿，今又何得題請永行豁免，應將題請永行豁免之處毋庸議可也。

康熙四十八年九月二十五日題

本月二十七日奉旨：“依議。欽此。”抄部送司，相應移咨前去，查照本部等部會覆奉旨内事理轉行會題，官員一體欽遵施行等因到院。准此，合就飭行。仰司即將丹陽下練湖已經題准部覆奉旨仍復爲湖，蓄水濟漕利民。其開墾田地陞科錢糧在于湖旁民攤徵完納，至湖内魚菱出息，責令該縣主簿專管，歲收變價以作修理閘壩、涵洞之需，每年造册報銷，永著爲例。該地方官不時查察，如有奸徒霸種阻撓，或偷挖涵洞有碍水利，即行據寔指名詳報，猊嚴拿究治，决不姑貸。仍將題准部覆緣由勒石府縣頭門前，並湖堤竪立，以垂永久。將碑摹送，查其有應行未盡事宜，立速備悉查議，核奪速速等因到司。奉此，合就飭行。爲此仰府縣官吏查照來文，院行部覆奉旨內事理，即便逐一遵照勒石，將碑摹送司轉報查考，府縣印官仍不時巡察，倘遇水涸之時，或有湖灘露出，總不許奸徒藉詞樹稻植蘆，違者報明遣戍。至于湖堤坍倒、涵洞傾圮，不行修築堅固，將該主簿揭報題參，其有未盡事宜，本司現在參酌，另檄飭行，慎之毋忽。

康熙四十八年十二月　日

楊邑令詳文

該卑職看得楊邑之有練湖，乃濱湖數萬民田專資灌溉之區，而陳士鳴等田畝則去湖較遠，而南接太平香草河也。自下練湖以南十餘里，地漸低窪，爰有泥亭古壩，摠束諸涵之水。自壩而下，地形水勢較壩上又低數尺，更南則爲陳士鳴等田畝。現于太平香草河干設一石涵，引河潮而入內溝，以資灌溉之用，其需用練湖之水，葢較諸濱湖田地而稍緩矣。

查從前陳士鳴等告争水利，乃在康熙十三年、三十二年兩年，歲逢極旱，適值憲駕經臨，事會之偶然，而他無聞焉。自後下湖被奸民弊陞私墾，湖水涓滴無存，先有潘奇章，後有已故邵日茂及徐元振等於撫憲案下告復練湖，陳士鳴等意在佃種湖田，不惟置若罔聞，反節次混具推呈，撓阻其事，歷有卷議可據。葢以疆界言之，則此近而彼遠。以地勢言之，則此高而彼低。以水利言之，則此專藉練湖而彼兼通河潮。以田數言之，則此現已數萬畝而彼至今日亦第稱一千餘畝。是水既在可用可不用之閒，而從前復湖之説又在恍惚未定之際，告復既苦勞怨之叢，而不復又有佃田之利，則無怪乎陳士鳴等不爲復湖之計，而反生推卸之謀，以破復湖之局也。

迄今練湖既復，又思分用湖水儲備，不虞去年六月愫等賦猶未認，而徐元振等先已放水與之插蒔禾苗，似無霸阻之意，乃陳士鳴等又不遵造認糧，清册田數零總不符，批駁逾時，終無呈繳，今見徐元振等以叩憲嚴飭等事上控撫憲，內列泥亭古壩不得開掘一條。而陳士鳴等隨捏霸水之控，俱蒙批送憲案，轉飭卑縣勘查，遵即訊取兩造切供，併委鹽、糧兩衙會同勘覆前來，卑職復又細加勘核，以疆界言之，則此近而彼遠。以地勢言之，則此高而彼低。以田數言之，則此多而彼寡。以水利言之，則此專藉練湖而彼兼通河潮。若此壩一開而使湖水建瓴而下，重貽涸竭之憂，即不然而較之壩上諸涵，放洩獨饒，使濱湖小民永抱不均之嘆。其于聖朝體察民情、均攤湖賦之意不大相剌謬乎？但壩既不開而水又在所必放，若欲借徑于别村，迂迴于遠道，又恐鞭長不及，致起紛争，應如該衙所議，壩旁設一石涵，其涵口之尺寸、田數之多寡、放水之時日悉照壩上諸涵一體同規。又以其去湖較遠也，獨稍寬其收閉之期，寔爲經久無弊之計。如是而水猶不足，則必其用水多而認糧少，雖有好事，亦不得歸咎于壩之不開矣。陳士鳴反覆小人，惟圖趨利避害、損人利己，卷議森然，應予懲究。念因放水戽苗起見，時值亢旱，姑免深求其築埂修涵公事，着令率先承辦，向後不得借端生事，擾亂王章。其認糧田畝不得隱漏，仍應逐細挨查，據寔册報。至查陳士鳴等所開呈册田數前後不一，至今尚未造定，難于彙報，訊非經承敢于沉捺，合併聲明緣奉批查事宜，卑職未敢擅便，伏候憲臺俯賜核轉，批示遵行。

康熙四十九年閏七月　日

牟藩憲詳請一體認糧文案

該本司查得丹陽縣下練湖原報陞科田地七千二百二十一畝六分八毫九絲九忽三微，於籲請復還練湖等事案内，康熙四十八年奉前任督、漕、撫三部院保題，部覆奉旨准復爲湖，蓄水灌溉民田，其陞科額賦湖旁同受水利民人攤徵完納，外有吴之寅等私墾盗種田地四千四十七畝有零，於萬命倒懸、殃萬民、害萬世等事案内。四十七年奉前院于批發究審，當經宜前司轉發鎮江府審明詳報，轉詳前院批行，盡數剷削還湖，堵塞湖堤洩水之口，仍爲聚水灌溉之區。則是湖中並無隙地可以佃種，而戎文正、徐元豐等紛紛告佃栽蘆者，即是吴之寅等私墾之數。今若將已經還湖私墾之田准其佃種，當日何不將陞科田地仍留而不欲全復爲湖？葢因復湖本爲蓄水，佃田有妨水利，佃田蓄水勢不可以並行。况湖内栽蘆既難劃疆理界，且交春勢必洩水以俟其生長，入秋又必洩水以俟其樵採，湖傍民人終無水利可沾，徒受攤徵錢糧之累，不特與復湖蓄水之義有背，更負發帑建閘之皇仁不淺。但四千四十七畝未經認糧，故奸民得以藉口而覬覦生釁，故王道明等情愿將此四千四十七畝一併認完錢糧，以杜奸民告佃之端，湖旁民人永沾灌溉之利，相應據情詳請，伏候憲臺鑒奪批示遵行。

康熙五十二年十月　日

請修練湖閘堤稟啟 郡守　黎世序

敬稟者：竊查卑屬徒陽運河，上自江口下至丹陽，綿亘一百四十餘里，兩岸岡陵相望，中流一線河渠，岸高河狹，本易傾卸，加以江潮往來，潮長則水挾沙泥而進，潮落則水去沙停，故一歲之內淤積日多，是以糧船來往每多阻滯。從前猶三年再濬、五年三濬，自糧船冬兑冬開，遂自每歲挑挖，習以爲常。然挑河之役，從前悉藉民力，嗣奉上諭，以江、浙二省之漕不忍獨累徒、陽二邑之民，改爲歸官領帑承辦。自是以來，工員漸臻賠累，視爲畏途，且近年薪米昂貴，僱夫役日給薪米照舊給發。是以每次小挑一段，工員須費七八千兩不等，以此陳陳相因，鎮郡四屬賠累日重。

卑府於上年十二月履任，即值督挑運河之時，往來工次，目睹情形，亟思籌畫變通，以期妥善。因即採訪輿論，檢查誌乘所載，昔年濟運專賴閘座啟閉收蓄江潮，並有丹陽練湖蓄水濟運。是湖去丹陽縣西百二十步，一名練塘，又名曲阿後湖，開自晉時陳敏，其湖仰受長山、驪山八十四汊之水，由西而東滙以爲湖。湖有上、下兩名，上湖高於下湖，下湖高於運河。前人於上湖之東建石閘四，使上湖之水以次達於下湖，又於下湖之東建石閘四，以爲關鍵，使以次達於運河。由是運河南有奔牛閘、吕城閘，北有南門閘、西門閘，使一帶河流南不直下於蘇、常，北不直出於大江。凡遇夏秋水發，則閉湖閘蓄水，使無旁溢；冬春水涸，下閉奔牛、吕城閘，使無下瀉。其江口之西、南二閘，潮來則啟板進潮，潮落則下板蓄水。如有不足，則啟湖閘，放水入河以濟運。此昔年修湖、築閘、蓄水之成法也。其湖之西又有函洞十二處，以時灌溉民田，故志載："函洞以時啟閉，民田之旱澇無虞。閘座以時啟閉，運河之蓄洩有備。”《湖記》有云：“湖水放一寸，運河增一尺。”

每年春初，水利官巡修湖堤以防衝決。每年八月，遣員巡視，如有侵佔墾田，及蓄水不多者，據寔參呈。春冬則啟閘濟運，夏秋則啟函灌田，民有盜決湖堤者，罪比殺人。制度精詳，極爲周密，歷代以來載在郡省各志及《行水金鑑》，並《練湖歌敘》一書。凡前人奏議所及無不備載。明季湖禁漸弛，至順治九年，經巡按秦世楨奏明開復，撰文作《記》。康熙十三年前撫院馬題請續修。至康熙十九年，丹徒鄉宦張鵬官給事中，遂有廢湖墾田之議，經前巡撫慕請將上練湖高阜之處，分撥一千餘畝，給安插京口投誠之人墾種，餘聽徒、陽二縣之民上價開墾。自是上練湖全廢，下湖亦被附近居民報墾湖田七千餘畝。山水不歸練湖，由馬陵一帶四處漫溢，糧田動受淹浸，及至旱年湖外正額糧田反失灌溉。康熙四十七年，經前巡撫于題請下湖仍留蓄水，將報墾田畝地丁銀五百五十三兩、漕米二百七十九石，在于湖旁民田各户攤徵，而濱湖之民以灌溉有資，欣然樂從，奉旨俞允，勒石府縣衙署，永久遵奉在案。此上練湖業已墾田，不能開復，下練湖仍留蓄水，未經私墾之原委也。

卑府前於道經丹陽之便，躬親查勘，即有該處涵長及居民人等迎投呈懇修復湖閘，並呈《練湖歌敘》一書。卑府當即存留查閱，並帶同函長、居民周歷查勘，勘得下練湖緊靠運河，湖底高於運河底一丈有餘，周圍三十餘里，其南面湖堤約高六七尺不等，列函洞四埂，外資湖水灌田者四十餘村。其西面湖堤約高四五六七尺不等，列涵洞六，又有戽水缺口一二處，堤外資湖水灌田者五十餘村。其北面上湖業爲陞科熟田，毋庸再勘。兩湖交界之處有埂一條。上有倒敗廢閘三座，乃上湖水達於下湖之故跡也。上湖既已成田，此三閘久已無用，廢石亦多爲居民搬取，尚有存者。其東北面並無函洞，止有長埂一條，上列缺口四五處，埂外資湖水灌田者惟張官渡一村。由東而南，湖埂連於運河之堤，排列四閘，其第一閘久已冲廢，片石無存。第二閘尚有碎石，居民利於蓄水，每年以土壅塞閘口，水大並土亦冲入運河，丹陽縣一帶運河之淤大率爲此。其第三閘閘墻尚整，惟底板冲壞一半。其第四閘全然完整。卑府當帶該縣石匠胡成芳眼同估計，議（折）〔拆〕上練湖三座廢閘之石運修下練湖頭、二、三閘，足敷八分之用，仍須添補二分，並一切夫工灰料，共估須銀四千三百餘兩。該匠情愿包做、保固。並據涵長、居民僉稱，各村之田皆資湖水灌溉，每歲私自按田派夫修築，每田一畝出夫一名，工作二日，以此計算，湖之西南二面計田四萬餘畝，派夫四萬餘名，可得八萬工。若得官爲修閘，水有所蓄，民間派夫修堤倍加踴躍，情愿自出民力添築堤岸，官爲立定成式，無煩更籌經費各等語。卑府又委府經歷李培勳循查水源來路，竟至長、驪二山，見各處溝澮通連，尚無阻滯。

卑府伏查運河舊制，前人於各處設立閘座，原係以時吸納江潮，收蓄濟運，又有練湖蓄水，勢如建瓴，以時接濟，故從前運河無每歲興挑之事。兹運河除橫、越二閘下板蓄水外，餘皆板片無存，久失啟閉，故江潮來往，任其去留，是以毫無操縱，加以練湖閘座失修，水大則一瀉無餘，水退則全行乾涸，不惟運河毫無倚賴，即湖外數萬畝民田亦失灌溉。兹該處居民情愿自築湖堤所有閘座，又經勘估止須銀四千餘兩。此用費少而獲益多，爲勞暫而爲利久也。本前人之成法，歷代奏達文案，班班可考，檢核河渠各書及府省各志，均皆載明，斷非無稽之言。惟是事關漕運，卑府原不敢輕爲置議，謂修濬練湖即毋庸挑辦運河，第丹陽形勢地土最高，山水驟發而無所蓄藏，下游一帶動受淹浸，倘稍經乾旱，湖外數萬畝民田坐成枯槁，就民田水利而論，亦爲應辦之事，斷非糜費無益之舉。若湖堤修成，而運河閘座亦各按照程式置板啟閉，則試行一二年，似於運河未必無裨，倘已有成效，再行咨達，將運河間歲停挑一次，不獨鎮屬四縣積困稍蘇，即全省官僚均輕貽累。至所須經費不過四千餘兩，查卑府府庫現有存貯柴租銀兩，係從來不報部閑欵，惟歷任各府流交有案。卑府管見，應請即於此項柴租內動用銀四千兩，即行動土修築，將來於卑府及丹陽縣養廉內分作四年扣還歸欵，既不開銷公項，兼能俯順輿情，似於民生、漕務均爲有益。如蒙俯允，卑府即行出示曉諭，並即委妥員經理，是否有當，理合繪圖肅稟馳呈，伏祈鈞鑒訓示遵行。

行丹陽縣札　郡守　黎世序

照得該境下練湖仰受長、驪諸山之水，向設石閘以時啟閉，庶民田無旱澇之患，運河有蓄洩濟漕之利，此地方水利要政，急宜修復，與民生、漕務均屬有裨。

前經本府帶同涵長、居民周歷查勘，一、二、三閘俱有損壞，當督該縣石匠胡成芳眼同估計，議（折）〔拆〕上練湖三座廢閘之石，運修下練湖頭、二、三閘，一切夫工料物，共估需銀四千三百餘兩，該匠情愿包做、保固。並據涵長、居民僉稱，各村之田皆資湖水灌溉，常年自行按田派夫，添築堤埂。每田一畝出夫一名，工作二日。以此計算，湖之西、南二面計田四萬餘畝，派夫四萬餘名，可得八萬工。若得官爲修閘，水有所蓄，民閒派夫修堤倍加踴躍，情愿自出民力，添築堤岸等情。自應俯如所請，赶緊籌辦所有前項修閘等項經費。今本府在於府庫存貯柴租銀内動支，即行動土修築，其工費即由本府及該縣養廉分年捐出歸欵。即經擬議通禀，兹奉河憲暨藩憲批准，如請辦理等因。除出示曉諭涵長，傳知鄉民出夫赶修，並委府經歷李培勳督工外，合亟抄禀飭遵，札到該縣，務即查照《練湖歌敘録》内原載西、南二面湖堤舊制，高一丈二尺，面寬四丈，攔灘三丈，督令鄉民趁此冬閒農隙之時，按畝出夫。照依舊制高寬丈尺如式修築，務須堅固平整，刻期完工，禀請本府驗收。一面飭傳石匠胡成芳取具保結，送府聽候發銀承領，照估赶修。再該縣去工甚近，務即往來查察，勿任玩愒草率，一面將興工日期報府轉報，均毋遲延。切速。

練湖善後章程禀啟　郡守　黎世序

丹陽縣下練湖，仰受長山、驪山八十四汊之水，舊有石閘四座蓄水濟運，又有涵洞十處以時灌溉民田，惟緣頭、二、三閘年久冲廢，湖水不能收蓄，於運道、民田均有妨碍。

卑府於上年親詣查勘，議請修復，嗣經督同委員確估，所需工料銀兩在於府庫存貯柴租銀内動墊，仍由卑府及丹陽縣養廉内分作四年扣還歸欵。其湖堤、埂岸，並據該處函長、居民自行按年出夫修築，當將辦理情形擬議通禀。仰蒙俯允，飭遵在案。卑府隨一面出示曉諭，一面委員會縣督率飭選石匠胡成芳等領辦。自上年十二月二十四日開工，至今陸續動給銀兩，飭令購齊料物，集匠赶修。現據禀報，堤身閘座俱已完工。除再親赴勘驗收工，另行禀報外，伏念練湖閘座俱經修復，既蓄洩之有資，尤善後之宜急，必須預籌定案，冀垂久遠。

兹卑府悉心查察，閘座既設，而絞闗、閘板、繩索及雇募閘夫等項，在在均應設備。所有絞闗、繩索、閘板，今估需工料銀四百餘兩。查原估工料銀四千三百六十八兩零，内該石匠撙節辦理，原估銀數係河平九折給發，儘足敷用，計有節省，河平銀七百四十四兩零，現將閘板、繩索各項需用銀兩即在前項扣存銀内照數動給。業已購辦齊全，毋庸另行籌欵，以歸簡易。

至各閘不能不撥夫防守，以時啟閉，而杜偷盜。而人夫棲址、房屋亦當添估擇地安設，擬于節省項下將動用剩餘之項給發葢造，統俟事竣，造具寔用細册報銷。此外閘夫應支常年工食，卑府查下練湖魚草出息歲收銀六十五兩零，係留抵修閘公用之欵。今閘座既已捐修完整，此項銀兩可以就欵開支。現擬四閘設夫六名，每名歲給工食銀八兩，共銀四十八兩，即在湖息項下動支。其餘仍留抵閘座並閘板等項歲修經費貼補之需。如有不敷，該縣又有普生庄租息一欵，在内添補支銷，似以公濟公，均無窒碍。

抑更有請者，該湖閘座若無委員經管，誠恐啟閉不能如法，日久殘毁堪虞。應請專委丹陽縣縣丞管理，但該員係屬河缺，合無仰乞咨詳明河憲。憲臺嗣後免其派調别項差使。倘該員必須奉差遠出，仍由府隨時另委代辦，以免貽悮。其餘一切未盡事宜，謹抒管見，逐欵再行酌擬摺呈。伏祈憲鑒，是否可採，統維訓示祗遵。

謹將修復丹陽縣練湖善後事宜，酌擬條欵章程開具清摺呈候憲核。

計開：

一、練湖既修，閘座涵洞啟閉之法，宜委員照管，以專責成也。

查練湖四閘現已告成，其關耳、板片、繩索、橋板業經卑府給價置備齊全，以便蓄洩湖水，救田濟運。其每年春夏桃、伏兩汛，時雨連綿，各處山水滙注，應令專管委員沿堤察看。如水勢過盛，欲漫堤埂，即勘明啟板，酌量洩水，以免漫溢之患。一交秋後，農田無須放水之時，即將閘座涵洞嚴行封閉，以備冬春糧船來往放水濟運。如遇亢旱之年，儘存湖心底水，不能由閘放出，即從較低之頭、二兩涵引水，由支河王公閘、新河閘放出，以達運河。該二閘現經該處農民自行修整，毋庸官辦。所有練湖事宜，查向係丹陽主簿經管，嗣練湖失修，該主簿移住珥陵地方，未免離湖寫遠。查該縣縣丞亦係河缺，駐劄城內，照管較易，應請將練湖四閘及一切事宜歸該縣丞照管，以專責成。倘該員玩不經心，任人盜放，或啟閉失宜，即將該員量予懲警，並請咨明河憲，將該員免其派調別差。倘必須差委之處，仍由府委員暫時代理。

一、各閘宜設閘夫防守，並給房棲址也。查四閘擬共設閘夫六名，每名每年酌給工食銀八兩，共銀四十八兩，在於練湖魚草出息內開銷，按季由縣支給。仍於頭閘、三閘兩處各建瓦房二間，令其棲息，日夜看守。如屆啟閉下板之時，仍令聚集一處，通力合作。其閘夫即飭涵長公舉誠寔之人承充。倘該閘夫懶惰偷安，啟閉不能如法，或守看疎懈，致有偷放，俱由該委員隨時懲儆報查。

一、運河閘座亦宜一體置板，以備冬令蓄水濟運也。查運河舊制，自練湖而上至江口一帶，則有丹徒之西門閘、南門閘相爲表裏。自練湖而下，則有吕城閘、奔牛閘相爲表裏。原以啟放湖水，使其南不直瀉於蘇、常，北不直出於大江，又恐啟閘過船之時水隨船去，是以必須表裏重閘，一啟一閉，庶湖水不至盡洩。今湖即修成，於冬春糧船吃緊之際，自應悉照舊章辦理。第丹徒之西門、南門二閘，現已修整置板，應請飭令丹徒縣主簿專管。所有吕城閘殘缺無多，現已估修，添備閘板。惟該閘久無閘夫，應請增添閘夫四名，每名每年給銀八兩，共給銀三十二兩，亦請在於練湖魚草租息項下開銷，如有不敷，即在普生庄租息項下添補。該閘即交吕城司廵檢就近照管，惟奔牛一閘在吕城下游十八里武進縣地界，係常州府所轄，應請飭令常州府籌欵添設閘板、設立閘夫、籌給工食，即責令奔牛司巡檢就近照管。如此則湖河全復古制，開放湖水，似於運道有益。

一、湖水應立志樁以杜偷放也。查練湖四閘原備宣洩濟運，涵洞爲農民引水灌溉田禾。舊設涵長十三人，係民間自行選舉，如遇農田需水之時，自應儘其啟涵灌溉，惟秋成以後，即無須沾用水利，便應瀦蓄充盈，以備濟運。但湖中魚草出息，向係徵之魚户，而魚户利於水淺，以便捕撈，即不無偷放湖水之弊。卑府現於湖心亭之旁豎立石柱，刊刻尺寸，以爲志樁，農事畢後，管湖官量驗水深尺寸，申報即取，涵長、漁户不敢偷放，切結備案。庶湖中積水尺寸瞭如指掌，兼杜偷盜湖水之弊。

一、閘板繩索宜預籌歲修經費也。查閘板常年堵截湖水，而繩索日夜暴露，風雨摧殘，均易損壞，必須按年修換。所有更換木料、夫工、繩索並閘夫住房日後修補，亦請於餘存湖息及普生莊租息項下動用，據寔造册報銷。至各閘座現俱新修，取具保固，但數十年之後，亦須每歲粘補殘缺，或臨時委驗，亦於普生莊租息內詳明動用。

一、上湖堤埂宜一體加築，並嚴禁盜放湖水也。查下湖週圍堤岸已由湖民照依舊制加培。其相連上湖之堤埂，凡過水處所設堵禦弗慎，不加築堤岸，恐下湖蓄水稍多，必致漫淹上湖田畝。是上湖與下湖接連處所並溝澮經由之處，均宜一體加築隄岸，以免湖水上漫。卑府現已出示，一體加修。現在業已逐漸加補，第恐上湖居民嬾費人工，或見下湖蓄水稍多，恐致上溢，竟有黑夜盜放者，亦不可不防其漸。應責成地保、涵長、閘夫人等，不時巡防，方爲切近。每年山水初發之候，由地保隨時查報，如需加土堵禦，即便督率附近湖民，各照座落田疇，按段培土堅厚，以防漫溢。

卷六　論　說

先民有言"詢于芻蕘"，謂天下之理無往而不在，秉彝之智無人而不具，當事者必集思而廣益也。況士大夫之坐論，通儒之著説，灼然有見於是事之利害，確然熟悉於是事之源委，然後矢之于口而筆之于書者乎？練湖雖隸一邑而爲利甚薄，前賢及陽邑之鄉先生，或考之載籍，或熟其情形，往往有敷爲論説者，見于《行水金鑑》及《湖漕成案》《歌叙録》諸書，皆有心于時務，而練湖之水利藉以益著者也。志論説。

練湖議　丁一道

丹陽爲古曲阿，南通浙閩，北達淮楚，襟控留都，使客送迎，絡繹不絶。夫馬供應，費用甚繁。目擊時艱，恒懼撫綏無策，所恃以爲民利者，有練湖耳。職嘗稽諸圖經，諏諸耆艾，僉以爲本縣上接潤州長山八十四汊，此湖未築之先，每遇天降淫雨，山水氾濫，浸渰田禾，延及三州六縣，盡被其害。居民人等懇告官司，議將開家田地周圍築埂，號爲開家湖，置立斗門、石礎，容納洪流，停蓄不洩。自是民得平土而居，其所係匪輕也。

晉陳敏引水爲湖，名曰曲阿後湖。南宋文帝名勝景湖，車駕游幸其間，與侍臣顔延年各賦詩以紀其勝。在唐則有知潤州韋損、觀察使韋元輔、都轉運使劉晏，上下同心，竭忠宣力，德澤流而無窮，偉績著而不泯，何其休也！在南唐則有縣令吕延貞，抗疏奏請增置門礎，修築岸埂，自爲銘序，以彰其事。宋紹聖間，丞相蘇頌子京來知縣事，以練湖蓄水可濟漕渠，比歲告旱，仍募民浚湖，置斗門十數，以時瀦泄，民不知饑，公私咸稱其便。淳熙中，錢良臣以縣民錢及粟募民濬淤治圯，以助荒政，用民力三十三萬六千二百九十有七，米一萬八千八十石，錢二千一百三十一萬四千八百有奇，週圍清埂（裁）〔栽〕❶插楊柳蘆葦，以防崩潰之危。建炎間，值世亂，練兵於内，因號爲練湖云。湖週圍四十餘里，爲畝十萬三千有奇，亦巨浸也。湖有上下之異，上湖置立二金斗門、石䃜一，下湖三金斗門、石䃜二，疏爲十二涵，涵各有支，分以達於田。歲值亢旱，灌溉膏腴可萬餘頃。堤之東有漕河，河遇枯涸，放湖一寸則河添一尺，官民船隻得以通行。私則有益於農，公則有益於漕，其利亦甚薄矣。元祐中，茅山道官請佃耕種，在北岡建立倉院，尋因水潦衝倒。南岸府縣踏看折毁倉院，仍舊爲湖積水，道官追度，流三千里。高宗時，又有豪民鍾彦等妄捏湖係荒開草塌，盡行耕種。比有韓運使題奏官鈔回買爲湖，計用道鈔四十萬貫文，立定四至：東至北岡運河爲界，西至彭城雙廟爲界，南至丹陽辰溪爲界，北至丹徒縣華村龍頭岡爲界，仍置䃜涵，放水救濟田禾。立廵檢司官廵視，湖夫十名看守䃜門，不使浸渰民田，曉示近湖人民尺寸，不許侵佃。塘長不以首告，流三千里，廵檢縱容罷職充軍。乾道中，有吴太后管莊人許亮，計囑運使侵佃，尋發官司，照例問罪，賠罰官鈔二千萬。比時又有吴八十係都統司門客侵佃，亦行革罰，將吴八十刺面發配，家産没官。咸淳二年，有豪民步十七買囑賈平章門下四聖觀道士在湖耕種，釘牌立賈府名色，本縣題奏將步十七家産没官，發配真州，仍行鎮江有司起夫修築，掘去田埂，盡復爲湖。其後，元兵馬南來，在内屯兵，湖岸遂廢。旋有宣政院廉訪司官本路達魯花赤鎮守，官軍率士庶、僧道、人夫各備畚鍤興工重修。至治間，總管毛莊言練湖淤淺，欲依澱山等湖用船取泥之法，時有丹徒縣主簿馬榮祖言地利與彼不同，不若就湖取泥修築，令其高濶，即可瀦水灌田，刻日計工，官給傭值，頽岸、廢涵、壞䃜咸修舉而聿新矣。此前代興革之成規也。

國朝洪武二十八年作堰塘。建文三年，知府劉辰、知縣董復昌、縣丞顧信重修埂䃜，嚴爲禁令，不許官豪大户佃種，國典具存，不可

❶ 栽　底本原作“裁”，據文義改。

違也。永樂中，有丹徒縣鄭佛保、朱顯六、朱信一、朱顯九、周督男、周斌等及隆平侯俱各隱情依勢，又有步得明擅自挑築道人墩。宣德間，則有張伏一、步六三、孫全一。正統間，有蔣堂保。天順間，有儲、沈二尚書，蔣尚賓。弘治間，有吉汝孝、内臣唐麒姪唐保、張皇親俱各以私情滅法，肥己瘠民，然皆隨佃隨革，家産傾廢，或徒或配，甚則死于獄者有矣。日久法弛，奸豪之民貪利而不顧其害。嘉靖間復有朱湘、眭完、張本等具本奏佃，被楊著、靳慶、蔣祥争論，蒙巡按御史究出真情，完等佃田盡革還官。又審得楊著、靳慶係故祖太學士價轉佃儲、沈二尚書户丁儲廷儀。沈懌奏佃練湖邊岸北岡張官渡等處高阜湖田地九頃七十二畝爲業，奉府葉催官勘得楊著、靳慶與眭完、朱湘俱係阻隔水利，一併革退還官。本府林太尊議將其田立爲公莊，收租以爲支應之費。有眭給事撰碑可徵。

宜乎，知所戒懼矣！而民之奸頑貪婪者仍蹈覆轍，在上練湖則有魏啟十七人等佔種於北岡，下練湖則有吕用、僧如徹、陳策、郭鎮佔種於七里灣，殷廷珍、楊付四、何棣、朱大雄據於四閘放水築圍，開耕成熟，湖之灘地十已去其三矣，其勢不至於盡佔爲田不止。蠹國殃民，抑何忍哉！

爲今之計，職公同地方塘長及故老、知音，清查踏看，除置公莊並上湖高阜無妨蓄水者，姑令照舊管業外，其餘卑下可以蓄水濟農、通運者盡革去，仍諭近湖得利之家，待農隙之時修築週圍岸埂。其確閘、涵洞，務使堅厚久遠，著爲嚴令。如有仍前請佃者，治以重罪。如此庶幾害絶而利興，一勞而久逸，暫廢而永寧矣。於是明著其公議寔蹟，以志不朽云。

漕河議　姜寶

江南水利，當以漕河爲先。漕河當以鎮江之丹徒、丹陽爲先。丹徒、丹陽其地形比常州之武進數尺而高，武進比無錫、蘇州又數尺而高。地形高則水易流洩而涸，其涸也，於冬春間爲尤甚。當修復吕城、奔牛閘壩爲先。吕城原建石閘一座，奔牛原建石閘二座，閘兩傍各有壩以備盤剥糧船。官船由閘，而民船由壩盤剥也。此專爲通運而設，葢從來然矣。

由奔牛、吕城西至京口亘百六十里而長，即閘壩修復而關閉失宜，或久旱河流枯埂也。當豫蓄練湖之水以待放閘而濟運爲先。在丹陽者爲下湖，在丹徒、丹陽間者爲上湖，各周四十餘里而廣，仰受長山、高驪山諸水，滙而爲湖。上、下湖各設三閘以蓄洩而灌注，夏秋戽以溉田，冬春放以濟運，載在縣志，葢亦從來然矣。後因湖佃成田而難于查奪者，佃田之家私放湖水冀免渰没而利於種作也。又漁户私開涵洞爲水門，張網以取魚也，而本縣水利官力或不能禁治，於是湖遂歲歲涸。湖歲歲涸，則運河無可以濟，兼以運船空回者與官船不時往來者通閘而行，不得關閉，則閘規不復可施。又兼以吕城係鎮江屬，奔牛係常州屬，各分彼此，無有爲之總理者。于是兩閘壩日就廢弛，而河非恒雨則不得積水而通流。即每歲勞民挑浚，其地形終是高，河水終易流洩而涸。即今雖已經挑浚，而運道猶艱阻如故，加以天不雨者八閲月而久，運船淺閣于平地，乃捉小船、小車剥載糧米，起水車各溝浜戽水以求濟，不濟則又起夫拽船兩岸，若陸地行舟者然，戛戛乎難矣。葢由漕臺去此數百里而遠不能知其故，而惟每歲以挑濬一節責成于有司，有司者畏漕臺之參論，而惟每歲一挑浚以塞責，畏運軍操回船而東，與官船之去而西來而東者，情奪而勢禁，而每歲不復奉閘規行事。又或以佃湖租爲利，以查奪湖田爲足以招怨而生謗也。漫不經心者有之，欲施恩小民而日復增佃者亦有之。湖灘由此遂多請佃，湖底由此遂可揚塵，運河之淺阻遂爲故常，而付之於莫可如何。此因循日久所致，或明知其故而不一留意于經理者，乃其積習然矣。

葢武進又有孟瀆一河，外通江，内資溉，並利于舟楫來往也。姑勿論所以放運船空回者，官船來往者於冬春間，而專事吕城、奔牛閘壩得以關閉而蓄水即北去，已承兑運船乘風潮之便時一由此出江，與吕城、奔牛運河兩利而俱存焉，亦未爲不可也。獨河莊一帶民貧，力不能任此，彼府縣有司者，又未肯任勞，爲國家興此無窮之利。聞江陰之夏港利于江船由彼收泊，而恐孟瀆河開，則河莊一帶將來或分奪其利也。多方行貨，以摇官府中人，多爲之左右，其説以簧鼓而熒惑，而鄉士大夫又多以因田起夫爲不便。于是其議屢興而屢寢焉。識者往往歎之。

聞近時常估計欲開此河矣。估銀約四萬餘兩，以工費浩穰而中止。竊惟事關國運，凡有糧運地方均當協助何疑？又聞漕臺批發挑河銀於丹徒、丹陽，歲計六七千金，而武進秋糧內有修河銀，徭編內有淘河夫銀，錢糧又未聞缺乏，誠爲國家興大役以利久遠，似難惜此勞費。是在地方上下司相與公心定議，協力求濟而已矣。除各糧運地方及常州府所屬他縣協助外，即轉發丹徒、丹陽河工銀六七千金，于彼召募，即令丹徒、丹陽百姓，亦量于彼幫工費一年而省漕臺年年六七千之批發，勞一年而省我百姓年年浚河之勞苦，亦事體甚便，人心所樂從也。況武進係本地方，而河莊一帶沿河五十里居民又均受通舟楫、溉田畝之利，其有不樂于從者乎？在武進即不免勞，乃其分義當然，恐亦不當辭，不得辭也。

爲今之計，惟擬革丹陽新佃湖田有妨水道者，而務蓄湖水，令滿以待濟運。修復呂城、奔牛兩閘壩以啟閉而資盤剥。于丹陽運河通金壇名七里橋地方，橋傍原有閘基，與京口閘各以時下板，以防走洩。于今年運完之日即議開孟瀆河，以放運回空船及官船之來去者。于冬春間或遇東南風，便即乘間一放已承兑糧船北去。每年不出正月終、二月初旬，即可保運船盡過江以北矣。其丹徒有山厓易于崩坍，丹陽有沙土易于淤塞，去處則兩三年一撈淺可也。丹陽之在城市，河狹而難廣，沙積而易淤者三四里許，即開挑亦不得通利，此則當疏浚西南關外一帶堅土城濠，令廣且深，而于此通運可也。倘慮及呂城、奔牛係于兩府所屬，事體不得歸一，不免以推諉誤事，則請令鎮江水利官帶管奔牛閘壩於冬春間可也。倘慮及孟河冬春間水高于江，易洩而難蓄，則于江口建一大石閘如京口閘可也。倘又慮及丹陽之佃湖田者横生謗議，或陰有撓阻於其間，則丹徒、丹陽其荒棄地有萬頃洋焉，許令改佃于彼以息怨口亦可也。

近題東南水利，專委南臺侍御，而運河則仍屬之漕臺。漕臺不得巡歷地方，恐文移往來，動有稽誤。中間有當題請處，宜題請行之，庶永永可以遵行，民生國計亦永永可稱便益。如此經理一番，前項艱阻以後萬萬無有矣。僕跧伏田里之人，本不當出位言此，緣係地方事宜，目擊而情切于中，不忍坐視不言也。故著爲議如左，以俟當事者有採焉。

固湖隄以蓄水濟運議　姜寶

我丹陽地形比蘇、常高甚，其運河每冬月因水瀉而東，運莫以濟也。每令民間開挑，即開挑，然地形終是高，水終瀉，法在添設閘座以關閉河水。冬春間河或涸，又在蓄練湖之水，放以接濟。余爲此每建白諸當事，迄無有應者。而惟龍渠郭公監察江南時謬相取，後來開府也，又謬是余議，以余所上議行道，道行府，賴府守文臺吳公力主以爲當然。於是龍渠公遽以疏請於朝，奉旨得添建丹陽之黃泥壩、丹徒之大犢山兩閘。自京口丹徒鎮下至尹公橋、麥舟橋，淩口、呂城、奔牛並今建共閘九座，每閘相離遠約可二十里，委官分管，一一允行，業已有成緒矣。

練湖比運河稍高，上受長山諸水，每易盈，夏秋間放以灌田外，冬春於濟運每稱便。一切漏卮如各函洞宜謹閉，有放水張網取魚及因而剷削草皮者宜禁。湖隄本以障水，而西南一面爲東北風所衝激，往往壞。壞則隄潰，而湖水盡走洩矣。水盡走洩，則夏秋無以溉田，冬春無以濟漕，葢官民兩稱病。而湖隄之填塞，又每就近且便取諸民田之熟土，熟土去則田不可耕稼，民於是又獨稱病，此皆長民者所當憫念也。今欲固湖隄，莫若栽植蘆柳於隄下。蘆傍隄栽三四丈濶，蘆茂則可以禦風水，隄可障。柳沿隄須植成行，柳茂則根入於土，隄可固。在西南一面尤所當首加意焉。植柳隄岸兩傍，隨人自栽，許自採，庶幾民間肯自盡心力，而不煩官長嚴督。故植柳之事屬之民可也。往時課取魚利於網户，而縱令湖水得自私，所以有放水張魚之時，而官不禁，官取魚利而湖水得私放不禁也。所以乘湖水之涸，又有剷取草皮之時，而官不知。今魚利既不輸官租，湖中之水草又恣民自取，成蒭蕘往焉之風，民猶不奉官長約束，私放水張魚，私剷去草皮，致湖水涸而國運妨濟也，則難以辭罪罰於官矣。柳成陰而行者蒙蔭，隄亦永不壞也。他日載於志，如古所稱白公堤、蘇公堤，亦豈非長人之盛事歟？余以屢煩牙頰而莫有應者，又嘗一倡率爲之，而他姓人漫不謂然也。因著玆議，庶後來者有採焉。

練湖水利議　曹允儒

常、鎮二府，惟丹陽、丹徒有水利可講耳，練湖最焉。宋法凡有占塞及盜洩湖水者，罰如擅殺人律。《元史》至治三年冬，省臣奏：江浙行省言，鎮江運河全藉練湖之水，官司漕運，商販農舟，莫不由此。宋時專設人夫，以時修濬，接濟運舟。自平江南之後，豪勢之家於湖中築堤，圍田耕種，侵占既廣，不足潴水，遂致泛溢淤淺委官相視，濬滌計用三千人，九十日可畢。參政董中奉又言："練湖舊有湖兵四十三人，添補五十七名，共百人，於本路州縣苗糧三石之下、（一）〔二〕石[1]之上差充，專任修築湖岸。設提領二員、豪寨二人、司吏三人，於有出身人內選用。"工部給印，仍委本路達魯花赤總治其事，同知、知事專管啟閉斗門，竝從之。

夫宋元之重練湖如是，豈得已哉？我明迺漫不加意，國初尚設廵司，旋復裁之。二百餘年，棄置弗及，駸尋至於今日，運舟壅塞，無歲無之，而旱澇亦不獲其利。萬一有風塵之警，欲行邱仲孚之策，不可得也。是當亟治無疑者。開挑占田，啟閉置閘，更當詳議。今有謂湖漏者皆飾說也，如其果漏，亦當治之，以復古迹始當。

練湖說　曹允儒

按杜佑《通典》，練湖亦曰後湖，劉宋顏延年有《侍遊曲阿後湖詩》，所由來古矣。李華復有《練塘頌》，所謂大江、具區惟潤州，其藪曰練湖，幅員四十里，刺史韋損廣之爲八十里是也。玆湖之水，旱則放，潦則蓄，西南諸山泉雨之滙也。每遇水涸，開閘放水一寸，則運河添水一尺，運舟不梗，耕者資焉。今爲豪家占佃，官爲給帖，自丹陽、丹徒、金壇，環地三百里，旱則懸耜，水則浮桴，況於運舟歲窒，艱楚萬狀，奈何不爲之所也。念塘林云亦曰：修練湖不惟通運

[1] 二石　底本原作"一石"，據《元史·河渠志》改。

道，且益民田。非與？又按：六朝齊鸞永泰初，王敬則反會稽，至曲阿，曲阿令邱仲孚收船艦，鑿岡埭，瀉瀆水，以阻其路，留數日，臺軍克之。則此地之有湖，此湖之爲重較如也。

復祖制萬年水利議 周廷鑨

水利一節，江南大利害也。水不過蓄洩二道，興水之利不過疏源浚流兩端，而年來疲民力以事畚鍤，卒無成效，何也？大抵天時不齊，人事漸弛，工嗇於費則用力不深，任失其人則糜費無補。此其流也，而本不係也。今日水利莫重於漕河，漕河莫苦於旱涸，故議開不如議蓄，而練湖之修復不可不早計也。按：練湖居丹徒、丹陽間，上下各週四十里，而遥受長山諸水，夏秋戽以溉田，冬春放以濟運，由來久矣。自湖佃成田，佃者私放水以利種作，而湖底遂可揚塵，運河因以莫濟。豈滄桑之無可奈何哉？誠使查革濫佃，蓄滿湖水，其修建閘涵諸費即以每年中詳派挑河工銀不下數千金，撮其一年辦此有餘，而吕城、奔牛兩閘壩亟修復以時啟閉，亦不可少，此其大略耳。若憲臺主持於上，諸司竭蹶於下，任一時之勞怨，垂百禩之洪庥，亦何憚而不爲乎？不然，舍其本而流是尋塵飯塗羹，卑職未見其有濟也。

丹陽縣全境水利圖説 張國維

丹陽地形高，漕渠一路皆山脈，土厚河狹，形深水淺，其流駛急，舟楫之所倚命也。練湖邇在城西，昔人遏馬林溪以溉雲陽，法主納不主流。厥後土民築隄横截，取湖下地作田，遂分上、下兩湖，作斗門、石達函以節洪濤。歷代修治惟勤。入我明特申湖禁，每下詔旨專官督理，以防衝決。唯閭右侵占争利，雖懲創不少衰止。凡湖流横溢，不獨丹陽一邑受其害，識者嘗抱隱憂，講求不嫌屢牘，誠非過。計境内有簡、相、珥村、丁義四瀆，皆稱關要，珥瀆即金壇運道。又九曲河向立博望閘，最關水利，今久淹廢，姑存其名，以俟經國之君子。

練湖説 鄭若曾

練湖即諺所謂開家湖也，在丹陽縣北百二十步，自馬陵至縣治，沿河上下週圍約六十餘里，迺丹陽所視以爲利病者也。何也？丹陽乃運道所經，運河之通塞常係于湖水之收放，十六水函與七石閘是也。運河之水原係江潮從京口、丹徒二閘而來。若江水涸時，則二閘之水不至，而運河不通所資者開練湖諸閘之水而已。向來豪家占湖爲田，此義不明已久。須縣令留心經理，水涸之日禁民開閘，常養湖水以備蓄洩。斯利莫大焉，不可忽也。

續漕河議 姜志禮

神廟初，叔祖少保鳳阿公著《漕河議》《蓄湖毖閘疏》，孟河當事采行，胡雅齋、郭龍渠不開河而濟運者二十餘年。公捐舘，無人正言，至有佃湖妨運，歲歲累民開河，騈死畚鍤，而竟不能聚尺水以資轉輸。蓋故老有言京口閘底與虎邱塔頂相平，是亦可以知挑河之無益，而蓄湖之爲要矣。前南少司空匪莪何公、撫院薇垣曹公、按院孺初王公、漕院孟麟徐公，俱抗疏不果行。今上聖明，鋭復祖制，亟允按院黄山饒公、其次陳公，先後奏各下所司，淮撫葵孺李公、總河上虞朱公、撫院星銘莊公、漕院洪崖余公、監司秋圃吴公、郡侯冰壺王公、别駕華宇張公、司理芮夫周公、幼民吴公、邑侯慕吉王公奉行惟謹。革侵佃，修湖閘，千載一時，亦既駸駸古初矣。然謂遂足以濟乎？未也。

夫上、下二湖，各周四十餘里，上湖濟下湖之窮，下湖濟運河之窮。而下湖之水夏秋灌田，冬春濟運，各有閘函，盡制曲防，載在縣志。今既修復，已無容贅，惟是當年湖流之足用者，爲圍埂俱高，蓄水深也。自侵佃繁興，私圩衆建，鑽堤開穴，所在漏卮埂已非舊，水皆不能及于觀音山北對過之首閘，而何以灌田，何以濟運？其甚者，自丹陽西門弔橋起至湖頭利市村北止，計長五里，圍埂缺陷非丈餘即七八尺，水不加深，何堪啟放？竊恐閘座雖修，又將束之高閣也。故修埂乃修閘後第一義。謂宜及今中秋以後霜降以前，既無車水灌田之勞，亦少刈禾種麥之冗，一二十日間負耒農人稍有餘閒，可用其力，過此則滌場播種，又農忙矣。再過此則風號雪凛，又罔功矣。但埂長五里，爲運而修，運非一縣，似不宜獨累丹陽。派及隣邦，又恐緩不及事。當聽道府酌議，刻期先令丹陽里長急出工力修築增高，而所築之堤務令濶二丈五尺、高一丈，即少亦須七八尺，與東堤相稱，使湖水必可溢于觀音山北對過之首閘，始爲修復祖制。蓋祖制首閘之南連設三閘，漸有次第，而濟運則必自首閘始，繳關老石一一具在，不可易也。是觀音山北對過之首閘，非教場頭對過之首閘也。倘水不溢於此閘，則水不深。倘堤不高于此閘，則堤猶下。有識者自能辨之。若堤高水深矣，謂足以濟乎？未也。

先年不開河而能濟運者，非獨以湖水深也，爲運河閘座足恃也。閘座非獨以鎮江之京口、吕城，常州之新閘、奔牛數閘爲足關鎖湖流也。凌口、尹公橋、黄泥壩、辛豐、大犢山五處，節節有閘，而今皆廢去，可奈何？既復湖，當爲並議運畢建閘，斷不容緩。而河之支流如武進之洞子河、連江橋河、扁担河，丹陽之簡橋河、陳家橋河、七里橋河、丁義湖、越瀆河、珥村谿之天壩頭，丹徒甘露港南之小閘口，自昔冬運中廢，閘壩可有可無，今明旨已復冬運，自應急整以防他洩。若奔牛、吕城、大閘之北，祖制各設減水閘，至十月即寔之以土，一切往來商民船隻，盡令車壩禁絶開閘走洩河流。此皆舊章，所當率由。而近且有謂當開九曲河，使運船徑從包港閘出大江直達揚州。然前人有無舉行未經查確，其事重大，合無先令得利人夫自願挑浚者鼓舞浚深，果可通漕，河必不用。况養民亦是急務宜行也，有如湖堤與閘修矣，河工事宜已備舉矣。謂足以濟乎？似亦未也。其説在處回空糧船過客座船，具載少保公議中，宜亟行而身其事者不無遲疑，非盡爲浚孟河經費難，寔慮江行難耳。夫江西、湖廣之糧船不下數千艘，不走千里長江乎？豈惟糧船即官船由之矣！瓜洲至孟河僅八十餘里，順流一帆頃刻可渡，且下通江陰、靖江、崇明、太興等處，商家往來不絶，風色不便，到處皆可停泊，况圌山有把總，小河有廵檢，江上有廵船，何患焉？惟是使客狃於循習，不肯江行，而先到回空，或恃人多徑啟河閘，又或以官船壓前，伺候官船啟閘，其後到官船又或催逼前船啟閘，紛紛争入，遂致河水走洩爲重運病，而練湖所蓄竟至不足以供，豈不可惜！

猶記江陵張政府公當國持是江行之説，冬運時回空與官船斷由大江收孟河，當時法嚴令肅，行之無異。今亦宜照此法，請一嚴旨，刻成書册，必使冬運時過客從北來者由淮撫，從南來者由浙撫、應天撫，從江西、湖廣來者由操院南兵科各掛號，掛時即以所刻嚴旨送看。夫非朝廷臣子與自能約束家人與船頭，不敢蔑閘規取參奏。至其或由孟河，或起旱或尾重運後，俱聽之，如是而漕事乃大善，較之開河無益有損者相去遠矣。乃若急炤祖制修浚孟河，使回空必無淺滯，是尤要務。竊嘗籌之，復湖閘不復河閘，與不復湖閘同。復河閘不復孟河，與不復河閘同。復孟河不造何莊閘，與不復孟河同。孟河屬常州，急公大義，與鎮江同。鎮江修練湖，常州亦必修復孟河也。再照京口至奔牛一百六十里，河身遥遠，湖水一放，全賴各閘壩節節關鎖。湖既復則徒、陽地方五廢閘即應並復，而尤喫緊者，無如淩口、黄泥壩二閘。蓋丹陽南至淩口三十里，北至黄泥壩二十五里，中有青陽鋪近淩口，石羊村近黄泥壩兩處，俱淤沙難浚。而練湖高于運河數尺，放湖則水勢加高，立可掩淤。諺云“板啟三分，河滿三尺”，非無稽也。此時若有淩口閘，則水之南去者不得徑入蘇、常，而青陽可以無浚。若有黄泥壩閘，則水之北去者不得徑入江洋，而石羊村可以無浚。此兩閘於練湖最切近最關鎖，缺一不可。不然，水不趨南又將趨北，水不趨北又將趨南，是皆不爲我用，而青陽鋪、石羊村兩處淤沙又無如之何矣。然此特拈出至喫緊者言，而非謂他廢閘可緩爲也。

嗟乎！行河者將概謂此地俱平坦如一，而江湖河水與他處等不必復閘，而責之開河。已乎！抑翻然有覺而惟有益于國，無病於民之是圖也，跧伏野農亦自知出位也已。謹續《漕河議》以當芻蕘。

再列六欵於後：

一、凡啟河閘，先查糧船大幇有無齊集，未到勿啟，到少勿啟，下閘不閉勿啟。

一、凡啟湖閘，先查淩口、黄泥壩二閘，有一不閉勿啟。

一、湖身横濶既有四十餘里之寬，湖水放河又有數丈高低之勢。其衝激也，如斧如鑿，其震驚也，如雷如霆。一不慎而閘基立頽，全湖立涸，成之難毁之易可慮也。湖板必須寸寸起放，一以惜水，一以保閘。此在選用老成謹慤、不由衙役、不覬湖田者爲閘夫，庶免包藏别腸，壞湖啟釁爲紛紛侵佃者地也。喫緊關頭全在于此。

一、上、下二練湖不可並放，下湖如袖口食，上湖如馬後砲，緩急先後，要有權衡。

一、下練湖四閘不可並放，自北而南亦當循序，既不並放則亦不必閘閘設夫。共設老成謹愨者八人，而止儘足於用。爲運設夫自應給之工食，而工食亦不必過多，蓋冬運自今年十月起至明年二月止，總計不過五箇月，其工食或以修河銀兩，或以湖內漁租，明明白白，酌爲定規，斷不可輕給沿湖分毫地土，聽其耕種，省工食，開後釁也。但閘邊亦須有安身之地，或量與閘堤一二丈搭蓋茅寮，此外不得加增，庶可永杜將來。若上練湖閘近張官渡，人烟輳集之處，不必爲之所矣。

一、湖自復閘後，比歷年湖中見田不見水者，亦逈别矣。但要河中廢閘作急全修，回空等船盡歸孟瀆，則兹冬運也傳之億千萬年，可與國脈俱永，無煩宵旰矣。

屬草已完，猶覺有未盡者，再續於後。

江南運河北自京口南至奔牛，誠如前議，必可無憾。然奔牛則常州地也，雖咫尺吕城而地分兩府，權不歸一。先少保叔祖每籌冬運，奔牛閘壩須以鎮江水利官暫攝，呼吸始靈，當是不易。奔牛閘壩外東南二十里爲新閘，東北轉灣數武萬年橋爲孟河，由萬年橋循河五十里至河莊爲大江，夏秋間，江潮湧入，水勢甚盛，至冬春間則涸矣。祖制修孟河以便回空，而萬年橋北設閘亦以冬月水枯放湖濟運，水過奔牛勢易入江，故以閘爲障，蓋專保重運，而於回空亦無碍，良有深意。一從冬運廢後，試問今日猶有閘板一片否？

河莊是江河咽喉，既議回空必從孟河，亟宜比炤京口補設一閘，緣冬湖雖小亦有來者，來時啟閘即可受潮，落時閉閘即可使內水不洩，而其啟閉不必他委，止須責成就近小河廵檢主之。此善用孟河以濟回空之要策，不特亟當濬深孟河而已。至於新閘一座，則專關鎖東去之湖流者，蚤當修復，抑又何疑？夫以鎮江人談鎮江運事，而又及於常州，更出位矣。顧欲其事之詳明，遂極言之。蓋目擊漕輓艱阻之虞，梓桑挑浚之苦，而又家庭間習聞少保公《水利圖》《漕河議》，故不辭煩瑣，披瀝所知。倘蒙當事虛懷采納，概賜舉行，國計民生永賴之矣。庸詎谿壑老臣得効涓滴微忠已耶！

崇禎五年壬申秋八月既望

漕河治標議　姜志禮

吕城兩閘並設，南大北小、南淺北深，談運事者往往棄淺取深，此由未知祖制也。

吕城小閘底深，閘板一啟，通河之水立盡。大閘則用長石爲底，鑿有深函，板入其中，滴水不漏。此運糧時大閘小閘可用不可用之辨也。若是，則小閘遂可廢乎？曰：此祖制之所以爲善也。官民船隻絡繹不絶，若無小閘築壩盤剥，而大閘不得閉矣。祖制一交十月即將小閘填土成壩，又於清微觀前沿河各設繳關，官民船隻一到即盤，而大閘則專候漕船，以時啟閉，不許擅開。先年王荆石相國赴召，船頭恃勢嚷開，維時壩官遵奉院道嚴禁，抵死不從，飛報到府郡，伯王公諱事聖者，單騎至吕城，云先生平章軍國，乃爲壞漕禍始，相國笑而頷之，急命起剥。後因久廢冬運，裁革壩官，而繳關移址尚在清微觀前。既復冬運，急宜仍造繳關以保大閘，壩官未能遽復，即以吕城巡檢兼攝亦可。若夫祖制設倉于邑之北水關内，此因尹公橋畔與黄泥壩原有石閘，湖流一放，即可臨倉而兑，今竟何如，挑擔遠送，且勞且費。今議造木閘而未復舊閘，名曰權宜，亦權而未必盡宜耳。

憶萬曆丁丑，邑令紫亭甘公奉撫院志齋周公察練湖有無蓄水。維時湖被侵佃無水，從寔回報，隨蒙發牌云：“守土官不以運務爲重，致涸上流，限半月内設法滿湖，不則參處。”甘令驚怖，急請教於少保鳳阿叔祖公，答曰：“天則不雨，水源已竭，奈何？”甘令固請，公曰：“容熟思之。”越宿，告甘令曰：“不記孟氏之言乎？令夫水激而行之可使在山。”甘令曰：“練湖高于運河二三丈，且寬廣四五十里，何能激水？”少保曰：“開河用民力，激水亦用民力。試看在山之田，遇旱激水，節節引高，亦可概見。”令曰：“价雖不敏，請事斯語。”隨唤里中派定人夫、水車以數百計，夜則懸燈，更番車引。而又親攜酒食犒勞，不半月而湖水滿盈。撫院得報大喜，以賢能首薦，後選御史。

老朽回思往事，宛然在目。昨已作公書，造木閘免開河矣。適承糧道曾公祖、郡伯程公祖、水利宋公祖、邑令傅父母下問，欲得一無水而有水之法，老朽耿耿往事，曰：“練湖可以瀦水滿，運河獨不可瀦水滿乎？湖高于運河二三丈，寬廣五十餘里，尚可瀦水滿，自江入運地勢尚平，自京口至吕城水道一綫止百四十里，兩頭尚各有閘，誠得嚴禁，勿令漏洩，不可引江滿乎？其在鎮江則有京口閘、京口北之小閘，在丹徒鎮則有通江閘，在丹陽東北則有包港閘，雖遠近不同，而俱通大江，隨引隨足，如之何不可也？夫急則治標，今日之事亦云急矣。衰遲老朽，既承問及，遂置復閘放湖上策，而姑畫引江下策，以當治標，或猶愈於無策耳。謹議。”

卷七　書　叙

《注疏》云："書，攄也。"《釋名》云："叙，緒也。"蓋書者，發攄志意而登諸簡牘者也。叙者，引其端緒而究其事理者也。體雖不一而要以賢人君子義理積於中，而人情物態熟於外，隨其所發以時爲呈露，故雖尺牘之往來，片言之叙述，而無不可以垂鑒戒示永久也。練湖之興廢，關繫重矣，其見於縉紳先生以及都人士之書叙者，罔不語重心長，可以壽之簡編，以告後之有心于國計民瘼者。志書叙。

《鎮江府水利圖説》叙　姜寶

雲源林侍御公奉專勅領特差，治水江南，既五年且竣事，蘇、松、常三府皆刊行《水利圖説》，以紀成功。而我鎮江則郡大夫龍谷王公，取諸丹徒、金壇及我丹陽三令長所撰述，而總其條貫者也。

丹徒爲鄉八，曰崇德、曰大慈、曰長樂、曰義里、曰平長、曰高平、曰洞仙、曰丹徒，圖與説各二十有四。丹陽爲鄉十，曰練塘、曰壽安、曰太平、曰石城、曰高牧、曰桂仙、曰永和、曰永濟、曰仁信、曰尚德，圖與説各十有二。金壇分高中低，爲鄉三爲區十，圖十二而説則十焉。中間水利在丹徒，有山鄉有沙鄉，有水有旱，宜瀦宜洩宜隄防，圖與説備矣。丹陽、金壇，因地形之高下爲幹支河港，爲洲爲圩，其宜瀦宜洩宜隄防，圖與説亦備矣。又中間爲橋爲閘爲岸，凡有關水利者無不載。開浚修築，凡公所嘗規畫以底績，亦無不編摹而纂著也。届期入梓，龍谷公造予廬，屬爲叙。

予惟鎮江之水利以漕河爲先，漕河以丹陽爲先，丹陽居丹徒、金壇地之中，受練湖之水以濟運也，故丹陽之漕河以治練湖爲先。練湖上受諸山之水，勢奔騰難於蓄，而漕河居蘇、松、常上流，地形高而易於走洩也，故湖以治湖閘爲先，河以治河閘爲先。湖閘治令蓄，河閘治令不走洩矣。然而運回船每梗河閘，不得閉，故欲使運回船不梗河閘，令得閉也，以開武進之孟瀆河，令放行運回空爲先。前時公嘗究心及此，而僉同前撫按兩臺胡公、郭公議孟瀆河開矣。然而運回船不由以入也，湖閘治矣。河閘上修京口，下修吕城、奔牛，中於麥舟、尹公兩橋兩設閘函口，以待下板閘水。而今者則又創增凌口閘矣。然而閘之不得閉，以官舫往來，恐猶然如昔也。每冬月苦丹徒、丹陽之民以挑漕河，而我丹陽之民尤苦每冬月之挑漕河也。是果誰之責歟？

予惟閘以蓄水，閘可以蓄水，而運苟有濟則漕河可以不挑，故使閘設而得閉也，可蓄水以濟運，亦可蓄水以免民挑河。然其事則惟撫臺與漕臺得專之，葢撫臺主起運，漕臺主儹運。運船空而回，撫臺倘先期令曰："由孟河入。不由孟河入，於本船之官旗罰無赦。"河閘當以時閉，漕臺倘亦先期令曰："閘設而不閉，與無閘同。閘應以時閉，而或不閉也，於本地方之所司罰無赦。"閘閉矣，運回船由孟瀆河入矣。如是又告總漕於淮亦無，或有所異同而可否也。湖之得以蓄者下于河閘閉，而河之得以蓄者不走洩也。于是漕舟無不通行，漕事無不濟而丹徒、丹陽之民可不苦每冬月之挑河矣。此乃撫臺漕臺事也，然則公獨無責歟？蘇、松、常之興水利利于挑浚，我鎮江他水利亦利于挑浚，而獨漕河應挑浚乃利于不挑浚，而法亦可以不挑浚也，又何歟？

予又惟蘇、松、常之興水利也，利農田以足國課也，爲民以爲國也。我鎮江之興水利也，他亦與三府同，獨漕河求有濟于國運，亦求無病于民生也，爲國亦以爲民也。公嘗勞心籌此矣，顧漕河之水利，公得與而不得專，公所得專者，公爲之。公所不得專者，公告之撫、漕二臺。一如予言相與處官舫之往來講求爲禁令，務有以相濟而相成焉。公雖不得專爲，亦猶公爲之。是則我鎮江水利之大者也。諸如所當開浚而修築，既經公規畫以底績，郡縣諸公者亦既一一奉行，而(緼)〔繪〕摹(簒)〔纂〕著之爲《圖説》，備矣，備矣！當無以予言爲也。是爲叙。

與郭龍渠撫院論運道書　姜寶

惟門下昔按今撫兩有大造於我江南也。萬口無不銜恩頌德，而寶尤在他士民先，但緣不入城市履公庭已久，是以未及趨承左右，然以門下之加禮用情，每出常格外，則中藏非一日矣。茲有一言冒瀆臺嚴，亦或老公祖所心許也。敝縣之運道，居蘇、常上流，每易走洩，所恃者在京口、七里橋、吕城、奔牛諸閘之以時啟閉爾。今凌口又添建一閘，而各閘於糧運之來，每不下板，蓋所司爲官船阻撓也。不知孟瀆河之開原爲運回船與官船可以由此而南北，仰惟鈞臺昔年主張賴以成功久矣。今幸天借大賢，撫臨敝地，百姓冬月挑浚之苦，以閘不下板而每每不能免也。非臺下其誰能察而憐之？昨敘本府《水利圖説》，亦曾謬有言在其中，時則謂運回船之由孟瀆收港，屬臺下主之，而各閘之下板屬漕院主之。今聞漕院至期稍緩，則以下板之出令併煩臺慈，亦似易事。倘於十月中即令所司於各閘下板，令運回船於孟河收港，不致閘板之頻頻啟閉以洩水也，則我丹陽之運河可不煩每歲開挑，我民當受臺下洪施，其爲銜恩頌德也，當又永永無窮矣。即官船之不肯江行者，或與之盤剥，或間一開閘放行，似無不可也。吕城、奔牛閘座係屬常、鎮二府，恐彼此互相推諉，亦惟臺下有以統一其事權耳。别具栽植蘆柳事情，則係固隄蓄水一節，而生家事亦與焉，非高明不敢以此言進。然不履公庭之人，既不能躬造，又不敢遣使直達，謹託舊知契蔡梅若直指爲轉道，仰私俟他日者簡召榮行，當於津次或江滸一致叩請也。草草冒干臺嚴，不任悚息之至。

謝南少司空何匪莪　崇禎己卯　姜志禮

昨賜飯不勝飽德，又快睹兩公子翩翩絶奇，而幼者猶在襁褓，舉止已偉然大人，翁福未量。讀大疏語語救時喫緊而尾乃謬及么麼姓名，立談片語，亟爲入告，九鼎重矣，愧甚感甚！時政非一，而江南百萬漕糧尤關命脈。主上第責運事愆期，而烏知運道之繫練湖者不小。徐漕臺甘剚腹而言之，王按臺手勒碑而檄革之，聞曹撫臺又有疏請革，而今又有大疏矣。乃佃加價者如蟻集血，紛紛未已，奸雄潑膽，必欲勝上臺，有如主上堅意必復冬運祖制，則潮涸河乾之日，上流無水，運事謂何，國脈謂何？恐當事之蒙讉未測，而百萬生靈殞斃畚鍤，竟無補也。《湖漕成案》附呈左右，以備省覽，亦謂虛心下採，無容自外耳。然皆前人之言，非臆説也。願言不盡。

復邑令袁漢陰書　姜志禮

治子浪遊，不能時向孔邇修定省，乃霏屑清音，忽勤飛翰，瓊瑶鼎貺，更爛承筐，父母之念，子民抑可，彌遠彌篤，而子民受父母之顧復，雖千里外猶繞膝也。烏鳥之私，如之何不切切也。父母之待雲陽編户，直子之耳。惠困窮，鋤强梗，清賦役，節郵傳，敦教化，厚風俗，犁然罔不備舉。而今又創湖田以興美利耶？江陵當國時，奏請湖中不許存留一草一木，專蓄水以濟漕運。時葢漕艘以臘月行，潮枯河涸，不得不然。乃今二三十年來，開幫改在仲春以後，江潮瀰滿，用之不盡，而何以湖爲？故滙之僅爲沮洳，洩之頓成沃壤。此二百五六十年來所未興之利，而父母興之，不朽事也。況佃價貯府，纖毫無所與，于己減編及民錙銖，皆以利其下。此後所收之租，又以甦驛困也。一舉而數善備焉，非常之人斯有非常之烈，不虛哉！雖然一方風景，惟有此湖，湖南灌漑亦藉此湖，請佃何窮？此中當有撙節，如東坡守杭州，因民之請，既洩西湖之水以奠民居，慮防之潰，尤築西湖之堤以成澤國，此千載名賢事業，區區微衷，因教而敢私商者也，不識以爲何如。謹復。

復某大尹　姜志禮

公莊一事，舊無此名，有之，自任怨任勞名令李愛泉諱學道父母始。夫愛泉之有公莊也，非愛泉意也。衝煩不及良鄉、涿郡，而獨著于雲陽，寔以坊支班支無出，民不勝苦，而名令李愛泉公身任勞怨，復湖濟運，灌田有大功。上臺以此酬之，而愛泉受之。然受之有名者，亦以坊支班支受之也。何謂坊支？坊長備酒席，折席之儀，送過客及鄉飲酒禮進表諸費，計費亦不貲，至年終具領，庫空不能給與。何謂班支？點定吏農數名，輪辦下程送過客，經年費亦不貲，亦至年終具領，庫空不能給與。後龐撫臺心庵公諱尚鵬，南海人，蒿目江南，郡縣支用，公費錢糧，瑣碎未易消算，奏請欽依行一條鞭法。條鞭法行，而坊支班支革矣。朽生髪未燥，蓋熟聞之，而事屬公家莊田，因循未革，致謀佃湖者藉口湖復則水淹，公莊不便，朽亦心知而答云："理勢自然，無足異者。"適際數年蝗旱，有田無租，有名無寔，何以莊爲？又計父臺清廉，佳譽爲三吴第一流，考選在即，而相國元老周公自言復湖嚴票出于其手。父母考選，有言責行。且記御屏入坐，論即有公莊在，亦留與後人，父母無所取之矣。

《練塘攷》敘一　曹勲

子厚愚溪，吾厭其陋。摩詰輞川，吾嫌其侈。知章鑑湖，似席自然之勝而必賜自天子，事亦難爲繼矣。丹陽練湖，即六朝曲阿後湖，唐詩人權德輿、許渾家焉。然兩公不以練湖名，練湖亦不盡以兩公傳，予者無涯，取者不禁，又不似三竺六橋爲旦暮舫屐之所溷，是人與地俱在顯微遠近之間，令人作六朝佳麗之思，忽復作白露蒹葭之想，宜二酉氏之喜而彙之，所以張吾楚也。

《練塘考》敘二　蔣清

凡水澤之在人國也，厥德有二：一以資灌溉也，一以利舟楫也。故大國必有大澤，楚雲夢、吴具區之屬是也。降而一郡一邑，蓋莫不滙水，毓秀一方。

維吾潤居四郡上流，而丹陽又爲三縣之脊，故其勢中高而善瀉，源泉涓滴，不北走京口，即南走毘陵金沙，且地當長山八十四流之衝，夏秋雨澤降，山溪溢則平疇爲白浪。及夫流潦既去，浹辰不雨，則桔槔無所施，又成龜坼矣。他邑未澇而澇是憂，他邑未旱而旱是懼。惟吾陽爲然。又其地爲漕渠所經，冬春發運，舳艫膠澀，至役民牽輓，車牛踣斃，或激以灌，或涸以濬，勞費不貲，艱楚萬狀。

自西晉陳敏遏馬陵溪引長山諸流，滙而爲湖，周圍築隄延袤四十里，而朱陽於是乎有巨浸焉。六朝謂之曲阿後湖，又名練塘。澇以豬，旱以溉，而蓄洩得宜，則漕以濟，載在史乘，班班可攷也。然千餘年間利害相眩，興廢迭乘，時而田時而湖迄無晝一者，殆圖經散軼，無所徵信而然歟。晏如姜公博極群籍，胸藏宛委，目擊而心慨焉。於是蒐羅故寔，囊括典墳，著爲《練塘考》，令湖光重開生面，甚盛心也。歲在辛卯，深秋無事，風物摇落，林壑凄清。公出是編屬余訂定，且曰："子當弁以敘言。"余謂利之於人甚矣，圖其大不得不棄其小，圖其小遂不顧其大。是湖也，耕之爲田，利在數家；存之爲湖，利在萬姓。至於節宣濟漕，尤利在君國，湖水寸渠水尺，誠哉是言也。

余嘗讀曾子固《鄞縣廣德湖記》，其形勢廣狹、興廢利害，正與練湖同。葢源出於出隄之爲湖，累石陻水，以時閉洩，而田不病旱，舟不病涸，以爲千載之功，而一邦之永利也。國家都燕，運道迤北所經，亦各有湖貯水以備旱涸，民間呼爲水櫃。汶上之南旺、蜀山之馬踏、東平之安山、濟寧之馬場、沛縣之昭陽諸湖是也。倘練湖可廢，將北運諸湖亦可廢耶？今晏如所輯前古名臣文士撰述，如相國劉晏之議狀，刺史韋損之增修，丞相脱脱之志乘，李遐叔之賦頌，陸放翁之記敘，權文公、許仲晦之題咏，洎宋淳熙以還，修築開濬之工役錢穀、隄塘丈尺、函閘多寡之數，纖悉備具，瞭若指掌。其最近而可攷，切而易行者，如吾鄉眭給諫公煜之《禁侵佃練湖記》，公曾祖宗伯公賓之《湖隄漕河水利諸議》，及徐、饒、秦三侍御之奏章，皆金石之文也。其他名疏王言、勝蹟幽事，靡不備載，使人閲之忘疲，舉而措之則經國遠猷也，傳而述之則名區佳話也。雖然修濬禁革，有位之職務，游覽歌唫，逸人之雅尚，清與公杖履逍遥於練塘之濱，一觴一咏，以繼文公、仲晦之芳躅，而釐弊耆功，俟之劉相國、韋刺史其人者。

《湖漕成案》敘一 楊義

古來國家，自選舉賢豪而外，則食貨要矣。故冢宰首六官而大司農即次之。唐虞貢賦九州之産，皆假道于河，葢以陸運之艱百倍於水，其慎用民力如此。燕自名公建國以來，其後燕昭最著，然皆撫有一方耳。迨元至前朝始一統，而燕遂爲宇宙之名都，天下貢賦皆歸焉。元用朱清，由海道轉運最捷，而風濤不測，人亦危之。後開會通河，則海運與河運兼行，然中間相隔尚數百里，未能竟達京師也。前朝永樂間，因白老人獻計，遣大司空宋禮及都督等官發夫徒數十萬人，疏鑿元人故道，于東平州築壩遏汶水而西，使盡出于南旺，節節建閘，步步蓄水。從此南北水道竟達京師，遂爲千古轉漕之利。

國家龍興北海，定鼎燕都，一統中外，窮天罄地，籠罩萬有，轉漕之盛隻古無兩。考賦數貢，東南居其十七而寄命于如帶之河。張官置吏，鱗次櫛比，以經理之，無非爲此運道計也。余自甲子季冬拜同節姜夫子于燕邸，凡古今理學經濟，諄諄提命。一日閱邸報，言及轉漕艱苦事，因出所纂《湖漕成案》一書示余，曰："此東南運道之繫命，而民間往役之最苦者也。"余受而心識之。順治己丑，余奉專勅視鹾兩浙，則身履其地而目擊之。因進土人而詢其源委，乃顰蹙咽嗚，謂自京口以至奔牛百五六十里之間，地形高亢，每逢冬春江潮不來，河水淺涸，而起兑轉漕正當此時，蓋自唐宋以來嚴蓄練水，漕艘一進奔牛閘，則閉奔牛、京口諸閘，而開吕城閘，然後放出湖水，則漕船銜尾而上，即不浚河曾無膠滯。《志》云："湖水放一寸，河水滿一尺。"不但吴浙四千數百餘艘之漕船出于其途，而各處本折錢糧、貢進方物，莫不由此。此天造地設爲國家萬世轉輸之大利也。明季有司不知國恤，罔念民艱，利其租税之人，縱令豪猾毁閘掘埂，以致走失湖水，湖灘遂多露出，百計鑽營，週圍告佃成田，澇則壑隣，旱則懸耜。每歲冰雪之中役民浚河，隨淤淺阻如故，其害可勝言哉？明初設禁甚嚴，犯者戍遠邊，下死獄，即歲納些須公租，豈能當一遇河道旱乾，我官府驚惶區處，備嘗艱苦，軍民疏導撈浚，其勞費不倍萬哉？余聞之，益信夫子留心經國，不我欺也。今國家用人理財，遠踰前代，偶因乏使，俾不佞待罪冬官而爲之長，而都水使者寔隸漕河，蓋責無可委焉。查功令，漕船所過地方，淺阻十日以至一月，守土者降調有差。今惟願賢有司上下同心，共以國計爲念，毋蹈前朝陋規，則大善矣。會聞逵、仲聯兩世兄續刻秦侍御復湖疏記，以纘吾夫子之緒，寓書京師，囑余敘之，因憶京邸告詔之言，土人痛切之語而述之，以爲敘。

順治十七年長至日工部尚書古晉崑嶽楊義頓首拜撰

《湖漕成案》敘二　吴贊元

今上御宇，仍定鼎京師，勢必藉東南輸輓而以從海運危，從河運安，悉如明制之舊。顧京口達丹陽漕河，地高於蘇、常諸郡，如建瓴然。每冬運河涸舟膠，全賴練湖之水以資灌注，所從來尚矣。值國家經制未備，奸豪侵佃練湖，多至九千餘畝。侵佃既廣，勢必毀其閘壩、函磋，使湖之功壞。湖之功壞而漕之事沮，遂使前人百計經畫以成之者，浸淫以迄于廢，豈不重可惜哉！時觀察許公尚令于陽，允士民請立碑泥亭以禁開洩，豪計稍息矣。嗣賴直指秦公巡行至邑，父老子弟沿河呼籲，請復練湖，奏之朝廷，朝廷許之。時又有邑令吴公寔任經理，不遺餘力，而余亦得參末議于上下焉。功既竣，姜君聞遠仲聯，乃太常同節先生子也，以復湖，太常爲國忠藎，因出舊梓《湖漕成案》四卷，而益以我清定鼎以來，直指秦公疏議碑記冠之於首，合爲五卷，命余敘之。余惟湖漕之事大矣，軍國之運藉於漕，漕之運藉於河，河之運又藉於湖。夫然而吾邑之湖爲大有功於朝廷矣，故言湖漕者何湖之利溥矣，耑言漕重湖也。姜君出其集以行者何？前事者後事之師也。凡歷代之碑志疏議具在，班班可考。後之欲有事于漕者，徵於成案而已矣。余竊有感焉。

夫言出之匪難，行之爲難。事剏之匪難，遵之爲難。葢湖之未成也，貴于清復。湖之既成也，貴于修舉。必也使函壩盡制而後有湖，有湖而後河得受湖之流。又必也使閘座盡制而後有河，有河而後漕得受河之利。若以一邑浚河之費修函壩，以諸郡協濟之費修閘座，庶不至重困陽民，而使奸豪侵占者謂復湖無益濟運之藉口。雖然湖漕相爲表裏，而皆以當事爲廢興，如姜太常公以復湖爲任，而非有直指饒公，採其議以力行之。邑侯王公董督之，則不能有濟於前。余雖志太常之志，而非有直指秦公之力行、許侯吴侯之董督，亦不能有濟于後，自兹以往，閱斯集者其慎無有與官争利之民，蹈如完如著之轍，有營私賈利之官，蒙練湖可賣揚子江不可賣之譏者哉！是爲敘。

順治甲午清明後一日，巡按江西監察御史、前誥授撰文中書舍人、同里後學吴贊元頓首拜撰。

《練湖歌敘録》引言 湯諧

練湖之興廢屢矣，至今日之廢而復興也，而遂爲萬世不刊之典，豈不幸哉！

今夫天立君而君置臣，皆以利民也。利民莫先於足食，足食莫大於務農，務農莫急於水。此其大較也。唐虞三代之聖人，他務未遑而汲汲焉，首以澤梁無禁、溝洫惟勤爲當務之急也。由是道也。陽邑練湖，開自晉陳敏時，初未有所謂會通河者，葢本爲旁近民田灌溉計耳，而後乃兼及於濟漕。及其既也，更主其用於濟漕而兼及於溉田。夫湖可濟漕則河可無浚，而小民免一年之力役即可息無窮之苦累，而節數千萬之金錢，亦未始非利民之大也。然而漕之克濟恃乎河之有閘，而閘雖設遂能保河之間不一浚乎？不能也。又能保閘之設而不壞，壞而隨設乎？不能也。不能則漕不足以濟，漕不足以濟而吾復湖之説方主乎濟漕，則道旁築舍之空言，不惟不足以服告佃者之心，且並不足以正告佃者之罪。彼其掘湖隄，毀湖閘，以洩水成田，特在奸民一反掌間耳，而溉田之利反不得不與之俱廢矣。康熙四十六年，聖駕南廵。是時下練湖與上湖俱廢者，垂二十年。當事者往往執濟漕之説以争之，莫能得。賴聖天子軫念東南水利，飭督撫河漕諸大臣條議，其有資灌溉，應疏應築者以聞，而丹陽練湖與焉。於是大涣王居重建下湖四閘，廵撫都御史于公因之以體察民隱，剴切入告，而後下湖一萬一千餘畝之水利，遂盡歸諸濱湖之民，何其徹也！其修建涵閘，儲以湖中物産，防墮壞計久遠矣。下湖已報陞科田七千餘畝，聽濱湖用水民田均納賦税，順輿情，杜覬覦也。不議及上湖者，用主於溉田，而不主於濟漕也，則下湖已十給八九焉。酌古準今，稱物平施也。葢自有練湖以來，興廢屢更。然其復之之本與復之之法，未有若是其親切而周詳者也。

湖既復數年，而濱湖之民家室盈寧，婦子和樂，官租先衆，風俗淳美。都御史儀封張公相繼撫吴，又爲之釐剔振肅，委任良吏，以多方而鞏固之，斯湖之利豈不將與天地俱永哉！然又不止此也。方湖之既墾爲田也，土鬆而水濁，日夜傾瀉。運河雖夏秋之間，舟船有阻塞不行者矣。塞則必挑，而欲僅挑此濱湖一帶之河，則省費爲幾滋弊轉甚，且或反至於塞河。於是勢不得不議全挑，而使官與民交受其重困。往者嘗頻年浚河矣，他處皆已浚深見底，而湖干數里地淤泥猶高積丈餘，丁夫以倍蓰計，終弗克濟。當是時，上自郡邑長吏，下至億萬編氓，未嘗不群焉痛心疾首於廢湖之人，而争欲食其肉也。今自湖之既復也，泥凝而草長，湖水瀏然以清，又不時洩，固於漕無益也且得無損。無損則河不至於頻挑，但使數年之內省一年之役，惠已不可勝計，而邑之人方且陰受其福而不知，此與神禹之水本爲播奏艱食而賦道自通者何異？然後知聖天子慮民之深與賢公卿大夫勤民之力，真有以度越千古而垂法萬世也。於是濱湖萬民既已築墩湖心，建“萬世永賴”之亭於上。而諧又綜其始末，輯爲《歌敘録》以志之。《書》曰“九功惟敘，九敘惟歌”，“勸之以九歌，俾勿壞”。是湖之復，良法美意，固已當窮無窮極無極，而吾民沐浴膏澤，歌咏勤苦，急欲以廟堂解愠阜財之盛，綿頌禱于億萬斯年，則亦猶維持勿壞之意也。後之君子可以觀矣。

康熙五十四年　月　日湖上湯諧謹識

《歌敘録》第一卷引言 湯諧以下俱湯作。

自晉陳敏始開練湖，至今千三百餘年。中間叠廢叠興，略見於本邑先賢姜太常公所刻《湖漕成案》一書，其詳終不可悉考。其在本朝，則亦已三廢而三復矣。順治九年，奸民喬日洪等廢之，按院秦公奏復之。康熙十三年，紳衿賀傳籙等廢之，撫院馬公奏復之。今之復視昔之復，義例雖已迥異，然而國家之令典不可湮也。兩憲之維持與夫同時儔友之贊襄，不可忘也。故照《湖漕成案》例，録爲第一卷。

《歌敘録》第二卷引言

初，賀傳籙之以墾湖獲罪也，案既定，發本府防廳杖，乃因其所識計僑而求救於丹徒鄉宦張鵬。計僑者，張宦之幕賓也。宦素聽僑，爲請於防廳，廳不許，竟論杖如法。宦大慚恨，於是蓄廢湖洩忿之意，而計僑者又以佃田之利啖之。康熙十九年，宦在諫垣有言責，遂疏請廢湖矣。宦意本欲盡墾全湖，會巡撫都御史慕、余二公後先勘奏，卒奉下湖低窪仍留蓄水之明旨，以故下湖後雖廢於私而卒未廢于官。然上、下兩湖開墾田共一萬一千餘畝，宦與計僑乃佃至四千。宦無子，有姪繼嗣，不爲無後，且其在朝建言，又何止一湖？而至今濱湖之人，猶共相指斥，以爲廢我練湖者當得絶嗣報也，可畏哉！慕、余二公未能直排横議，或謂無勇。顧當是時，虐宦之勢方張，中有難言者。且自今觀之，上湖原在可存可廢之間，而向非慕公迂迴其説以待更端。余公力持其平，以程後効，則今日雖欲議復，亦恐無由如之何。而忍忘二公之德，備録其案爲第二卷。

《歌敘録》第三卷引言

貪人敗類，厥欲無厭。上湖既廢，并及下湖，雖一時仁人君子莫不昌言以排之，同力以遏之，而格于時勢未可遽復也。然而意則已厚矣，心則已苦矣。其廢之之計極于深狡，能使明者莫察，所當抉摘，以備千載之創懲，而其復之之議極於剴切，能使聞者惻然，尤當記載，以貽萬年之傳誦，爲第三卷。

《歌敘録》第四卷引言

甚哉！張宦之流毒無窮也。假育嬰同善爲名，踞佃湖田至四千餘畝而遂以死。死而其幕賓計僑家人潘大成者，失勢無所倚，又湖田當初佃時佃至三千餘畝之多，疏渠築埂，上價完糧，事難猝辦，而計僑賣男，潘大成爲丐，相繼流亡，亦可已矣。乃又有徒邑吴之寅者，接佃張宦之田而播惡焉。之寅字虎庚，行曰恭三，與其弟之書字公綬行曰恭六者，皆徒邑諸生。住莊前村與上湖近，自恃强力，有智慮，欲以人勝天。始陽邑諸公與之争執張宦田，猶大相水火，既而服其謀略，遂相率俯首聽命，凡下湖報墾三案五千餘畝之外，所以借詞抵虚，公行私墾，絶無顧忌至于六千餘畝，而全湖爲之盡廢者皆之寅之力也。其方可欺。明察若邑令馬公且哀其觳觫，而爲之代請抵虚，使始終得以藉口。之寅亦狡矣哉！然方之寅定計時，自謂謀出萬全，一賦兩田，牢不可破，而卒至于畫虎不成，徒受萬人唾罵，前程性命皆幾至不保。人雖害矣已，亦未有利焉。《傳》曰："違天不祥。"凡挾其區區之狡獪而欲以把持一切，謂莫我難者，皆妄人也。録其案爲第四卷。

《歌敘録》第五卷引言

方吴之寅等欺隱之未敗也，濱湖之人引領而望曰："安得一日欺隱破而吾曹猶有蓄水之望也?"及欺隱既敗，而郡侯黄公不惟曲逭其贓罪，且爲之請給佃于上司。于是乎濱湖數百餘村億萬生靈，生路垂絶矣。乃案未定，而都御史于公奉命撫吴，正在清追私墾田畝，爲民籌策，間恭遇聖駕南廵，天子軫念民依，徧興東南水利，而全湖遂不勞餘力而盡復。豈非《易·否》之九四所謂"有命無咎，疇離祉"者哉！聖天子深仁厚澤，溥被寰區，此復湖一事，何啻太倉粒米而身受之！小民自有不勝其感激者。夏諺曰："吾王不遊，吾何以休？吾王不豫，吾何以助？"一遊一豫，爲諸侯度彼省耕省斂，澤在一時，猶歌頌□□[1]若此，況乎利萬世而無窮者哉！敬登其案爲第五卷。

《歌敘録》第六卷引言

湖之初復也，其事一而已矣。及湖之既復，則所爲糾紛而待理者更不止一事焉。苟敗類有未鋤，規條有未密，或釁生于意外，或戈起于室中，均足貽後來廢墜之憂，將以善始善終垂諸不朽，洵非一手一足之烈也。今觀復湖後所定諸案，無奸弗破，無患弗弭，條理井然，規模宏遠，然後知一時賢公卿大夫，推廣聖恩，奠安兆姓，用心苦而流澤長矣。備録第六卷。

《歌敘録》第七卷引言

甚哉！小人之横也。當丹徒張宦謀廢全湖時，經慕、余二撫憲後先覆奏得旨，專佃上湖，下湖仍留蓄水，亦可已矣。乃未幾而又詭辭以佃之，佃至七千餘畝。而下湖稍高之處已盡，亦可已矣。乃又并其

[1] 此二字底本漫漶難識，用"□□"代替。

低窪瀦水之區，而詭辭抵補上湖缺額以佃之。及乎奉旨捐帑，重建下湖四閘，與民蓄水，而未及陞科之低窪四千四十七畝，先復還湖。已經陞科之稍高七千餘畝，令濱湖用水民田攤認。條漕盡復，還湖亦可已矣。乃不數年而又藉四千四十七畝無庸認賦之處，指爲欺隱以佃之。及至前邑令曹公燭照奸貪詳覆太守陳公嚴批禁遏，亦可已矣。乃不數年而又仍執前説，增捏浮詞，或稱失業難民，或稱撫育遺嬰，或稱救生江艘，陰合陽分，互營三窟，偏控院司府縣以佃之。其膚受之愬，皆足以動仁者之憐。其假公之言，皆足以聳正人之聽。其迫切憤怒聚衆群號之狀，皆足以使大公無我之君子惕然于心，而反疑禁者之偏。嗚呼！其何横也！向微廵撫都御史張公灼見利獘，以主持于上，前藩憲牟公、今藩憲李公後先一德，太守陳公始終不渝，以承宣于中，邑令王公更爲之綜核名寔，不憚煩勞，以釐剔于下，而湖事不幾于殆哉，是以歎後來之功與于宜諸公埒矣。或有疑者，謂四千四十七畝未經咨請認糧，終爲此湖罅漏，張公何以將行而又止？不知認糧者所以杜奸民覬覦之私，而不必認者，所以明聖朝寛大之德義，固並行而不相悖。彼夫意在營私而詭辭增課者，讀諸公上下往復之文，其亦無所施其伎倆也哉！備録爲第七卷。

《歌敘録》第八〔卷引言〕

練湖之廢而復者屢矣。然其廢也，未有如此番之危而幾至于斷不可復。乃其復也，亦未有如此番之當而將至于更不可廢。民之感恩而圖報焉，宜也。築墩湖心，以爲報所，而俾弗可磨滅焉，又宜也。墩之中爲聖恩亭，亭之中爲“萬世永賴”之碑。亭之後爲祝聖堂五間，亭之左右爲四祠：左上祠大中丞于公、王公，右上祠方伯宜公、金公、牟公、李公，左下祠郡侯陳公，右下祠邑令楊公、曹公、二尹楊公。而邑令王公書院，則在文昌閣之下。亭有記，邑先達賀拓菴撰文。祠有記，黄岡王西澗先生撰文。閣有記，邑紳姜君廣成撰文。其刊不以崇碑而以方石，擇善書者書之，善鐫者鐫之，而横列諸壁間，取其人皆樂觀，便于搨印，可以布諸市而廣其傳也。而登之録中，則其傳益廣矣。爲第八卷。

《歌敘録》第九卷引言

復湖之利，前人論之詳矣。其説雖多主於濟漕，而亦未嘗不兼乎溉田。夫田，民命也。民，邦本也。使天下之田盡饒灌溉，則百穀用成，彝倫攸敘，而匹夫匹婦無不被堯舜之澤矣。吾固嘗曰："能言復練湖者仁人之徒也。"至今考其文辭，忠厚悱惻之思，豈不藹然如見哉！故本《湖漕成案》中所載，擇其言之尤密而足以與當今善政相發明者，附諸簡末，并志勿諼。爲第九卷。

《歌敘録》第十卷引言

下練湖之復，定於聖天子之捐帑建閘，成於巡撫于公、張公之後先經畫，功在萬世，無可諼者。而一時循良司牧寔心任事，克贊厥成者，心跡具見前數卷中，奉瓣香于湖心亭上，固皆當世世以之矣。顧惟濱湖倡始，民人挺身告復竭歷二十餘年，或以結怨破家，或以積勞殞命，所蹈者不測之危機，所謀者萬家之生計，亦豈可没其姓氏里居，俾無述于後人？矧諧又嘗以惜此名勝，與參末議，陰受中傷，幾落虎口，于任事諸君尤有同病相憐之感焉。是用列諸簡末，附告來者。爲十卷。

卷八 碑 記

洪氏《隸釋》云："西漢紀功，多寓之金。至東漢石刻始盛。"然秦皇登泰山，刻石紀功德，世傳爲李斯書。而方密之云："蒼頡墓在北海，陽虛石室，有石刻二十八字，李斯止識八字。"此又在秦皇前。碑刻記事，想五帝時已有之。練湖始晉，五代吕延貞濬河狀有云"考之碑志"，則練湖碑記，前此多有，顧已無可考。今所見惟自南唐以後者耳。至于文人紀事，雖未勒貞珉而垂久遠，使考古者得所依據，彼此一揆也。志碑記。

南唐

練湖銘 吕延貞

不作利物不仁，不剪害物不義。不仁不義，不足爲人。延貞嘗思致力於大，致身於君，會國家乏使，命爲丹陽令，因舊碑豫閱練塘之事，意世所嫉，害大利小者，以湖爲田之謂歟。利豈可廢？害豈可留？具事以聞，其克諧天心，大賚梓材，以充門鍵，待事黔庶，率皆相慶。於是築塞環岸，疏鑿斗門，大澤既陂，大水既瀦，物得其遂，民除其災，水旱靡俟雩，河滋不患竭。丹陽耆舊颺言曰："昔之復，復其侵；今之復，復其廢。是韋公平其初而功成其終也。"愚雖不敏，聊以爲銘。

元

復修練湖記 翟思忠

水在天地間，爲利甚大。利不興，害不除，民之生奚以遂？陘不通，淺不浚，水之利奚以興？京口漕運迤邐，夾岡勢仰，微奔牛、吕城閘堰之捍，瀉不日矣。南去數百里皆無水源仰給，練湖自長山八十四汊，流爲辰溪，瀦而爲湖，不有疏鑿，則有壅淤，不有隄防，則有奔衝。丹陽、金壇之田，袤廣勢下，微湖之承，滙有年矣。若夫春淫夏亢，瀦之洩之，此湖得用而河得濟也。歲遷月改，淤之瀫之，此湖必疏而河必浚也。隨勢上、下、中埂一，爲湖二，函磋斗門，一一有法，旱不乾枯，澇不渰没，湖水放寸，運河注尺。其功如何哉？郡當南北要衝，貢賦之輸運，聘介之往來，蠻商蜀賈，荆航吴楫，泛吴浙，上京師者，無虚日。至大定冬，湖河淺塞，牽夫頓蹷，進不能趨，車挽肩輸，公私病之。浙省平章政事剌罕光禄暨僚屬，僉謀委前都水任少監、路總管毛公計工程，適平章政事元伯都剌榮禄赴召，旋得上聞，命行行省。參知政事董仲奉、行臺侍御忽都魯參阿奉親臨之，監司副使管不入奉議、僉事和尚奉議董督之[1]，省鎮撫會立萬户警巡之。凡募五郡夫萬五千二十二人，工六十日，郡費錢六十二萬七百二十緡，米萬八千九百餘石，皆出于官。由程工壩抵浦河口，百二十里，深浚四尺，廣上五尺，廣下三尺，畚壤培岸，霖潦不復，灌河底平[2]高置函管五十四，一利舟漕，一利田溉。於是河流瀰漫，大艘小舫，悉得通行無膠澀之厄。又役三千人、舟千隻、工九十日，郡費錢二十七萬緡、米八千一百石，以南湖泥茭根植淖，不可劚鍤，止求土漕。堤埂爲斗門一，石磋六，石函十有三，一備啟閉，一借蓄洩。于是湖波潋灧，官漕民田悉得灌溉，無旱澇之虞。時大定甲子春也。噫！昔漢開南山渠，鑿褒斜道，唐開三山門，鑿廣運潭。今國家舉河之重役，民忘其澇，興湖之大利，民賴其便。自非天休涵濡，省臺贊襄，安能奠此大功？姑記其寔，俾來者有所考。

重修練湖記　陳膺

練湖之興，其來久矣。繇晉及唐迄于今，廢而復壞，壞而修者，

---

❶ 管不入　和尚，四庫全書本《吴中水利全書》卷二十四引此文分别作“管本八”“華善”。

❷ 平　四庫全書本《吴中水利全書》卷二十四引此文作“半”。

不可勝記。每一役輒劇勞甚費，乃克底于定。其最近而可考者，淳熙之役，用工人廿有二萬六千三百九十有七，米萬八千八十石，錢二千一百三十一萬四千八百有奇。其汗漫狼戾如此。雖曰爲民興利除害，然妨奪庶務，耗蠹財物，不已甚乎！乃至元三十一年，亦嘗經紀于湖。當時涖事者，痛抑浮靡，存其大綱，損其糅目，工亦不下六千四百餘人，糧亦不下五千石，錢稱是。然則湖之濟民也雖大，而其弊苦民也亦不細。夫以幅員數十里之奧區，水自長山犇流而滙者八十有四派，亦可謂一巨浸也。而欲使之大旱不減，大潦不溢，可溉而田，可運而河，可使爲利而不可使爲害，厥惟艱哉！牢捍禦以防衝決，深浚導以治填淤，多閘函以備蓄洩，堅木石以俟悠久，勞逸均而趨疾，試省勤而集易，期限蹙而費省，丁徒少而功多。凡此八者，倘非儉以體國、勤以恤民、深知利病者，孰克臻其具美哉！

大德乙巳春，都水監丞來相湖，中順大夫、鎮江路總管史公寔董修役，公以名門貴介，春秋富而見地高，力量毅而精思到，以節用愛人爲根本，以至公無私爲權衡，懲昔大奢，酌今便宜，作于仲春之初，息于暮春之首，環湖上下，陵埒巋然，後且完固斗門、石礎暨諸函竇，辰次星列，陽開陰闔，視舊制無毫髮遺。然計工度財，纔及曩時三之一耳。適務民之義，蠲抑配之苛，嚴而恕，暇而整，跋涉揭厲，與農夫野人共辛苦。有不免者，至親執鉏銛訓誘之。異乎！子罕之執朴以抶也。將成，平章政事徹里公臨視稱善。既畢工，父老來言，請壽諸石。

明

重修練湖碑　邑人　張存

鎮江郡屬邑有三，其一曰丹陽，古曲阿縣也。有練湖在縣北約去一百二十步許，一名曲阿後湖，一名勝景湖，其寔即練湖也。

按舊誌載，是湖創於西晉陳敏。當是時，其人務耕修織，故築堤引長山八十四汊水以滙之，周圍計其里與汊之數正同。延袤接隣邑丹徒界內有中埂，分湖爲上、下。上湖置二金斗門、一石礎，下湖置三金斗門、二石礎，視時溢乾而蓄洩之。環湖之堤，高八尺五寸，濶視高增尺五，疏爲十三函，函各有渠，支分聯絡以達于田，約計數千頃。使農作無旱澇之憂，其爲利一也。堤之東有漕河，北亘淮楚，南連閩浙，凡朝覲、貢賦、商旅，舟船往來，皆取道於河，以避大江之風濤。每河水淺，則洩湖水以灌濟之，所謂湖放一寸，河漲一尺。使漕運無淺澁之阻，其爲利二也。

歷世既久，歲湮日壞。至是湖獻底龜坼，水至無潴蓄，厥利廢矣。于是農田屢失秋成之望。甚至漕河淺，則舟船皆經大江行，遭風濤以溺死者甚衆。昔之爲守令者，若秦人視越人之肥瘠，未嘗加意一巡視。至鄱陽董侯復昌來爲令首，聞而悲之，方圖修復之。役當建文三年冬，會金華劉侯辰自監察御史出守鎮江，而董侯遂以其役白焉。既來相止，義形于色，命先興工，且聞于朝，可其奏。明年二月，政通人和，太守乘五馬車朱幡皂蓋至止湖滸，召合邑僚屬暨父老沿堤並行，望長山而知水源，觀八十四汊而知水勢，興利除害，上下協心，議非民力不可卒命，令董集厥事。令爲政於今幾四年，多惠愛于民，乃登民諭意析其利害，故民信不擾，皆争來趨事。于是承其議，始塞上湖二斗門、一石磋，引水盡流入下湖，下湖塞二石磋，移三廢磋之石，先修中斗門，次修下斗門，最後修上斗門，皆築土樹橛，櫛比星攢，度堅且不壞，方敷以石，兩翼四隅咸歛甃如法。傍峙石楹鍥坎陷板以爲縱閉，復隨湖勢崇卑疏板爲五級以瀉水。其函舊口各低湖底三尺。今修高二尺，甃以巨石，惟湖堤自下斗門至于栢岡，實若干丈，咸甃土築濶加舊二十尺址又倍之，餘則仍其舊。繞堤樹柳楊木，務支久遠，冬夏瀦常不涸，則農田漕河之利于是乎復矣。既而山雨初霽，積水盈湖，上下波光一碧萬頃。未幾，其中菰蒲菱芡荷芰荇藻之屬，以蕃以長，春燕秋雁鷗鷺鸛鶩之聲，遠近相聞，水族之産，一邑人厭其肉，葢不獨灌農田通漕河爲盡湖之利也。計其役興工于壬午春二月，經九十日至癸未春二月，再加土築西南隈三十日始訖工。此其大凡也。當是時，衆享其利，共請于令，願文其事于石，以垂不朽。令曰："非我也，太守之功也。"乃來徵文以爲記。余遂言于衆曰："是湖山水之秀鍾于斯人久矣。遠則三茅之飛雲、充陵之古木，近則七墩綿亘于湖心、三埂浮沉于水面，可樵可釣，可遊可詠，誠一邑之勝境也。凡令于是邑者，孰有賢于董侯者乎？董侯知愛是湖之勝，遂白太守承命而相其成。然不自有其功必歸之于太守，而太守亦曰：‘吾何心哉！惟私則利于農，公則利于漕。且脱人于大江風濤之險，令往來之人若履平地。此吾之欲也。’是皆可書已。抑考志載是湖蓮花盛開，其徵邑人必有入朝位執政者。是年波心蓮花不種不植，而花開數十朵，則安知其徵不在二侯？與夫斯人之鍾是湖之秀者哉？雖然書其祥未若書其役，今吾書其役，庶幾使後來繼今爲守令者取法，時修之，永勿壞也。豈非一邑民之幸歟？”

衆皆欣然，請予書其辭於石，復系之以銘，曰：“淼兹練湖衆水瀦，厥利溥兮。長山八十四汊趨，厥流注兮。灌溉農田通漕渠，寔有補兮。四時花草藏禽魚，繁且庶兮。七墩三埂勝境孤，孰爲主兮。波聲雲影清風俱，樵漁伍兮。匪直觀游兼隱居，山水聚兮。鍾秀斯人世不虚，猶申甫兮。伊初剏畫乃誰歟，其來古兮。環湖築隄樹遠圖，加堅土兮。開函碰門甃石鋪，若牖户兮❶。視時蓄洩俾不渝，有常榘兮。歷世既遠良吏徂，傷湮腐兮。桑田已變滄海枯，制莫覩兮。農畦漕河將何須，紛紛苦兮。大江舟行人多虞，溺溪數兮。當今守令賢大夫，詢謀愈兮。經營修治勝古初，基永固兮。漕運農作利有餘，厥功普兮。彼神呈瑞蓮花敷，民鼓舞兮。我勒歌詩當道隅，表同禹兮。後來豈無作者乎，思步武兮。”

申禁侵佃練湖碑記　眭熀避諱改

練湖周四十餘里，納長山諸水八十四流，爲石閘七，木涵十有六，啟閉以時，載在《水經》，地志可考也。國家東南財賦，浮運河而北，遇涸則啟閘以濟。近湖民田數百頃，遇旱則啟函以資灌溉。其所繫亦甚重矣。夫何大家勢族，利其沃饒，每侵而佃之？我國初設禁甚嚴，往往戍遠邊、下死獄具有成憲，而民猶莫之避。在弘治間則吉汝孝，在正德間則唐麒、唐賨，皆以官豪謀佃七里灣等處，公私告病，旋復奪之。惟天順間儲廷儀、沈懌、蔣桂佃栢岡村下壩田十五頃

❶ 兮　底本訛作“分”，據文義、文例改。

五十九畝，俱以父顯宦立朝得不革。嘉靖丙申，豪民眭完等復詭以栢岡村、馬牆莊等處爲泥灘草塌，謀佃三十五頃五十餘畝，民不堪忍，具白于巡撫都御史涪州松泉夏公，公曰："兹湖關係運道甚重，府正官據法追究，以懲奸豪。"又白于巡按御史侯官雲川舒公，公曰："是可縱乎？"檄常州推府李侯珊、鎮江推府葉侯照承事。適郡侯巽峰林公來任督率閱視，廉得奸狀白公，公震怒，命有司發夫徒數千人刻日夷其圩，追所獲租九千六十八斛，各治以罪。丹徒楊著田九頃七十二畝，靳慶田五頃七十畝。乃以接佃沈懌等原田得仍舊，而著額外占田一頃四十八畝亦盡革，追租七千二百八十斛。尋亦自斃于獄。噫！殉利之害，至是亦可懼矣。而公猶恐後之罔終戒也，檄府縣刻石湖滸。既而侯官岐麓周公持斧繼至，督治益嚴，同府鄒侯楊、通府胡侯恪、縣令鄭侯寅，遵奉惟謹，爰請巽峰公命，命鄭史溦持幣猥囑煜記。時煜在告，辭不獲，乃爲説以諗於衆曰："利者人情之所逐，而義其大防也。天下之物，苟于義所不當得，雖一毫而莫取，况湖之利關于國，切于民，而群豪不自分量，乃欲侵而有之，是謂蠹國，是謂殃民。蠹國殃民，將不容于聖明之世，而獲保首領亦幸矣。我撫按諸公上憂國賦，下軫民窮，拔作俑之弊端，以立善後之深計，誠無射之功不刊之典也。嗚呼！後之人復有奸貪玩法，自取敗亡，如完如著者哉！"是爲記。

欽依湖禁碑

直隸鎮江府爲議處運河事宜，以濟漕蘇民事。萬曆十一年，該府知府吴撝謙條陳：練湖上受長山八十四汊之水，下通運河，週圍四十餘里，東至運河西至鎮江官路，南至丹陽城濠，北至中河界。從來分上、下二湖，界以中埂，見有石閘三座，蓋引上湖之水以漸達之下湖。見有石閘三座、石磋一座，則引下湖之水以漸達之運河。又有涵洞一十二處，則引上下湖之水以達之田間。蓋函洞以時開閉，則民間之旱澇無虞。閘座以時啟閉，則運河之蓄洩有備。行令該縣水利官，每年春初將湖埂督工修培一次，以防衝决。歲以爲常，所費悉取之湖中漁課。倘有不足，又以修河米銀助之。本府水利通判不時查閱，一應啟閉事宜，悉聽經理。若運河水滿，則蓄湖水以待，水涸則洩湖水以濟。其地方若有勢豪貪横侵占湖堤耕種者，悉聽指名，徑申拏究等因。呈蒙欽差巡撫都御史郭、巡按御史邢、欽差巡江御史孫，會題奉聖旨："擬行。欽此。"欽遵到府轉行丹陽。縣水利縣丞孫賓督工將練湖堤埂閘座如議修培完固，備由呈報去後。續蒙欽差兵備按察使蹇案驗，該蒙欽差巡撫都御史王、巡按御史宋、欽差巡江御史沈批，該本道覆議，練湖既已修復，但事固難於創始，效每收於責寔。又議仍候會奏之後備行。鎮江府丹陽縣官查得原議，一一遵行。每年八月初旬，本道呈請本院委各府理刑官一員，前去練湖查勘一次，如有乘機侵占及蓄水不多，有妨運務等弊，即將該縣正官并該府水利等官據寔參呈，該府正官併行查究，庶法在必行，利可垂久等因，遵行在卷。今照練湖工已告成，謹遵前奉題旨，立碑垂戒將來。

萬曆十三年四月初六日立石

鎮江府奉旨增造閘座記

我鎮江府丹徒、丹陽兩縣所通舟之河爲漕河，河臨東南運道口，地形高於常、蘇不啻三四五尺。每冬月，水輒西瀉，以江潮冬枯，則瀉而西入於江。常、蘇霜降水落，則又瀉而東下，如建瓴然。西下京口閘之板，可以防水西走矣。東注則無可奈何，以漕舟之艱於行也。往往議挑河，兩縣河身亘長百五十餘里，不問河流淺深，率多爲壩以戽水。河淺深不一，又亘長，難於水之去，比挑未及半而漕舟首尾相銜至，輒又停工以放運。水既戽去時則又難於來，每年循習如此。國計民生，兩有妨碍。所司每相襲爲故，常狥工吏及營求督工員役之言，徧開挑圖抵塞而不知往蹟之有可尋，由來玩弛又如此。萬曆某年，前撫臺龍渠郭公思極謬採及芻蕘，下所司令覆議。憲副及泉李公頤檄行府，府太守文臺吴公撝謙悉心力蒐訪而畫議以上，郭公是之，具疏得請。於是量地遠近，添造丹徒之大犢山、丹陽之黄泥壩與凌口，先所造凡三閘，各委官設夫以時啟閉。議如志書所載，每年蓄練湖之水以濟運。

練湖紀事　陳繼儒

余嘗遡流至京口，探三山之勝，途經吕蒙城，輒拉蔣道樞同舟譚讌，因過練湖，翫芙蕖，西望長山、高麗諸峰，如列遠黛。道樞因言曲阿之有練湖，不惟供遊覽而已，民賴以灌田，官賴以濟運。且兑方秀水，寔啟一邑人文。後數年，余結茆小崑山，游屐罕出，而道樞間一過從，因問練水煙波尚無恙否。道樞蹙額曰："滄海桑田！今曲阿不復有湖矣。"余駭然，急徵其故。蓋自天啟壬戌，邑令袁漢陰諱鯨倡爲協濟遼餉之議，廢湖爲田，紛紜召佃。自是以後，沿湖居民絶其灌苗水澤，焦若焚如。且運道阻澀，每逢霜降水落，舟至湊口，儼若涸轍之魚，停橈起剥。而浚河之役，無歲無之。蓋斯時蘇、杭諸郡解有協濟修河銀兩貯之，邑庫非藉開河之説無由動支。嘗稽舊制因丹陽爲蘇、杭糧運孔道，吴下水深波溢，無事修河，丹陽地形高阜，且爲漕運咽喉，於是閘蓄湖流，啟板濟運，萬一旱歲不獲已而河濬焉，應將所解修河之銀，募夫挑濬。此定例也，而鯨則不然。簽派民間計田起夫，將河内原注之江潮築壩車涸，邑民荷鍤往役，千萬爲群，統以里長，押以隸胥，稍或延緩，夏楚交至，露脛赤足，驅内溝中。雖雨雪嚴寒，莫之敢止。由是凍餒捐軀者不知凡幾矣。迨糧艘抵吕城閘口，即掘壩前行。所築壩基，每段淤塞較未開已前，膠淺益甚。鯨乃借是役開銷河工銀兩充筐篚而潤私囊，躊躕滿志焉。詎知燦燦朱提，皆血流河下土也。夫佃湖妨運屢經上臺申飭奉旨禁革，炳若日星，奈狡獪之徒如蚊蠅血，驅去復來，不惟賢達之所痛心，即牟利者亦因而受累。數年以來，丈量查核上價追租，戀湖業而困頓者比比矣。更有奸民眈眈嗜利，反嗔不佃者之異己，媒孽誣陷，則是方四十里爲阱於國中，誰生厲階，至今爲梗也。善乎！徐侍御之疏，曰："以一年之遼餉，而廢萬世之水利。"仁人之言，其利溥哉！爾時丹徒令楊君與袁俱楚産，頗善戲謔，嘗語袁云："公爲政丹陽，賣去練湖。可惜余邑揚子江，賣不得。"可謂談言微中矣。

按：紀事即記類也，故入此門。後仿此。

邑令王慕吉生祠節略 崇禎朝 吏部侍郎 張捷

按余陽形勢，其西北高而水苦少，其東南下而水苦瀉。冬春可以資運，三時兼亦濟農者，托命於練澤之一泫。況竭望高平，其間童枯荒老之色象，不妨姑存勺潤，點染物華。但從來沮洳蘊隆，寔稱沃土，墾而熟之，其獲數倍，往往峻法嚴刑而不能禁。夫禁之則利公于廣衆，不禁則利擅于數家。要之激則必争，争則必罷，終非數家安享之利也。雖昨者許墾代餉晝尚權宜，而老成謀國，真寔從地方起見，畢竟當主于護漕禁佃爲溥利止争經久不易之策。至於東城一曲鎖控汪流，聳以層宫載崇七級，由來加惠作人，豈不咸懷同志？而自昔暨今，或築或罷，或毁或完，嗟哉！任事之難，匪一朝一夕之故矣。國家歲輓東南粟數百萬，咽喉于如帶之河，冬水方落，春潮未生，寔往虚還，恰當斯際，漕卒利于阻泊，以肆其陵擾。乃者更洶洶焉，而無計速之去。陽之人，歲歲墮指裂膚於畚鍤之役，加以猾胥猥里并諸積歇特營三大窟於斯，人事天時相與爲虐，宵啼露處，慘向誰憐？識者亦嘗爲河熟計矣。身高尾下，水落潮枯，不疏亦阻，疏亦阻耳。有地方之責者，勢不得歲歲勤民于河，填彼三大窟以枯自解免功令，而寔於河無當也。顧湖之爲利，外通挽輸，内給田功，曲浚旁挑，支分種種。宰斯土者，恒以講求水利爲第一務，既念民生，亦籌國計，兼參地脉，三時分其有餘，疏通之法宜求。冬春蓄其不足，隄備之規寧獨不可講乎？果能修舉舊防，節宣有術，以視歲挑無益之費之勞，或者猶當稍勝。故陽之大權輿三：文事、農事、運事是也。陽之大經制二：湖事、河事是也。致力其二，收功於三，宰陽之道，思過半矣。

按：節略亦紀傳體，他無可附，因入碑記中。

國朝

泥亭古壩永禁開洩碑

江南鎮江府丹陽縣爲違滅古制，越界奪水，活殺萬命事。據連名呈人王友龍等呈前事。又據儒學生員姜彦清、林錦等連名呈爲湖水宜蓄，總壩難開，謹溯高下之源流，墾循永久之定制，以濟國漕，以安士庶事。又據王友龍等投爲偷掘奪水刁搆起訟，叩天法究事。又呈爲墾賜鐵案，勒石碑，堅古壩，杜越争，永垂千古，永利萬民事。據此，隨蒙本縣正堂許親臨練湖一帶，察視地形併涵洞，有無古壩，應否開塞，以便審斷。及登此泥亭壩上，見得壩築年久，並無涵洞在下，水不容洩，舊制難紊。帶回一干原被到縣，復加研審。看得練湖蓄水，萬頃汪洋，波光浩淼，以濟漕運，以灌民田，佐國儲而衛民生，其來舊矣。制有三閘九涵，啟閉停洩，各以其時。雖有豪黠，不容或私與紊也。此泥亭壩者，原無涵洞洩水之處，岸頭後程固村居民唐一秀等，以旱盗水未遂，告鍾大一等阻水詐財，本縣躬閱地形并詳設壩之意，原爲防其尾閭之洩，故築此總堤以收衆水之支流。溯此壩而上，萬室所以仰續命之膏也。壩外各田，原有太平、香草諸河之水可以戽灌，但借於龍骨頗勞。一秀等所以因不雨而嘵嘵耳，而不知從來之制，安可任其凌越乎？況歷審原中並無涵洞，一秀又何得以强詞奪之？若詐財一事，起於潘百鳳借口排解得銀一兩錢三千文，以果其腹，不可不責儆也。贓既花費姑免追，一秀盜開古壩，并杖以戒。壩則永閉，有竊取之者，置之法勿赦。爰書已定，續據王友龍等呈請勒石垂久，隨將現行文卷，立案備照，外準令王友龍等備書前項緣由，勒石泥亭壩上，各民永遠遵奉施行，須至碑者。

順治三年十月初四日立石

題請修復練湖碑記

皇上御極之八年，躬親庶政，余奉特勅持斧江南，兢兢於興利除害，所至輒詢謀規度，務臻寔效，以副厥任。冬十月，按部鎮江，遂歷屬縣。值漕河淺涸，舟行如蟻，未至丹陽數十里，有濱湖居民數百人，緣岸而號，詢其故，咸曰：奸豪侵湖，洩水爲田，公私交病，亟求請復。余惟川澤，國家利害係焉。故陂之障之疏之洩之，因其自然，輔以人力，苟非至公，禍福迴異。

今按：練湖即古曲阿後湖，一名練塘，丹陽一邑之膏液，而運道八百里之咽喉也。以其衆水所聚名之湖，以其築埂蓄水名之塘。古人非深睹得失什百相懸，何爲是勤勤也？葢丹陽地踞高原，勢若陵阜，而長山、高麗復蟠其西。地亢則燥，十日不雨遂成焦土。及夫大雨時行，谿谷驟溢，則鯨噴電射，水出民屋，延及旁郡，下地皆爲壑矣。故丹陽之水無以蓄之，譬如漏卮不塞，枯竭必速，無以斂之。譬如濫觴不止，淫衍必甚。自晉人陳敏務修耕織，故築堤四十里，下遏馬陵諸溪，上承長山諸流，滙以爲湖，於是來有所受，去有所留，視溢乾而閉縱之。是以旱不病涸，水不苦澇，繞湖民田，資其灌溉焉。至隋鑿渠八百里以通東南之運，其道正由湖側，爰藉湖流爲灌輸，雖窮冬水落，洩湖一寸則添河一尺。故歷代著爲盜决侵耕之令甚嚴，犯者罪比殺人。邑人給諫眭煜之碑記，直指徐卿伯、饒京之奏疏具在也。

國家鼎新，經制未備，邑之奸豪猾吏因緣爲奸，詭稱湖荒，棄可耕取税以益蘆課，上下鼓煽，遂侵佃至九千餘畝。秔稌既植，勢必决堤洩水，洪流奔潰，原隰汩爲江湖，運河壅爲沙磧。今歲之澇已屬剥膚，將來之旱又當蒿目，而漕渠一綫，且有扼吭之患矣。余既悉其弊，遂躬行履勘，湖傍居民，千百載道，指點形勢，陳説利害，鑿鑿可據。即具疏上聞，下部議覆。司空羅公洞矚端委，勤體國卹，請行督撫按道清占業修故址，以利漕蘇民，遂得俞旨，依議行。維時常鎮道原參議、鎮江府劉知府，詢謀僉同，協心將事。丹陽縣吴知縣，營度勤敏，民咸樂趨，不踰時而修築黄金壩之功畢，其餘斗門函礎，亦如舊制而加整葺焉。是功既集，庶幾泛濫之患息而灌溉、漕運之利永也。然晉唐以來，湖禁甚嚴，至於明代侵佃是湖者，往往戍遠邊、下死獄，如吉汝孝、眭完、楊著等皆以追租正法斃獄。今朝廷立法伊始，姑免深論，爾豪猾毋謂國家猛於興利而獨寬于除奸，復生覬覦，則憲典具存，新禁炳肅，執訊而窮治之，安見此倖可再徼也。是爲記。

巡按江南蘇松常鎮淮揚六府徐州一州兼督沿海綜核將領帶管屯田監察御史秦世禎撰文

巡按江西湖廣道監察御史邑人吴贇元書丹

整飭常鎮兵備兼理糧儲水利江南承宣布政使司右參議原毓宗篆額

欽差江南鎮江府知府劉芳烈丹陽縣知縣吴之鏌仝立石

順治九年歲次壬辰季夏之吉

湖心亭聖恩碑記　邑紳　賀寬

《易·泰卦·大象》曰："天地交，泰。后以裁成天地之道，輔相天地之宜，以左右民。"惟乾始能以美利利天下，而非有聖人爲之裁成輔相於其間，則人得以私汨之，而美利將有時而不繼。昔者唐虞之世，地平天成，府修事和，而萬世永賴，由其時之聖人，能於行所無事之中，而極裁成輔相之用也。

陽邑之有練湖也，濱湖數萬田畝資灌溉焉，匪湖即歲歲歉矣。而自晉迄今千三百年間，廢而復，復而廢者凡屢。此曰官湖也，吾得資其水以爲用。彼亦曰官湖也，吾得洩其水以爲田。夫兩利不能并存，則必權於多寡。今練湖之興廢，誠以利害之多寡計之。即盡上、下兩湖全墾爲田，爲畝不過一萬數千，較民田之資灌溉者，曾不及半。此固不問而可以知湖之無可廢矣。而惟墾田之徒，常詭其辭于增課，故其說偏易行而其事因以屢更，而迄無所定。先是康熙十九年奉旨，上湖高阜，召墾成田，下湖低窪，仍留蓄水。未幾，寖及於下湖，蓋下湖一萬一千餘畝，弊陞者已七千餘畝矣。而湖閘久廢，湖雖有水弗能蓄，于是下湖所僅存之四千餘畝亦被私墾焉。康熙四十七年，天子軫念東南水利，飭修練湖四閘，然後私墾者無所容其奸，而大中丞于公因有全復下湖之請，且請削除弊陞之賦額，部議以下湖不可不復，而賦額不可削除也。天子是之，飭濱湖之用水田畝攤認焉。著爲令。

夫聖天子捐下湖以與民，且爲捐帑建閘費及數千金，其蘇、松、常、鎮四郡水利之所關，同時而議疏議築者，捐帑且十餘萬金也，而豈賓賓焉計此纖微之賦額乎哉？顧以爲前之屢復而屢廢者，由湖屬于官，故爲人所得争。今以此七千餘畝之賦責認於民田，則官與民交相維繫，而貪利好事之徒，雖欲詭增課之説以争而墾之，更不可得。從此湖永存而不廢，計田均賦，每畝不及升許，而歲以有秋穀可數石，是固斯民億萬載無疆之利也。然則聖天子之裁成輔相以左右我民也，可謂與唐虞媲烈矣。於是濱湖萬民築墩湖心，建亭於其上，而請于蘇州太守長沙滄州陳公，大書"萬世永賴"之碑于亭之中，將使子子孫孫勿替，引之以歌樂利答生成也。而微臣生長兹邑，老歸田野，慶桑梓之得，所感聖恩之罔極，不勝踴躍懽忭其可，無以效華封人之祝。爰拜手稽首而作歌，曰：

乾元資始，美利不言。天一生水，澤彼甫田。聖人首出，裁成輔相。與天地參，功何多讓。曲阿城西，厥有練湖。民田數萬，灌溉之區。貪人敗類，倚勢漁利。攘湖爲田，上先下繼。湖濱之土，旱歲奚資。湖上之民，誰不怨咨。鵠面鳩形，流離載道。誰念恫瘝，繪圖入告。皇帝御極，四十六年。巡行南國，德意宏宣。東南田賦，水利爲急。孰築孰疏，臣當宣力。維下練湖，昔著成規。建四閘座，蓄洩以時。豪强廢湖，算無遺策。既毁其閘，且竊其石。帝有恩綸，大吏欽承。相此下湖，四閘宜興。奏聞九重，天顔有喜。大涣王居，用輯寧爾。湖心低窪，計畝四千。不勞餘力，已告復焉。并削墾田，逾七千畝。用水認糧，公私交倚。魚菱之利，與民同之。以保爾閘，以固爾堤。自今伊始，人皆易慮。雖或其驪，莫敢覬覦。自今伊始，民靡有争。飲和食德，訟簡刑清。自今伊始，歲歌大有。物阜民康，風淳俗厚。自今伊始，固于金湯。從前興廢，幾歷滄桑。皇帝之德，天覆地載。六府孔修，萬世永賴。皇帝之功，日引月長。保合太和，悠久無疆。曷報涓埃，湖山是築。有亭翼然，豐碑高矗。濟濟臣鄰，協贊惟勤。列祠左右，用表厥勲。何時六飛，再幸南土。人獲近光，于亭之所。薰風滿亭，祥雲覆焉。皇帝壽考，億萬斯年。

湖心亭報功書院碑記　黄岡　王材任

政治之行，君總其綱，而臣司其目。臣也者，導君之惠以及于民，而察民之情以達于君者也。昔箕子與武王論洪範九疇，至于八庶徵而曰："王省惟歲，卿士惟月，師尹惟日。歲月日時無易，百穀用成，乂用明。俊民用章，家用平康。歲月日時既易，百穀用不成，乂用昏不明，俊民用微，家用不寧。庶民惟星，星有好風，星有好雨，日月之行，則有冬有夏。月之從星，則以風雨。"其所以責夫卿士師尹之上承天意、仰體王心，而勤恤民隱者，可謂深切而著明矣。

國家設官分職，略倣有明之制，凡吏治斯民者，由縣令而上之爲郡守，郡守而上之爲藩臬，藩臬而上之爲督撫。雖其責任體統大小不同，然藩司之職主于承宣，而廵撫之名主于撫綏，則其道固在乎能通上下之情，以周知閭閻之疾苦，而從厥攸好，不得專以催科爲務，擊斷爲能，蓋不獨郡守縣令有公祖父母之稱號，爲親民之官而已。

丹陽練湖水利，寔城西數十里農事之所係，數萬家民命之所關。自康熙十九年丹徒張少宰以私憾建議廢湖，而濱湖之田十載九荒，民不堪命，因民之情而復之，此亦官斯土者之責也。然而築舍道旁且三十年，何哉？或狥于請託，或蔽于吏胥，或諉于時勢，而于好惡同民之道則概乎其未有聞也。康熙四十五年春，山右于公由貴州廵撫簡調江南，甫下車，問民疾苦，首以丹陽練湖爲念，下其事于藩司宜公，宜公雅抱復湖之志，以有所格未能專。接于公檄則大喜，凡經畫二載有奇，而湖遂以復。由是濱湖之民盡出水火而登袵席焉。若二公者，可謂得古大臣省月從星之義矣。

方于公之既定謀也，將入告矣。會聖天子廵幸江南，疇咨水利，而公得先請旨，重建下練湖四閘。于是湖事不勞而定。然向微于公，則湖閘幾何而得與？于捐帑建造之中，此濱湖之民所以思慕二公之德而寤寐弗能忘也。二公既去位，儀封張公奉命撫吴，三韓金公、牟公、李公相繼來爲邦伯，湖事一如二公，政無所變，更且爲之補苴罅漏，申嚴約束，以益計久遠。而翊贊惟勤者，郡守則嘉興陳侯，縣令則三韓楊侯、石門曹侯，邑丞則三韓楊君，湖民皆佩其德弗忍忘，乃作四祠于湖心聖恩亭之左右，以報厥功，而視其職任分上下焉。首中丞，次方伯，再次郡守，又次令丞。工既訖，而余宗姪鐘山適令兹邑，益修湖政，式光前賢。邑文學湯諧又勤勞湖事之人。而余之故人也，素爲余言復湖本末頗詳，且以余之辱從于公暨張公游，于是并以書來請余記其事。余惟世運方昌，則賢才會合，若數君子者後先一德，上下一心，蓋真能體聖主如傷若保之忱，協小民畢雨箕風之好，以無負卿士師尹之責，而民之感之至于如此，則又可以見人情之易化，循吏之可爲，而皆不可以無記也。于是乎書。

邑令王公湖心亭功德碑記　邑紳　姜朝勲

丹陽縣治之西，北抵大河，南抵香草河，綿亘數十里而居者，村落二百餘所，烟火萬家，爲田四五萬畝，苦于地勢高阜，塘池鮮少，其水利皆仰給練湖，而練湖往往被豪强奪佔成田，興廢不時，民罹其害。先高祖太常公致政家居，常力持興復之議，告諸當事，績用有成，且刊《湖漕成案》一書以著利弊垂久遠，而西鄉之人不忘先太常之德，爲建祠縣署前。其昔之來吏兹土有功于湖者，皆載在《成案》，雖更百世可攷而知也。乃本朝定鼎以來，湖又經三廢而三復。三復之後，而邑令王公莅任時，則豪强奪佔之謀復起。其説以下練湖一萬一千畝有奇，濱湖用水民人納賦於官者七千畝有奇，不納者四千畝有奇，以爲罅隙可乘，而不知七千畝有奇之納賦時本于從前報墾之額，未便削除，而非朝廷之必欲徵湖賦于民也。然而貪人敗類，寔繁有徒。前政寬容，莫知懲創，奸胥猾吏，更相朋黨，以揺惑上指，此四千畝者已岌岌乎將有不保之勢。四千畝不保，則全湖且爲之動揺，而惟我公廉明正直，不爲利疚。有託勢要以數千金動公者，公面叱之，曰："此丹陽西鄉億萬生靈世世無窮之利，吾豈可以貨取而敗乃事耶?"於是益嚴禁令，大破藩籬，凡假公誉私以覬覦此湖者，公皆力請於上，繩以法無貸。然後斯湖之復，得以維持永久，而其受治于公者亦復俛首帖耳，悔心易慮，而莫敢復萌異志也。從來稂莠不薅則嘉禾不植，寬猛相濟，政是以和。如公之惠我湖民，列諸古循吏傳中，其風格殆不在東里子産下，而豈姑息養奸者之所能測識哉！

余薄宦秦中十載，桑梓遠隔，當康熙四十六、七年間，側聞一二賢大臣與司牧諸君子協力復湖，嘗以不得稍參末議，上繼先太常之志爲憾，于是謬叨薦舉，赴都待命，乘閒歸里省親，而西鄉之人方相與建閣湖心萬壽亭右，用答公貺。余表叔文學湯君諧又編輯《練湖歌敘録》，續《湖漕成案》之後，謂余曰："子其爲文，以記邑令王公之德，勒珉閣上，俾來者有攷，抑亦太常公之志也。"余唯唯不敢辭，爲志其大略如此。而其節目之詳，則盡載《歌敘録》中。自今以往，億萬斯年，述湖事者于公之功弗可諠也已。

公諱時昌，字星六，號鐘山。湖廣安陸府荆門州人。

詳定放水碑　邑令　曹蓼莪

江南鎮江府丹陽縣正堂曹爲籲請復還練湖等事。案：蒙布政使司憲牌開，奉前撫都院干題准户部咨開，奉旨復湖，蓄水灌溉民田，所有湖賦在于湖傍用水田畝，一體攤徵，飭令欽遵在案。五十年七月内，據徐元振、薛元七等以洩水鬧湖藐憲滅法等事，互控下練湖頭、二兩涵洩放湖水緣由在府，均批勘報，於八月二十四日牒同主簿親詣該處勘明，正在查訊去後。續據生員張志溥等投具息詞，並薛元七、楊君方等具結，稱生等頭、二兩涵願遵湖規按畝認糧，照田放水，身等自甘願息等情，各具結在卷。據此隨經查看，得下練湖奉旨發帑建閘復湖，專爲灌溉湖傍田疇。設有九涵收放，但各涵地勢高阜，田畝多寡，前任楊令已于陳士鳴案内據情詳明，奉飭按畝認糧，照田放水，不得偏私在案。至查放水時刻，各涵通例計田四千畝，放水一晝夜。涵洞舊制，高廣各二尺，如頭、二、四、八涵認糧田多，此四大涵之地勢卑下，水皆直瀉于河，兼之遠近不同，計田放水，定以時刻。餘五涵之田，多則一千餘畝，少則七八百畝，介于諸大涵之腹，貼近練湖，其注水之溝短淺窄狹，一放即盈，一戽即涸。或有餘水下流，仍注于大涵之溝，難拘成例。是以酌量收放，各得均勻。然值插蒔之時，業經出示曉諭，永遵定例。計田用水，按時收放，涵依舊制，不得更張改式。復據生員張志溥等並兩造具息投結前來，隨于康熙五十一年六月二十二日，具由詳蒙本府正堂陳批開，既照成例，計田用水，按時收放，涵依舊制。姑念農忙，准息銷案，仰即勒石湖堤，永爲遵守。如再更張改式，别生事端，從重究處可也。此繳等因。蒙此合就飭遵。爲此仰濱湖各村居民及涵頭人等知悉，嗣後務遵憲飭，永定湖規，計田用水，按時收放，涵依舊制。如有土豪地棍恃强奪水，更改涵式，許各涵頭人等不時指名稟報，以憑飛拏赴縣，通詳各憲，從重究處，决不輕宥。各宜凛遵毋違。須至碑者。

計開：各涵涵洞高廣各二尺。

頭涵計認糧田四千四百畝，應放水一晝夜並兩個時辰。

二涵計認糧田八千二百畝，應放水二晝夜並一個時辰。

四涵計認糧田九千三百畝，應放水二晝夜並四個時辰。

又下壩計認糧田三千畝，應放水九個時辰。

二共放水三晝夜一個時辰。

八涵計認糧田八千畝，應放水二晝夜。

三涵、五涵、六涵、七涵、九涵俱係小涵，地勢高阜，水無注蓄，一放即盈，一戽即涸。涸則稟明再放，毋得擅行輕放取咎。

康熙五十一年八月　日勒

泥亭壩閘碑案　邑令　曹蓼莪

江南鎮江府丹陽縣正堂曹爲公叩批飭永全水利事。據民人吴立威、儲玉麟、譚以銓、徐可聘等呈前事。呈稱：練湖第四涵下有泥亭古壩一座，收蓄本涵三十餘村之水，并總束諸涵下流之水，奈地處卑窪，而土鬆難築易坍，歷年受害不堪。本涵居民公議捐貲，壩左建造滚水石閘，澇不致淹，旱不致涸，爲一勞永逸之計，懇恩批飭遵行等情前來。本縣親詣壩所，相度地勢，壩上高而壩下低，土性果鬆易于傾坍。及讀壩間古碑記，此壩從無通水之例。今奉俞旨按畝攤徵湖賦，奉憲設石涵于壩右通水，而壩左若不堅築高濶，建造石閘，難保無虞。宜乎！吴立威等有捐貲建閘之舉也。本縣以事關水利，捐貲動衆，通詳勒石，方垂久遠。蒙本府正堂陳批，據詳泥亭古壩居民咸願公捐建閘，以便蓄洩，以備旱澇，誠一勞永逸之盛舉也。輿情踴躍，行看不日樂成。至所請勒石，俟工成之日，請憲允行，仍候院司各憲批示。繳。蒙布政司金批，仰候督撫二憲批示録報。繳。蒙督部院噶批，如詳行仍候撫院批示。繳。蒙撫都院張批據詳已悉，仍候督院批示。繳等因到府，票着遵照勒石印刷，碑摹申憲，垂諸永久。嗣後壩上水利所賴石閘關鎖，壩下水利所賴石涵放水，而閘涵之關係俱在此一壩。凡屬近閘近涵之壩務，各歲加培築，不得疎虞輕洩。而開涵放水，務宜遵奉憲飭湖涵定規，按畝認糧，照田放水，限定日時，不得過多减少，方爲適均。謹遵勿替，水利永全。須至碑者。

康熙五十一年四月　日勒

重修練湖牐碑記

國家歲轉東南漕數百萬石於京師，江浙居其大半。其溝而達之江，則以潤州爲咽吭，丹徒在西，丹陽承之，所謂徒陽運河也。渠隘而地高，江潮灌之以濟運，百里之內呼噏消長，無淹晷顧。潮落則沙停渠身，每致淤閼。歲之冬必募夫挑濬，官費民勞，二邑頗以爲累。夫藉潮以濟漕，漕過而沙停。今渠傍之積土皆歲挑之停淤也。河愈挑則岸愈高，而渠左右民田，賴河水灌溉者，挽取一日艱一日。因思江河形勢，今猶昔也。昔何以通深，今何以淤淺，得毋有脩陂巨浸遏塞壅閼，不能達之於河以利運利農乎？史乘載丹陽之西有上、下練湖，即曲阿後湖也，廣袤數十里。傳自晉陳敏所開，以之受長、驪諸山八十四汊之水，歲久寖占爲民田。唐永泰中，轉運使劉晏允刺史韋損之請，依舊障水爲湖，嗣吕延貞創爲斗門，當時皆爲文以紀其事。宋元以來，屢修濬之。大抵下湖高於運河，上湖視下湖爲尤高。虞其水之瀉也，於下湖上下均設四牐以啟閉，灌輸挹注，旱不竭，潦不溢，其利甚溥。勝國末，有豪强占以爲田。國初御史秦某按治之，未幾復爲勢家所奪。廵撫于公從邑民之訴，嚴治得寔，力請於朝復之。然上湖已不可復，僅復下湖，爲之修堤牐，審蓄洩，利運利農，厥功偉焉！近者牐座廢圮，湖亦葑萊，九夏怒漲，一瀉即盡。元冬水涸，涓流不存，農田漕運，交失其利。太守黎君世序之莅潤也，釐舉廢墜，必躬必親，嘗按行屬邑，稽圖籍，詢父老，慨然以修復練湖爲己任。適余來撫吴，首以是請。余韙而責成之，鳩始於庚午之春，凡三月而工竣。四牐并建，湖波通流，齒齒嚙嚙，可蓄可洩。葢數百餘年之舊規，一旦而復，數年後水日刷日深，力可敵江潮而汰淤沙，將農田無熯乾之憂，河渠有暢行之利。每年濬河之費亦可漸節焉。一勞百逸，善莫善於此矣。是役也，共縻白金四千有奇，皆守若令捐廉所辦。主其事者黎君，佐之者縣令徐學瀚也。余樂觀其成而爲之記，且系以詩：

帝念東南，天庚攸賴。京口曲阿，一渠縈帶。潮悍如捲，沙高且閡。倚仗清流，刷葑破塊。練湖湯湯，周遭卅里。晉唐陳迹，韋劉規旨。幾變滄桑，堤牐傾圮。漕軸愁膠，旱農靡恃。黎侯至止，爰諮爰諏。亟請於余，伐槖聚斿。何以束流？四牐并修。有業者版，可遏可抽。長驪叢叢，湍奔諸汊。既蓄既瀦，無冬無夏。活我良苗，萬畦珠瀉。汎我方舟，千檣雲下。偉歟坎德，有節斯通。呑吸溟瀣，迴斡凶豐。畝蕃地寶，漕挽天工。美利所利，緊邑資雄。匪余之庸，繄侯之力。獨障金堤，宜登樂石。岸樹春平，湖田秋穫。潄潤陶嘉，於胥兑説。

賜進士出身誥授資政大夫兵部侍郎都察院
右副都御史巡撫江蘇等處地方提督軍務兼理
糧儲錢塘章煦撰
賜進士出身誥授朝議大夫江蘇鎮江府知府
事汝南黎世序書
嘉慶十有五年歲次庚午嘉平月穀旦立

重修練湖牐堤紀事　教授　許鯉躍

太守黎湛溪先生以博學高才爲名進士，涖官所至皆有聲。戊辰冬十有二月，由江西司馬遷守鎮江。當是時，適朝廷命使大臣二人隨行，司官四人讞獄於鎮江，朝夕支頓提攝案犯，措置者幾一月。復以其間督濬運河工善而蕆事亦速，人已悦服歎羨其賢矣。守郡之明年，而宜革者罔，弗革宜舉者亦次第爲之舉。丹陽有上、下練湖，上湖廢，下湖之水冬春則利以濟漕，夏秋則利以灌田。閲時既久，牐圮堤傾，而漕運農田交以累。先生攷之各史志圖經，旁詢父老，毅然欲復其舊。自是秋始議，逾歲庚午之四月告成事焉。是役也，先生自履勘巡功以迄於觀成，周歷而閲視者凡四，其以數千言牒申于大吏者凡六，牐之重而新者凡三，因而葺者一，督修涵洞之洩水者凡十有二。培堤之高凡十有二尺，平面濶凡四十尺，攔灘凡三十尺。凡捐白金四千兩有奇，凡民自役工八萬有奇，凡食其利者五十村有奇，凡灌田四萬畝有奇，凡設牐夫六，凡建牐夫屋兩地各二。撫軍錢唐章公賢之，爲記，使勒諸石。夫練湖水利之一也，漕以濟，田以溉，亦爲政之一端也。而先生之心運乎是，事之始且周乎是，事之終心之所至而才智生焉，以故其爲之也强而力，其處之也周而詳，其形之于簡牘間者諄然而摯、暢然而盡也。語曰："鳳凰之文，覩一羽而可見。"觀于此而凡先生之所以求利乎民而有禆于國者，舉於此覘其概矣。工既成，陽之人民咸德之，請别爲文書其事。鯉躍則有見于大賢之舉，廢興利陽之人，自久不能忘也。迺復紀其崖略如此。若夫是湖之興與其源流方位，歷代之修廢，則前人之文詳矣，可毋庸覼縷也。

重修練湖牐隄後紀事 許鯉躍

庚午四月，太守黎湛溪先生暨丹陽邑侯徐君共捐廉俸，重修練湖牐隄，工告成，丹陽人士德之，丐余爲文紀其事。甫脱稿，諸人士咸進言曰：“先生之文誠善，然語焉而未詳也。是役也，太守先之，而邑侯實奉令而始終之。先生詳於彼而略於此，將徒拘善則歸諸上之義乎？抑與邑侯生同郡而避私其親之嫌乎？夫徒拘善則歸諸上之義，則紀事疎，避私其親之嫌，則宅心未廣。”余曰：“諸君子之言信矣。抑余猶有説焉。古人有言曰：‘數其事而責之者，其所得者多也。數其事而美之者，其所失者多也。’邑侯之治丹陽也，已三年矣。德化而民服，政行而民從。日被月漸，貧者懷其惠，富者安其廉，悍而黠者怵其威，懦而質者樂其教。士歌于校，而農謠于田。邑侯之善政夥矣。練湖，丹陽之一隅；隄牐，練湖之一事。使余爲邑侯張皇其辭説，後之人不幾疑邑侯止此一端之可美而外此之無可觀乎？”諸人士曰：“是説也，先生已自言之。鳳凰之文，觀一羽而可見，邑侯之善政即練湖而可想其餘。方牐隄之久圮，舟膠于泥，田疑于石。太守之憂亦邑侯之憂也。迨牐隄之既飭，漕飛以輓，歲稔而康，太守之樂亦邑侯之樂也。自履勘巡功以迄于觀成，周歷而閲視者四。太守擁旄而前，邑侯張蓋而後也。牐之重而新者三，涵洞之督修者十有二。太守之澤與之新，亦邑侯之澤與之新也。培隄之高十有二尺，太守之功德與之高且厚，亦邑侯之功德與之高且厚也。食其利者五十村有奇，灌田四萬畝有奇。民歌太守之賜，即歌邑侯之賜也。捐白金四千兩有奇，半太守之俸，亦半邑侯之俸也。是太守可紀而邑侯獨可相忘于無言乎？”余曰：“唯唯。是所謂君子學道，則愛人者也。一事本於道，而其他可因以見矣。”余嚮者猶局於一隅也，因次其問答之言，作《重修練湖牐隄後紀事》一首，且載于志，俾觀者可詳考焉。邑侯安慶府懷寧縣人，名學瀚，號春波。

卷九　賦　　詠

志練湖，重水利，以通漕便民，賦詠弗尚也。然《三都》《兩京》，地域可攷，徂徠淇澳，物產堪稽。登高作賦，臨流歌詩，亦與地理相表裏焉，豈徒流連光景、抒寫懷抱、騁才人之詞藻已哉？練湖雖偏隸一隅，而自六朝以來，或嘉其淵渟之可愛，或美其灌溉之是資，形爲賦詠者，往往而是。旁蒐博採，登厥簡編，雖古今殊時，繁簡異體，要皆與杜甫詩史之意有合也。後之覽者反復諷誦，而因以訪舊蹟興大利，未必不有藉于斯。志賦詠。

賦

國朝

練湖賦　賀鑒

距郭西百餘步，得大浸曰練湖。舊傳爲開氏址，一名開湖。葢納長山八十四流而潴之。其所產，歲輒更也。湖於陽既溥厥澤，而通漕灌河，□且甲三郡。中郎之所贊揚，光禄之所吟詠，一奥區矣。唐人李華有湖頌，詞義樸遬，不足觀。余旁蒐典記，約乎本旨，廼作斯賦。其辭曰：

爍哉！鴻似桐栢協精，九水既濬，支澤區呈，窺逸典而窮妙維。兹湖之憑靈，原夫開公拓跡，陽侯尋盟，餐苓鮫室，揮絃鰐城，濯丹腑而覶逝，神相羊以波征。跨羽而□青冥者，靡得而衡焉爾。其爲大也，灝灝濼濼，滉瀁遐漬。甀洮盆滈，肩湘昆泗。涵阡軸邑，平穹汨地。石城戴冠，鐵甕緣珥。環麓奔注，八十有四。懸武勺其上流，涪蕩眇乎下侍。廓原隰以若浮，隱星辰其倒位。晉敏藉以蓄儲，宋道櫻而衆忌。彙茂譎之祕淵，遂瀰漫乎繁利。其東北則平林蒨鬱，紺刹巃嵸。碨磑疊視，碧眩朱封。鳩巢篆亞，鶴徑苔蒙。海童昵象，神娃騎龍。瞭波光之及夕，聆鼉音之逢逢。其西南則崇峰巀嶭，綿綿延延。檀欒列幕，梗檍彩梴。蔚乎槦茂，比櫛聯錢。仙人之府，豉真隸懸。濡澌灪而衍布，翕崗首兮欲咽。若廼青陽届令，雲物浸嬌，眠莎接蕴，蘺蔣蓀藾，攢苞發蕾，馥郁飄摇。鳥則鵜鸕鷥鸖，鷫鶤鷖鶂。瀺灂瀘溢，唳吭淵瀖。迴翔乎蒼葭之濱，棲遲乎仙邱之陸。爰有修禊之朋，金谷之客。搜宓妃之墜瓊，拾彝光之翠飾。擷芳茝兮贈歡，迴清筝兮若泣。玉山頹兮朱顔酡，渌水發兮鴈柱欹。眄望舒以爲期，雖秉燭而遑恤。及夫𧱧賓之辰，蓮菂散艷，方舟倩媛，游於西灣。承波容裔，凝䰀拭顔。垂膩腕而舒粲，擾敗紅之壓鬟。櫂香國於遥夜，躭瀲灎之静憪。濺纖阿之麗袙，盥絳粄而狎鸂。若廼蓐收受權，鶉尾懸象，眇睔䟴塏，飀颮檣盪，彨觪戢汨，蒼壤沉陽。琴高望瀾而躑躅，耕父憩瀩而溧怏。渚迮穴以輣洊，睇瀆淪其觸蟒。訝怒□之彌淫，詎濟淮之有兩。又若彤霾掩嶂，霏雪驕空，鎚冰礐雹，鐫珠磨瓊。聲黄竹之悲唱，迷剡溪之孤舸。文鰩奮鬣而失道，精衛運石而蒙瞳。淅凍嶶於枯轡，滯寒翮於隻鴻。攬天水之一素，洵目極而意忡。其志産也珍蘼，煜熠不名一端，爰有璐瑭硨磲，璗球玑瑚，金華銀樸，紫貝鐐丹，隋侯緘櫝，太顛薦盤。下則葑蒿黛堊，棲泐埋湍，千群荷鍤，其耦齊讙。蒸藜執爨，薰韶禦寒。比儷乎瀛池之囿，彷佛乎驪鱗之磻。斯神區之奥域，信睽矆而屢觀。於是高群逸士，乘流逍遥。廬築水而環石，席依渚而縈飋。承沆瀣於湑幕，搴萍寔之盈瓢。悟漣漪以掞藻，鑒停汧而進怊。弄明月兮川之湄，溯澄波兮游文橈。俯而視之，若涉海之躡於洍也。渺渺乎、渢渢乎疑適瀛，脩御而霽乎其慆。爾廼徵虞人，逐罟師，張罽緐，設罶笱，箳灑芒銛，艤艋碁置。詹何遜愚，任季匿智。虚往寔歸，瀊譶聚肆，則有鮦鯢㶇鯽、鰸鯉鰷鱣，鱀鯛鼖鬻，鯀鰢肥鮮。鸞刀在握，霍霍嬛嬛。滋以芍藥之和，滌以蘭英之煎，并天府之至饌，非羶薌之所存焉。磕函碣峙，此焉雲閎。疆塍繡錯，阡陌鱗程。絛風舉趾，膏腴中盈。堅苞穎栗，轔軴垂莖。奄觀銍艾，千倉萬籯。户儗八鬵之富，家登再熟之陳。於是雨酒滌場，苾芬斯應。勾龍既虔，田祖爰並。祭黍獻羔，鳴琴清磬。有壬有林，百禮孔訂。

介福穰穰，曾孫是慶。若廼四達之都，商儈駢接。狼牻夜䑀，夫南晝易。曳縞履紵，金雕珂勒。迴艫飛檣，賄衍鉅億。其於囊也，桃笙象簟，蕉葛升越，玻璃龍腦，犀渠湛盧之屬，鎰琲闌干，縱橫充塞。咸乘橇而望洋，詣兹濱其待諴。詎允濟乎稠賄，詠周詩之雨公。輸河伯而爲助，非巨澤之徒雄。於時漕輓鼠接，旱威凝艘，連艎遞舳，贔屭旋淇。長年之屬虎賁之郡，鷹膽羹沸，層還千百而騰乎黄幖。於是鄭白之注，决渠揚鍬，滂沱雲集，資艫灌橈，瞠乎其始也。錤錐遝律，𢵝篙咸會。聊迎波以容與，漸奔河而滅霈。道衆派之湔洋，率鴻翻而龍蜕。爾廼鳴舷並進，懽聲若諠。神功待運，曾不濬川。千里効職，饗帝屬㕒。甸衛詔禄，偏裨授饋。黜九府之纖計，歌三時之有年。胥養廉而賓稼，疇庚癸之足傳。司農於是披雲緗，蒐水牘，覽邑都，拯陽族，寬星科，蠲逋稑。人民豐，四序淑。孰與夫東皐之麗濱，南陽之私澳。遂系以頌曰：靈秘覃毓，鍾斯浤兮。嵣澤四至，望盈盈兮。洄容霻濩，搴芳蘅兮。桂父澹魄，赤須酲兮。瑰譎充溢，匪專名兮。黍與稷翼，膏無屯兮。灌瀆殪魃，瘳河悜兮。千檣若駟，諭於京（分）〔兮〕。拊瑟陳縈，羞曦瓊兮。月畢應液，康吾氓兮。

練湖賦　姜藻

具區浩淼，長蕩流瀰。江左名湖，分□西東。粤若朱陽，巨浸浮空。厥名練水，其狀溟濛。爾乃西接長山，南臨茅巳。玉乳爲鄰，高麗遥倚，中擁開墩，旁圍欋里，古蹟堪尋，勝形可紀。至如紫鯪白鰋，陽烏沙鷗，銀濤潛躍，雪浪沉浮，宛在湖湑，翔泳嬉游。又若葭綜萍寔，紫茸蒼蒲，輕莖風拭，弱蔓烟鋪。含英弄華，遍滿層湖。外則長堤蜒蜿，曲徑盤陀。蹊桃摇曳，岸柳婆娑。輕舟鎖渡，斜橋卧波。内則仙閣高懸，僧龕静闢。墻蔭幽篁，廊欹翠栢。王孫草滿，丈人石立。于是騷人攬勝，墨客探奇。危樓命酒，古壁題詩。瞻遐眺遠，目曠神怡。丹城盤矗，樹藩籬也。青峰飄渺，列畫屏也。蟻聚蜂稠，抱烟村也。雲動星飛，過風帆也。一輪玉碎，月影摇也。十里花浮，霞光散也。鮫人躍浪，釣叟來也。仙子凌波，蓮娃聚也。佳哉湖景，樂無窮也。

詩

宋

曲阿後湖　文帝

宵登毘陵路，旦過雲陽郛。平湖曠津濟，菰蒲迭明蕪。和風翼歸采，夕氛晦山嵎。驚瀾翻魚藻，赬霞照桑榆。

車駕幸京口三月三日侍游曲阿後湖　顔延之

虞風載帝狩，夏諺頌王遊。春方動宸❶駕，望幸傾五州。山衹蹕蹻路，水若警滄流。神御出瑶軫，天儀降藻舟。萬軸胤行衛，千翼汎飛浮。彤雲麗璇蓋，祥飈被綵斿。江南進荆豔，河激獻趙謳。金練照海浦，笳鼓震溟洲。藐盼覯青崖，衍漾觀緑疇。人靈騫都野，鱗翰聳淵邱。德禮既普洽，川岳偏懷柔。

唐

練湖頌❷　李華

大蜡之祭辭曰："土反其宅，水歸其壑。"先王因下流而道之，故曰九川滌源。因迤滙而豬之，故曰九澤既陂。以疏天地之氣，以利元元之用。崇伯汩五行而殛羽山，臺駘鄣大澤而封汾川。《洪範》首之，《春秋》載之。地有廣狹，事無古今。大江具區惟潤州，其藪曰練湖。幅隕四十里，菰蒲菱芡之多，龜魚螺鱉之産❸，壓飫江淮，膏潤數州。其旁大族强家，泄流爲田，專利上腴。畝收倍鍾，富極❹淫衍。自丹陽、延陵、金壇環地三百里，數合五萬室，旱則懸耜，水則具舟。人罹其害，九十餘祀。凡經上司紛紜與奪八十一斷。嗚呼！曲能掩直，强者以得之。老幼怨痛，沉聲無告。永

---

❶ 宸　底本漶漫不清，據《藝文類聚》卷四《歲時部中》所引校改。

❷ 練湖頌　李華《李遐叔文集》卷一作《潤州丹陽縣復練塘頌并序》。

❸ 産　《李遐叔文集》卷一作"生"。

❹ 極　《李遐叔文集》卷一作"劇"。

泰元年，〔王師〕❶ 大翦西戎。西戎既駾矣，生人舒息。詔公卿，選賢良。先除二千石，以江南經用❷所資，首任能者。是歲十〔一〕月❸二十三日，拜前常州刺史京兆韋公損爲潤州，聲如飈馳。先詔而至，吏人畏服，男女相賀。即日上無貪刻，下無冤憤。公素知截湖潤壤，災甚螟螽。臨事風生，指期以復。群謗雷動，山震恬然。中明獨裁，文之以禮。乃白本道觀察使兼御史中丞韋公元甫，中丞撫掌愜心，如公之謀。且曰："興利除害，得其人而後行。非常之政，敢歸叔父。"公乃申戒縣吏（率）〔卒〕❹ 徒闢之。人不俟召，呼抃從役，畚鍤蓋野。濬臯成蹊，增理故塘。繚而合之，廣湖爲八十里，像月之規，（鑄）〔儔〕❺ 金之固，水復其所，如鯨噀射，洶洶隱地。雷聞泉中，先程三日。若海之彌望，灝灝如吞吐日月，沉沉如韞蓄風雨。所潤者遠，原隰皆春。耕者飽，憂者泰。於是疏爲斗門，既殺其溢，又支其澤。沃堉均品，河渠通流。商悦奠價，人勇輸賦。遐邇受利，豈惟此州，每歲萌，陰乘陽，二氣相薄，大雨時行。群潦奔流，水勢所入，盈而無傷，龍見方雩，稼蒙其渥。時前相國（彭城劉公晏）〔彭城公劉尚書晏〕❻ 統東方諸侯，平其貢税，聞而悦之，白三事以聞，詔書褒異焉。彭城公宣命至江南，捧詔授公，公率元僚掾史令丞已下，至于耆艾，西向拜手，忻戴皇朝。人心上感天，降膏澤，如有神祇。昭協厥志。公正直而和，專静而斷。嫉惡宥過，惠人察姦。純鈞精堅，百練不秏。伐冰之貴，降從士禮。《詩》云："靖共爾位，好是正直。"宜其享福也。吏人入賀，公拱而謝之，曰："尚書劉公、觀察韋公，奉行王澤也。鄙何力之有焉?"丹陽令杜孟寅秉公之〔清白，延陵令李令從如公之愛人，金壇令胡玘稟公之〕❼ 成規。及丹陽耆壽周孝環、百姓湯源〔等〕拜首而請曰："兑爲澤。兑，説也。水歸於澤而澤説於人。百年浸塞而公啟之，臣哉鄰哉！克諧帝休，永代是式。三縣無災，若不碣而刻之，王命不揚于厥後，後之人無以倚負也。"華嘗學古，見訪爲頌。頌曰：

---

❶ 王師　底本原脱，據《李遐叔文集》卷一補。

❷ 用　底本漶漫不清，據《李遐叔文集》補。

❸ 十一月　底本原作"十月"，據《李遐叔文集》校改。

❹ 卒　底本原作"率"，據文義及《李遐叔文集》《文苑英華》《唐文粹》校改。

❺ 儔　底本原作"鑄"，據文義及《李遐叔文集》《文苑英華》《唐文粹》改。

❻ 彭城公劉尚書晏　底本原作"彭城劉公晏"，據《李遐叔文集》《文苑英華》《唐文粹》校改。

❼ 清白……胡玘稟公之　底本原脱，據《李遐叔文集》《文苑英華》《唐文粹》校補。

望沄沄兮視冥冥，鳥閒魚樂葭菼生。膏腴利倍起訟争，斯人怨抑痛無聲。韋公正直動神靈，百年（游）〔淤〕[1] 淀爲瀏清。飢者（飲）〔飫〕[2] 兮病者寧，詔書光寵恩濡榮。劃然眊瞶復皎明，追琢刻頌揚菜馨。

同武平一遊湖　儲光羲

竹吹留歌扇，蓮香入舞衣。前溪多曲澈，乘興莫先歸。

同武平一員外遊湖時武貶金壇令　儲光羲

花潭竹嶼倚幽溪，畫檝浮空入夜迷。芰荷覆水船難進，歌舞留人月易低。

朝來仙閣聽漁歌，瞑入花庭見綺羅[3]。池邊命酒憐風月，浦口歸船憶芰荷。

朦朧竹影蔽柴扉，淡蕩荷風飄舞衣。且尋緑水宵將半，月隱青林人未歸。

贈丹陽處士　李白

周子横山隱，開門臨城隅。連峰入户牖，勝概凌方壺。时枉白苧詞，放歌丹陽湖。水色傲溟渤，川光秀菰蒲。當其得意時，心與天壤俱。閒雲随舒卷，安議身有無。抱璞耻献玉，沉泉自採珠。羽化如可作，携手上清都。

丹陽湖　李白

湖與元氣通，風波浩難止。天外賈客歸，雲間片帆起。龜遊蓮葉上，鳥宿蘆花裡。少女棹扁舟，歌聲逐流水。

送王總下第歸丹陽　許渾

秦樓心斷楚江湄，繫馬春風酒一巵[4]。汴水月明東下疾，練塘花發北

---

[1] 淤　底本原作“游”，據文義及《李遐叔文集》校改。

[2] 飫　底本原作“飲”，據文義及《李遐叔文集》《文苑英華》《唐文粹》校改。

[3] 羅　底本漶漫不清，據《儲光羲詩集》及《全唐詩》校補。

[4] 巵　底本漶漫不清，據許渾《丁卯集》及《全唐詩》校補。

来遲。青蕪定没安貧處，黄葉應催獻賦時。憑寄家書爲回報，舊居還有故人知。

重遊練湖懷舊 許渾

西風眇眇月連天，同醉蘭舟未十年。鵩鳥賦成人已没，嘉魚詩在世空傳。荣枯盡棄❶浮雲外，哀樂猶❷驚逝水前。日暮长隄更回首，一聲鄰笛舊山川。

湖上鷺鷥 許渾

西風淡淡水悠悠，雪照絲飄帶雨愁。何事歸心倚前閣，绿蒲紅蓼練塘秋。

雨後懷湖上舊居 許渾

前山風雨凉，歇馬坐垂楊。何處芙蓉落，南渠秋水香。

練湖絶句 張翬

茫茫烟水上，日暮陰雲飛。孤坐正愁緒，湖南誰擣衣？

泛曲阿後湖 劉長卿

元氣浮積水，沉沉深不流。春風萬頃緑，映帶至徐州。耷緣白蘋際，日暮滄浪舟。渡口微月進，林西殘雨收。水雲去仍濕，沙鷗鳴相留。且習子陵隱，能忘生事憂。此中深有意，非爲釣魚鈎。

送崔秀才赴上元兼省叔父 韓翃

練湖東望接雲陽，汝正西遊入建康。行樂遠誇紅布旆，風流近覩紫香囊。詩家行輩如君少，極目苦心思謝（眺）〔朓〕❸。烟開日上板橋南，吴岫青青出雲表。

---

❶ 棄 許渾《丁卯集》《全唐詩》等均作“寄”。

❷ 猶 底本漶漫不清，據《丁卯集》及《全唐詩》校補。

❸ 朓 底本訛作“眺”，據文義改。餘同。

侍從游後湖讌望 權德輿

絶境殊不遠，湖塘直吾廬。烟霞旦夕[1]生，泛覽誠可娱。慈顏俯見喻，輟爾詩與書。清旭理輕舟，嬉游散煩劬。宿雨蕩殘燠，惠風與之俱。心靈一開曠，機巧渺已疎。中流有荷花，花寔相芬敷。田田緑葉映，艷艷紅姿舒。繁香好風結，净質清露濡。丹霞無容輝，嫮色亦踟蹰。穠芳射水木，欹葉游龜魚。化工若有情，生植皆不如。輕舟任沿泝，畢景乃躊躇。家人亦恬曠，穉子皆忻愉。素絃激凄清，旨酒盈鐏壺。壽觴既頻獻，樂極隨歌呼。圓月初出海，澄輝來滿湖。清光照酒酣，頫傾百慮無。以兹心目暢，敵彼利名途。輕肥何爲者，漿藿自有餘。願銷區中累，保此湖上居。無用誠自適，年年翫芙蕖。

省中春晚忽憶江南舊居戲書所懷因寄兩浙親故雜言 權德輿

前年冠獬豸，戎府隨賓介。去年簪進賢，贊道法宫前。今兹戴武弁，謬列金門彦。問我何所能，頭冠忽[2]三變。野性慣疎閒，晨趨興暮還。花時限清禁，霽後愛南山。晚景支頤對尊酒，舊游憶在江南久。庾樓柳寺共開襟，楓岸烟塘幾携手。結廬常占練湖春，猶寄黎床與幅巾。疲羸只欲思三徑，戇直那堪備七人。更想東南多行箭，元圃琅玕共葱蒨。裁書且附雙鯉魚，偏恨相思未相見。

湖上晚眺呈惠上人 權德輿

湖上烟光好，鳥飛雲自還。幸因居止近，日覺性情閒。獨酌乍臨水，清機長見山。此時何所憶，静侣話元關。

送少清赴潤州參軍因思練塘舊居 權德輿

二紀樂簞瓢，烟霞暮與朝。因君宦游去，記得春江潮。遠别更搔首，初官方折腰。青門望離袂，魂爲阿連銷。

---

[1] 夕　底本漶漫不清，據《權文公集》和《全唐詩》校補。

[2] 忽　底本漶漫不清，據《權文公集》和《全唐詩》校補。

過隱者湖上所居　權德輿

蝸舍映平湖，皤然一魯儒。唯將酒作聖，不厭俗名愚。兵法窺黄石，天官辨白榆。行看軟輪起，未可號潛夫。

嘉興九日寄丹陽親故　權德輿

窮年岐路客，西望思茫茫。積水曾南渡，浮雲失舊鄉。海邊尋别墅，愁日見重陽。草露荷衣冷，山風菊酒香。獨謡看醉葉，遠目徧秋光。更羨登高處，烟花滿練塘。

題湖上亭子　戎昱

湖入縣西邊，湖頭勝事偏。緑竿初長笋，紅顆未開蓮。蔽日高高樹，迎人小小船。清風長入坐，夏月似秋天。

登後湖亭傷春懷京師故舊　獨孤及

昨日看摇落，驚秋方怨咨。幾經開口笑，復見看花時。世事空名束，生涯素髮知。山山春草滿，何處不❶相思？

題丹陽永泰寺練湖亭　張祜

小檻俯澄鮮，龍宫浸浩然。孤光懸月夜，一片割秋天。淺派殘沙草，餘波漂岸船。聊當因澮畝，披拂坐潺湲。

宋

過練湖　顧松年

行行何以慰吟觀，負郭平湖萬頃寬。兩寺鐘聲烟外聽，六朝山色鏡中看。難追鷗鷺朋儔密，頗怪魚龍窟蟄寒。清濯塵纓自兹始，爲辭雲水向長安。

---

❶ 不　底本漶漫不清，據獨孤及《毘陵集》《全唐詩》校補。

練湖春霽　譚知柔

春入池塘緑漲初，蒲根水暖戲鷗鳧。雜花開處自深淺，細雨漾空如有無。風外鐘聲聞遠寺，柳閒帆影出平湖。冥搜竟日躭佳句，不負宗生來畫圖。

後湖晚出　陳師道

水净偏明眼，城荒可當山。青林無盡意，白鳥有餘閒。身致江湖上，名成伯季閒。目隨歸雁盡，坐待暮鴉還。

至湖上　蘇庠

沙晚水痕碧，蕭蕭蒲蕩❶秋。鴻飛遵遠渚，木落見滄洲。藤杖吟還倚，風帘行可休。有懷誰共語，暝色起❷林邱。

過丹陽舊居　王存

漂泊經故國，繫舟欵柴扉。破屋他人居，昔鄰今或非。父老招我飲，祝我晝錦衣。我謝父老言，樸拙非所祈。一官走塵土，寠迫寒與飢。去鄉未幾載，頗覺儔侶稀。人事已可嗟，況當白首歸。泚泚練塘水，緑楊蔭漁磯。有田尚可耕，誓將父老依。

乾道庚寅郡守蔡卿浚漕渠成作詩紀之　顧時泰

雲屯星拱集神都，國計仰食江與湖。舳艫不過伊婁埭，日夜漕渠待轉輸。萬鍾之載幾尺水，一河奚止百幅蒲。兩岡相望山壁立，地形脊高勢巨瀦。練塘寸水雖得尺，虔亭洩去如尾閭。自從秦鑿興赭徒，大業廣此事遨娛。歲久不治成瘷瘀，下視一線皆泥塗。小艑欲濟亦艱阻，況乃巨艦何能逾！廟堂錢穀急星火，挽牽力盡勞千夫。官胥汗流慮罰責，篙工倚柁咸歎吁。雲霓望斷心亦切，不啻苗槁而待蘇。豈無賢□能辦集，孰不脛滿嗟難圖。蔡侯憂國如憂家，視不除痛猶在軀。眷言

---

❶ 蕩　宋計有功《宋詩紀事》卷四十一作“葦”。

❷ 起　底本漶漫不清，據《宋詩紀事》卷四十一校補。

邦本莫此急，着意釃浚還其初。朝乘一馬帶星往，此身敢憚親馳驅。材取于府粟取廪，絲毫莫擾人争趨。渠開不日水復故，千舟萬艘無滯濡。我聞西門引河水，法式父母不敢渝。趙孟不暇績禹功，當時君子得以誅。賢愚所志天壤異，報效亦以冠履殊。侯兮用心將報國，詎肯効功圖名譽。觀民之官倘復出，我詩紀寔誠非誣。

湖上有作　陳輔

平湖共天遠，浸月坐寒光。乘流溯荃壁，掉舟尋药房。佳人折輕荷，隨風来珍香。顧盼但微笑，眉宇何清揚。日暮共携手，遥指烟中湘。

草堂自題　陳輔

湖水如雲遶郭斜，茂林修竹野人家。宿醒過午無人問，卧倩東風掃落花。

練光湖　楊公濟

寒光萬頃濸高秋，粉壁朱欄漾客愁。晚日蕭蕭聞落葉，晴天歷歷數飛鷗。烟横絶島疎難捲，月在平波瑩不流。懷抱未忘知有處，且横風笛醉滄洲。

與虞章舜卿二表弟遊兼勝亭兼勝亭，即湖山勝概亭　陳東

危亭兼雅勝，勝景足奇觀。湖水涵天入，山雲帶雨蟠。千松偃夜月，萬竹撼春寒。玉井汲甘泠，塵緣那得干。
野曠湖山遠，林深松竹幽。舊題看壁立，前事逐萍浮。荏苒荒三徑，依稀度九秋。故人應念我，雅會莫遲留。

運河行　劉宰

運河岸，丁夫荷鍤聲繚亂。红蓮幕府誰獻言，運水泄水由函管。函管掘開頃到底，運材歸府供薪爨。庶幾一壞不可復，民田雖槁河長滿。民田爲私河則公，獻書幕府寧非忠。我聞此言爲民説，急趨上令毋中輟。小民再拜爲我言，函管由來幾百年。大者用錢且十萬，小者半此

工非堅。厥初銖積費民力，厥後世世長相傳。豈但旱時須灌溉，亦憂久潦水傷田。向來久旱河流絶，放水練湖憂水洩。州家有令塞函管，函管誰存誰復決。少頃雨澤又流通，函管雖存不費工。只今掘盡誰敢計，但恐民田從此廢。豐年餘水注江湖，涓滴不爲農畝利。有時驟雨浸民田，水不通流禾盡死。况今農務正紛紜，高田須灌草須耘。盡驅丁壯拆函管，更運木土歸城闉。吕城一百二十里，不知被擾凡幾人。太守仁民古無比，凝香閤下寧聞此。願傳新令到民閒，函管須塞不須毁。已填函管無尾閭，大船通行水❶有餘。函管不毁民歡娱，異時瀦瀉無妨渠。憶昔採詩周太史，不閒小夫並賤隸。試哀俚語扣黄堂，鐵钺有誅寧敢避。

元

練湖　盧琦

練湖七月凉雨過，白水蕩蕩芙蓉紅。芙蓉紅盡早霜下，鴛鴦飛去何匆匆。茜裙女兒弄虚碧，嗚榔聲斷無消息。清波小藻出銀魚，落日銀山秋欲滴。望湖接山遠茫茫，鳥飛不盡青天蒼。丹陽使者坐白日，小吏開甕春酒香。倚闌半醉風吹醒，萬頃湖光落天影。挂冠何日隱江南，短褐綸竿上魚艇。

過練湖　薩都剌

獨倚牙檣數客程，殘年風景促鄉情。寒天半夜無人語，明月滿船聞雁聲。湖上好山如有約，烟中野樹不知名。明朝烏鵲橋頭路，應有人家出户迎。

夏日遊廣福寺登望湖亭　孫景文

路入幽尋遠市廛，禪房寂寂日如年。佛龕常近金仙座，茶灶頻煎玉乳泉。風引竹聲來椀上，雲開山影落樽前。望湖亭上宜閒眺，練水冥冥遠接天。

---

❶ 水　底本漶漫不清，據《漫塘集》卷四校補。

明

練湖魚隱　朱寬

獨立蒼茫際，閒吟興杳然。魚風微起浪，雁雨細迷天。欲造湖頭寺，先移渡口船。怡怡心賞處，佳致浩無邊。

練水漁舟　朱敬敷

一片平湖秋萬頃，鯉魚浪裡腥風冷。青山遥聳翡翠屏，碧天倒浸琉璃影。兩兩扁舟湖上横，河魚换酒足平生。夜歸泊在蘆花渚，篷底數點漁燈明。

練水漁舟　吉梁

萬頃吞天光，一舟渺蓮葉。載酒覓釣儔，醉弄波心月。

練湖漁舟　朱仲脩

長年幾葉集湖波，載得全家活計多。景勝桃源春駘蕩，山疑笠澤翠嵳峩。曉帆自在荷閒去，晚棹嘔啞柳外過。泊近汀洲聯釣艇，醉翁互答濯纓歌。

練湖亭　張存

孤亭倚太空，脩篁落疎影。境静心自閒，頓覺塵事屏。横琴鳴冰絃，古調誰能省。顧此澹忘歸，滿山秋月冷。

練水漁舟　張存

發源長山水汊來，滙爲一壑望中見。四圍山色擁翠鬟，萬頃波光澄素練。當汀荇藻魚陣游，遶堤楊柳鶯簧囀。容誰占斷作生涯，釣舟來往乘風便。

觀音山望湖　王鰲

大江東畔小篷山，山下遊魚近可扳。蒼玉千年浮浩渺，白銀萬頃漱潺湲。諸天眼見虛無裹，一葉畏驚出没閒。不是舟人無次第，要將奇觀與人看。

練水漁舟　丁玘

晴湖湛若練，釣艇蕩如葉。呼酒入菰蒲，雙榆待明月。

練水漁舟　眭熤

湖水端有靈，芙蕖忽萬葉。懸知漁者心，未應在風月。

游練湖有感　張珍

誰爲吾民開此湖，一方勝境控荊吴。何須鑿水天生水，焉用征租地貢租。聖代澤梁原不禁，豪家漁獵自貽辜。緬懷往事徒增慨，秋壑遺廬今已無。

練水漁舟　張珍

練浦勝蓬瀛，小舟輕一葉。晚伴漁翁歸，仰臥青天月。

湖上贈蔡平湖　姜實

湖上青山多白雲，湖中靈異古來聞。蓮花的的本無種，水鳥翩翩時有群。小艇自移還自往，濁醪常醒亦常醺。知章一曲應歸我，未許風光盡屬君。

十六弟約湖邊校射久待不至　丁一道

午趨湖上約，瞻戀倚西樓。不見操弧至，因成盡日遊。野心對流水，漁唱驚眠鷗。尚有尋幽興，休慳載酒甌。

湖南吴明卿過訪敘别于觀音寺湖亭和答留題　丁一中

昔同漂泊轉相憐，十載分攜雪滿顛。邂逅仙舟良晤續，留連野寺故情牽。重論往事今如夢，小憩虛亭坐似禪。明發送君揚子渡，更登浮玉試泠泉。

湖上贈别　束桓

飛飛冬雪滿蒼穹，忍見東南萬室空。湖上尋幽孤棹往，燈前説劍壯心同。我遊六合塵埃外，君在千重雲水中。縱有挽回滄海計，何由書上未央宫。

冬日偕湯朋徐伯潤劉汝衡楊孟起諸文學過湖堤步月　丁鴻陽

九天何處落珠璣，揮塵揚舲送夕暉。黄葉一湖閒釣艇，白雲滿地掩禪扉。澄波净月光浮練，遠岫含烟翠減圍。乘興不辭雙屐倦，銀河玉露正沾衣。

嶺頭梅信到江南，載酒尋芳一縱談。月出湖光初散彩，雨餘山色半拖藍。隔雲殘磬林間度，宿露寒蟾鏡裡涵。太史夜來須望氣，德星遥聚有奇探。

春雨新霽泛舟湖上限韻　丁鴻陽

一春凉雨濕鳩巢，喜見晴雲滿四郊。桃李似招遊客屐，蕨薇堪供野人庖。湖頭新漲天連鷁，波面浮光日射蛟。雙槳不辭烟水濶，平分風月好吟嘲。

過惠山汲玉乳泉因移舟練湖晚望　丁鴻陽

一片蒼松挂翠藤，招提路入白雲層。坐來枯石閒調鶴，汲得清泉偶共僧。放浪半生惟釣艇，微茫千頃有漁罾。斜陽目斷烟嵐外，何處孤村起暮燈。

湖上採蓮過惠山試玉乳泉泛月歸　丁鴻陽

年來林壑是瞿曇，吏事從教稍息擔。爲愛練湖雲錦秀，因斟玉乳露華甘。尊前莫問陽窮九，月下還看影共三。簫鼓樓船歸去晚，星潭處處浸烟嵐。

湖中采蓮七首以“映日荷花别樣紅”爲韻　丁鴻陽

平湖如練復如鏡，錦雲一片澄波净。誰家蘭槳蕩秋光，人面荷花兩相映。
十里芙蕖疎又密，依稀笑語湖心出。紅粉冉冉晚凌波，翠葢亭亭晴障日。
秋色平分澤國多，采蓮人唱采蓮歌。莫將並蒂花輕折，暗裡芳心托芰荷。
見説蓮開十丈霞，不辭星渚之雲槎。瓊珠亂迸花前葉，紅粉輕勻雨後花。
花比赬霞藕比雪，湖光掩映真奇絶。只悉秋老送殘紅，翠袖留連未忍別。
一葉蓮舟輕蕩漾，千莖萬朶嬌相向。爲問花神似阿誰，半酣西子臨粧樣。
短棹輕移不任風，遶湖香度水雲中。菱歌聲斷歸來晚，載得斜陽一片紅。

行曲阿湖上簡曠思恭明府　姜士昌

數過江上山，輒放濱湖屐。屐齒亦云疲，所戀湖光白。朝來有奇事，湖水添數尺。春漲遊不停，秋濤乃能積。浩蕩而澄泫，懿此仁侯澤。蒼林映遠黛，白鳥翔空碧。漁父與田家，狎主前娛客。清暉渺無際，茅茨日將夕。咫尺鏡中看，適與塵囂隔。一曲擬剡川，城郭莫探索。最厭廿年遊，塵土東西陌。

五日與董元宰太史泛曲阿後湖時競渡舟畢集　姜士昌

艾服狎魚汀，蘭舟弔屈平。漁父常苦醉，楚臣常苦醒。何來投湘書，及此湖流清。荷衣競西來，太史亦東行。霓旌竝雲旗，相將泛澄瀛。烟波迴空濶，雲日漾虛明。如張洞庭樂，宛作沅湘行。水勿期太清，士勿期太醒。醒士醉所笑，清流濁所争。蟹螯佐拍浮，魚龍憎濯纓。但取一日適，勿煩千載名。

湖上作　姜士昌

蠟屐乘秋爽，隄光分外清。霞連丹嶂潤，雲漾碧波明。牧笛横聲細，漁竿拂浪輕。江河非所事，湖畔獨深情。

秋日泛湖　姜士昌

幽興三秋晚，澄波四望通。浮舟看雁影，貰酒狎漁翁。月出湖全白，霜寒葉半紅。清歡殊浩蕩，飄轉信天風。

泛湖懷畦金卿王伯弢　姜士昌

秋日泛晴湖，懷君舊酒徒。高文仍泣玉，流俗自吹竽。賈誼才難達，陶潛興不孤。還將獨醒意，爲問酒家胡。

秋日過高存之丈湖上　姜士昌

寒堤湛烟水，茅徑静菰蒲。隱几流螢度，開軒明月孤。屋邊仍架屋，湖外更重湖。聖世批鱗者，年年隱釣艫。

泛曲阿後湖　姜士昌

葉舟凌淼漫，杯酒娱清輝。素練浮光瑩，遥青綴景微。天空鴻影潔，歲宴漁人稀。莫惜尊前醉，雲霞願不違。
茅堂近西郭，數步即滄洲。紫翠千山曙，青冥萬古浮。寒堤邀白鳥，芳嶼殢蘭舟。縱有江湖思，端居未擬愁。

與鄧孝孺登湖亭　姜士昌

客有拏舟問碧岑，蕭蕭黄葉寺門深。疎林盡入澄湖色，官閣閒聞清梵音。隔岸遠山飛鳥没，半帆青靄夕陽沉。關河指點荒祠在，把酒清風淚不禁。

望夜過湖上　姜士昌

夜從浦口發，却向湖中去。波光漾扁舟，月影過津樹。

湖上懷家古林　姜士昌

與君平生歡，篝燈對湖水。湖水非江河，相思不可止。

觀音山望湖亭重修落成和王東里明府韻　湯日昭

閒來登眺幾經邱，湖上亭開勢欲浮。葱蒨四山環碧落，巉屼一曲枕寒流。漁歌梵唄皆清賞，望遠憑高一壯遊。蓮社重修風物勝，綵毫先唱耀千秋。

福地有靈增勝概，尋芳此日共開樽。簾侵花氣經時馥，座合松陰未夕昏。疋練雲拖連遠岫，亂帆風趁過前村。到來便覺塵緣净，況復身依不二門。

同姜仲文泛湖　眭石

小艇信所適，澄湖霜落初。千流争大壑，萬頃接南徐。杯酒綸竿暇，菰蒲雁鷺餘。何當作漁父，長日此躊躕。

同姜仲文王伯弢遊湖亭即事　眭石

黄花采遍夕陽天，携手高亭一悵然。忽有松聲生座底，即看山氣變尊前。衣穿疎樹沾寒雨，棹指孤城入暮烟。餘興未消餘酒在，碧窗深竹一燈懸。

練水流膏圖　眭石

萬艘雲帆轉潞河，東吴粳稻定如何？年來無復誅求苦，共説時豐霖雨多。

春日泛湖　郭應詔

小舟棹過杏花灣，白鳥雙雙共我閒。最愛湖西山色好，夕陽沉盡不知還。

萬頃波光漾晚巒，一聲漁唱隔烟灘。移橈欲向中流宿，又恐春衫不耐寒。

初夏同賀仲來夏應初眭修年眭允立泛湖　郭應詔

湖水平于掌，相將放釣蓬。烟嵐交夕翠，野樹駐春紅。舉酒争邀月，迴橈直信風。避人雙屬玉，飛入荻蘆中。

早秋泛湖　郭應詔

雨歇秋光滿練湖，碧荷紅芰間青菰。棹歌一向中流放，飛起河邊兩白鳧。

一片琉璃浸碧波，鸕鷀鸂鶒滿平莎。誰家紅袖移輕槳，競向中流採芰荷。

湖上　郭應詔

湖上湖光好，行吟過遠堤。桃花紅不盡，楊柳緑初齊。水暖魚争躍，林香鳥亂啼。春衣拚更典，酒幔畫橋西。

秋日泛湖　郭應詔

碧漪蕩漾滿湖秋，落日揚帆鏡裡遊。漁唱遠聞楓葉浦，鴻群亂起荻花洲。一尊開處寧辭醉，百歲看來只轉頭。况復兹居兼四美，芙蓉采遍肯言休。

泛舟曲阿湖即事　賀世壽

悶坐意忽忽，言尋物外遊。此湖渟碧一千頃，與君同上沙棠舟。舟輕一葉風宛宛，中流容與同閒鷗。日彩噴射全湖明，輕雲俄落光氣收。糢糊烟樹横近郭，遠山數點青欲浮。我吹鐵笛湖水沸，浪花濺客寒生秋。捨舟步入漁村去，芃芃燕麥清于油。牛閒牧唱太平曲，不知烽火急邊州。我亦傾壺醉明月，暫從野老失煩憂。

湖上晚眺　葛麟

遠峽歛江霞，蒼茫映水涯。魚飛烟接岸，鳧宿水連沙。響柮疑無地，聞舂知有家。攜筇忘遠近，牛背夕陽斜。

返照入松嶺，遠山空翠横。臨車將北返，戀日又西行。鳥倦愁雲暗，蟬栖想樹鳴。危巖還獨立，渺渺暮雲生。

小艇烟雲夕，微風散緑蕪。樹光交斷岸，山色漾平湖。慘夜白蘋面，傷秋碧藕鬚。溪清孤月冷，予竟自踟躕。

夜泛練湖　葛麟

一葉漁舟泛練溪，横吹鐵笛晚風凄。且看翡翠巢邊石，莫問蛟龍瀨上泥。數點寒星疎（綱）〔網〕❶漏，千尋斷岸短帆低。連天暮靄迷春草，賴有殘霞認海西。

正功弟過予山房示楊爾成先生練湖詩因次其韻　蔣惺

結廬傍幽碧，姓字不求聞。野老談曩事，兒儕檢逸文。凭欄送飛鳥，把酒數歸雲。所道誰堪擔，于今固賴君。
貧賤安吾素，高齋獨羨君。人情出處見，大道古今聞。暮釣溪頭月，朝耕隴上雲。相期載樽酒，細論太元文。

秋日孫汝仁携酒邀遊廣福寺登亭望練湖　顧錫疇

萍遊隨地寄幽蹤，側徑通來渾似峰。湖弄晴光千頃練，樹含烟景一聲鐘。空悲斷井無人汲，猶喜芳亭有客從。往日登臨成底事，深秋重眺意從容。

過觀音山登亭望練湖　周廷瓏

湖不在名練，奇光紉碧瀏。微風粘遠鴈，落日醉孤舟。鐘到諸天近，僧來萬象幽。何時撇塵（綱）〔網〕，結伴入滄洲。

丁亥仲春候撫軍至七里廟登樓眺練湖有感　許宸

十丈黄塵擾夢蒐，那知春事滿郊原。日融倍愛湖光麗，樓静翻嫌鳥語喧。愧擬峴山偏墮淚，思連菊水憶開樽。蓼虫通體辛難繪，誰共平流説怨恩。

姜水部二酉留意朱陽典故，纂《練塘攷》將成，詩以紀之　張捷

草元精舍少塵埃，柳下携筇問字來。丁卯遺文開紫氣，權公故宅滿蒼

---

❶ 網　底本訛作“綱”，據文義改。

苔。縈迴緩楫尋花去，澹蕩持樽帶月回。千載淵停應毓秀，詞人幾輩擅清才。

和許菊溪父臺游練湖 荆廷寔

長嘯林泉癖古人，樂郊魚鳥亦相親。寒生雪海成秋水，香滿花城有逸民。一片波光堪問月，三年琴鶴却隨身。幾回夢醒松蘿下，濯魄冰壺擬未真。

戊子閏四月登北亭望練湖 蔣清

閒心事幽討，行行憩小山。愛此百草薰，時鳥聲閒關。密樹隱空翠，遥天窺蔚藍。茗飲老衲供，曠殿何虚閒。泉古無汲道，臺圮罕躋攀。練波天際明，鷗鳥依輕帆。群峰屹五州，九疊成蒼環。山林自深阻，猿鳥愁險艱。川梁靡静鱗，觸石争潺湲。招攜度橋去，大隱在市闤。

泛曲阿後湖 賀兆元

湖上秋光好，頻來興不窮。村烟黄葉裡，山翠白雲中。疏鑿人閒事，蒼茫造化工。蓼花開滿岸，處處颺波紅。

平湖秋漲濶，汎汎此中行。水净雲能澹，舟輕鳥不驚。寒山烟外色，落葉岸邊聲。懷弔千年事，滄桑代幾更。

練塘春望 謝倬

西郊極目盡湖光，弱柳千章鎖曲塘。小艇侶鷗常泛泛，遠山如畫更蒼蒼。雲中松磬聲逾净，花底菱歌韻亦香。生事蚤知漁釣穩，好移浮宅入滄浪。

國朝

同楊西印副使蔡嵱若秀才夜登觀音山眺曲阿後湖 王貽上

我昨南渡登金焦，鯨魚跋浪生風濤。更上君山俯震澤，長江萬里窮秋毫。五日探奇興不盡，曲阿城畔來登高。觀音山高高百丈，星辰羅列捫層霄。懸崖絶磴挂猿臂，崇巒疊嶂森松毛。山巔作亭瞰飛鳥，湖光山色相周遭。練湖一萬六千頃，勢與江海争迢遥。淵注渟著古所歎，滄桑磨滅非前朝。風景不異謝郎死，我來憑眺凌寒宵。長嘯空山荅山鬼，驚飛鵰鶻求其曹。滄波混茫接元氣，有如盂水浮堂坳。冰夷擊鼓百靈集，金支翠羽光飄摇。是時月黑風怒號，萬弩突射錢塘潮。蛟龍贔屭時隱現，靈胥慘澹天吴驕。高麗長山互鈎帶，六州一氣迴斗杓。楊公蘄黄昔開府，坐清江漢真人豪。蔡生白晳美無度，頗能飲酒歌《離騷》。東吴菰蘆有君輩，力鞭巨石驅神鼇。練塘一勺好栖托，結鄰未卜心空勞。酒闌歌罷意惆悵，煙江明月横輕舠。

携酒登雲陽望湖亭　宋慶遠

孤亭隔水立山巔，把酒登臨意洒然。僻地有香吹茂草，平湖無際接長烟。松坡小翠畦丁業，荻畔輕鷗漁父船。聞道曲阿淵注好，風流猶似永和年。

練湖晚泊　荆德珩

剌船未得隨輕鷗，上湖已阻下湖流。伊昔湖光千頃碧，一丸明月蘆花秋。長山飛派七十二，高源奔向雲城投。四顧蒼茫天水接，依稀宵漢浴斗牛。經冬漕舟千里集，運河如綫泥沙浮。何以濟之達大江，有湖引滿通咽喉。我聞神仙拔宅去，雲霞掩映空中樓。滙爲大澤良有以，蓄洩天然在寒洲。豈獨菱芡資民利，寔佐輸將代國謀。或云滄桑無定轍，膏腴頃刻成耕疇。紅稻花香緑蘋冷，盈盈千斛豪家收。田鳥啄粟肥且衆，浴鳧飛鷺饑不遊。雖有汪洋餘半璧，濟漕不及徒悠悠。惡風白浪兩相激，甚或决突貽人憂。江南財賦甲天下，溪橋水涸滋淹留。乃驅窮簷事畚鍤，泥首塗足冰霜稠。年年臘底鞭箠督，浪擲金錢填巨溝。我行欲濟誰爲楫，坐臥小艇垂魚鈎。烟波縹緲接風雪，漫學嚴子披羊裘。安得牙檣徹夜渡，高燈千點懸星毬。古人版築豈無謂，啟閉以時深持籌。上者爲堤下者閘，追循往迹猶堪求。或堅如壘隱金鐵，或整如工費雕鎪。澎湃如或撾急鼓，悠揚如或戛輕球。止或如鏡拭塵翳，注或如坂奔驛騮。放湖一寸河一尺，或呼即應如相酬。有時防固或加密，涓滴不惜如相仇。規畫種種救時切，可惜石渠傾未修。倘以河工補堰費，較省頻歲科征不。不循前智營纖悉，何異鵬徙笑蜩鳩？時夜將半寂寥甚，滎洄悵望空凝眸。嗷嗷群雁叫寒渚，隱隱疎星横釣舟。罾空漏静息垂餌，扣舷悲嘯驚潛虬。烟林糢糊同一抹，屈指今古蹟難侔。永勒三犀來兩鵠，挾書欲獻曾何由。君不見，南旺湖當分水廟，人移天巧安陽侯。黄河之水星宿下，約束南行幾百周。以兹擁遏爲利涉，萬國享王符金甌。况復湖漕有成議，忍令棄置隨浮漚。開家仙踪杳莫識，綵雲飛夢大江頭。揚帆何日趁湖去，衢歌願附登皇州。

練湖春泛　姜志珏

滿眼韶華清且妍，相將更上釣魚船。春光翠奪堤邊柳，緑酒盃傾水面天。撥棹每驚雲影亂，扣舷不動海鷗眠。岸旁小憇頻瞻眺，幾點青山黛色連。
南浦多情草色妍，更看春水碧浮天。行逢村岸因沽酒，傍却漁舟便割鮮。樵笛隨風來渡口，鳴榔帶月到樽前。逶迤直向湖心去，一片烟波任醉眠。

庭景姪孫留余飲宛委山堂談及練塘事書此爲贈　姜大澄

我昔登此堂，面君祖與父。示我所著書，句字皆瓊瑀。就中《練塘攷》，漕政多裨補。示勸兼示戒，戒勿畝兹土。昔人干禁綱，非死即編伍。獄案積如山，昭鑑明于炬。羶爲蟻所叢，熖斯蛾之聚。斧鑕與桁楊，去身纔尺五。君子凛幾先，敢爲尤悔主。我祖少保公，漕議非迂腐。歷朝金閨彦，敷奏正宏矩。爾祖編成書，爾父爲之敘。災梨已三紀，胡云曾未覩。良由佔㑭勤，未暇肆稽古。何怪彼愚人，沉身無處所。前車良不遥，憑君展緗譜。

練湖閒眺　姜大申

書生落落秋風生，壯士聲名到耳驚。誰許白鷗閒似我，清溪日日不關情。

歸過望湖亭有懷吴君平眭身一　姜鶴儕

落魄塵踪甘泌衡，溹園人是舊逃名。到家但慰雙親望，開徑先從二仲迎。古井松筠臺畔結，荒湖蓑艇水邊盈。謝公墩在莫愁上，極目乾坤共此情。

練水漁舟 印金標

桃花片裡白魚肥，楊柳堤邊一葉依。欲共月明歸去好，還須沽酒道人磯。

九月遊湖心亭 蔣元汴

萬頃汪洋湧練塘，參差亭閣峙中央。初培桃柳繽紛發，新築沙堤絡繹長。把酒漫希彭澤醉，臨風不讓孟嘉狂。當年漁艇今何在，試一停杯問夕陽。

練湖春泛 葛曒

霧捲平湖曉，千峰翠色叢。露溥春草碧，鳥語岸花紅。烟寺聞清磬，晴鷗狎釣篷。身如舟不繫，汎汎逐東風。
未盡幽探興，其如已落暉。遠山霞送彩，小棹月催歸。烟火連城郭，鐘聲度翠微。放歌烟水際，鷗鷺忽驚飛。
牛羊歸日夕，返照入松閒。城郭千門静，漁歌獨釣閒。素光争雪練，清氣徹湖山。何異南樓望，庾公興未闌。

湖村獨坐有述 朱師黄

領得悲歡意，三春盡日思。一湖新水滿，萬柳惠風吹。雲物將人徙，天心與我疑。如何憎鳥舌，歸緒正生時。

雨後湖上閒步 朱師黄

不風即雨已經旬，好鳥銜晴説向人。此際嘉深狂客意，幾回驚起夢遊身。山光碧較松閒異，天色青争草上新。踏遍湖濱看湖水，耕漁容與宛然春。

湖濱晚興 薛瑞徵

赤塵飛不到湖涯，扶醉行吟興倍賒。烟艇片帆偏自在，雲山一帶故欹斜。小橋低度呼流水，曲徑深迷問落花。眺望徘徊臨日暮，輕衫晴映染紅霞。

甲子小春同孫澤埏葛培吾劉心乾泛舟湖上時秋闈見别　賀復徵

濁酒清尊寄短篷，蕭然竟日話從容。川原有樹皆秋色，杖屨無人不古風。未許黄金求市駿，且憑白眼送飛鴻。城隅幾處樵歌起，搔首那堪落照中。

攜内眷看花練湖作採蓮詞四首　賀復徵

相聚容與趁水鄉，高燒紅燭晝眉長。湖上有花看水戲，莫驚葉底睡鴛鴦。
七里岡頭欲過船，長湖堤上草芊芊。顧步不須頻愛惜，任他玉露濕金蓮。
遠岫烟歸日影多，蓋頭遮面有圓荷。雙篙撑去不須去，儂愛香風透綺羅。
一泓秋水遠山連，萬柄荷花開上船。菱角雞頭隨意採，蓴絲荇帶任情牽。

練湖觀蓮　楊光漢

聯袂西郊遇雨天，空濛千頃足雲烟。跳珠葉瀉盤中露，解語花觀水上仙。勝地繁華翻寂寂，平湖清淺自年年。忘機空有閒蓑笠，垂釣波心得静便。

湖心亭　吴思祖

萬頃琉璃汗漫遊，輕霞點碧漾中流。最宜柳蔭閒停舫，更憶荷香暗入樓。兩岸鐘聲殘月度，幾重嵐影暮烟收。還期六月清風滿，露頂披裘上小邱。

湖上霧行　賀宿

曉來霧氣結長空，浪白天連早度風。曲岸烟生迷草舍，半山雲亂滿高峰。但聞遠寺鐘聲起，不見孤村人語通。日影水光同一色，舟行何處辨西東？

湖上春遊　湯寅

辰溪曲曲水亭開，銀杏欹斜寶誌臺。殘醉未醒山色裡，小驢馱過落花來。

船有輕鳧杖有藤，勝情休教老無能。詩朋檢點同遊少，重約山前未到僧。

清明後一日遊練湖　賀聖朝

步屧城西門，遥望開湖陂。行行且復止，憩足三摩提。山僧爲我言，水長正平堤。遊興更勃發，奔泉去若馳。湖水清且漣，一鏡生文漪。四山如屏列，色與青山齊。鏡中漾浮漚，出没歡鳧鷖。小坻隱然霞，彷彿西湖湄。惜無蘇長公，植作桃柳蹊。咄哉桑弘羊，廢爲禾黍畦。梗我漕艘渠，災我孑遺黎。而田卒污萊，何日成敷菑。誰能叩九閽，復此舊時規。汪汪萬頃波，對之心神怡。

秋日放舟練湖　馬宇陽

一水蒼茫漾小舟，冥濛暝色片時收。杯邀好月來詩句，帆引垂楊入素秋。天碧星澄傳梵响，樹聲嵐影足賡酬。欲攜崖菜來筵上，倚棹凝觀遠望樓。

練湖曲　姜文燦

青簾白舫麗人出，笑指湖邊移鳳屧。杏紅衫捲袖鶯鸞，白練裙拖花簇蝶。澐澐碧水映青蛾，風送櫻桃笑語和。乍聽溪頭欸乃曲，微聞柳外竹枝歌。何來公子遥相傍，游騎飛韁歷湖畔。下馬聯明藉草茵，却對蓮花空目亂。容與微波徐放舳，叵羅滿貯新桑落。持盃談笑聽吹簫，寶瑟重調金絡索。須臾坐客玉顔欹，酒罷歌闌更賦詩。紙劈烏絲騰霧靄，手持銀管落珠璣。白雲歸去暮山紫，風颸颸兮水瀰瀰。花間紅粉簇成行，倏忽郊坰散霞綺。阿誰歸掉殊逡巡，戀山猶似别情人。花潭竹嶼頓回首，片片輕鷗下碧潏。

湖亭載酒　姜文燦

湖山無恙人偏老，桃杏相招眼倍紅。放擲乾坤存故我，主持風月讓群公。酒酣欲舞龍泉劍，歌罷還披羊角風。爲喚樵青重洗盞，天涯兄弟幾回同。

秋日湖上　姜文燦

爲愛湖山好，相邀上酒船。歌聲翻白紵，秋思入遥天。楓葉杯中影，人家柳外烟。醉餘忘日暮，更欲挾飛仙。

澄湖千頃　葛筠

香堤十里垂楊路，波潤沙平雁鷺多。遠水遥山天一色，月明湖上聽漁歌。

練湖竹枝詞七首　賀理昭

練湖荷花十里長，練湖五月荷風凉。遊人航子不歸去，遊女灘頭空斷腸。

湖光湖雨早凉天，畫得蛾眉新月前。聞到龍城看賽會，大家清曉上湖船。

欵撥商絃五十絃，七賢祠畔足林泉。紅顔好女僧家扮，自説生來十六年。

蘋花湖水飛鴛鴦，却望七峰如劍鋩。儂似練湖清見底，七峰不道割愁腸。

東園桂花八月黄，桂子落時夜徬徨。不見狂夫消息到，殷勤燒下雁來香。

湖頭女兒桃花腮，日日湖風雙槳回。羅袖莫疑行雨濕，薛家村上采菱來。

秣陵山色盤雲高，揚子江頭幾度潮。可憐南北人來去，望郎休似望仙橋。

練湖行　王翰

西南諸滙水，奔流注練湖。練湖堤上行，宛如在畫圖。不謂沮洳地，忽有經國謨。壅淤擬膏壤，瀉水闢荒蕪。湖波千頃濶，寧以恣遊娱。但願國賦充，何惜此潢汙。射陽江于北，震澤納東吴。如何作桑田，但欲令供輸。

秋晚過湖心亭　荆家瑂

晚秋放艇蕩清溪，獵獵寒風詩思凄。菰米波漂千頃碧，亂山雲護萬峰低。歸來陶令空名縣，老去蘇公尚有堤。誰問棠陰更回首，敗荷殘柳望中迷。

湖心亭　孫嵩

别有一天地，悠然坐碧空。常將流水意，移入白雲中。柳密藏啼鳥，花香帶遠風。漁舟歸隔浦，掉破夕陽紅。

雨後望湖分韻　賀五瑞

霽色淡匀山色，烟光濃映湖光。畫船載酒歸去，一片風帆徜徉。

七夕登湖心亭　許士耆

七夕逢今夕，看星湖上樓。原無巧可乞，一任拙于謀。月淡山俱暗，風閒水不流。寒氊瓜果少，何以荅新秋。

中秋登湖心亭　許士耆

爲欲邀清曠，來登湖上亭。澄波千頃白，豁目一天青。咸若欣魚鳥，相隨感鶺鴒。秋姿何曳曳，雲外有鴻冥。

秋抄泛舟練湖　郭濙

天高秋水濶，縹緲接烟霧。落日淡蒼葭，西風飛白鷺。扁舟攬清景，乘興不覺暮。漁笛起何汀，月明照歸路。

湖亭即事　顏忱

高樓夏景入霏微，兩岸青山半落暉。風到芰荷香入酒，烟開楊柳色侵衣。詩成天半霞初淡，客散林閒鳥漸歸。况是相逢多勝侶，題襟隨處不相違。

縱横緑樹隱珠宫，一棹湖天水荇風。歷歷征帆高柳外，迢迢漁唱斷烟中。樽開樹杪傳鸜鵒，雨過天根見螮蝀。塵慮由來披豁盡，好傾醽醁注荷筒。

同亦川戴翰英姪廷錫重遊湖亭　顏忱

昔日來湖上，敲詩共舉觴。疎烟連杜若，高岸出帆檣。白鷺迴晴浦，青山淡夕陽。自多今昔感，天影接蒼茫。

湖上懷權德輿故里　彭澤令

雲陽郭西曰練塘，練塘之水何蒼蒼。記得元和宰相里，幾隨禾黍變滄桑。先世三奏著奇節，中原争説秘書郎。兩官高爵不肯受，蕭然一劍渡南疆。秘書之後有君出，汗駒千里騰飛黄。早歲聲傾裴與杜，長安道上走文章。京華公卿争倒屣，朝陽一鳳鳴高崗。風流相業排閶闔，俯看三台列宿鋩。等身著述盈緗帙，翰墨淋漓達夜郎。卜居不近塵囂市，結廬常愛水雲鄉。到今寥落荆榛滿，空餘白練浮微茫。相思猶憶江南曲，岸葦漁汀水一方。君不見，少陽白衣上書奏，天子石城舊迹遥。相望又不見，諸葛將軍誇第宅。白鶴溪前上北邙，人生何必雕欄玉砌窮歌舞，何必朱房曲曲擬侯王。但使勳名垂竹帛，乃知公老名益彰。遥指湖頭春色裡，湖水天光相映長。

六月既望偕印希愚觀練塘荷　厲翼

吾邑遠江山，練湖負郭邇。襟帶西北隅，吐納長山水。波心沙渚浮，滄溟結蜃市。盛夏蕃芙蕖，凌波集仙子。我來未愆期，紅粧不可俟。萬頃葉亭亭，殘葩晨星爾。吁嗟弱冠年，邑宰殊不鄙。不以賄自封，來將棟宇理。木石輦于山，桃柳江洲徙。彩閣焕明霞，雕梁俯清泚。

不知群兒愚，那用故摧此。存者日就傾，樓危尚足倚。倚樓望所思，宛在水中沚。老僧説滄桑，徬徨夕陽裡。湖心碑亭，復湖時所建。邑令王時昌因之廣殿宇、營樓閣、建書院、築長堤，繞堤植桃柳。衆怒其貪殘，譟聚逐之，索其黨于湖亭，毁書院，遂無完宇。

和何勲五湖心亭賞荷原韻　荆曜

聞道濱湖爛錦光，芙蓉花發好褰裳。風流日日分瑶席，雅度翩翩映玉廊。碧影參差迷鸂鶒，珠光的皪打鴛鴦。遥知仙侣多才藻，綵筆吟餘破晚凉。

垂楊影裡載香航，渺渺予懷亦未央。帝子有時臨北渚，美人何處憶西方。賞心樂事知多少，秋水蒼葭念阻長。幾度開家湖上過，早縈清夢與相將。

半是濃粧半淡粧，曾攜征轡駐回塘。飄烟挺月情何愜，刻燭分題字亦香。入幕佳賓依緑水，栽花仙令赴河陽。可堪轉眼成陳迹，又向滄江一徜徉。

抛官豈爲鱸魚膾，萬里相期雲水鄉。一櫂清波烟月穩，幾樽新酒芰荷芳。羡君瀟灑遊香國，愧我蹉跎滯墨莊。若使此花真鮮語，喩予酬答付滄浪。

雜咏　顔熒

練湖亭上野風清，白鷺鵁鶄雜杜蘅。小艇梦歸烟靄裡，城西燈火一方明。

携及門諸子練湖晴眺　顔熒

隻身曾走燕山道，故國關懷豈易捐。過去光陰纔一瞬，歸來風景又三年。青燈有味還如昔，白髪無情却勝前。差幸賞心同舊侣，練湖春水碧于天。

湖心亭賞荷　何汝南

檻外花光接水光，披襟宛結芰荷裳。緑摇淺浦風生岸，紅泛傳觴月到廊。玉乳泉邊憐翡翠，金鶯池上護鴛鴦。丁寧休恣遊人折，留得平湖一夏涼。

百頃風潭一葉航，伊人宛在水中央。爲尋蓮社思前哲，欲採名花贈遠方。弔古不辭憑眺晚，臨流寧惜泝洄長。芳洲杜若知何似，攬結于今意就將。

水宫仙子鬬紅粧，千載風流屬練塘。瑞應鄉邦成往事，風清簾幕自生香。一經穠李殘秋雨，幾憩甘棠澹夕陽。却喜囂塵飛不到，碧雲深處寄相徉。

曾經玉井尋仙跡，一臥蒼烟老故鄉。太華峰頭空爛漫，若耶溪畔占芬芳。開當溽暑情偏淡，濯向清漣影自莊。誰識江南烟水外，從來此地咏滄浪。

練塘觀荷　劉以敬

盛夏昔炎熱，放棹浮金塘。林薄信葱蔚，坰野引紆長。新水平遠岫，喧流争石梁。菰蒲傍隈隩，菡萏冒中央。豁達長風吹，香氣生陰涼。絃管停游魚，白鷺銜壺觴。相與極歡情，流連不能忘。來時仰晨曦，去已没景光。幸承高會末，洒然消宿痒。

林子一帆練湖讌集　劉以敬

佳會須良朋，遐心寄丹壑。攜手出城裡，相期踐夙約。高天净雲翳，繡壤緬參錯。縈紆遵迴蹊，平蔚愛林薄。縱心赴綿邈，信步忘跛弱。靈樓洵幽異，甫至誼囂却。喬木鬱蒼蒼，層波紛漠漠。垂楊挽漁舟，修竹圍朱閣。高址凌蒼茫，石渠障磅礴。朱華列參差，菡萏映婀娜。惠風滌蒸暑，爽籟動寥廓。旨酒歌思柔，嘉肴亦脾臄。管商非一奏，翰墨且閒作。到來未停午，流連遲日落。相與極綢繆，此會咸云樂。願言盡一尊，無事悲離索。

游練湖　劉以敬

春日氣駘蕩，昨雨亦已收。散步臨湖湄，理棹登虚舟。新柳被遥岸，旭日暖平疇。悠揚披好風，迴環泝安流。朝漲生層雲，餘霞帶半樓。遐心赴空濶，閑身馴野鷗。俯仰任所適，此外復何求。

湖上集諸同人　劉以敬

乘興相攜湖畔遊，風光淡蕩接平疇。青山紅樹烟中出，浴鷺閒鷗水上浮。應把杯樽到爾汝，空懷詞賦愧曹劉。歡歌不覺斜陽晚，勝地良朋兩願酬。

遊後湖　顔濤

一片輕烟淡欲無，綠波無際鳥相呼。攜舟故逐閑鷗去，已過前湖又後湖。

偶隨芳草踏殘暉，碧水涓涓色染衣。日暮湖邊更回首，一聲玉笛幾船歸。

湖上漁歌　顔濤

持竿獨釣水雲居，起向波頭呼鯉魚。明月一舟歌一曲，蘆花深處幾人漁。

游後湖　張瑶樹

雨後長堤近午天，小舟爲泛後湖邊。平波一碧秋千頃，萬朵芙蕖弄晚烟。

練湖行借顔子仍儒、令姪廷錫、戴子翰英、眭子翼遠賦。於震

乾隆乙亥秋七月，霖潦才乾一陰屋。渚蓮結子菰葉肥，白露將届猶苦熱。况我秋來肺病多，安得開懷對冰雪。顔氏竹林知我心，邀我出遊湖上亭。一時戴子暨眭子，文章藻采皆英英。命屐出郭纔一里，已覺浩渺生風聲。緣堤窈窕陟孤嶼，樓臺岸出當林坰。山僧狀貌頗朴遬，倉皇延客開柴扃。北軒闌楯最蕭爽，半湖純浸煙光晴。長山諸峰亘其上，青蒼萬仞盤峥嶸。倒涵秋旻出空濶，村落隔岸烟冥冥。庭前古柯垂百尺，風動湖光上山石。雲廊雪竇天欲陰，開尊直對欟公宅。落日蒼茫照大河，酒酣更起爲君歌。君不見，湯湯湖上波，父老曾見生秋禾。又不見，湖東惠山寺，宋元金碧參嵯峨。正殿瓦

崩後樓火，天陰雨濕藏妖魔。古往今來只如此，漫道尊前感慨多。歌終轉覺百憂集，天河影寒掛窗濕。一片黑雲湖水深，濤聲撼天衆星入。夜深更上最高樓，月明已照湖前洲。遶湖諸村仍隱見，令我長懷許郢州。郢州南國詞壇主，錢劉温李元曹伍。笑語同遊諸後賢，風流輝映還千古。

練湖 吴錫麒

春水還三面，人家住竹溪。舟師下帆去，沽酒練塘西。

泛舟後湖簡潤州諸子 劉奎年

端居倦煩痾，迢遞郊外行。改策緣澄湖，理帆背山城。凉飈動陰崖，灌木縱復横。波紋共漣漪，菡萏亦已生。水禽立濠梁，散犢臥洲汀。微雨變新霽，頹陽暖餘明。念此時物感，慨然憂慮并。人生不自察，逐物徒營營。前瞻既云遥，後顧殊弗冥。將此一樽酒，把袂將誰傾？沿洄遲叢薄，默默緘中情。

湖上晚渡 劉奎年

蒼烟横山來，松杉頂半露。烏鵲杳南北，明月照我渡。湖邊刈新稻，燈火十萬户。索酒歌慨慷，掉臂不回顧。前□維摩居，心知安去住。

泛舟後湖有懷 劉奎年

只此尋鷗侣，攜壺上野航。雨侵春草緑，日射晚波黄。一字難工穩，雙魚恨渺茫。那堪歸路月，照我獨傾觴。

湖上漁歌 劉奎年

全家泛宅寄湖濱，雨笠烟蓑不惹塵。尋入桃源邀客飲，落花一片水鱗鱗。

年來穩臥狎苔磯，風月平章少是非。何處挐音空外起，水天拍拍鷺鷥飛。

網得鱸魚盡四腮，偏教换酒上城來。風塵略聽新聞事，歸語妻孥助送杯。

鳴榔終日任風波，一曲吴腔好自歌。消受湖天三萬頃，碧山紅樹夕陽多。

再泛後湖　劉孝祖

後湖亭子臨湖起，遠抱山光近蘭沚。我來泛舟荷花開，置身若在蓬瀛裡。漁樵兩岸自悠悠，風送輕波瀉緑油。酒醉詩成天氣朗，不教名勝屬空遊。

練湖　唐培英

五湖烟水何茫茫，其中小者爲丹陽。丹陽之山接京口，群峰蜿蜒如龍翔。懸流飛瀑各奔瀉，雲水滈蕩成漁莊。菰蒲滿岸漾寒翠，湖水一色摇青蒼。夜深月出東山旁，魚鱗結屋龍爲堂。馮夷弄珠神女舞，金支翠羽交生光。我時移舟泊河渚，夢中但聽吴歌長。安得湖心亭子上，臥聞十里荷花香。

七月望後一日，顧南炳、吴藕莊、方淡如邀同岑鏡西、徐改亭、嚴克齋、姚橄香遊湖心亭，觀練湖泛月而歸，因作長歌紀事　左潢

昔我臥遊在瀟湘，刻骨深愛雲水鄉。練湖近可跂足望，欲遊未得無時忘。忽聞招邀具壺觴，陽氣見眉意飛揚。主人伊誰顧吴方，蕭辰出郭一葦杭。榜人隨鷗入菰蔣，豁開異境非尋常。白波倒侵吴天長，氣勢直欲吞雲陽。青草連空烟靄蒼，流火胡爲鋪雪霜？素練一匹千丈强，乾坤晝夜浮茫茫。流造化機無盡藏，中有小亭枕篔簹。藕塘圍匝叢筠香，參天古木翠蓋張。濃陰穿透玲瓏墻，軍持未褪殘荷粧。誰與湖心開佛場，誠如慧海渡慈航。將軍毅魄依空王，多年紺宇尚巍煌。四山環列如周廊，嶂青半銜斜日黄，樹留前代緑萬行。暮與白雲時低昂，遠峰有無何眇芒。豈是金焦北固房，或者泉山連蜀岡。不然瑯邪遶建康，更肆遐矚重彷徨。何處家山是盛唐？莫辨小姑嫁彭郎。玳筵敞設生公堂，盤堆蕙蒸擷玉肪。横飛三雅酣瓊漿，清歌一曲叶笙簧。未邀明月天送將，玉虬秋點催歸艎。餘醺坐入冰壺凉，今古湖光與月光。

湖月如故幾興亡，是波是鏡孰參詳。上下昭察道洋洋，世途得失火然湯。若夢浮生競奔忙，此境人生幾回當？冷如吾曹合相羊，翳昔坡仙逸興狂。七月之望盪蘭槳，平聲。本《字典》並見《海峰古文註》。赤壁歌誦窈窕章。感懷夏口望武昌，逝者如斯往未嘗。消息盈虛莫測量，風月取用廉無傷。今月既望夕猶芳，後期一昔聚會良。銀漢無聲淡高商，風清月朗水泱泱。耳目所遇貪何妨，得毋追昔思頡頏。僉欲御風凌虛翔，嗟我五旬髮蒼浪。眼淡繁華閱滄桑，勝地陪遊夙願償。塵俗一洗平生腸，我欲移家住練塘。練湖，一名練塘。飽餐雲嵐學休糧，有時溯游水中央。碧落爲幙船爲牀，蒹葭作垣芰作裳。全收浩淼歸詩囊，濯足休憶洞庭旁。騁目此湖窮八荒，更願此湖變作玉浮梁，一口吸盡高臥傲羲皇。

和岑鏡西遊練湖原韻　左潢

幾行白鷺引遊船，泊到湖亭别有天。秋遠山爲雲外友，月明人是鏡中仙。當窗翠竹凉逾净，映几紅蕖晚更妍。此日良朋成雅集，樽開初地敞珠筵。

空濛一片望模糊，彷彿倪迂水墨圖。楚岫青迷前代樹，遥見安省諸山，地屬吴頭楚尾。吴天碧洗早秋湖。壺觴幾度思追昔，風月今宵乍屬吾。好是騷儔符俊及，在座賓主共八人。醉歸小艇各相呼。分坐兩船而歸。

七月既望讌遊練湖亭和左巽軷韻　姚熙

我將浮溟海、窺衡湘，乘大筏、窮水鄉，崑崙碣石引領望，此願未易遂，于心常不忘。江南澤國水濫觴，黄河一瀉通淮揚。身所未到處，妙境無可方。湖山勝景推蘇杭，烟波浩淼迷菰蔣。登臨各隨興，踪跡恒無常。慙余碌碌無寸長，偶然浪跡來雲陽。花紅柳緑，露白葭蒼。光陰一瞬，倏焉四霜。探幽興未已，足力幸尚强。知有練湖勝，扁舟接混茫。直至湖心亭，子窺中藏，下有浮波拂浪之青草，上有參天蔽日之篔簹。菱芡繞匝，菡萏飄香，漁歌互答，魚綱四張。穹碑在亭碣在墻，古寺一洗鉛華粧。積土填成此道場，繼有魏子乘慈航。一見零落悲梵王，蠲貲爲修整，佛殿重輝煌。旁添精舍前遊廊，垣皆甃石塗雌黄。藤蘿遶徑，花木成行，鴉飛鵲噪分低昂。開窗暢遊目，千里析毫芒。群峰入縹緲，蒼翠環僧房。湖之四面多平岡，中有陸路達建康。山如連城走龍脉，一望無際神彷徨。我非楚王客，宛如來高唐。地非武陵源，幾欲誤漁郎。疑是慱望之槎斗牛至，疑是東坡邀客步雪堂。於是集詩牌、調玉肪、開歡宴、羅酒漿，清歌一曲和笙簧。迎纖阿兮初御，瞻靈匹兮乍將。圍坐理觴政，飛觥如飛艎。酒不厭醉，風不厭凉，披襟臨皓🈳，肺腑生清光。既而懷古數興亡，言之娓娓不厭詳。當日練湖之水尚汪洋，曲阿賴以成金湯。啟閘出水濟農忙，旱乾無此誠難當。今年六月望雨急，使君步禱感商羊。頃刻甘霖注，萬姓喜欲狂。練湖水勢大，乃可蕩蘭槳，欸乃還歌大田章。民情寧謐，民氣繁昌。謀卒歲之衣褐，薦苾芬之烝嘗。舊穀既没新穀量，剜肉補瘡可勿傷。吾輩得賞此秋芳，亦由歲稔與時良。佳興未可遏，去留且勿商。難得遇此月，皎皎水泱泱。即至東方既白亦何妨！好與鷺鷥相頡頏，如隨孤鶴横空翔。浮五湖、釣滄浪，朝看日出來扶桑。美景即無盡，得此可稍償。且放詩腸兼酒腸，瀛洲何必非練塘？行與知己（裹）〔裹〕餱糧，相約長住水中央。以石爲枕竹爲牀，冠則箬笠衣茆裳。酒盞莫暫放，得句付奚囊。碁枰在案，茶鼎在旁。身栖咫尺，神遊八荒，莫管塵夢幾黄粱。看到滄桑微有恨，我將煉石尋媧皇。

遊練湖和左巽轂韻　吴達

壯懷何必遊三湘，獵屐閒尋白雲鄉。練湖秋色儘堪望，吴門回首情難忘。隔宵會飲曾舉觴，滿座欣聽白雪揚。時值清平安四方，況稱大地接蘇杭。載將吟興赴菰蔣，人生萍合豈尋常？空中掣電走蛇長，隱隱雷聲南山陽。明珠洒遍衆山蒼，起舞龍泉飛雪霜。三國曾傳東吴强，吕氏將軍蹟茫茫。揚威侯像龕獨藏，四圍芙渠中篔簹。坐定心清聞妙香，覓句有羅無可張。斜陽迤邐過城墻，遠黛依稀向晚粧。終年三萬六千埸，纔效坡仙一葦航。銀鈎鐵畫超鍾王，崔嵬御碣仰輝煌。一亭突兀豁四廊，門前壁立塗雌黄。樂利永垂詔十行，歲旱無虞田價昂。漸看薄暮星微芒，九州何處辨箕房？湖堤綿邈疑蜀岡，六朝佳麗多平康。撫今追昔空徬徨，人物風流萃晋唐。天台事幻笑劉郎，雅集且來登佛堂。調羹味美勝鵝肪，飲酣渴劇思瓊漿。階前蟋蟀亂笙簧，明月清風各自將。長江天外走飛艎，估客歸帆乘夜凉。燒殘紅燭戀清光，一曲良宵待補亡。妙譜新聲不厭詳，名高樂府頌洋洋。左史筆傳續命湯，蘭桂仙述衆口忙。詩在酒仙均莫當，譬如猛虎驅群羊。更闌宴罷興欲狂，小舸持篙勝盪槳。縱情共賦窈窕章，樂生盛世際時昌。蓴鱸味旨日思嘗，此後遭逢未可量。天涯久客亦何傷，贏得餘暇賞秋芳。葭蒼露白人意良，扣舷而歌節按商。銀河耿耿水泱泱，氣蒸雲夢相頡頏。驚起閒鷗飛翱翔，駭逐群魚躍滄浪。莫問此湖幾滄桑，好把今宵遊願償。我思縮地盡歡腸，攜歸虎阜近山塘。貯以十萬禹餘糧，讀盡奇書夜未央。千人之石鑿爲牀，横塘之葉縫爲裳。古錦紫絲佩以囊，梅妻鶴子列在傍。睡去神遊歷八荒，醒食胡麻當黄粱，無懷葛天並軒皇。

月夜泛舟練湖　許鯉躍

高空微雨洗，萬里鏡光明。野水涵星動，輕舟載月行。麥枷連晚磬，漁火落秋螢。何處風吹笛，音流酒盞清。

卷十 軼　事

志郡邑者，類蒐軼事，誠以嘉言懿行可法可師，逸韻流風可興可道，皆將以維持風教、紀綱大雅者也。即跡多創見，事涉異聞，亦如九鼎象物，俾人知神姦而耳目無惑焉，非細務也。練湖周四十里，方之郡邑，不過如漢之有潛，江之有沱，廣狹良殊矣。然而興廢互代，瑣屑恒多，舟楫所經，詼諧閒發，他如橋梁亭臺之點綴，室廬墳墓之沿緣，飛仙留蹟，古佛傳燈，無不足以增平湖之色，而永水利之傳也。爰仿郡邑志例，志軼事。

漢宏璆墓在練湖上。《郡志》。

晉惠帝太安元年，丹陽湖有大石浮二百步而登岸，民驚譟相告，曰："石來尋，有石兵入建業。"

《世説新語》云："謝中郎萬經曲阿後湖，問左右：'此是何水？'答曰：'曲阿後湖。'謝曰：'故當淵注停著，納而不流。'"

褚季野裒與孫興公綽同游曲阿後湖，中流，風勢猛迅，舫欲傾覆，褚公已醉，乃曰："此舫人無可招天譴者，唯孫興公多塵滓，正當以厭天欲耳。"便欲捉擲水中。孫遽無計，唯大啼曰："季野卿念我！"

六朝宋文帝時，名勝景湖，車駕游幸其閒，與侍臣顔延年各賦詩以紀其事，見《文選》與丁一道《練湖議》。

梁昭明太子泛曲阿後湖，詠左思《招隱詩》云："何必絲與竹，山水有清音。"悠然遐覽。《郡志》。

歐陽公《唐書》云："丹陽里，本曲阿。武德二年以縣置雲州，五年曰簡州。天寶元年更今名，有練塘，周八十里。永泰中，刺史韋損因廢塘復置，以溉丹陽、金壇、延陵之田，民刻石頌之。"

唐權文公德輿宅在練湖上。按：德輿有《送叔赴晉陵詩》，序云："德輿舊居丹陽，去晉陵百里。"又有《憶江南詩》云："結廬常占練湖春。"歲久莫識其處。《通志》。

唐于逖《聞奇録》云："丹陽縣故湖側有仙姑廟。姑生時能着屐行水上。"

上、下湖内横堤一十四里，唐時居民所築。《郡志》。

南唐馮謐嘗對諸館閣言及元宗賜賀知章鏡湖事，因曰："他日賜歸，得曲阿湖足矣！"徐鉉答曰："主上尊賢下士，豈愛一湖，所乏者賀知章爾！"謐大慚。

《太平御覽》云："曲阿出名酒，皆云後湖水所釀，故醇洌也。"今按：湖水上承丹徒高驪山之馬林溪，其水色白味甘。

《郡國志》曰："潤州遏波有湖名練塘，京口出好酒，人習戰，故桓温云：'京口土瘠人窶，無可戀，惟酒可飲，兵可用耳。'"

宋左丞王存宅在練湖濱。按：存宅在郡城登雲門内，此其别業也。存《過丹陽舊居詩》云："漂泊經故園，繫舟欸柴扉。破屋他人居，昔隣今或非。父老迎我飲，祝我晝錦衣。我謝父老言，朴拙非所期。一官走塵土，寔迫寒與饑。去鄉未幾載，頗覺儔侶稀。人事已可嗟，况當白首歸。泚泚練塘水，緑楊蔭漁磯。有曰尚可耕，誓將父老依。"《邑志》。

宋廣西經幹范克信及子新城爕墓並在練塘鄉北落。《通志》。

宋詹體仁，字元善，建寧浦城人，有異才，鄉舉第一，始冠第進士，歷泉州晉江丞。宰相梁克家薦升太學博士，攝金部郎中。光宗即位，提舉浙西常平務。爲民除害興利，謂浙右有漕渠，非止通饋運、資國信往來而已。蘇、秀、常、潤田之高者寔利之。於是開漕渠、浚練湖、置斗門，爲旱潦備。

宋時茅山道官請佃耕種，在北岡建立倉院。後崇寧中，臣僚言潤州田多高仰及運渠夾岡，小淺易涸，賴湖以濟，請别以沙田賜之，練湖仍令規畫修築。

宋高宗時，有豪民鍾彦等妄捏湖係荒開草埸，盡行耕種。時有韓運使題奏官鈔回買爲湖，計用道鈔四十萬貫文，立定四至：東至北岡運河爲界，西至彭城雙廟爲界，南至丹陽辰溪爲界，北至丹徒縣華村龍頭岡爲界。

宋高宗時，立廵檢司官廵視，湖夫十名，看守磋門。丁一道《練湖議》。

宋建炎閒，值世亂，練兵于湖內，因號爲練湖。

宋淳熙中，錢粮臣以縣民錢及粟募民濬淤治圮，以助荒政。用民力三十三萬六千二百九十有七，米一萬八千八十石，錢二千一百三十一萬四千八百有奇。週圍湖堤栽楊柳蘆葦，以防坍潰。

馬陵橋在辰溪上，長山八十四派水皆由此入練湖。宋嘉定閒，里人馬萬里建。《郡志》。

咸淳二年，有豪民步十七買囑賈平章門下四聖觀道士在湖耕種，釘牌立賈府名色。本縣題奏，將步十七家産没官發配真州，仍行鎮江府有司發夫修築，削去田埂盡復爲湖。丁一道《練湖議》。

宋蘇庠徙居丹陽，嘗一就舉，中程以犯諱黜，安貧守道，不事進取，寄傲詩酒，時游湖閒，號後湖居士。雖棄置人閒事，而見義勇爲，本其天性焉。

宋邵彦，字君美，鄉舉第一，由治平四年進士歷（楊）〔揚〕子尉、下邳簿，以病去官，自號練塘真隱，窮居二十年如一日。客有勸其仕者，謝曰："泰而拘，約而肆，以此易彼，所得未能償所失也。"

宋朱公翼，字仲殊，號後湖居士，有詩見《京口集》。

宋蘇養直，居丹陽後湖，盛夏納凉，與客對弈，有衣褐者通謁，羅浮山人，江觀潮。既見，曰："羅浮黄真人以公不好世之所好，氣毋已成，令某持丹度公。"袖中出小合藥，黄色而膏融，養直以置佛室。後食蜜雪和以龍腦，一夕暴下而卒。所親記道人言，亟取磨飲之即蘇。紹興十七年歲旦，與人約别，翼日東方未明，披衣曳杖出門，行步如飛，妻孥奔逐，則已逝矣。《邑志》。

元初兵馬南來，曾在湖屯兵，湖岸遂廢，後始復。丁一道《練湖議》。

湖頭有龍王廟，嘉靖四十三年知縣李學道建，每年五月十三日致祭。

明萬曆戊子年，開浚城河，練湖、香草河二水並達外濠，不入城內支河。

明姜寶，博極群書，游唐荆川門。萬曆癸丑，登進士第三人，選庶吉士。時嚴嵩當國，公事外不一謁私門，仕至禮部尚書，敭歷中外，所至有寔績。著有《易傳補疑》《春秋事義全考》《詩文集》，而《練湖議》及《與當事論練湖水利書》，尤有裨于陽民。

明姜志禮，字立之，萬曆己丑進士，始授建昌推官。白理學鄧元錫冤，洊晉浙江臬副內遷尚寶卿，合同官疏救楊、左諸公，魏璫恚甚，嗾言官糾，以年老加太常少卿歸。著有《湖漕成案》，於故鄉水利尤留心焉。

練湖書院在城隍廟西。明景泰間，本府同知俞端建，爲使臣駐節之所，因濱湖故名。今廢基尚存。《邑志》。

練湖西後觀村有金龍廟，屢興屢廢。明崇禎間，湖有廟石鼎忽自土迸出，又有牧童無故仆地，代神厲言曰："吾福此一方，何視廟廢而不修耶?"父老聞言惶駭，遂復立廟以祀，而置鼎廟中。見邑諸生楊志達《金龍廟記》。

明崇禎庚辰年，練湖出黑土，可以代薪，其用法燃煤，民取以賣錢，酒肆醬園用之尤多。蓋菱葑根腐爛所成，故名菱葑土。《郡志》。

湖心有聖恩亭，亭內有碑，勒"萬世永賴"四大字。康熙五十五年，百姓感恩圖報，築墩于湖心建此，一名湖心亭。

古語云："荷花開練塘，邑人登廟廊。"自宋元祐至國朝，凡賢俊登庸，其蓮必開，開後遂絶，原無種也。《邑志》。

長山在丹徒城南二十里，山有泉，與練湖通。《南畿志》。

練湖分流爲南溪，在縣南四百餘步，東赴運河。《邑志》。

馬陵辰溪在縣西北三十里，上有馬陵橋，溪流入練湖。《邑志》。

湖南岸有倒潭，在縣西二里。《邑志》。

鎮江漕渠，在丹徒界者四十五里，在丹陽界者九十里，地勢如建瓴。上置京口閘，下置吕城閘。每冬閉閘蓄水，以濟漕艘，不足則以湖水助之。又去吕城十八里，設奔牛閘。水利官親臨閘上，俟漕艘畢入，先閉奔牛閘，後啟吕城閘，以防水洩。《邑志》。

湖內田畝，凡十萬三千有奇。見丁一道《練湖議》。

諺語云："放湖水一寸，添河水一尺。"

湖內有道人墩，相傳湖內開家宅，後拔宅昇去，墩爲開某修煉處。今邑人何斌然葬此。詳見《練湖歌敘録》。

陶靖節有經曲阿之作，云："目倦川途異，心念山澤居。望雲慚高鳥，臨水愧遊魚。"雲陽孫圖南云："此詩雖非詠練湖，而所謂'望雲''臨水'者，非練湖不足以當之。"《邑志》。